高等教育规划教材

软件工程基础

宋　雨　编著

机 械 工 业 出 版 社

本书理论联系实际，按照软件工程的基本原理，从实用的角度介绍了软件需求分析方法、软件设计方法、软件的编程实现要求、软件的测试及维护方法以及软件项目管理方法，而这些也是软件工程学科的基本内容。书中第7章还给出了若干经典案例供读者学习。为促进学习效果，第8章给出了140个精选软件工程设计题目及其功能要求供读者作为软件工程课题选用，第8章还给出了课程设计的评分标准供教师参考。每章都有结合实际的案例以及供读者练习的相应习题。

本书是软件工程的入门教材，内容通俗、易懂，注重趣味性、故事性和情节性。本书适合作为高等学校计算机相关专业的教学用书，也可作为对软件工程学科感兴趣的工程技术人员的参考用书。

本书配套授课电子课件，需要的教师可登录 www.cmpedu.com 免费注册，审核通过后下载，或联系编辑索取（QQ：2850823885，电话：010-88379739）。

图书在版编目（CIP）数据

软件工程基础 / 宋雨编著. —北京：机械工业出版社，2016.3（2020.1 重印）

高等教育规划教材

ISBN 978-7-111-52511-0

Ⅰ. ①软… Ⅱ. ①宋… Ⅲ. ①软件工程－高等学校－教材 Ⅳ. ①TP311.5

中国版本图书馆 CIP 数据核字（2016）第 021357 号

机械工业出版社（北京市百万庄大街 22 号　邮政编码 100037）

策划编辑：张　恒　　责任编辑：张　恒

责任校对：张艳霞　　责任印制：李　昂

三河市宏达印刷有限公司印刷

2020年 1月第 1 版 · 第 3 次印刷

184mm × 260mm · 20.25 印张 · 499 千字

3801－4600 册

标准书号：ISBN 978-7-111-52511-0

定价：49.00 元

出 版 说 明

当前，我国正处在加快转变经济发展方式、推动产业转型升级的关键时期。为经济转型升级提供高层次人才，是高等院校最重要的历史使命和战略任务之一。高等教育要培养基础性、学术型人才，但更重要的是加大力度培养多规格、多样化的应用型、复合型人才。

为顺应高等教育迅猛发展的趋势，配合高等院校的教学改革，满足高质量高校教材的迫切需求，机械工业出版社邀请了全国多所高等院校的专家、一线教师及教务部门，通过充分的调研和讨论，针对相关课程的特点，总结教学中的实践经验，组织出版了这套“高等教育规划教材”。

本套教材具有以下特点：

1）符合高等院校各专业人才的培养目标及课程体系的设置，注重培养学生的应用能力，加大案例篇幅或实训内容，强调知识、能力与素质的综合训练。

2）针对多数学生的学习特点，采用通俗易懂的方法讲解知识，逻辑性强、层次分明、叙述准确而精炼、图文并茂，使学生可以快速掌握，学以致用。

3）凝结一线骨干教师的课程改革和教学研究成果，融合先进的教学理念，在教学内容和方法上做出创新。

4）为了体现建设“立体化”精品教材的宗旨，本套教材为主干课程配备了电子教案、学习与上机指导、习题解答、源代码或源程序、教学大纲、课程设计和毕业设计指导等资源。

5）注重教材的实用性、通用性，适合各类高等院校、高等职业学校及相关院校的教学，也可作为各类培训班教材和自学用书。

欢迎教育界的专家和老师能提出宝贵的意见和建议。衷心感谢广大教育工作者和读者的支持与帮助！

机械工业出版社

前　言

人类已进入大数据时代，这是一个信息爆炸的时代，这都应该归因于计算机处理能力的提高，而计算机中起主导作用的是软件。稍加注意就会发现，软件无处不在，软件工程无处不在。毫不夸张地说，软件在技术进步方面起到了决定性的作用，国家财政收入中与软件产业的相关度越来越高，软件产业收入所占的比例也越来越高，软件及软件产业发展的速度超出人们的想象，2014 年我国的软件产业总收入达到了 3.7 万亿元。与此同时，与软件产业紧密相关的软件工程也得到了很大的重视，软件工程作为一门学科虽然只有 40 多年的时间，但从它诞生之日起就显示出极强的生命力。

为适应软件工程学科的快速发展，2011 年国务院学位委员会及教育部将软件工程设立为国家一级学科，这既为软件工程学科发展指明了方向，也说明软件工程的地位和作用十分重要。软件工程涉及的内容广泛、丰富，无论广度还是深度，其他学科都难以覆盖。

本书作者长期从事软件工程教学和科研，在参考了大量同类文献之后，按学生的接受程度、学科的基本内容和要求编写了本书。本书是软件工程的入门教材，适合初学者作为软件工程课程的教材使用，也适用于对软件工程学科感兴趣的读者阅读。软件工程是快速发展的学科，因而，虽然本书是基础教程但在书中也尽量对发展中的新技术有所反映。

本书的特点如下。

1）力求通俗、易懂，尽量使枯燥的内容变得有趣，因而在叙述软件工程技术和方法上增加了趣味性、故事性和情节性。

2）尽量将难点分散，避开高深的知识，并使全书在叙述上有节奏感，增强初学者学习的信心。

3）理论结合实际，每一章都有案例，使理论不抽象、技术能“落地”。

4）增强实用性。书中既有案例又列出了大量的实际题目，增强读者学习的牢固性，使其在其他学科的学习和实践中仍然有参考意义。

全书共 8 章，第 1 章是软件工程概述，介绍了软件的定义、起源和分类以及软件工程的产生和定义，讨论了软件生命周期的概念，叙述了常见的软件开发模型。第 2 章阐述了软件需求分析方法，包括结构化分析方法、原型化分析方法、面向对象建模及 UML 方法，以及软件需求规约说明书（SRS）的构造和要求。第 3 章是软件系统的设计，介绍了软件设计的基本原理，讲述了结构化设计方法和面向对象的设计方法，简要介绍了一些新方法。第 4 章是软件的编程实现，包括编程语言的选择、分类和编程要求，介绍了常用的面向对象的编程语言。第 5 章是软件的测试及维护，叙述了软件测试的基本原理、测试用例设计及面向对象的测试方法，讲述了软件维护的基本原理和软件再工程的内容。第 6 章是软件项目管理，包括软件范围的确定、软件资源的考虑、软件成本估算模型和技术，以及如何使用甘特图和 PERT

图来安排软件工程项目进度。第 7 章是从公开资料中整理而成的典型软件项目案例，具有很高的指导价值。第 8 章是软件工程课程设计的内容、基本要求、考核标准以及交付文档的要求和格式，这一章给出了 140 个具有实际意义的软件工程课程设计题目，可作为课程设计的目标、功能和性能要求。

本书配有习题解答、电子教案等教辅材料。使用本书的课程建议授课学时为 40～48 学时，课程设计可安排 2 周。

本书由华北电力大学宋雨编著。在编写过程中得到了多位同仁的支持和帮助，在这里一并表示感谢。由于时间仓促，书中难免存在不妥之处，请读者批评指正，并提出宝贵意见。

编　者

目　　录

第1章　软件工程概述

现在是电子信息时代，大街上的年轻人头上戴着耳机听着什么匆匆走过；咖啡厅、地铁、医院、餐厅、学校、排队等候办事的人群中、甚至公交车上，不少人都在低着头用手机上网、看微信或玩游戏；当我们坐在家里玩电脑或上网查资料的时候，当我们到派出所办理户口或身份证的时候，当我们到医院检查身体或看病的时候，当我们到银行办理业务的时候，当我们去车站或机场购票的时候，等等这一切的一切，是依靠什么顺畅运行的呢？答案是软件！软件是什么，它是怎么发展起来的，没有它行不行，软件工程又是什么呢？本章内容将会回答你这些问题。

1.1　软件的分类和演化

软件工程是围绕软件的开发、维护、管理、质量保证等一系列活动而展开的，本节将介绍什么是软件，它是如何分类，又是如何发展的。

1.1.1　软件的起源和分类

1．软件起源

软件一词起源于程序，是20世纪60年代出现的概念，也是一个不断发展的概念，软件的形成和发展与计算学科的发展紧密相关，现在计算学科已经发展为计算机科学与技术以及软件工程两大学科。不同时期对软件的解释也有所不同，这是由于软件的功能、模块、开发方式以及使用方式在不断发生变化，因而对它的解释也在发展变化。

2．软件定义

软件是相对于硬件而言的，以解释性的定义为主。

美国软件工程专家罗杰·普雷斯曼（Roger S. Pressman）（如图1-1所示）将软件解释为当机器执行时能提供所要求功能和性能的程序，能使程序有效处理信息的数据结构以及描述操作和使用程序的文档，简单地说就是软件由程序、数据和文档组成。

电子与电气工程师协会（IEEE）将软件定义为计算机程序、方法、规则、相关文档及在计算机中运行时所需的数据。

英国软件工程专家兰·萨默维尔（Ian Sommerville）（如图1-2所示）认为软件是一个系统，通常由若干程序、用于建立这些程序的配置文件、描述系统结构的系统文档、解释如何使用系统的用户文档以及供用户下载最新产品信息的Web站点组成。

一些学者认为软件由程序及其文档组成，其中，程序是计算机任务的处理对象和处理规则的描述，文档是为了理解程序所需的阐述性资料。

图 1-1　罗杰·普雷斯曼

图 1-2　兰·萨默维尔

不难理解，软件其实是知识的载体，它包括的内容和范围很广，一般认为执行指令的计算机程序以及与之相关的文档、数据、影视资料、方法、规则、网页及其链接等都可算作软件。

3．软件分类

从软件的起源和定义可以看出，软件具有 3 层含义：一是个体含义，指计算机系统中的程序、文档和数据；二是整体含义，指在特定计算机系统中所有上述个体含义下的软件的总称；三是学科含义，指在研究、开发、维护以及使用前述含义下的软件所涉及的理论、方法、技术所构成的学科。

软件的种类很多，随着复杂程度的增加，软件的分类也在发展变化，界限越来越不明显，按软件的作用，可分为以下 4 类。

（1）系统软件

是指由生产厂家配置，服务于其他系统元素的软件。如操作系统、汇编程序、编译程序、数据库管理系统、计算机通信及网络软件等。如果没有这些软件，计算机、网络、设备等很难发挥功能，甚至无法工作。

（2）应用软件

是指在系统软件的基础上，为解决特定领域问题而开发的软件。这类软件很多，如用于电信、金融、电力、公安、交通管理、招生、考试、录取等领域的专用软件，企事业单位生产、工作、管理、服务的各种事务类软件，监视、分析和控制正在发生的现实世界事件的各种实时软件，各类科学和工程软件，用于工业、民用或军事上的各种功能的与设备融为一体的嵌入式软件，个人计算机软件，手机上的各种实用软件，基于 Web 的软件，儿童玩具中的软件，人工智能软件，等等。

（3）工具软件

用于辅助和支持开发及维护的应用软件，以提高软件开发质量和生产率的软件都可称为工具软件。如软件进度安排软件、软件成本估算工具、软件需求分析工具、软件设计工具、软件编码工具、测试工具、系统维护工具、管理工具等，这些软件工具不仅能完成指定的工作，还能进行完备性、一致性、正确性、安全性、追溯性等方面的检查，完成一些人工所不能完成的事情。

（4）可重用软件

是指通过修改、剪裁等手段应用于新软件的软件，可重用软件并不仅指代码，也可以是软件设计、规范、数据、测试用例，甚至概念等，可以把它们统称为可重用软件构件，目前，常见的各种图形用户界面一般是使用可重用软件构件创建的，这些构件涉及图形窗口、下拉菜单和各种交互机制。建造用户界面所需要的数据结构和处理细节包含在一个由界面构件所组成的可重用构件库中，开发人员通过可重用构件来开发新的软件。

若按功能对软件进行分类，则可划分为系统软件、支撑软件和应用软件三大类；若按规模进行划分，可将软件分为 7 类，如表 1-1 所示；若按软件工作方式进行划分，则可分为实时处理软件、分时软件、交互式软件和批处理软件 4 类；若按软件服务对象的范围进行划分，则可分为项目软件和产品软件 2 类；若按软件的应用领域进行划分也可将软件分为 7 类，如表 1-2 所示；还可按其他方式对软件进行划分，如按软件的使用频度进行划分、按软件失效的影响进行划分等。

表 1-1　按规模对软件的分类

类别	参加人员数	研制期限	产品规模(源程序行数)
微型	1	1～4 周	0.5 千行
小型	1	1～6 月	1～2 千行
中型	2～5	1～2 年	5～50 千行
大型	5～20	2～3 年	50～100 千行
甚大型	100～1000	4～5 年	1 兆行（=1000 千行）
极大型	2000～5000	5～10 年	1 兆～10 兆行
超大型	具有互联网规模	长期、持续演化	10 兆～10 亿行或更大

表 1-2　按应用领域对软件的分类

类别	用　途	特　点	例　子
系统软件	一整套服务于其他程序的软件	和计算机硬件大量交互；多用户大量使用；需要调度、资源共享和复杂进程管理的同步操作；复杂的数据结构以及多种外部接口	编译器、编辑器、文件管理软件、操作系统构件、驱动程序、网络软件、远程通信处理器等
应用软件	解决特定业务需要的独立应用软件	处理商务或技术数据，以协助业务操作、管理或技术决策	传统数据处理应用程序、超市交易处理软件、实时制造过程控制软件等
工程和科学软件	具有明显“数值计算”算法的软件	不仅仅局限于传统的数值算法，有些工程和科学软件甚至具有系统软件的特征	从天文学到火山学、从自动应力分析到航天飞机轨道动力学、从分子生物学到自动制造业，几乎涵盖了所有的应用领域
嵌入式软件	存在于某个产品或系统中，可实现和控制面向最终使用者和系统本身的特性和功能的软件	可以执行有限但难于实现的功能，提供重要的功能和控制能力	导弹、火箭等武器控制系统，汽车中的燃油控制、仪表板显示、刹车系统等汽车电子功能，各种电子产品、医疗设备，微波炉、洗衣机、电冰箱的按键控制等
产品线软件	为多个不同用户的使用提供特定功能的软件	关注有限的特定专业市场及大众消费品市场	库存产品控制软件、文字处理软件、电子制表软件、电脑绘图软件、多媒体工具软件、娱乐软件、数据库管理软件、个人及公司财务应用软件
Web 应用软件	是一类以网络为中心的软件	涵盖了宽泛的应用领域	可以是一组超文本链接文件，也可以是复杂的计算环境
人工智能软件	应用于专门场合或领域	利用非数值算法解决计算和直接分析无法解决的复杂问题	机器人、专家系统、模式识别、人工神经网络、定理证明和博弈等

软件产品包括两类，通用软件产品和定制软件产品。它们的区别在于，通用软件产品的描述由开发者自己完成，而定制软件产品的描述通常由客户给出，开发者必须按客户要求进行开发。因而，各类数据库软件、字处理软件、绘图软件、工程管理软件等属于通用软件产品，而特定的业务处理系统、电子设备的控制系统、空中交通管制系统等属于定制软件产品。

1.1.2 软件工程的产生和发展

1．软件工程的产生

20 世纪 40 年代中期，美国宾夕法尼亚大学约翰·莫克莱（John Mauchly）和普雷斯帕·埃克特（J.Presper Eckert）（见图 1-3）研制出世界上第一台电子数字计算机 ENIAC。1947 年，数学家冯·诺依曼（J.Von Neumann，如图 1-4 所示）针对 ENIAC 提出了 EDVAC（Electronic Discrete Variable Automatic Computer）方案，在该方案中首次提出了“存储程序”的概念，图 1-5 所示是 1951 年实现的 EDVAC。1949 年，由英国皇家科学院院士莫里斯·威尔克斯制造的世界上第一台实现冯·诺依曼“存储程序”思想的计算机 EDSAC（Electronic Delay Storage Automatic Calculator）问世。从冯·诺依曼提出存储程序概念至今的时间中，软件发生了很大变化，其发展可用表 1-3 概括。

图 1-3　莫克莱和埃克特

图 1-4　冯·诺依曼

图 1-5　EDVAC（1951）

表 1-3　软件的演化历程及特征

阶段划分	阶段名称	时间	对软件的解释	软件开发方法	决定软件质量的因素	硬件特征	软件特征及技术
第一阶段	程序设计阶段	20 世纪 50 年代	程序	个人	个人程序设计技术	价格昂贵，存储容量小，工作可靠性差	软件不受重视
第二阶段	程序系统阶段	20 世纪 60 年代	程序、说明文档	"软件作坊"式的小组	小组技术水平	降价，速度、存储容量及工作可靠性明显提高	多用户、实时、数据库、软件产品；软件技术的发展不能满足需要，出现了软件危机
第三阶段	软件工程阶段	20 世纪 70 年代至 80 年代中期	程序、文档、数据	开发小组及大、中、小型软件开发机构	管理水平	向超高速、大容量、微型化发展	分布式系统、嵌入式软件出现；软件危机并未摆脱
第四阶段	现代软件工程阶段	20 世纪 80 年代末至现在	程序、文档、数据、Web 页、方法、规则	中间件技术、网络技术、构件技术、管理技术的应用使跨平台、跨区域开发成为可能，超大型软件工厂出现	管理水平	网络化发展迅速，大容量新型高速存储器问世，运算速度达每秒几万亿次至万万亿次的巨型计算机不断出现	强大的桌面系统、面向对象技术、专家系统、人工神经网络、并行计算、客户/服务器环境、面向 Agent 软件工程、网构软件技术、面向自适应和自组织系统的软件工程、面向组织的软件工程、大数据、云计算、"互联网+"等；软件危机仍然存在

从表 1-3 可以看出，在 20 世纪 60 年代由于软件的发展不能满足需求出现了软件危机，所谓软件危机是指在计算机软件开发和维护过程中所遇到的一系列问题，这些问题几乎存在于所有的软件中。

软件危机主要表现为以下 6 个方面。

（1）软件开发成本和进度估计不准确

据统计，软件项目约有 40%延期或超预算，20%不得不取消，真正成功的软件项目案例不足 40%。实际成本比估计成本高出一个数量级，实际进度比预期进度拖延几个月，甚至几年的现象经常发生。例如，微软公司的 Word 3.0 原定于 1986 年 7 月推出，但是直到 1987 年 2 月才问世，但问世后很快就发现有很多错误，据说有 700 多处错误，有的错误甚至会破坏数据，摧毁程序，微软不得不花费 100 万美元在两个月内为用户免费升级。

（2）软件需求分析不充分，开发出的系统与实际需求有差距

软件开发人员和用户之间的信息交流往往很不充分，在没有确切了解问题的情况下，或对用户需求还很模糊的情况下就开始编写程序，导致开发出的软件产品与实际需求有差距，甚至不符合用户的实际需要。在进行软件需求分析时，不但要考虑功能需求，还要考虑质量需求和约束，既要有产品需求，还要有市场需求和组件需求，如果缺少必要的需求，或得到错误的需求，或不断变更的需求，都会最终导致系统失败。例如，哈维兰彗星 1 号客机，由于没有考虑到方形窗口的承压能力而经常坠毁；塔科马海峡大桥在需求和设计模型中没有考虑风力因素而被大风吹垮；Ariane 5 型火箭不恰当地复用了需求，导致在第一次试航中坠毁。据克里斯托夫·埃伯特（Christof Ebert）（如图 1-6 所示）所著《需求工程：实践者之路》一书中给出的数据，87%的项目失败是由于需求工程做得不够而引起的。

（3）软件投入使用后经常出故障

一个著名的例子是美国 IBM 公司的 OS/360，这是第一个功能较强的多道程序操作系统，参加这项开发工作的有 IBM 公司美国国内的 11 个单位，欧洲的 6 个单位，共计 1000 多人，耗费了 5000 人年的工作量，但结果不尽人意，它的每个版本都是在前一版本的基础上找出 1000 个程序错误而修正的结果，项目总负责人费雷德里克·布鲁克斯（Frederick

P.Brooks　Jr.，见图 1-7）在他所著的《人月神话》（The Mythical Man-Month）一书中生动地描述了开发中遇到的困难和问题，提出了很多令人深思的观点。

图 1-6　克里斯托夫·埃伯特

图 1-7　费雷德里克·布鲁克斯

（4）软件难以维护

软件的维护不像硬件那样通过进行零部件的修复、更换或系统整体升级就能做到，修改了发现的错误后可能还会导致新的错误，更换后的软件也不一定比旧软件好。例如，美国第四大药品批发商福克斯迈尔医药公司在 1994 年决定用 C/S 系统和 SAP 软件代替老化的 Unisys 大型系统，该公司每天要填写成千上万份药房订单，每个药房又订购上千种药品，总量达 50 万种，与系统升级和改造相关的费用就花费了 3800 万美元。但在系统投入实际使用中却发现 SAP 软件每天只能处理几千条数据，在短短几个星期内，由于发出错误订单这一项，就使公司遭受了 1550 万美元的损失，最后迈基森公司为其支付了 8000 万美元现金，才使其子公司没被破产，总公司的股票也从 26 元跌到 3 元，使公司蒙受了巨大损失。

很多程序中的错误很难改正，让一个软件系统适应新的硬件环境，或在原有程序中增加一些新功能都非常困难，有时为了纠正软件的 1 个错误的工作量甚至可能要超出原来软件开发的总工作量。

（5）缺乏文档资料

在软件开发过程中应该有一套与之同步生成的文档资料，它们是软件开发过程的“里程碑”，若缺乏文档资料或事后再补都会给开发及维护带来困难。在计算机诞生的早期，软件规模比较小，应用领域狭窄，文档的作用并不十分突出，但是随着计算机应用领域的扩大及软件技术的发展，特别是软件工程的出现，软件文档的地位和作用也越来越重要，软件文档在软件产品开发过程中起到了重要的桥梁作用。例如，20 世纪 70 年代初，汽车中只有几个控制器，需求规格说明书加在一起也不过上百页，而现代汽车中有 50 多个控制器，需求规格说明书达到了 10 万页。目前，软件文档已经成为项目管理的依据、软件人员进行技术交流的语言和依据、也是进行项目质量审查和评价的重要依据，它们为用户和技术人员提供培训和维护的资料、为维护软件提供技术支持，它们还是未来项目的一种资源，良好的系统文档有助于把程序移植和转移到各种新的系统环境中。

（6）软件在计算机总成本中所占比例逐年上升，维护费用增长迅速

在计算机系统诞生的早期，硬件的价格决定了系统的整体价格，但是随着硬件技术的快速发展及价格的不断下降，硬件与软件在整个计算机系统中的比重快速发生着变化，到 20 世纪 60 年代它们的成本比例就发生了颠倒，软件成本成为主体，例如，某发电厂花几百万元购买的数据采集与监控系统（简称 SCADA 系统），其中的 90%都是软件费用。现在硬件已经成为软件的“包装”，软件的成本就决定了整个系统的价格。据美国军方给出的数据，在 20 世纪 60 年代的 F-4 战斗机中，由软件来完成的功能约为整体功能的 8%，到 90 年代，在 B-2 轰炸机中，由软件来完成的功能就占到整体功能的 65%，而在 21 世纪，在 F-22 战斗机中，由软件来完成的功能占到整体功能的 80%，由此可看出软件已居主导。目前，软件费用已经成为计算机系统的主要费用，其中维护费用又占去了大部分，有些软件机构 70%的工作量都花在维护已有的软件上。

随着计算技术的发展，软件危机的表现形式也在发生变化，旧的危机克服了，还会出现新的危机。为了摆脱日益严重的软件危机，1968 年在德国小镇加米施（Garmisch）召开的北大西洋公约组织（简称 NATO）学术会议上，与会学者们首次提出了软件工程的概念，图 1-8 所示是当时的会场，这次会议是软件开发走向工程化的标志，从此软件技术的发展及软件工程的研究有了长足的进步，并起着越来越大的作用。目前，软件工程已经成为一门大的学科，在它下面又出现了很多新的学科，需要研究的未知领域和课题还很多，但软件危机并未完全解决。

图 1-8　1968 年在 NATO 学术会议上首次提出了软件工程的概念

2．软件工程的定义

软件工程既是工程，又是一门学科，软件工程学科的内容很丰富，定义也是多种多样，最早的定义是弗里斯·鲍尔（Frith Bauer）在 NATO 学术会议上给出的，他指出软件工程是建立和使用一套合理的工程原则，以便经济地获得可靠的、可以在实际机器上高效运行的软件。

IEEE 给出的软件工程定义是：软件工程首先是将系统化的、规范的、可量化的方法应用于软件的开发、运行和维护，即将工程化方法应用于软件；其次是与上述有关方法的研究。

美国国家工程院院士、著名的软件工程专家巴利·玻姆（Barry W.Boehm）（如图 1-9 所

示）给出的定义：软件工程是现代科学技术知识在设计和构造计算机程序中的实际应用，其中包括管理在开发、运行和维护这些程序的过程中所必需的相关文档资料。

美国软件工程专家 Roger S. Pressman 把软件工程视作一种层次化技术，软件工程的任何活动都必须建立在高质量的基础之上，支持软件工程的根基就在于高质量，他的层次技术思想可以用图 1-10 来描述。

图 1-9　巴利•玻姆

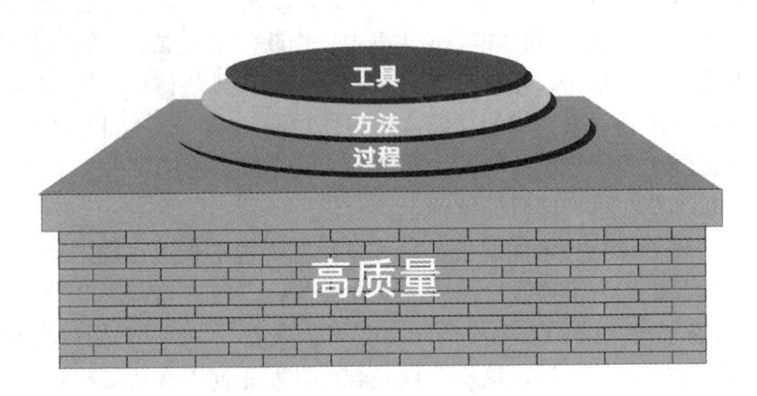

图 1-10　软件工程层次图

从图 1-10 可以看出，软件工程层次结构的基础是过程层，过程层定义了一个框架，构建该框架是有效实施软件工程技术必不可少的。软件过程构成了软件项目管理控制的基础，在软件过程中要建立工作环境以便于应用技术方法、提交工作产品（如模型、文档、数据、报告、表格等）、建立里程碑、保证质量及正确管理变更。

软件工程方法为构建软件提供技术上的解决方法，主要包括沟通、需求分析、设计建模、编程、测试和技术支持。软件工程技术方法依赖于一组基本原则，这些原则涵盖了软件工程所有技术领域，包括建模和其他描述性技术等。

软件工程工具为过程和方法提供自动化或半自动化的支持。这些工具可以集成起来，使得一个工具产生的信息可被另外一个工具使用，这样就建立了软件开发的支撑系统，称为计算机辅助软件工程。

北京大学王立福教授等给出的软件工程定义：软件工程是一类求解软件的工程。它应用计算机科学、数学及管理科学等原理，借鉴传统工程的原则、方法，创建软件以达到提高质量、降低成本的目的。其中，计算机科学、数学用于构造模型与算法，工程科学用于制定规范、设计泛型、评估成本及确定权衡，管理科学用于计划、资源、质量、成本等管理。软件工程是一门指导计算机软件开发和维护的工程学科。

从以上软件工程的定义可以看出，软件工程包含的内容很丰富，它涉及软件开发、管理、维护、质量保证等各个方面，它既有一般工程的特点，也有其特殊性，它不但和软件相关，也和其他学科相关，软件工程是一门多学科交叉的学科。

1.2　软件的生命周期

软件和任何有生命或无生命的事务一样，有它的生命周期（或称为生存周期），一个人的生命周期是从孕育、出生，经过乳幼期、少年期、青年期、壮年期、老年期直到死亡，如图 1-11 所示，各个阶段的投入、目标、活动显然都是不一样的，在人的生命周期中对社会的贡献主要在成年期。软件与人的生命周期在某些方面很类似，一个软件的生命周期是指从制定软件计划开始，经过软件需求分析、软件设计、编码、软件测试、运行和维护直到软件被弃的全过程，如图 1-12 所示，软件的价值体现在运行和维护阶段，甚至价值曲线的形状也与人对社会的贡献曲线类似，呈“U”字形。

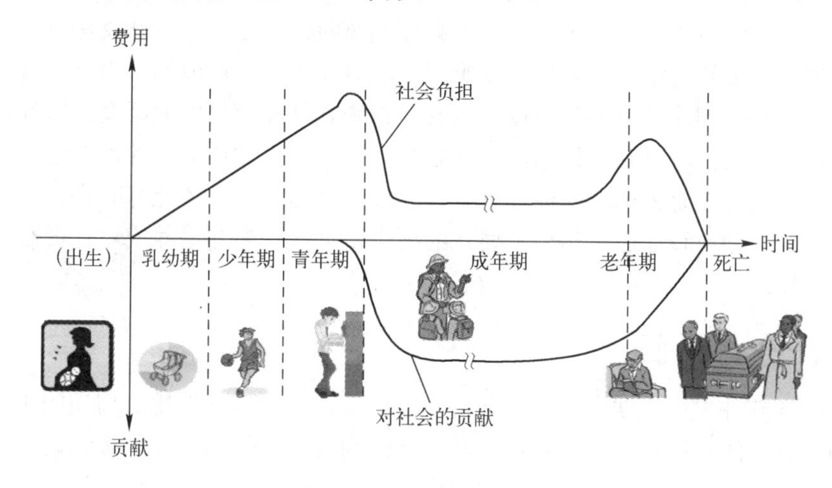

图 1-11　人的生命周期

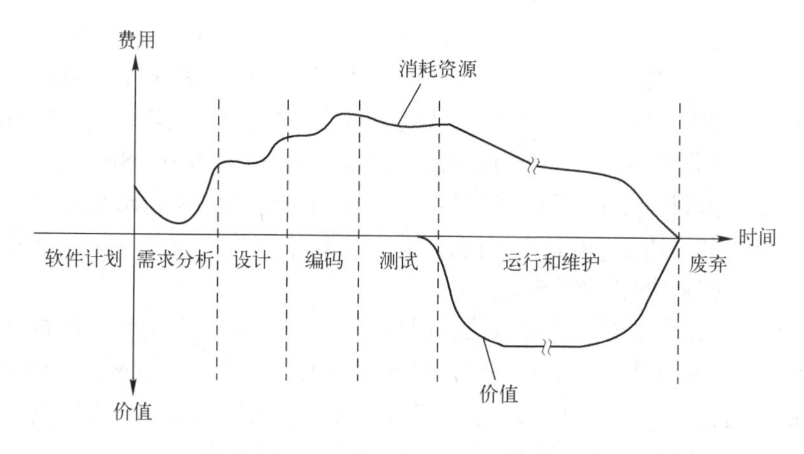

图 1-12　软件的生命周期

软件的生命周期各阶段是从宏观上对软件的划分，当然也可以粗略地划分为计划、开发和维护 3 个阶段。与人的生命周期不同的是，软件的生命周期与开发模型有关，不同的开发模型可能对应着不同的生命周期。生命周期不同，则软件开发阶段的划分、评审次数及基线标准都有所不同。

1.2.1　计划阶段

软件计划阶段相当于婴儿在母腹中的孕育时期，这个阶段的主要工作有五项，一是确定待开发软件系统的工作范围，主要是给出软件的功能、性能、约束、接口和可靠性等方面的要求；二是预测开发该软件所需要的人力资源、可重用软件资源，以及软件和硬件工具；三是使用估算技术和估算模型对所开发软件的成本进行估算，也包括开发进度、开发工作量等的估算；四是对软件风险进行管理，包括风险的识别、预测、缓解和监测等，风险是对未来不确定性的预测，风险既可能是由人员引起的，也可能是技术、成本方面的原因，还可能是时间方面的原因，不同风险的影响程度也是不一样的，有些风险影响程度较小，甚至可以忽略，而有些风险可能很严重，甚至造成灾难性的后果，因而，风险也是分等级的，只有对风险进行了有效的评估，才有可能有效的管理和控制风险；五是对软件开发进度进行安排，它类似于铁路列车时刻表的编制，如果不按照规定的时间运行，造成的后果是不言而喻的，软件开发进度安排也是如此，关键时间点不能变，否则软件的交付就会延期。软件计划阶段工作结束后，要交付软件项目开发计划，该计划是一个里程碑性质的文件，上述五项是其中的核心内容，书写时应按有关标准和格式进行，经过审查通过后，才能开始进入到正式的软件开发。软件项目计划审查通过后相当于婴儿的诞生，把一个婴儿培养成对社会有用的人，还需要做很多工作。

1.2.2 分析和定义阶段

这一阶段即软件生命周期中的需求分析阶段，需求分析是软件生命周期的重要阶段，目标是深入描述软件的功能和性能，确定软件设计的约束、软件同其他系统元素的接口细节，定义软件的其他有效性需求。这一阶段的工作对软件产品的成功起到很大的作用，据统计，软件项目失败的原因 87%是由于需求分析做得不够而引起的，由于需求分析工作的地位和作用十分重要，因而诞生了一门学科——需求工程，需求工程虽然是软件工程的一部分，但也是一门独立的学科。需求工程是为了系统性地、规范地进行需求获取、需求编写、需求分析、需求协商、需求审查以及需求管理，使顾客对软件的期望以及软件达到的目标在一个产品中实现。软件需求规格说明（Software Reqaiements Specification，SRS）是分析阶段的最终产物，是软件工程过程中的里程碑式的文档，因而是需求分析阶段最重要的文档。俗话说“磨刀不误砍柴工”，需求工程就是在“磨刀”，如果需求工作不充分，就像拿钝斧子砍树，并不能加快软件的交付，反而会更慢。

软件需求分析方法主要有结构化方法、原型化方法和面向对象方法。结构化分析是面向数据流进行需求分析的方法，它从宏观到具体采用自顶向下的方式描述现实问题，经过一系列的分解和抽象，得到的底层数据流图就是描述具体问题的解决方案，用结构化分析方法产生的 SRS 中主要包括数据流图、数据字典、E-R 图以及状态图等。

原型化开发过程有抛弃式、演化式和增量式，主要是针对软件需求很模糊的情况下，通过不断地构造原型，以迭代的方式逐步搞清楚用户的需求。主要原型开发技术有三种：使用动态高级语言、数据库编程和组件复用，原型开发技术对用户界面的设计和实现是一种有效的方法。原型化开发软件是一个不断演化的过程，初始原型通常质量不高，因此，用这种方法开发软件时要废弃掉很多中间原型，而且一定要以质量为第一目标，SRS 中的前述内容仍然需要，也可采用迭代方式在软件迭代的过程中同步产生 SRS，并且要描述原型内容。

面向对象分析是利用面向对象的概念和方法构建软件需求模型，如用统一建模语言（Unified Modeling Language，UML）的用例图定义功能及交互活动的关键步骤、用活动图来说明场景、用泳道图来显示如何给不同的参与者或类分配处理流。面向对象的方法关注对象的内在性质，以及对象的关系与行为。在开始构建系统之前，必须定义出表示待解决问题的类（对象）、类之间的相互关联和交互的方式、对象的内部结构（即属性和操作）以及允许对象在一起工作的通信机制（消息）。所有这些事情均是在面向对象分析中完成的。在面向对象的方法中，UML 是目前流行的建模工具，可以用它定义类的层次、关系、关联、聚合和依赖等，UML 适用于系统开发的全过程，从需求规格描述直到系统建成后的测试和维护阶段。此外，还可以用 CRC（Class-Responsibility-Collaborafor）索引卡的方式定义类之间的联系。上述建模过程及所建模型都应在 SRS 中体现出来。

1.2.3 设计阶段

软件设计阶段是软件开发中的关键阶段，它比编码工作重要得多。在设计过程中需要软件开发者付出创造性的劳动。软件生命周期中的上一阶段——需求分析阶段，主要解决的是需要让所开发的软件“做什么”的问题，并且已在 SRS 中详尽和充分地进行了描述。进入设计阶段后，应该解决“怎么做”的问题。简单地说，软件设计就是以 SRS 为基础，把确定的软件需求转换成相应的体系结构，对系统结构中的每个成分的具体工作进行描述，编写出设计说明书，提交有关部门评审。

软件设计可以分为两个阶段，概要设计和详细设计，概要设计主要是针对软件体系结构的设计，详细设计则把重点放在对软件过程的描述上，它为下一阶段实现系统奠定基础。

软件体系结构是构造系统的基本框架，就像楼房的架构一样，不同的楼房按用途其构造会完全不同，软件的构造也是如此，不同的软件应用适合于不同的体系结构，因而有不同的体系结构模型，常见的体系结构模型有以数据为中心的黑板模型、以变换数据的构件为主而构成的管道过滤器模型、以程序构件为主要构成成分的返回和调用体系结构模型、以信息隐蔽原理构造的面向对象体系结构模型、按每个层次各自完成不同操作形成的层次体系结构模型，等等，理想化的、所有软件系统皆适用的体系结构模型是没有的。

软件体系结构中各个元素之间都不是孤立的，因而要研究各个成分之间以及成分内部的联系，评价软件结构质量的度量标准是成分之间的耦合性和内聚性，这是一个问题的两个方面。以返回和调用体系结构为例，它的成分一般是程序模块，模块之间的耦合性从强到弱包括内容耦合、公共耦合、外部耦合、控制耦合、标记耦合、数据耦合和非直接耦合 7 种，内容耦合最差、非直接耦合最好，内聚性则是衡量一个成分内部能力的一种度量，还以返回和调用体系结构为例，模块的强度从弱到强包括偶发强度、逻辑强度、时间强度、过程强度、通信强度、顺序强度和功能强度 7 种，偶发强度的模块最差，功能强度的模块最好，软件设计追求的目标是强内聚、弱耦合。

软件设计方法也有多种，如面向数据流的设计方法、面向数据结构的设计方法、面向对象的设计方法、面向方面的设计方法、面向 Agent 的设计方法、面向构件的设计方法、敏捷方法等等，有些方法是成熟的，有些还在发展中。

面向数据流的设计方法也称为结构化设计方法，它是根据问题域的数据流（数据对象）定义一组不同的映射，把问题域的数据流（数据对象）转换为问题解的程序结构。结构化设计方法的要点是“自顶而下，逐步求精”。简单地说就是先构造高层的结构，然后再逐层分解和细化，从宏观到具体设计软件，避免一开始就陷入复杂的细节中，设计中模块可作为插件或积木使用，这样就降低了程序的复杂性，提高了可靠性。

面向数据结构的设计方法则是根据问题的数据结构定义一组映射，以问题的数据结构为基础转换为问题解的程序结构。在面向数据结构的设计方法中，Jackson（1975 年，M.A.Jackson 提出）方法和 LCP（Logically Constracting Program）方法是最具代表性的方法，Jackson 方法简单、易学易用，对于规模不大的数据处理系统非常适用，在了解了系统需处理的数据结构后，如果能找到输入和输出数据结构之间的对应性，其程序结构很容易导出。LCP 方法本质上和 Jackson 方法是一样的，但它是更严格的一种软件设计方法，是建立在数据结构和程序过程结构关系上的方法。在软件生命周期中，数据结构往往会发生变化，一旦数据结构变化了，以数据结构为基础建立的整个程序结构也就需要改变。因而，对于复杂的、比较大的软件系统、数据结构易变化的系统都不适合用面向数据结构的设计方法。

面向对象的设计方法已经成为主流软件设计方法，它以对象为中心，软件中的任何元素都是对象，复杂的软件对象是由比较简单的对象组合而成。在面向对象的设计方法中，把所有对象都划分成各种对象类（简称为类，class），每个对象类都定义了一组数据和一组方法。数据用于表示对象的静态属性，是对象的状态信息。每当建立该对象类的一个新实例时，就按类中对数据的定义为这个新对象生成一组未用的数据，以便描述该对象独特的属性值。按照子类与父类的关系，把若干个对象类组成一个层次结构的系统。在这种层次结构中，下层的派生类具有和上层的基类相同的特性（包括数据和方法），这种现象称为继承。如果在派生类中对某些特性又做了重新描述，则低层的特性将屏蔽高层的同名特性。对象彼此之间仅能通过传递消息互相联系。对象与传统的数据有本质区别，它不是被动地等待外界对它施加操作，它是进行处理的主体，必须发消息请求它执行它的某个操作，处理它的私有数据，它的属性和操作对外界都是隐蔽的，所以不能从外界直接对它的私有数据进行操作，这种灵活的消息传递方式，便于体现并行和分布结构。

以上方法都有一定的局限性，因而人们还在研究新的方法，代表性的方法如面向方面的设计方法、面向 Agent 的设计方法、泛型程序设计、面向构件的设计方法、敏捷方法、Rational 统一过程、FDD 方法、XP 方法等，这些方法目前还不成熟。

软件设计结束后，要交付里程碑式的文档，大中型以上规模的软件系统既要交出概要设计说明书又要交出详细设计说明书，甚大型软件系统还要交出数据库设计说明书，系统越大、越复杂要求交付的文档越多，小型软件系统只需交付一个文档，即交出软件设计说明书即可。软件设计说明书是重要文档，完成后要组织评审。

1.2.4 实现阶段

这一阶段是根据软件详细设计说明书，编程实现系统，并进行测试，所以也称为编码阶段，简单地说，就是将软件设计转换成计算机程序代码，并编写测试用例，对模块进行测试。

不同的程序设计语言适用于不同的应用领域，选择合适的语言可提高编程效率和提高程序的质量，但十全十美的语言是不存在的，一般应选择尽可能熟悉的、能较好满足应用领域要求的语言。对于成熟的软件企业由于积累了丰富的管理经验，过程管理到位，软件的构件库、类库以及各种资源丰富，软件的实现就相对容易。

计算机程序设计语言有成百上千种，分类方法也不太一样。从时间上看计算机语言的发展大致经历了四代，第一代是机器语言时代，第二代是汇编语言时代，第三代是高级语言时代，目前主要使用的是高级语言，高级语言是过程性语言，第四代语言是非过程性的，第四代语言的发展将逐步改变程序设计的方式。在实现软件时要重视编码风格，因为它直接影响到软件的可维护性和易理解性，编码风格就像作家的写作风格，好的作品不但给读者以享受，而且会影响到读者的思想和行为，程序虽然最终要转换成机器去执行的指令，但更重要的是给人看的，因此要重视编码风格。好的编码风格对软件企业的发展、对软件过程管理水平的提高以及对软件企业文化的形成都有很大的影响。

程序设计也是艺术，编程人员不但要遵守规范，而且要考虑它的效率、它的价值、以后是否能重用以及重用的方式，这样才能使软件企业的生产效率不断提高，编码质量不断提高，使企业不断地向高等级迈进。良好的编码风格要求使用合适的语句结构，源程序要文档化，数据说明要规范并易于理解，输入/输出要简单、格式尽可能一致。

1.2.5 测试阶段

简单地说软件测试阶段就是检验开发的软件是否完成了所要求的功能，整体性能、结构如何，是否满足用户的要求以及是否能与其他系统元素协同工作等。严格地说，软件测试从编码阶段就应该开始。

软件测试是保证软件质量的重要活动，也是软件开发过程中占有最大百分比的技术工作。软件测试的目的是为了发现错误，找出软件产品的缺陷，因而，没有发现错误的测试是不成功的，为了使测试工作有效且系统化，将测试阶段又划分成单元（或组件）测试、集成测试、确认测试和系统测试几个子阶段，目的是为了有针对性地发现错误。软件测试的步骤可以用图 1-13 形象地描述，单元测试是检查每个程序模块是否正确地实现了规定的功能。在面向对象的测试中，单元测试就是对组件的测试，组件可以是对象类或函数，或者是这些实体的一个相关集合；集成测试是将经过单元测试的模块组装起来进行测试；确认测试是检查软件是否满足 SRS 中确定的各种需求以及软件配置是否完整、正确；系统测试则是把软件纳入实际运行环境中，与其他系统元素一起进行测试。

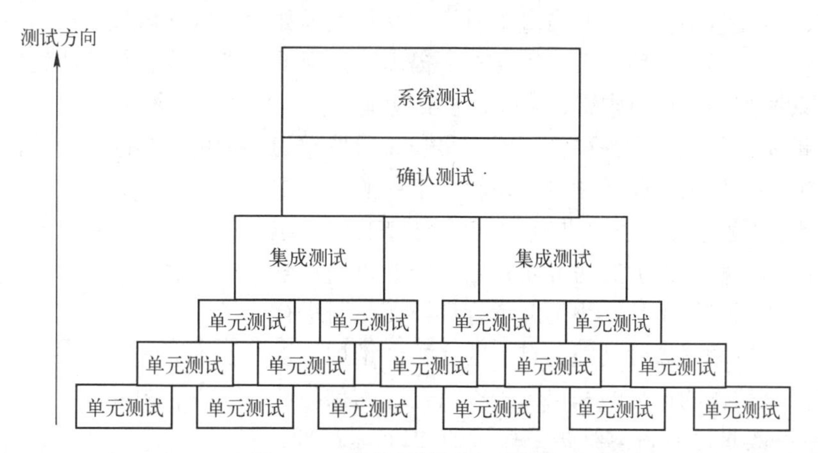

图 1-13　软件测试活动示意图

由于软件各个开发阶段的任务不同，因而所采用的测试方法和策略也不同。如集成测试可分为增殖测试、非增殖测试和混合增殖测试，增殖方式又可分为自顶向下以及自底向上增殖方式。确认测试包括功能测试、软件配置审查、验收测试以及 α 测试和 β 测试 4 种。

软件测试的种类大致可分为人工测试和基于计算机的测试，基于计算机的测试又可分为白盒测试和黑盒测试。白盒测试是结构测试，它以程序的逻辑为基础设计测试用例，基本思想是选择测试数据使其满足一定的逻辑覆盖，以此来尽可能地发现这一类中的错误。逻辑覆盖可分为语句覆盖、分支覆盖、条件覆盖、分支/条件覆盖、多重条件覆盖和路径覆盖 6 种。黑盒测试是功能测试，它不考虑程序的内部结构，根据程序的规格说明来设计测试用例，主要方法有等价类划分法、边界值分析法、错误推测法和因果图法，它的假设前提是，如果测试中发现了错误，那么满足某个条件的测试用例发现的就是这一类中的错误。

人工测试主要有桌面检查、代码会审和走查，代码会审和走查一般以会议的方式进行，3～5 人开会，每次会议 1.5 小时左右。

测试工作结束后要进行软件调试。调试与测试不同，软件测试的目的是要尽可能多地发现软件中的错误，而调试是要进一步诊断和改正程序中潜在的错误，调试的方法主要有强力法排错、回溯法排错、归纳法排错和演绎法排错。

软件测试阶段主要交付的文档有软件测试计划和软件测试报告，软件测试计划起到一个框架结构的作用，它规划了测试的步骤和安排。一个测试计划的基本内容包括基本情况分析、测试需求说明、测试策略和记录、测试资源配置、问题跟踪报告、测试计划的评审等。软件测试报告是产品部门与技术部门沟通的主要技术手段，测试报告直接影响软件缺陷的修改速度。因此，软件测试报告必须是客观的。一个好的测试报告，应该使阅读报告的人获益。软件测试报告的主要内容包括测试内容、测试意义及目标、测试环境与测试标准、测试用例设计及测试结果、软件功能的结论、可靠性和有效性评价、软件缺陷及改进建议、测试消耗等。软件测试报告评审通过后，软件才能投入使用或投放市场。

1.2.6　运行和维护阶段

这一阶段相当于人的生命周期中的成年期，软件的价值也是在这个阶段才能体现出来，人在这一时期不但要给社会做贡献，同时也要维护自身的健康，得病了需要治疗，身体弱了要加强锻炼，要注意保健、提升自身素质等。软件也是如此，软件系统在投入运行后，还会逐步暴露出错误，另外，用户可能也会不断提出一些新的要求，或者软件要适应新的环境。因此，软件系统需要不断地排错、修改、扩充功能，这些工作都是维护。

软件维护是软件生命周期中消耗时间最长、最费精力、费用最高的一个阶段。如何提高可维护性、减少维护的工作量和费用是软件工程的一个重要任务。系统规模越大、越复杂则相应的维护工作也越多。按照不同的目标，维护活动可以分为 4 类：以纠正软件错误为目的的纠错性维护；为适应运行环境变化而进行的适应性维护；以增强软件功能为目标的完善性维护，以及为了改善未来软件的可靠性和可维护性所进行的预防性维护。这 4 种维护分别占总维护工作量的 21%、25%、50%和 4%，如图 1-14 所示。

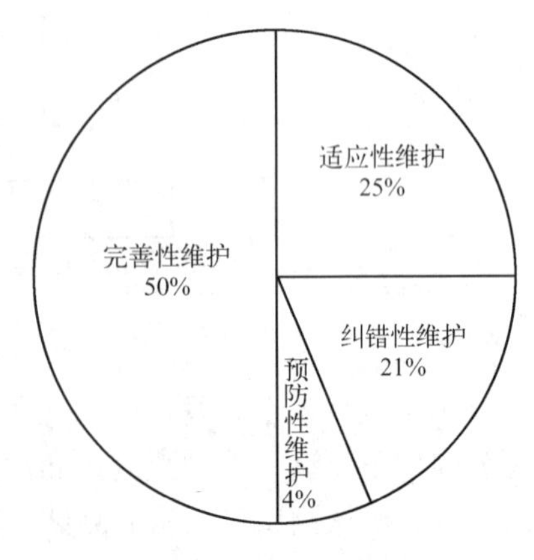

图 1-14　软件维护工作量的分布

软件可维护性是软件开发各个阶段的关键目标之一，为使软件具有较高的可维护性，在软件开发过程中，要使软件尽可能地具有较高的可理解性、可测试性、可修改性、可靠性、可移植性、可使用性和高的运行效率。

为提高软件的可维护性，在软件开发过程中要提供完整和一致的文档，进行严格的测试和阶段审查，建立明确的软件质量目标和优先级，使用现代化的开发技术和工具，并选用可维护性好的程序设计语言。

随着软件技术的飞速发展，软件维护技术也随之发展，对于新软件体系结构应采用新的软件维护方法。软件再工程是一种新的预防性维护方法，它通过逆向工程和软件重构等技术，来有效地提高现有软件的可理解性、可维护性和复用性。对现有应用系统实施再工程之前，应进行成本效益分析，有价值的系统才适宜进行软件再工程。对于多个欲将再工程的应用系统应按照成本效益分析的优先级进行排序，先对再工程整体效益高的应用系统实施软件再工程。

1.3 软件开发模型

软件开发模型也称为软件生存期模型，是软件开发过程的一个宏观框架，该框架反映了软件生命周期的主要活动以及它们之间的联系。

进行一场战役决策者们要制作沙盘，以便排兵布阵，讨论战役的进展，掌控全局。类似地，软件开发模型其实就是从宏观上描述软件的开发进程，讨论如何安排软件生命周期中的各项工作和任务，如何组织软件生命周期中的各种活动，各个阶段如何衔接。

1.3.1 瀑布模型

瀑布模型是提出最早的。目前使用最广泛的软件开发模型，图 1-15 是瀑布模型的基本形式。从图中可以看出，整个模型如同瀑布流水，开发活动互相衔接，逐级下落，每个阶段都必须在上一阶段的工作结束后才能开始。这种模型描述的是很规范的软件开发方式，每个阶段都有明确的工作目标和任务。

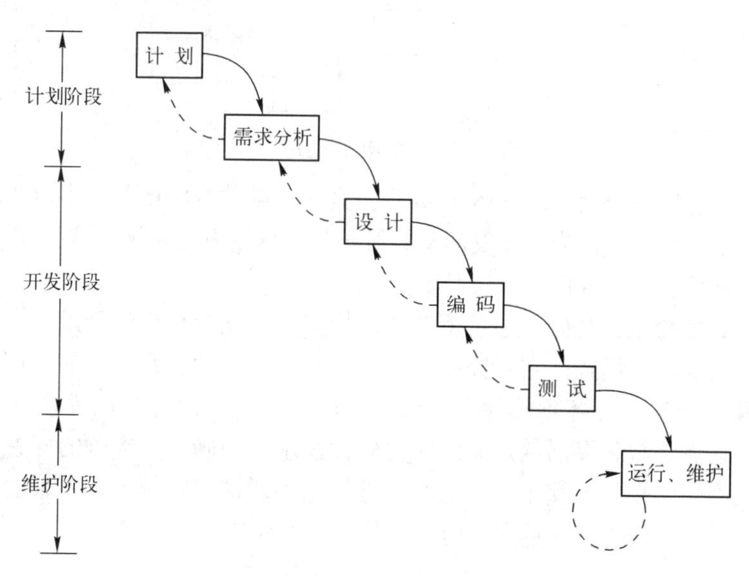

图 1-15　瀑布模型的基本形式

瀑布模型的形式多种多样，如图 1-16 和图 1-17 所示，都是基本形式的变种。在图 1-16 中，将软件维护活动进行了展开，也和开发活动一样有序进行，由此就构成了软件生命周期的循环形式。

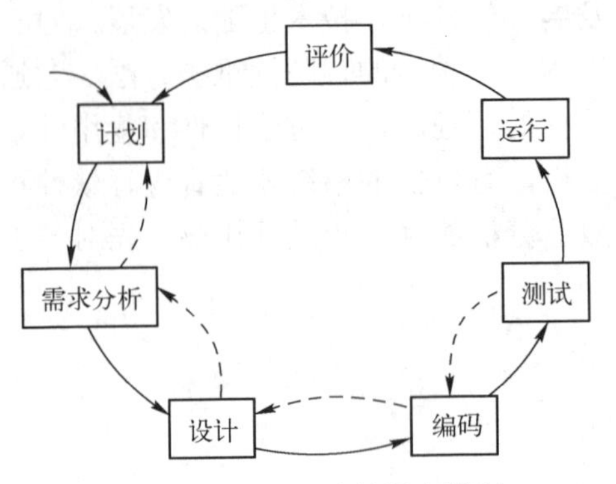

图 1-16　循环形式的瀑布模型

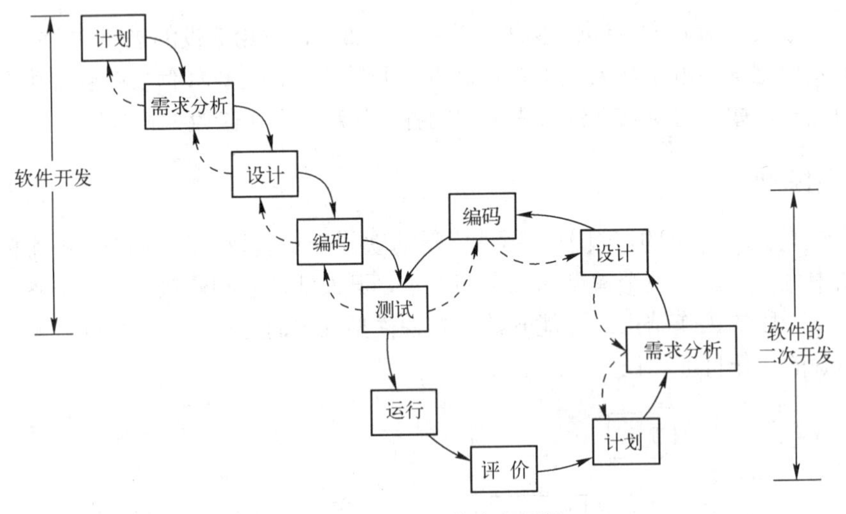

图 1-17　b 型软件生存周期

图 1-17 其实是图 1-15 和图 1-16 合成后得到的，整体形状像英文字母“b”，由于软件在投入运行后要不断地维护，为把开发活动和维护活动区别开来，所以提出了 b 型软件生存期模型，并且把维护看作是软件的二次开发。

瀑布模型是其他模型的基础，是规范的开发模型，它支持结构化开发，为软件开发和维护提供了较为有效的管理模式，它对控制软件开发复杂度、制定开发计划、进行成本预算、组织阶段评审和文档控制等各项软件工程活动都较为有效，对保证软件质量具有较好的作用。但它的突出缺点是缺乏灵活性，无法应付软件需求不明确、不准确的问题，特别是，由于各阶段工作次序固定，使前期工作中造成的差错越到后期影响越大，带来的损失也越大，而要想纠正它们所花费的代价也越高，而这又是不可避免的。

1.3.2　演化模型

演化模型也叫原型开发模型，主要是针对事先不能完整定义需求的软件开发而提出的，它是瀑布模型的变种。开发人员根据用户的需求，先开发一个原型，让用户试用，用户提出改进、精化及增强系统能力的需求。开发人员根据用户的反馈意见，实施开发的迭代过程。这一过程反复进行，逐渐演化成最终的系统。每一迭代过程均由需求、设计、编码、测试、集成等阶段组成，图 1-18 所示是一种演化模型的表示。如果在一次迭代中，有的需求不能满足用户的要求，可在下一次迭代中进行修正。

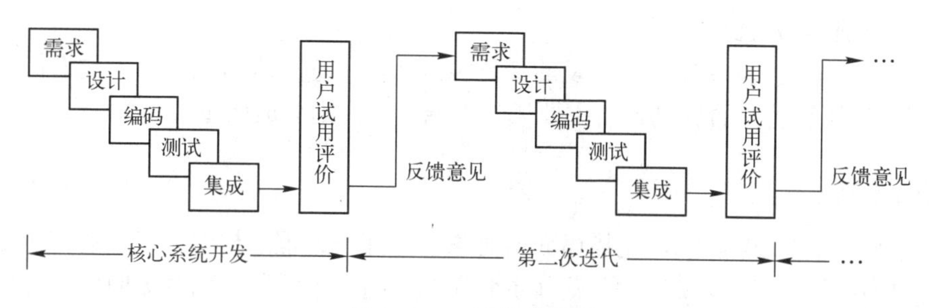

图 1-18　一种演化模型

演化模型也有多种形式，如丢弃型、样品型、渐增式演化型等，它的特点是突出一个“快”字，用户可以很快看到未来系统的“样品”，但它存在的问题也比较严重。一方面，为了尽快构造出原型，开发人员常常不得不使用不适当的开发环境、编程语言以及效率不高的算法，而这些有可能集成到系统中，成为实际系统的一部分。另一方面，构造原型时很难考虑到软件的整体质量和系统以后的可维护性问题，由此，可能造成开发出的软件质量不高。

1.3.3　螺旋模型

螺旋模型整体是螺旋形状，它也是反复迭代的过程，如图 1-19 所示，螺旋模型其实是把瀑布模型和演化模型相结合所建立的一种软件开发模型，它的显著特点是加入了二者所忽略的风险分析。软件风险是任何软件项目中都普遍存在的现象，也是多方面的。风险分析的目的是在造成危害之前，及时对风险进行识别，并采取对策，进而消除或减少风险造成的损害。

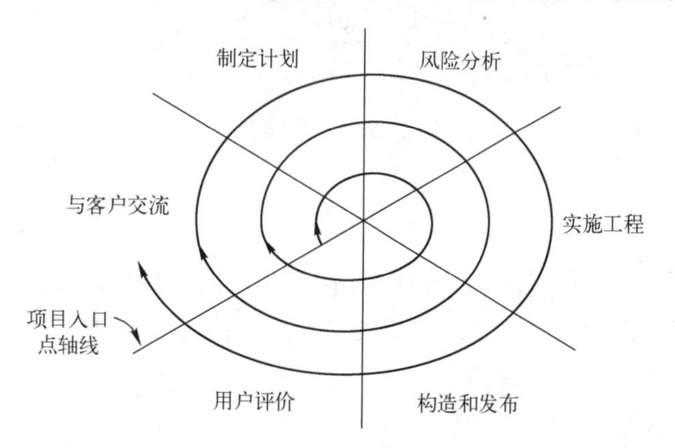

图 1-19　一个典型的螺旋模型

一般按软件生命周期的工作任务将螺旋模型划分为若干框架活动，也称为任务区域，每一个区域均包含若干适应待开发项目的工作任务，称为任务集合。对于较小的项目，工作任务较少，形式化程度较低；对于较大的、关键的项目，每个任务区域都有较多的工作任务且形式化程度较高，典型的螺旋模型有3到6个任务区域，图1-19是6个任务区域的螺旋模型。

从中心开始，顺时针按螺旋线向外移动，就可一步一步地建立起完整的软件版本。在第1圈可能产生软件产品的归约，第2圈可能产生一个原型，第3圈用于软件产品的增强，第4圈可能是软件产品的维护。每次经过“制定计划”区域是为了对软件项目计划进行调整，根据用户的评价来调整费用和进度，根据每次的风险分析结果，都要做出继续还是停止的决策，如果项目风险太大就只能停止。

螺旋模型是当前大型软件系统开发的最现实方法，但它要求有风险评价的专门技术，这些专门技术决定了评价是否成功，若主要风险不能发现，则会造成重大损失。

1.3.4 喷泉模型

喷泉模型如图1-20所示，是描述面向对象软件开发过程的模型，喷泉的特点是连续无间隙。用面向对象技术开发软件时，软件生命周期中的各个阶段之间并无明确的边界，工作是连续的，就像喷泉一样，在分析阶段根据分析员的理解建立了相关概念，如建立用例图、类图、类的层次结构图、建立实例联系等，并确定了类的属性和操作。由于分析和设计是连续的过程，进入设计阶段后，可能还会派生出一些对象类，并要建立对象间的联系，在实现阶段，为适应问题描述及解法可能还会设计一些对象类，在测试阶段可能会根据测试需要又要派生出新的类，这个过程是迭代的。系统的某个部分常常会重复工作多次，相关功能在每次迭代中被加入演进的系统，因此，用“喷泉”一词来描述是很贴切的。

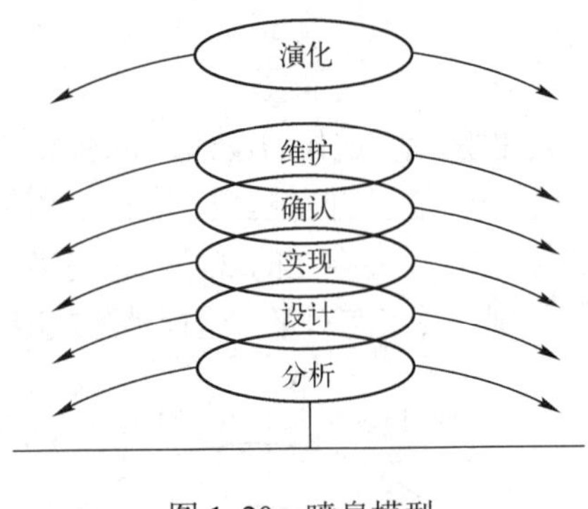

图1-20 喷泉模型

1.3.5 其他模型

软件生存期模型只是对软件生命周期各个阶段工作的一种图示化描述，它描述了软件开发都有哪些工作，各项工作如何衔接，同时也是为了指导软件开发过程。除了以上几种典型模型外，还有一些比较有影响的模型。

1. 智能模型

智能模型是以专家系统或知识库为核心，所有的软件工程工作都与这个核心有关，因而该模型是基于知识的软件开发模型，如图1-21所示，知识库中存放模型、知识、规则，软件开发人员采用规约和推理机制，辅助进行相关开发工作。从图中可以看出，软件的维护不在程序一级上进行，而是在功能归约也就是需求分析一级进行，这就把问题的复杂性大大降低了，从而可把精力更加集中于具体描述的表达上。具体描述可以使用形式功能归约，也可以使用知识处理语言描述等。

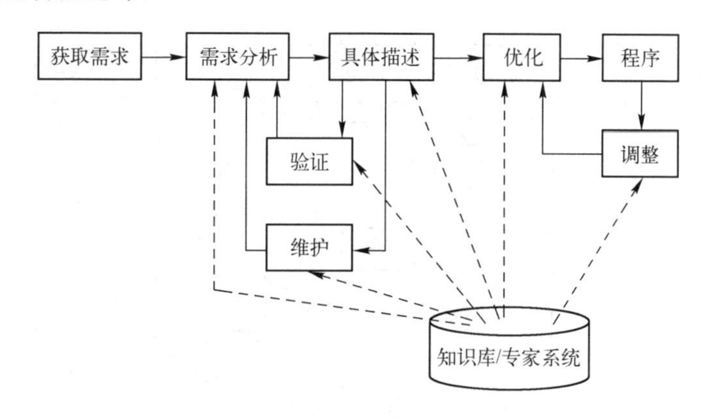

图 1-21　智能模型

2．增量模型

增量模型也是从瀑布模型演化而来，如图 1-22 所示，它融合了瀑布模型和原型开发模型的优点，也可以看作是演化模型的一种。宏观上看开发过程是迭代进行的，每次迭代都像是一个瀑布模型，它的每个增量都是可交付的软件。通常，每个增量的建造是基于那些已经交付的增量而进行的，任何增量均可以按原型开发模型来实现。例如，使用增量模型开发一个字处理软件，在第 1 个增量中发布基本的文件管理、编辑和文档生成功能，在第 2 个增量中发布更加完善的编辑和文档生成能力，第 3 个增量实现拼写和语法检查功能，第 4 个增量完成高级页面布局功能，等等。在不断地演化中，产品的功能、性能不断地提高。

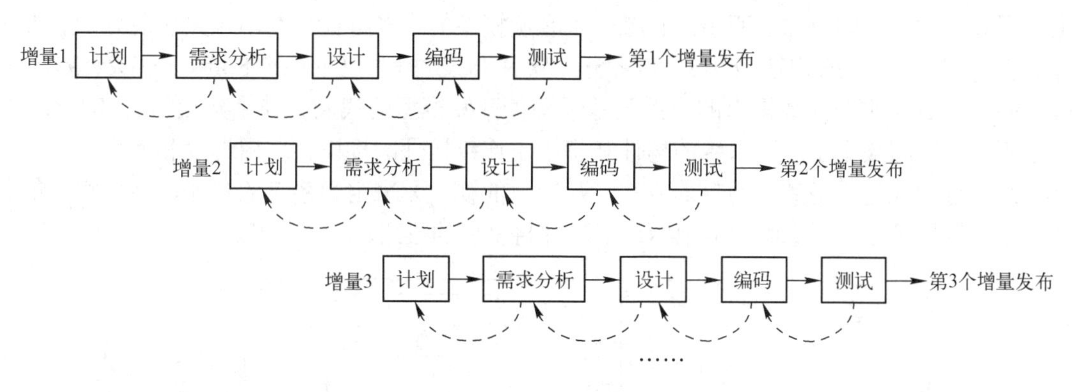

图 1-22　增量模型

3．并发过程模型

并发过程模型有时也称并发工程，它定义了一系列事件，这些事件将触发软件工程的主要技术活动、动作或者任务的状态转换。例如，设计的早期阶段（建模活动期间发生的主要软件工程动作），发现了需求模型中的不一致性，于是产生了分析模型修正事件，该事件将触发需求分析动作从“完成”状态到“等待改变”状态。图 1-23 是并发过程模型中一个活动的图形表示，该活动是分析，其他活动也用类似的方式表示。

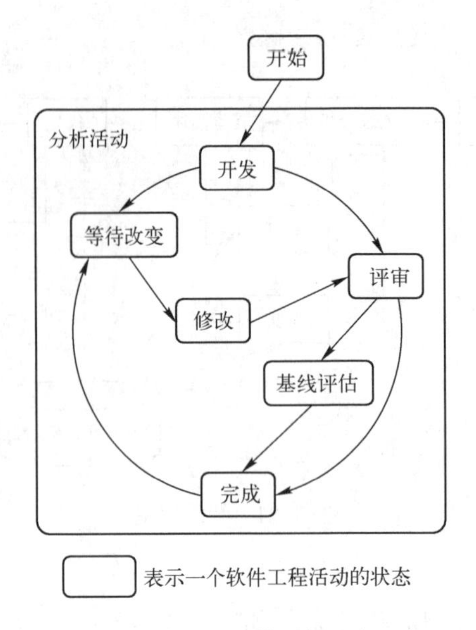

图 1-23　并发过程模型的一个元素

并发过程模型可用于所有类型的软件开发，它能够提供精确的项目当前状态图。它不是把软件工程活动、动作和任务局限在一个事件的序列，而是定义了一个过程网络。网络上每个活动、行为和任务与其他活动、行为和任务同时存在。过程网络中某一点产生的事件可以触发状态的转换。

4．基于构件的开发模型

基于构件的开发（Component-Based Development，CBD）模型是在面向对象技术的基础上发展起来的，如图 1-24 所示，它融合了螺旋模型的许多特征，利用预先包装好的软件构件（有时称为类）来构造应用系统。统一软件开发过程（Unified Software Development Process）是近年来产业界提出的一系列基于构件开发模型的代表。使用建模语言 UML，统一过程定义了将被用于建造系统的构件和将用于连接构件的接口。使用迭代和增量开发的组合，统一过程通过应用基于场景的方法（从用户的视角）来定义系统的功能，然后将功能和体系结构框架耦合，体系结构框架标识了软件将呈现的形式。

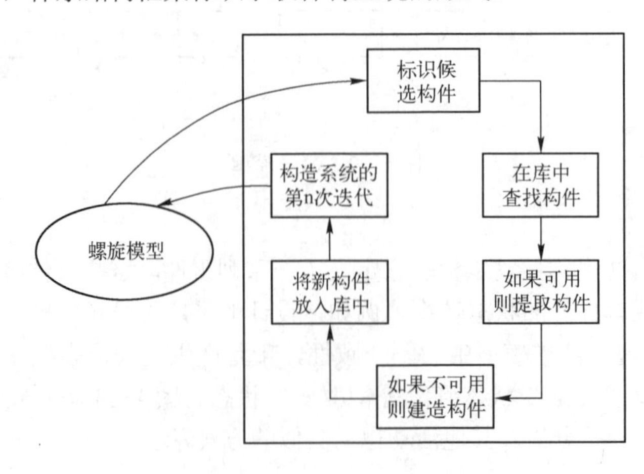

图 1-24　基于构件的开发模型

基于构件的软件工程在特定的应用领域内标识、构造、分类和传播一系列软件构件。这些构件经过合格性检验、适应性修改，并集成到新系统中。对于每个应用领域，应该在建立了标准数据结构、接口协议和程序体系结构的环境中设计可复用构件。

5．面向复用的软件开发模型

面向复用的软件开发模型也称为面向复用的软件工程，它与基于构件的开发模型的思想是一致的。

在大多数的软件项目中，都存在一定程度的软件复用。例如，当人们注意到某项目中的设计或代码是与当前项目中所需要的部分很相像的时候，一般不会再重做一次，因而复用就自然地发生了。人们搜寻这些可复用的东西，而后根据需要修改它们，再将其纳入到自己的系统中来。但是，这样随意性的复用并没有考虑到所采用的开发过程。

在 21 世纪的今天，注重复用现存软件的开发过程得到了广泛采用。面向复用的方法依赖于存在大量可复用的软件组件以及能组合这些组件的集成框架。有时，这些组件本身就是一个系统（例如 COTS，即商业现货系统），它能提供专门的功能，例如字处理或制表软件。

用于面向复用过程的软件组件有三种类型：一种组件类型是通过标准服务开发的 Web 服务，可用于远程调用；另一种组件类型是对象的集合，如.NET 或者 J2EE 等集成在一起作为一个包和组件框架来使用；还有一种组件类型是独立的软件系统，通过配置在特定的环境下使用。

面向复用开发的一般过程模型如图 1-25 所示，尽管初始需求描述阶段和有效性验证阶段与其他过程差不多，但是面向复用过程的中间阶段是不一样的，下面将这几个中间阶段的工作简单描述如下。

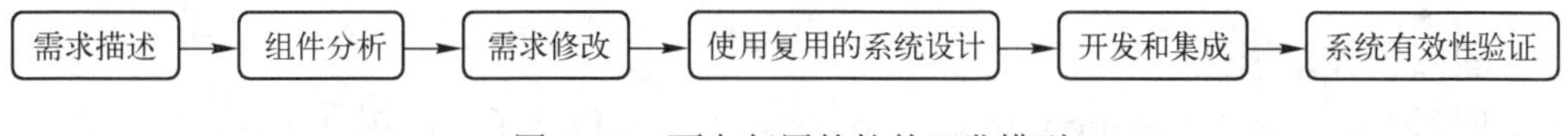

图 1-25　面向复用的软件开发模型

（1）组件分析

在组件分析阶段先给出需求描述，然后搜寻能满足需求的组件。很多情况下没有正好合适的组件供选择，因而得到的组件往往只能提供所需要的部分功能。

（2）需求修改

在这个阶段，先根据得到的组件信息分析需求，然后修改需求以反映可得到的组件。当需求修改无法做到的时候，就需要重新进入组件分析活动以搜索其他可能的替代方案。

（3）使用复用的系统设计

在这个阶段，设计系统的框架或者重复使用一个已存在的框架。设计者分析那些将被重复使用的组件，并组织框架使之适应这些组件。当某些可复用的组件不能得到时，必须重新设计一些新的组件。

（4）开发和集成

当组件不能买到时，就需要自己开发，然后集成这些自己开发的组件和现货组件，使它们成为一个整体。在这个模型中，系统集成虽然是一项独立的活动，但它已经成为软件开发过程的一个部分。

从上述描述可以看出，面向复用模型的明显优势是它减少了开发软件的工作量，使用该模型不但可以降低软件开发成本，也可以降低开发中的风险，同时也可使软件快速地交付。该模型的缺点是需求妥协不可避免，而这可能会导致一个不符合用户真正需要的系统。此外，对系统进化的控制也将失效，因为可复用的组件新版本可能是不受机构控制的。

6．形式化方法模型

形式化方法模型是一种严格的软件工程方法，是一种强调正确性的数学验证和软件可控性认证的软件过程模型，其目标和结果是使软件的出错率非常低，这是其他方法所难以达到的。图 1-26 为形式化方法模型的一种，称为净室过程模型。由于形式化方法模型使用很费时且昂贵，因而应用较少。

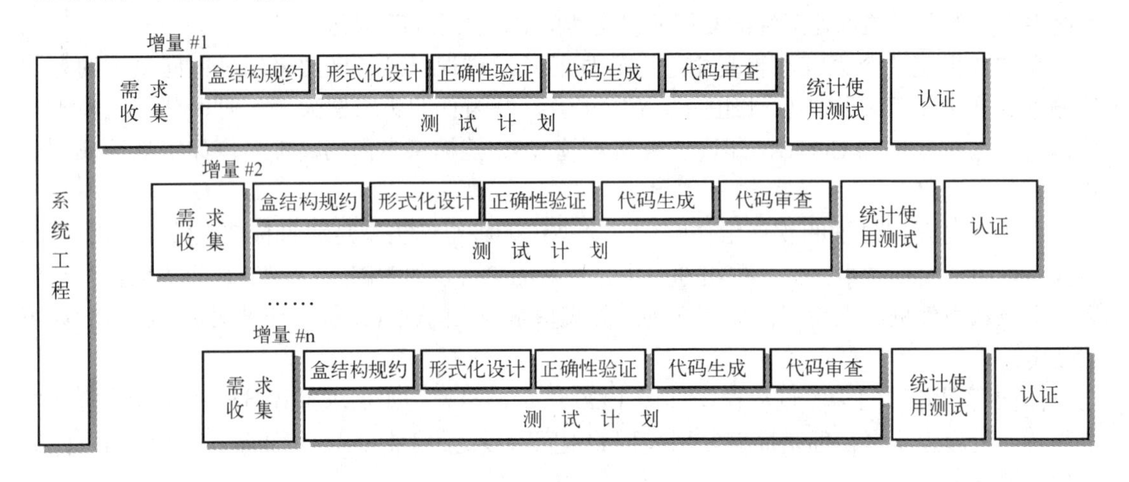

图 1-26　一种形式化方法模型——净室过程模型

7．第四代技术模型

第四代技术（4th Generation of Technology，4GT）包含了一种组件工具，它们都具有共同点，能使开发人员在较高的级别上规约软件的某些特征，并把这些特征自动生成源代码。

目前，支持 4GT 模型的软件开发环境包括以下各部分和全部工具：数据库查询的非过程性语言、报表生成、数据处理、屏幕交互和定义、代码生成、高层图形、电子表格、以及使用 HTML 和用于 Web 站点的工具等。这些工具都很适用，但都局限于一些专门的应用领域。现在，还没有一种 4GT 环境能够同时方便地使用上面所介绍的各类应用软件。软件工程的 4GT 模型如图 1-27 所示，目前，围绕该模型的应用还有很多争论。支持者认为，它可以极大地减少开发时间，提高软件开发效率；反对者认为，目前的 4GT 工具并不比编程语言容易，同时使用这样的工具生成的源代码效率不高，特别是用 4GT 开发大型软件系统可维护性很差。

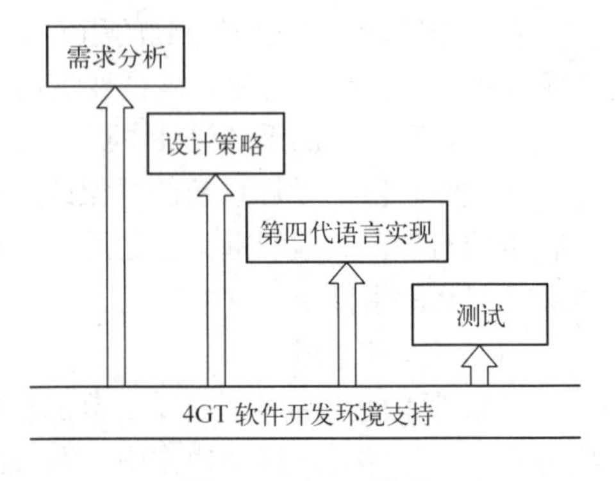

图 1-27　4GT 模型

4GT 已经成为一种重要的软件工程方法，当它与 CBD 方法结合起来时，可能会成为软件开发的主流方法。

8. 混合模型

每种软件生存周期模型都不是十全十美的，要让它们适应各种项目的开发和各种情况的需要也是很难的。为此，可开发混合模型（Hybrid Model），如图 1-28 即为一个混合模型。开发混合模型的目的是为了发挥各自模型的优势，对于具体开发组织也可使用 2～3 种不同的模型组成一个较实用的混合模型，以便获得最大的效益。

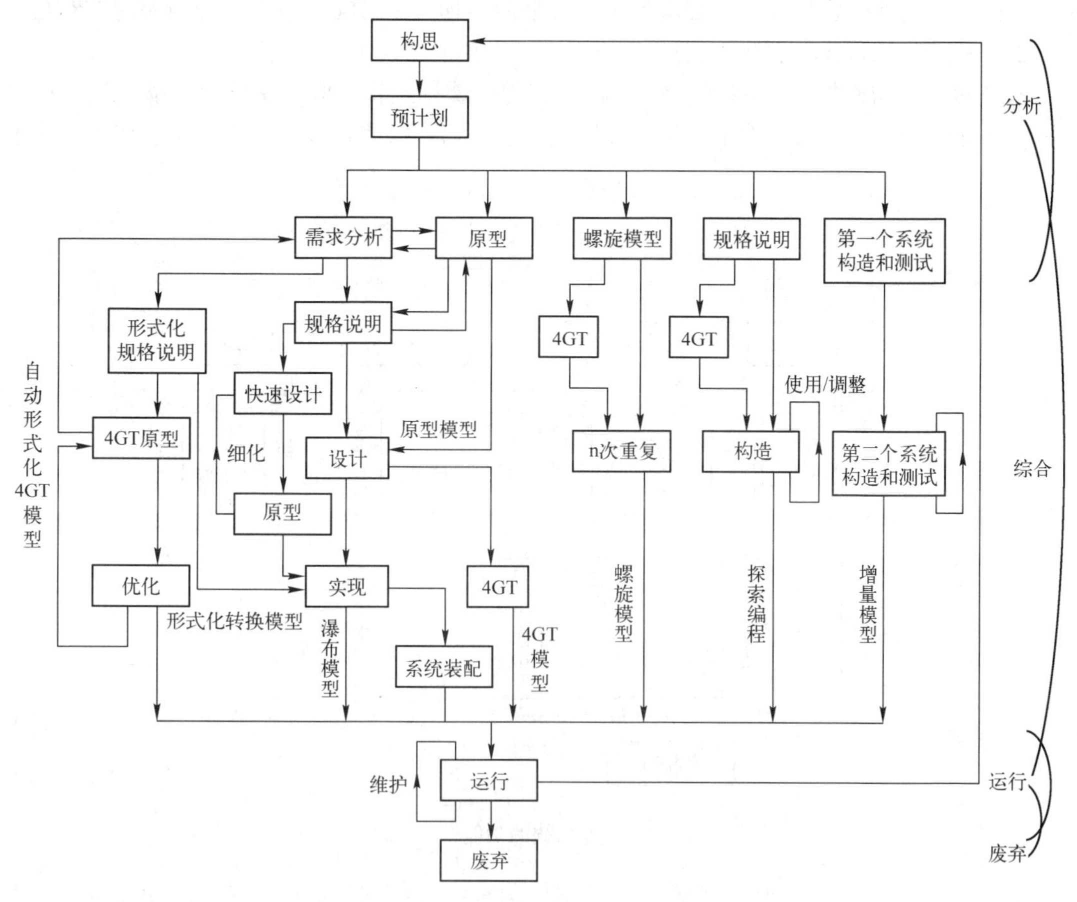

图 1-28　一个混合软件生存期模型的例子

1.4 实用案例

现实中的软件系统千千万万，软件开发方式也千差万别，同一个问题不同的开发组织可能会选择不同的开发模型去解决，开发出的软件系统也不会完全一样，但是基本目标都是一样的，那就是应该满足用户的基本功能要求，否则，再好的系统也是没有意义的。以下两个案例一个是读者都熟悉的业务活动的出卷系统，另一个是伴随互联网广泛应用后出现的家庭安全住宅系统。

1.4.1 出卷系统的开发模型选择

某学校要开发一个出卷系统，以整体提高考试出卷的客观性、规范性和科学性，提高试卷质量和管理水平，该系统可完全自动、也可以自动和手动结合、还可以完全手动出卷。

该系统其实是将以前人工工作计算机化，表面上看起来比较简单，但当认真考虑后却发现有很多约束，例如，一张卷子不能有重复的题目，连续几年（可根据需要设定年限）不能有重复试卷和试题，根据考试时间确定题量，确定各种类型考题的比例及分值，根据各类型总分及题量确定各小题的分值等等。为了建立实用的出卷系统，需要做很多非开发方面的工作，例如，一门课的题目数至少要满足某个最低限，如大于 1000 道题，一门课的试卷数不少于 20 份等等。如果试卷太少、题量太小，则开发出的系统不具有实用性。

系统的功能结构如图 1-29 所示。主模块应提供课程选择、联机帮助等功能，用户可根据需要选择调用“试卷管理”子系统、“题库管理”子系统、“在线考试”子系统或“系统维护”子系统。

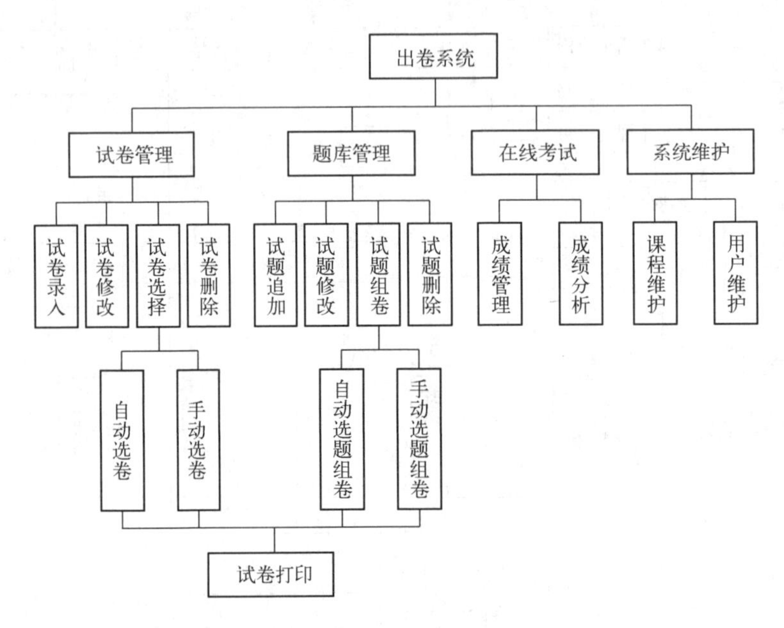

图 1-29　出卷系统的功能结构要求

“试卷管理”子系统主要包括试卷录入、试卷修改、试卷选择及试卷删除 4 项功能。

“题库管理”子系统主要包括试题追加、试题修改、试题组卷及试题删除 4 项功能。

“在线考试”子系统可包括“成绩管理”及“成绩分析”两个下级模块。“成绩管理”模块可为学籍管理系统提供规范的成绩，或直接将成绩写入学籍库中，也可打印成绩单，对成绩排名，转换成学分绩，对不及格的学生给出报警等等；“成绩分析”模块可自动生成考试成绩分析表，可根据需要给出定量的数据，如最高分、最低分、平均分、优秀人数及比例、良好人数及比例、中等人数及比例、及格人数及比例、不及格人数及比例，可给出饼图、柱图等，也可根据评价规则给出定性评语，如试卷的总体评价、学生掌握基本理论情况分析、学生灵活运用知识、分析、解决问题能力情况分析、存在问题分析、今后改进意见等。

“系统维护”子系统可包括课程维护及用户维护等，可根据需求分析的结果来确定其功能，在软件设计阶段确定软件结构。

系统可以统一建库，也可以按课程建库，系统应建立课程名称库、每门课程的试题库以及试卷库等。为便于组卷，可将试题按难度分为难、中、易 3 类；试题类型一般应有是非题、选择题、分析题、综合题、出题时间、使用时间，每个题目都应该有唯一的编号、覆盖的知识点、答案和难度，在试题录入时系统应能提供图形和文字编辑功能。

这是用户非常熟悉的业务活动，需求、目标、功能都很明确， 建议采用规范的瀑布模型进行开发。

1.4.2 住宅安全系统 SafeHome 的开发模型选择

该案例从美国软件工程专家 Roger S.Pressman 所著《软件工程：实践者的研究方法》一书中整理而来。一家专门开发家用和商用消费产品的公司有一个拳头产品——通用的无线盒，只有火柴盒大小，可以把它放在各种传感器上，放在任何电子产品中，比如数码相机里，可以通过无线连接获得它的输出。利用这一拳头产品，他们计划开发一个住宅安全系统 SafeHome，该产品采用新型无线接口，给家庭和小型商务使用者提供一个由计算机控制的系统——家庭安全、监视、应用和设备控制。例如，你可以在回家的路上关闭家里的空调，或者诸如此类的家电。该公司的工程部已经做了相关的技术可行性研究，该产品可行且制造成本不高，由于所需的大多数硬件可以在市场上购买到成品，因而 SafeHome 系统的主要工作是软件开发。在美国，70%的家庭拥有计算机。如果该产品开发成功且价格合理，那么将会有广阔的市场前景。到目前为止，只有该公司拥有这一无线控制盒技术，而且将在这个方面保持两年的领先地位。以下是在该公司软件工程部会议室开会讨论开发模型的选择过程。

1．第一次会议简况

会议主要成员：项目经理 Lee Warrer，软件工程经理 Doug Miller，软件团队成员 Jamie Lazar、Vinod Raman 和 Ed Robbins。

Lee：正如我们现在所看到的，我已经花了很多时间讨论 SafeHome 产品的产品线。毫无疑问，我们做了很多工作定义这个东西，我想请各位谈谈你们打算如何做这个产品的软件部分。

Doug：看起来，我们过去在软件开发方面相当混乱。

Ed：Doug，我不明白，我们总是能成功开发出产品来。

Doug：你说的是事实，不过我们的开发工作并不是一帆风顺，并且我们这次要做的项目看起来比以前做的任何项目都要大而且更复杂。

Jamie：没有你说的那么严重，但是我同意你的看法。我们过去混乱的项目开发方法这次行不通了，特别是这次我们的时间很紧。

Doug：我希望我们的开发方法更专业一些，我们现在需要一个过程。

Jamie：我的工作是编程，不是文书。

Doug：在你反对我之前，请先尝试一下。我想说的是，似乎瀑布模型并不适合我们，……它假设我们此刻明确了所有的需求，而事实上并不是这样。

Vinod：同意你的观点，瀑布模型太 IT 化了……，也许适合于开发一套库存管理系统或者什么，但是不适合我们的 SafeHome 产品。

Doug：对。

Ed：从原型开发模型的特点来看，正适合我们现在的处境。

Vinod：有个问题，我担心用原型开发方法不够规范。

Doug：别怕，我们还有许多其他选择。我希望在座的各位选出最适合我们小组和我们这个项目的开发模型。

2．第二次会议简况

会议主要成员：项目经理 Lee Warrer，软件工程经理 Doug Miller，软件团队成员 Jamie Lazar 和 Vinod Raman。

Doug 首先介绍了一些可选的演化模型，比较了它们各自的特点。

Jamie：我现在有了一些想法，增量模型挺有意义的，我也很喜欢螺旋模型，听起来很实用。

Vinod：我赞成用增量模型。我们先交付一个增量产品，听取用户的反馈意见，再重新计划，然后交付另一个增量。这样做也符合产品的特性。我们能够迅速投入市场，然后在每个版本或者说在每个增量中添加功能。

Lee：等等，Doug，你的意思是说我们在螺旋的每一轮都重新生成计划？这样不好，我们需要一个计划，一个进度，然后严格遵守这个计划。

Doug：你的思想太陈旧了，Lee，就像他们说的，我们要现实。我认为，随着我们认识的深入和情况的变化来调整计划更好。这是一种更符合实际的方式。如果制定了不符合实际的计划，这个计划还有什么意义？

Lee：我同意这种看法，可是高管人员不喜欢这种方式，他们喜欢确定的计划。

第三次会议他们达成了共识，决定采用增量模型开发 SafeHome 产品软件。

1.5 小结

计算机软件是计算机系统的主要组成部分，它包括程序、数据、文档、方法、规则等，软件主要有系统软件、应用软件、工具软件和可重用软件 4 类。软件工程是集成计算机软件开发的过程、方法和工具的学科，是针对软件危机而发展起来的一门学科。软件的生命周期是一个重要的概念，是指从软件计划开始直到软件被弃为止的所有阶段，

软件开发模型也称为软件生存期模型，它是反映软件开发过程、开发活动和开发任务的结构框架，实际进展中允许进行改进或适当的变化，它是指导我们进行软件开发的一个宏观框架，不能被它完全束缚。

软件生存期模型目前虽有十余种，但常用的只有几种，使用最多的仍然是瀑布模型，它是其他模型的基础。

1.6 习题

1．如何理解软件概念，简述软件有哪些分类方法？

2．简述以下概念。

1）系统软件。

2）应用软件。

3）工具软件。

4）可重用软件。

3．解释下列软件的特点。

1）嵌入式软件。

2）产品线软件。

3）人工智能软件。

4．软件的发展经历了哪几个阶段？简述各阶段名称及特点。

5．什么是软件危机，主要有哪些表现？

6．美国 IBM 公司的 OS/360 项目总负责人费雷德里克·布鲁克斯（Frederick P.Brooks Jr.）写过一本计算机界人人皆知的名著，该名著的名称是什么？

7．简述软件工程的起源。

8．计算机系统的成本是由硬件决定还是由软件决定？

9．下列哪个概念是 1968 年在德国小镇加米施（Garmisch）召开的北大西洋公约组织（简称 NATO）学术会议上与会学者们首次提出的。

软件工程、互联网、云计算、物联网、大数据

10．简述 Roger S. Pressman 的软件工程层次化定义。

11．为什么说软件工程是一门多学科交叉的学科？

12．简述北京大学王立福教授等给出的软件工程定义。

13．什么是软件的生命周期？

14．给出瀑布模型的基本形式，简述它的特点。

15．给出喷泉模型的图示表示，它是描述什么开发过程的模型，喷泉模型的特点是什么？

16．螺旋模型的特点是什么？典型的螺旋模型有几个任务区域，试给出一种螺旋模型的图示表示。

17．说出面向复用的软件开发模型的主要步骤，简述该模型的主要特点。

18．演化模型又称作什么模型？说出几种演化模型的形式，说出演化模型的主要优点和缺点。

19．常见的软件生存期模型主要有哪些？给出名称。

20．按照软件生命周期顺序，对下列任务进行排序。

1）交付软件项目开发计划。

2）制定软件测试计划。

3）获取需求。

4）编写需求。

5）估算软件开发成本、进度、工作量。

6）预测开发软件所需要的资源。

7）管理软件风险。

8）安排软件开发进度。

9）评审软件项目计划。

10）分析需求。

11）确定待开发软件系统的工作范围。

12）协商需求。

13）管理需求。

14）审查需求。

15）编写软件需求规格说明（SRS）。

16）评审 SRS。

17）编写设计规格说明（即软件设计说明书）。

18）评审设计规格说明。

19）设计软件体系结构。

20）设计数据结构。

21）描述软件过程。

22）编写程序代码。

23）进行确认测试。

24）进行软件调试。

25）进行单元测试。

26）进行系统测试。

27）进行集成测试。

28）撰写软件测试报告。

29）评审软件测试计划。

30）评审软件测试报告。

21．常见的软件维护有哪几种类型，各占维护工作量的百分比是多少？

22．在案例 2 中，为什么 SafeHome 产品软件不采用瀑布模型？

第 2 章　软件需求分析

一对年轻夫妇贷款买了一套新房，拿到钥匙后要装修，怎么装修，要什么风格，各个房间怎么分配，用做什么？夫妻意见可能相左，即使双方意见达到了统一，与装修人员之间也总有理不清的矛盾，甚至他们提不出具体的装修要求，装修完以后才提出不满意或具体想法。软件需求分析出现的状况与此类似，理解、归纳并正确描述用户需求是开发人员面临的一项困难工作，正确完善的需求分析将为软件开发奠定坚实的基础。

软件需求包括三个不同层次：业务需求、用户需求和功能需求，不同层次的需求从不同角度与不同程度反映着细节问题。业务需求反映组织机构或客户对系统、产品高层次的目标要求；用户需求描述用户使用产品必须完成的任务；功能需求则定义软件必须实现的功能，使得用户能通过所实现的软件完成他们的任务，从而满足业务需求。

由于软件需求分析在软件工程中的地位和作用越来越重要，因而形成了软件需求工程。作为一门学科，软件需求工程主要研究软件开发如何满足用户的需要以及如何对软件需求管理等问题。

汉语中的需求是指“由需要而产生的要求”，软件需求就是用户需要软件“干什么”的要求，软件需求分析就是详细地精化已建立的软件范围，创建所需数据、信息和控制流以及操作行为的模型，分析可选择的解决方案并将它们分配到各软件元素中去。

软件需求分析主要包括 7 个阶段的工作：起始、导出、精化、协商、规格说明、确认和管理。在需求起始阶段，软件工程师问一组与上下文无关的问题，目的是为了建立对问题、人员以及解决方案的初步理解，并在客户和开发人员之间进行有效的初步沟通与协作；在导出阶段要导出问题的范围、对问题的理解以及问题的变动；在精化阶段集中于开发精确的技术模型，用这些模型来说明软件的功能、特征和约束；不同的客户或用户可能会提出相互冲突的需求，协商阶段就是通过协商来调解这些冲突，应该将发生冲突的需求按优先级排序、进行讨论，采用迭代方式删除、组合或修改需求，使各方达到一定的满意度；规格说明是软件需求阶段完成的最终工作产品，它是后续软件工程活动的基础，一个规格说明可以是一份写好的文档、一套图形化的模型、一个形式化的数学模型、一组使用场景、一个原型或上述各项的任意组合；需求确认是检查规格说明以保证需求无歧义性、无不一致性，并检测出是否有遗漏和错误；需求管理从需求的识别开始，每个需求被分配一个唯一的标识符，一旦需求被标识，就要建立跟踪表，每个跟踪表将标识的需求与系统或其环境的一个或多个方面相关联。可以使用的跟踪表有很多，主要有特征跟踪表、来源跟踪表、依赖跟踪表。子系统追踪表和接口跟踪表。

2.1　结构化需求分析方法

结构化分析方法（Structured Analysis，SA）是最早的软件开发方法，20 世纪 70 年代末由爱德华·纳什·尤顿（Edward Yourdon）（如图 2-1 所示）等人提出并得到发展，SA 方法是面向数据流进行需求分析的方法，适合于开发数据管理类型的应用软件的需求分析，是使用非常广泛的一种方法。该方法与结构化设计方法（Structured Design，SD）衔接起来，形成结构化分析设计技术（Structured Analysis and Design Technique，SADT），是有效的软件开发方法之一，它易学、易用，结构化分析方法的一些重要的概念也渗透到其他开发方法中。

图 2-1　结构化开发方法的创始人爱德华·纳什·尤顿

结构化方法的基本手段是“抽象”和“分解”，即用抽象模型的概念，按照软件内部数据传送、变换的关系，由顶向下逐层分解，直到找到满足功能需要的所有可实现的软件为止。

结构化分析方法使用的工具有数据流图、数据词典、结构化英语、判定表和判定树。因而，用 SA 方法进行需求分析所得到的 SRS 中应包括一套分层数据流图，完整的数据词典以及用结构化英语或判定表或判定树对处理逻辑（即变换）的说明。

2.1.1　数据流图及其画法

数据流图（Data Flow Diagrams，DFD），英文也称为 Bubble Chart，意为泡泡图，是以图示的方式来描述数据在解决问题过程中的变化过程。如果数据流图画得正确，软件的设计就变得容易了。DFD 不但是结构化分析方法的工具，用其他方法进行需求分析，DFD 也是有用的工具。

1．数据流图的组成元素

先看一个实际例子，若要为某培训中心开发一个计算机信息管理系统，代替目前的人工业务工作。为此，先要调查清楚实际的人工处理情况，经过详细调查分析得到如下描述。

培训中心为在职人员开设有若干课程，有关人员可通过电话、短信、E-mail 或信件方式报名选修某门课程，培训中心根据规定对修课学员收取一定费用，学员也可查询课程设置及课程简介等事宜。培训中心将学员发来的电子邮件、电话、信件等收集分类后，按不同情况处理。如果是报名的，则将报名数据送给负责报名事务的职员，他们查阅课程文件，检查是否能满足要求，若能满足则在学生文件、课程文件及账目文件上登记，开出报名单交财务部门，财务人员收款后开出发票（或收据）经复审后通知学员。如果是查询的，则交由有关人员查询课程文件后给出答复。如果是想注销原来已选修的课程，则由有关职员修改课程、学生及账目文件，填写注销通知书，经复审后交与学员。对要求不合理的函电、不合理的事务以及报名后未付款的情况，则拒绝处理。

经过以上分析，可将培训中心管理系统的数据流图描述成如图 2-2 所示的形式。该图表明系统分解成收集、分类、注销、报名、付款、查询、开发票及复审 8 部分，这些部分之间通过数据对象相联系。从图 2-2 可以看出，数据流图有 4 种基本成分，如图 2-3 所示。

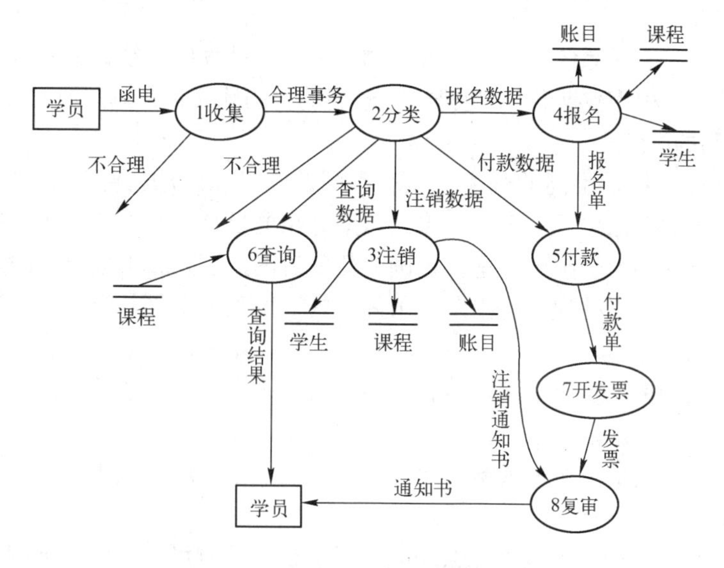

图 2-2　培训中心管理系统的 DFD

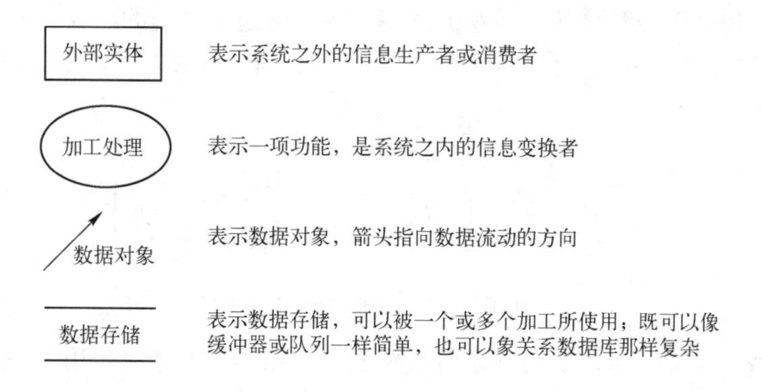

图 2-3　基本 DFD 符号

（1）数据对象

用带箭头的线表示，它反映的是数据的路径和流向，可以用名词或名词短语来命名。它的成分是固定的，如图 2-2 中，“发票”由“姓名”、“单位名”、“日期”和“金额”组成。除了流入和流出数据存储的数据对象外，每个数据对象都必须有一个合适的名字，名字要尽量具有实际意义，使人容易理解。

（2）加工处理

用椭圆表示，它反映的是对数据对象的变换，如图 2-2 中“查询”“分类”等。每一个加工处理都要有个合适的名字来反映对数据的变换过程，为了便于管理，还要对它们进行编号。

（3）数据存储

用双线来表示，可以是数据文件或记录，如图 2-2 中的“账目”“课程”等。使用时要注意箭头的方向，若读出数据，则从双线指向椭圆；若写入数据或修改数据，则从椭圆指向双线。

（4）外部实体

用矩形来表示，它是系统之外的人或事物，用以帮助理解系统，如图 2-2 中，“学员”是数据起源的地方（称为数据源），也是数据最终的目的地（称为数据池）。

2．数据流图的画法

就像画家作画一样，不同的画家应该有不同的画风和画法。由于现实中的系统千差万别，因而数据流图的画法也不应千篇一律，这里介绍的只是画数据流图的一般步骤，随着开发经验的增加，读者不但会画出合理、正确的数据流图，而且会形成自己的风格和画法。一般的做法是从当前的人工处理情况出发，由外向内、由顶向下、从粗到细、逐步求精，和画家作画的过程类似。

最初应该反映当前的实际情况，尽管当前可能有很多不合理的情况，但是在分析时要如实地反映出来，就像作画，先求形似，再求神似。用户使用的文件、数据、表格、发票、清单等，在 DFD 上就是数据对象或数据存储，用户做的工作就是加工处理，他们的名字就是平常使用的名字。

刚开始分析时，系统应该包含什么功能还不清楚，这时可使系统的范围稍大一些，把可能有关的内容都包括进去，这时应向用户了解清楚“系统从外界接受什么信息”以及“系统向外界送出什么信息”得到这两类问题的回答就等于确定了系统的边界，如“培训中心管理系统”，从外界接受“函电”，向外界送出“查询结果”和“通知书”，则 DFD 的范围就确定了，如图 2-4 所示。

图 2-4　培训中心管理系统的边界

确定了系统的边界之后，需要逐步将系统的输入和输出数据对象用若干加工处理连接起来，一般可从输入端逐步画到输出端，也可以反过来从输出端追溯到输入端，凡是在数据对象的组成或值发生变化的地方就画上一个加工处理，它的作用就是实现这一变化。

对每一个数据对象应该了解它的组成是什么，其数据项来自何处，这些组成项如何组合成这一数据对象，为实现这一组合还需要什么加工处理和数据，等等，以方便编写数据字典。

对于大型的系统，一般用分层的方式来画 DFD，以便控制复杂性，实现从抽象到具体的逐步过渡，一套分层的 DFD 由顶层、底层和中间层组成，顶层图只有一张，它给出系统的边界，即系统的输入和输出数据对象。底层图由不能再分解的基本加工处理组成，中间层即是上层（父图）某个加工处理的分解，它的组成部分又要被进一步分解。一张图有几个加工处理就可以最多分解成几张图（即子图）。系统越大，中间层越多。

为了便于管理，需要为 DFD 和其中的加工处理编号，子图号与父图中相应加工处理的编号相同。子图中加工处理的编号由子图号、小数点和局部号 3 部分组成。

顶层图只有一张，不用编号，第一层一般也是一张，可编为 0，图中的加工处理即为 0.1，0.2，0.3，……，通常可把 0 删去。这样加工处理的编号就成为 1，2，3，……，如图 2-2 所示，可以看出，它位于第一层。

由此，我们只要数一下子图编号的小数点数，就能知道这张图位于哪一层，还知道它的父图是哪一张，如某图的编号为 5.2.3.2，则该图位于第 5 层，其父图为图 5.2.3，该图在父图中与编号为 5.2.3.2 的加工处理相对应。

为简单起见，在一张图的内部，每个加工处理可只用它们在该图中的局部号表示，但是在数据词典中要给出完整的编号，在图 2-5 中，图中加工处理的编号只给出了局部号，这是允许的。

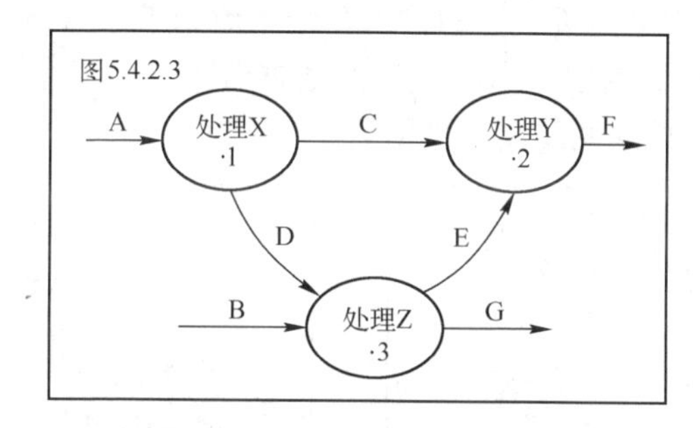

图 2-5　DFD 编号举例

应当注意，数据对象的连续性必须保持，即每个子图的输入和输出数据对象要与其父图中相应加工处理的输入和输出相同，这一概念，有时也叫分层 DFD 的平衡，如图 2-6 所示为图 2-5（图 5.4.2.3）的一张子图，它的输入和输出与父图中编号为 5.4.2.3.3（即加工处理“处理 Z”）的输入和输出是完全一致的，因而这两张图是平衡的。

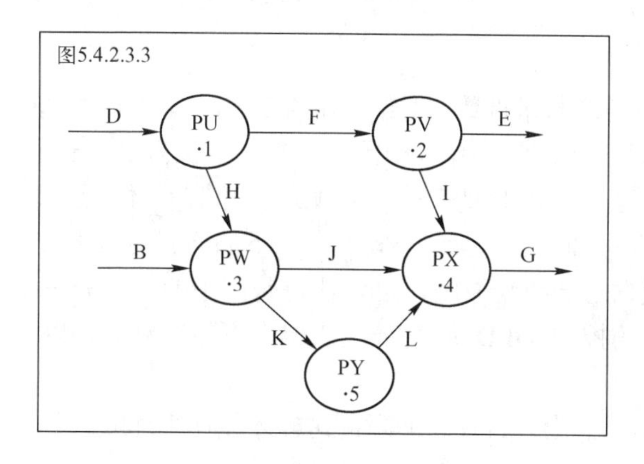

图 2-6　分层 DFD 的平衡举例

图 2-7 的父图和子图是不平衡的，因为子图中没有输入数据对象与父图中加工处理“处理 Z”的输入 M 相对应，子图的输出数据对象 S 在父图中也没有出现。

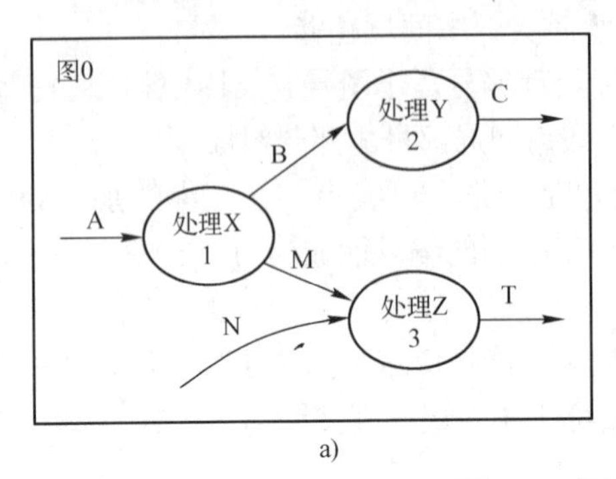

a)

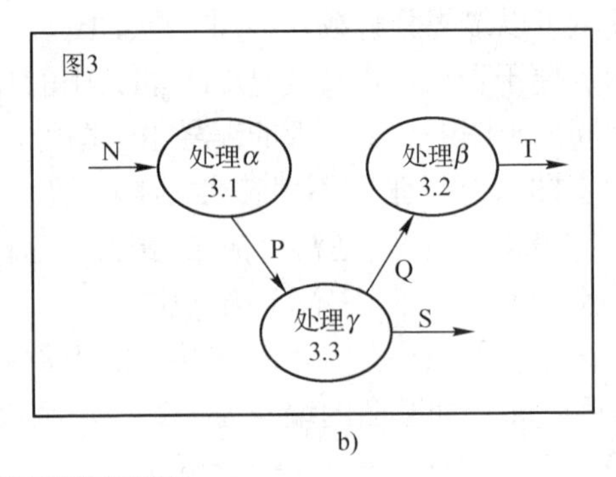

b)

图 2-7　父图和子图不平衡

a) 父图　b) 子图

若对加工处理和数据对象同时进行分解，则检查平衡需借助数据词典方能实现。如图 2-8，从图中看父图中“产生提货单”的输入和输出数据对象与相应子图的输入和输出不相同，但从数据词典中查出父图中“出库单”的数据对象是由“客户”、“账号”、“货号”和“数量”4 部分构成的，因此这两张图是平衡的。

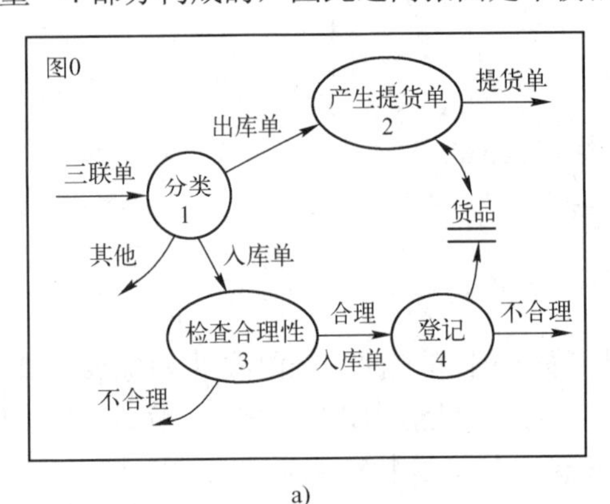

a)

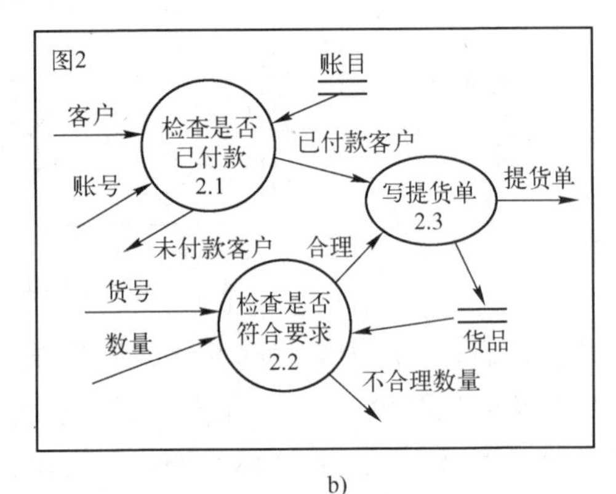

b)

图 2-8　平衡的 DFD

a) 父图　b) 子图

在考虑平衡时，可忽略枝节性数据对象，如图 2-8b 中，“未付款客户”“不合理数量”属于枝节性数据对象，尽管它们在父图中没有出现，仍然可以认为图 2-8a 和图 2-8b 是平衡的。

使用分层 DFD 是为了控制复杂性，实现从抽象到具体的过渡，这需协调层数与每张图的数目，经验表明，人们在理解或处理 7 个以下的问题时效率较高，当超过 7 个时效率明显降低，因此，根据这一经验原则，可以让每张图中的加工处理不超过 7 个，以便能更好地理解系统，有效的控制 DFD 的复杂性，但也不是绝对的，以下 3 条原则可作为分解 DFD 的参考。

1）分解要自然，概念上要合理、清晰，这样才能便于理解。

2）只要容易理解，一张图就可以多包含几个加工处理，这样分层 DFD 的层数就会减少，相当于降低了整体复杂性。

3）由于越往上层抽象性越高，越往下层越具体，因此，可以让上层 DFD 分解得快些，下层 DFD 分解的慢些。

3．数据流图的改进

数据流图虽然是现实数据处理系统的真实再现，但在画的时候，应该加入理解和分析，应该有提炼和概括，最初是真实再现，完成后还需要改进和提高。就像画家写生一样，也有创作。画数据流图，就像写生作画，数据流图完成后，不应该立即进入数据词典的编写等其他工作，而应该像画家后期的精细刻画加工一样，要再检查 DFD 有没有错误，必要时可能需要重画或重新对 DFD 分解。概括地说就是全面检查、整体调整、有效改善、精益求精。

（1）检查 DFD 的正确性

在分析一个大型系统时，不可能一开始就对问题理解得很正确，需要有一个反复的过程，当把 DFD 画出来之后还需要修改和完善。为了保证 DFD 的正确性，可以从以下 3 个方面进行检查。

1）检查数据是否守恒。所谓数据守恒是指输入到某个加工处理的数据流与从该加工输出的数据流大小一样，就像水路中的水流和电路中的电流一样，某个节点的输入和输出应该一致。数据不守恒的情况有两种：一种是输入到某个加工处理的数据没有从这个加工处理输出；另一种是从某个加工处理输出的数据没有输入到该加工处理。前者也许是错误，也许不是错误。若不是错误，则可把多余的数据去掉，后者则一定有错误，说明在分析时漏掉了数据。参考图 2-9，查阅数据词典可知，运动员名册包含班级、姓名及比赛项目，数据对象“比赛项目运动员”包含班级、比赛项目、姓名及运动员编号，而“运动员编号”这一数据项并没有进入到“确定比赛名单”这个加工处理中，因而该加工处理的数据不守恒。

2）检查数据存储的使用是否正确。通过检查数据存储的使用是否正确也是查找 DFD 中错误的有效方式，若某个加工处理读数据，则从双线指向该加工处理的椭圆；若加工处理写数据，则从椭圆指向双线；若加工处理修改数据，则也是从椭圆指向双线。这样就很容易发现图 2-10 的错误。

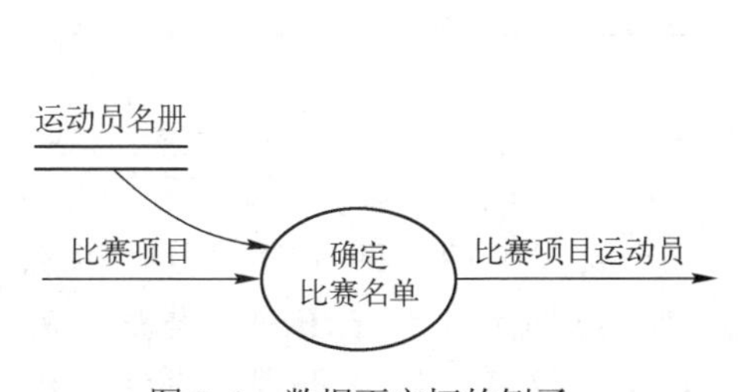

图 2-9　数据不守恒的例子

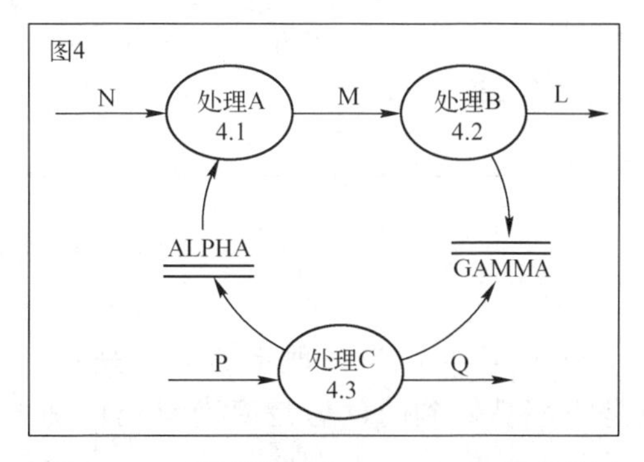

图 2-10　对数据存储 GAMMA 不正确的使用

3）检查父图和子图是否平衡。父图和子图不平衡是一种常见的错误，在数据流图的分解过程中不小心就会出现，为了避免此类错误，不但每分解一层数据流图时要检查，而且每当对 DFD 进行了修改后，都要检查父图和子图是否平衡。

（2）改进 DFD 的效能

就像画家作画，肖像画可以传神，但它首先以像所描绘的人物为前提，经过画家的思考加工，融入了“神”的元素，如果不像所描绘的人物，再高的技法也没有用。同样，改进 DFD 就像画肖像画，要以现实为基础，不能背离现实，在此基础上，再采用增加、删除、合并等手段，使数据流图逐渐完美。为使 DFD 容易理解，方便后面的设计、编程、测试、维护等工作，可以从以下 3 方面对 DFD 进行改进。

1）简化加工处理间的数据对象。数据流图中加工处理间的数据对象数目越多，彼此之间的依赖性就越强，理解起来也就越困难。反之，加工处理间的数据对象数目越少，则它们就越独立，就越容易理解。理想的分解是将一个问题划分成大小均匀的几部分，各个部分可单独的理解，这样一个复杂问题就被几个简单问题代替了。图 2-11 中，图 2-11a 中的加工处理 2 有 9 条数据对象与之联系，加工处理 2 的独立性低，对于这种图，应该重新分解。

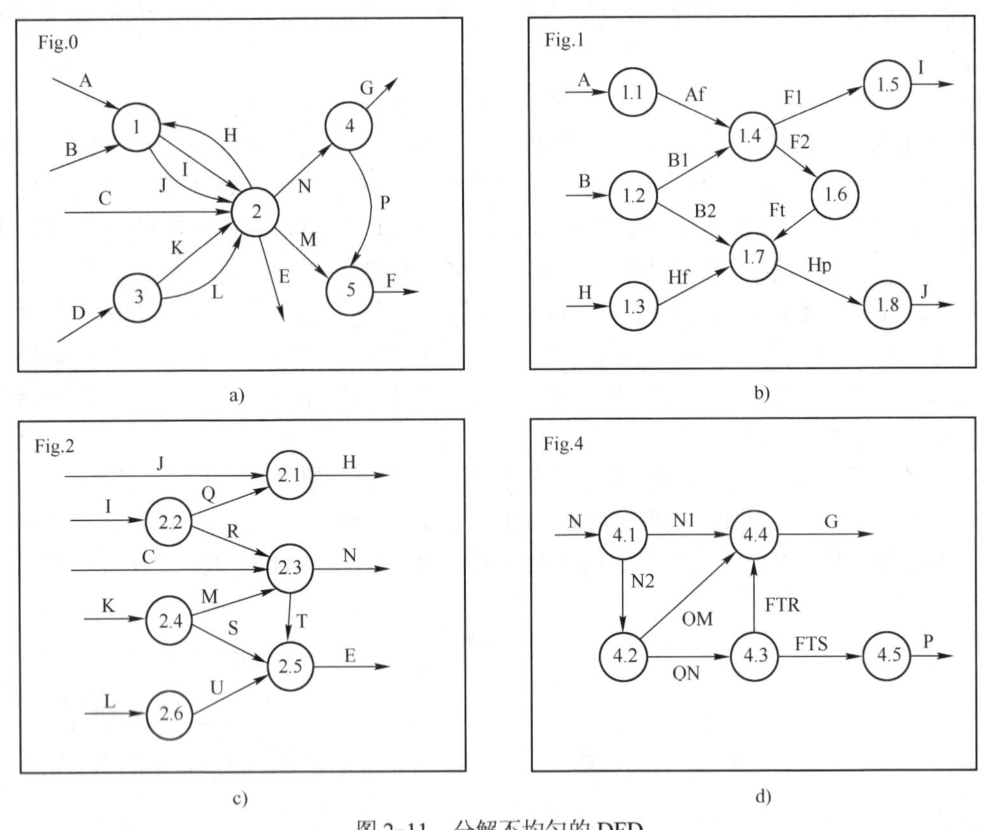

图 2-11　分解不均匀的 DFD

a) 父图　b) 子图　c) 子图　d) 子图

2）分解要均匀。理想的分解是将一个问题划分成大小均匀的几个部分，当然这点是不容易做到的，但是应当避免特别不均匀的分解，如果在一张图中某些加工处理已是基本的操作，而有些却要进一步分解成 3、4 层，这样的图就不容易理解，因为某些部分描述的是细节，而有些部分描述的却是较高层的抽象，遇到这种情况也应该重新分解。

3）命名要合适。数据流图中各成分的命名与 DFD 的“易理解性”直接有关，如果名字贴切、到位，对后面的设计、实现、测试、调试、质量保证、管理及维护等都会有帮助，所以应该注意适当地命名。

请看下面几个加工处理的名字。

计算总工作量

写发票

存储和打印提货单

处理订货单

处理输入

做杂事

前两个名字的意义很明确，所以容易理解。第三个可将它分解成两个加工处理。后面几个名字就很不好，不易理解。因为“处理”是个很不具体的动词，它没有说明这个处理框究竟做什么。“处理输入”则具有双重的缺点，不仅动词空洞，它的宾语也不具体。“做杂事”就更差了，这相当于没有给加工处理命名。

理想的加工处理名应该由一个具体的动词加一个具体的宾语组成，在底层尤其应该用这样的方式来命名。

同样，对数据对象、数据存储也应适当地命名，尽量避免产生错觉，以减少设计、编写等阶段的错误。

如果难以为 DFD 中的某个成分取合适的名字，这往往是 DFD 中的加工及数据对象分解不当而造成的，此时可以考虑重新分解。

（3）重新分解 DFD

在许多情况下，需要对数据流图作重新分解，例如在画第 N 层时意识到在第 N-1 层或第 N-2 层所犯的错误，此时就需要对第 N-1 层、第 N-2 层作重新分解。整体上考察数据流图时如果发现某一层分解很不均匀，也应对这层和下层数据流图重新分解。

以下是重新分解的一种机械的做法。

1）把需要重新分解的某张 DFD 图的所有子图连接起来。

2）将连接好的 DFD 图重新划分成几部分，划分要尽量均匀，使各部分之间的联系尽量少。也就是说，判断一个加工处理应该属于哪部分，要根据它与各个部分之间的联系来确定。

3）重新建立父图。将上一步中的每个部分用一个椭圆（即加工处理）来代替，并起个合适的名字，名字最好由一个具体的及物动词加一个具体的宾语构成，使其容易理解。数据对象及数据存储的名字一般应保持不变。

4）重新建立各子图，把第 2）步所确定的图中的每一部分画成一张 DFD 图。

5）为所有的加工处理编号并命名，编号时按前面所讲的规则进行。

上述步骤完成后，要再整理一下，看看各个子图号与父图中的加工处理是不是对应，父图和子图是不是平衡，有没有漏掉数据对象和数据存储，等等。

图 2-12 是按以上步骤对图 2-11 重新分解后得到的结果，它比原来简单，也更容易理解。但要注意，重新分解也不是万能的，一定要考虑问题本身的特性，概念上、逻辑上要合理，不能把一个本来是整体的成分强行分开，也不要把彼此没有关系的加工或数据合在一起，以免引起新的误解。

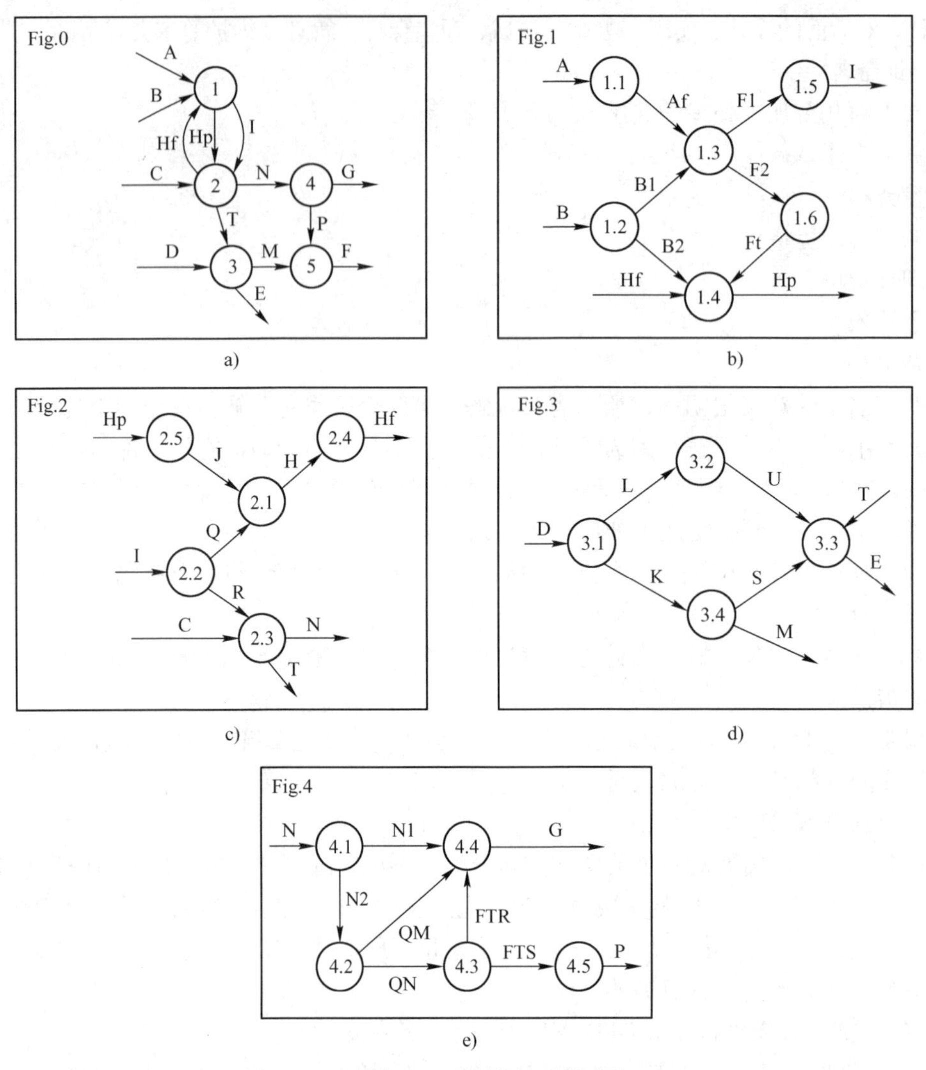

图 2-12　对图 2-11 重新分解后得到的 DFD

a)父图　b)子图　c)子图　d)子图　e)子图

2.1.2　数据词典及其描述

大家在读书看报时，当遇到不认识的字或词时会去查阅字典，通过字典，不但认识了这个词，知道了它的读音，而且还知道了它的用法、与其他词的搭配，等等。现实中的字典或词典是所有字或词的定义和解释，同样，数据词典是 DFD 中所有成分的定义，它是一个工具，同日常使用的词典的作用类似，异曲同工，如果不知道 DFD 中某个成分的含义，查找数据词典就能知道。

同日常所用的词典类似，对数据词典的基本要求是 DFD 中的所有名字在数据词典中都要出现，不能只定义一部分，定义顺序是：基本数据项（数据元素）→数据结构→数据对象→数据存储。定义时所用的词汇要准确，否则容易造成歧义，和日常使用的词典有所不同的是，数据词典中的一个条目只能有一个名字，一个名字只能有一个条目，不允许重复，字典序也是很重要的，否则无法使用。

1．基本数据项的描述

基本数据项是构成数据结构、数据存储以及数据对象的基础，一般用两方面的信息来描述，一是给出它的名称，包括该名称的形式；二是给出说明，说明一般是名称的取值范围。

【例 2-1】 对数据项“日期”的描述。

名称：日期=（年，月，日）

说明：年=（2015~2025）

　　　月=（1~12）

　　　日=（1~31）

2．数据结构的描述

此处的数据结构其实是具体的数据构成，也用名称和说明来定义。说明部分显然比基本数据项的内容要多，它应该描述该数据结构还包含有哪些数据项或数据结构，取值方面有什么要求，等等。

【例 2-2】 对数据结构“付款通知单”的描述。

名称：付款通知单

说明：日期

　　　付款人姓名

　　　付款人住址

　　　{支票|现金}　　　　（付款方式）

　　　付款人银行名

　　　付款人银行账号

　　　{发票}$^{(1\sim n)}$

　　　号码

“{支票|现金}”表示付款方式可以在“支票”或“现金”2 种方式中选择，“{发票}$^{(1\sim n)}$”表示可以有 1 至 n 张发票。

3．数据对象的描述

数据对象在 DFD 中用箭头来表示，数据对象其实是数据结构的“运动”，对它的描述应包括该数据对象所含有的数据结构、它从何处流出、流向何处、数据对象的“大小”以及数据对象产生的原因和结果。

【例 2-3】 对“未发货事项”数据对象的描述。

名称：未发货事项　　　　索引号：

说明：所含数据结构　　　信息量：规定每周不得出现五次

　　　定货单

　　　顾客目录

　　　{书目}^{n}

数据对象来处：6　　　说明：检查存货单

数据对象去处：13　　说明：建立回单及申请书

简要说明：未发货原因是顾客要求购买的数量品种不能满足要求

“{书目}^{n}”表示“订货单”中可以包含 n 个“书目”，数据对象“未发货事项”来自于图 0 中编号为 6 的加工处理，该加工处理的名称是“检查存货单”。数据对象“未发货事项”流向图 0 中编号为 13 的加工处理，该加工处理的名称是“建立回单及申请书”。此例用了卡片的形式来描述数据对象，DFD 中所有的成分都可用卡片的形式来描述，为了便于查找，可给出“索引号”，也可以定义一种形式化的符号，表 2-1 为 Pressman 给出的数据词典中所用的描述符号。

表 2-1　Pressman 给出的数据词典的描述符号

数据结构	记　号	意　义
	=	由…构成
顺序	+	和
选择	[|]	或
重复	$\{\}^n$	n 次重复
	( )	可选择的数据
	**	限定的注释

4．数据存储的描述

数据存储在 DFD 中用双线表示，可以是数据记录、数据文件或数据库，对它的描述也应给出名称和说明，在说明部分可给出数据存储的组成、组织方式，数据项来自何处，送往何处等。

【例 2-4】 对“定期存款”的描述。

名称：定期存款

内容：账号

户名

地址

款额

存期

组织：以账号递增次序排列

存期=[1|3|5|8]

【例 2-5】 对“职工”的描述。

数据库名：职工

简要说明：包括专职职工的所有信息

组成：姓名

性别

年龄

婚姻状况

工号

开始工作日期

工资

部门

组织：按工号递增排列

2.1.3 功能说明

在 SRS 中的功能说明部分对 DFD 中的加工处理进行说明，说明的内容主要包括该处理如何读入数据对象、如何输出数据对象、输入和输出数据对象的逻辑关系，除此之外也可对加工处理的激发条件、优先级、执行频率、出错处理等细节进行说明。

SA 方法常用的说明方式有结构化英语、判定树和判定表 3 种。

1．结构化英语

日常生活中使用的是自然语言，自然语言的优点是容易理解，其缺点是具有歧义性和模糊性，形式语言的优缺点正好与自然语言相反，它的优点是严格精确，缺点是不容易理解，如自然语言“John gives a book to Mary”，但凡学过一点英语的人都能明白它的意思，若用形式语言来描述，则一阶谓词的形式为：

（∃x）（Give（John， x，Mary）∧Book（x））

用二元谓词表示则为：

ISA（G1，GIVING-EVENTS）

GIVER（G1，John）

RECIP（G1，Mary）

OBJECT（G1，Book1）

ISA（Book1，Book）

还可以增加一些信息，例如：

HUMAN（John）

HUMAN（Mary）

上述形式语言的描述虽然很严密，但难于理解。能否既要保持自然语言通俗易懂的优点，又让其像形式语言那么严密呢？于是，SA 方法的研制者们提出了结构化英语。结构化英语是介于自然语言和形式语言之间的一种语言，称为半形式语言，它是自然语言受约束和限制后得到的一个子集。虽不如形式语言精确，但具有自然语言简单易懂的优点，又避免了自然语言的某些缺点。

结构化英语具有如下的约束和原则。

（1）语句之间的联系，只使用如下结构：

IF______THEN______ELSE（SO）_____（CASE）

WHILE______DO______

REPEAT______UNTIL_____

（2）语态只能是简单祈使句（陈述句、疑问句、惊叹句均不行）。

（3）名词必须在词典中定义过。

（4）动词应明确具体（如 do，make，get，have，process，take 等尽量不用）。

（5）形容词、副词（如 very，often 等）尽量不用。

（6）注意 OR/AND 的使用。

（7）分清 GT（大于）、GE（大于或等于）、LE（小于或等于）和 LT（小于）的含义。

【例 2-6】 用结构化英语描述加工处理“GENERATE INVOICE”。

GENERATE INVOICE

  DO COMPUTE-INVOICE-TOTAL

```
  DO COMPUTE-DISCOUNT
  DO COMPUTE-SHIPPING-HANDLING
  Subtract discount from invoice-total to get invoice-net
  Add shipping-handling-fee to invoice-net to get total-payable
  Write invoice
COMPUTE-INVOICE-TOTAL
  REPEAT EXTEND-ITEM-LINE UNTIL all item-lines have been extended
  Add all item-line-totals to get invoice-total
EXTEND-ITEM-LINE
  Multiply quantity by unit-cost to get item-line-total
COMPUTE-DISCOUNT
  IF invoice-total is GE $1000
    THEN discount is 5% of invoice-total
    ELSE IF invoice-total is GE $250 but LT $1000
      THEN discount is 2 1/2% of invoice-total
      ELSE IF invoice-total is GE $100 but LT $250
        THEN discount is 1% of invoice-total
        ELSE (invoice-total is LT $100) SO discount is nil
COMPUTE-SHIPPING-HANDLING
  IF order specified air shipment
    THEN DO COMPUTE-AIR-FREIGHT
    ELSE (order specified surface shipment or method is open)
      SO DO COMPUTE-SURFACE-FREIGHT
  Multiply rate by current-unit-value to get shipping-handling-fee
COMPUTE-AIR-FREIGHT
  IF weight is LE 2
    THEN rate is 6 units
    ELSE IF weight is GT 2 but LE 20
      THEN multiply each pound of weight by 3 units to get rate
      ELSE (weight is GT 20)
        SO subtract 20 from weight to get excess
        Multiply excess by 2 units per pound and add 60 to get rate
COMPUTE-SURFACE-FREIGHT
  IF destination is local AND service-code is express
    THEN multiply each pound of weight by 2 units to get rate
    ……
And so on
```

简单解释一下，加工处理“GENERATE INVOICE”中包含 6 项操作，以 DO 开头用大写字母描述的操作需要进一步展开，以小写字母描述的操作是不再进一步分解的基本操作。

如果将英语用汉语代替，将上述结构化英语的 7 条约束和原则用于汉语，就可得出对 DFD 中加工处理的结构化汉语的描述。

2．判定树

判定树是树的一种，每个节点有两个分支，一个是条件成立（即“是”）；一个是条件不成立（即“否”）。每个分支都可以展开，直到确定了具体操作为止，这种表示形式，容易理解，适合于描述具有组合条件的加工处理。在画树的时候要进行分析，条件次序不一样，在“是”或“否”上展开不同，都会导致不同的判定树，虽然操作是一样的，但分析考虑周到后比提起笔就画而得出的判定树相对简洁。

【例 2-7】 图书销售系统中对加工处理“确定优惠”的说明。

若一次购买大于等于 1000 元并且信誉好，或虽然信誉不好但其是 20 年以上的老顾客则给予优惠。用判定树来描述，则非常简单。

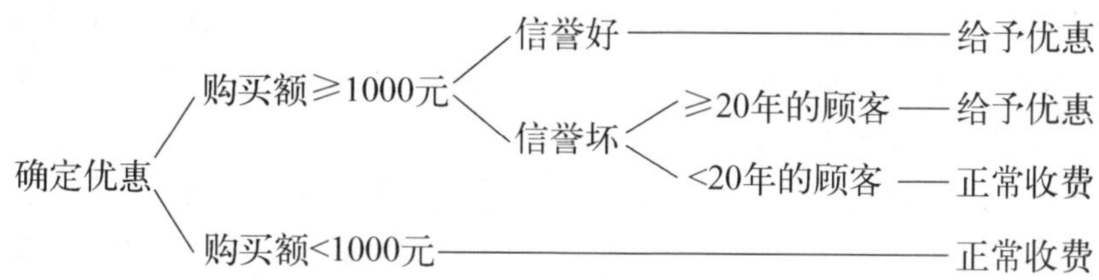

3．判定表

判定表和判定树本质上是一样的，都是适合于具有组合条件的加工处理的说明，但当组合条件复杂时，用判定树来描述，将使树节点过多，分叉过多，不容易看清楚。若用判定表来表示，可能就清楚一些，因此，判定表更适合于描述具有复杂的组合条件的加工处理。

判定表由 4 部分组成，如图 2-13 所示，左上部分列出所有的条件，右上部分列出所有可能的条件组合，左下部分列出所有的动作（操作），右下部分说明在对应的条件下某个操作是否执行。如果条件有 n 个，则条件组合为 2^n，表 2-2 为【例 2-7】的判定表描述。其中 Y 表示条件满足，N 表示条件不满足，X 表示选中判定结论。表 2-3 为简化表，其中“—”表示条件任意，对于复杂的组合条件，简化表的优点更加明显。

列出所有条件	列出所有条件组合
列出所有操作	列出操作是否执行

图 2-13　判定表的结构

表 2-2 【例 2-7】的判定表描述

	1	2	3	4	5	6	7	8
购买额≥1000 元	Y	Y	Y	Y	N	N	N	N
信誉好	Y	Y	N	N	Y	Y	N	N
≥20 年的顾客	Y	N	Y	N	Y	N	Y	N
给予优惠	X	X	X					
正常收费				X	X	X	X	X

表 2-3　表 2-2 的简化形式

	1	2	3	4
购买额≥1000 元	Y	Y	Y	N
信誉好	Y	N	N	—
≥20 年的顾客	—	Y	N	—
给予优惠	X	X		
正常收费			X	X

2.2　原型化分析方法

开发一款新型汽车，厂家往往先造一个模型，广泛地征求意见，并不断改进，直到成为真正的样品，然后才批量生产。软件工程原型化方法的思想与此类似，主要是针对事先不能完整定义需求的软件开发而提出的，开发人员根据用户的需求，先开发一个原型，让用户试用，用户提出改进、精化及增强系统能力的需求。开发人员根据用户的反馈意见，实施开发的迭代过程。这一过程反复进行，逐渐演化成最终的系统。每一迭代过程均由需求、设计、编码、测试、集成等阶段组成，如果在一次迭代中，有的需求不能满足用户的要求，可在下一次迭代中进行修正。需要注意的是，软件是信息产品，与物理产品的原型制造思想虽然一致，但演化过程不一样。

软件开发中的一个重要风险来自于需求错误和需求遗漏，软件工程经济学家 Boehm 的实验表明，原型能减少需求描述中出现问题的数量，总开发成本在有原型系统的情况下要比没有原型系统的低。原型系统是需求工程过程中的一个组成部分，一个软件原型支持需求工程过程中的两项活动。

1．需求的导出

系统原型虽然不是最终系统，但允许用户在上面进行实验，以便了解未来系统是如何支持他们的工作的。在用户的使用实验过程中，用户可能产生有关需求的许多新的想法，同时发现系统的优点和不足，进而提出新的系统需求。

2．需求的有效性验证

原型系统可以暴露出错误和遗漏的东西。一个经过描述的功能可能是很有用且已经是定义了的，但是，当这个功能模块与其他模块一起工作时，用户可能会发现他们的初始想法是错误的或是不完善的，必须修改系统描述以反映对需求的新的理解。

除了允许用户改进需求描述以外，开发系统原型还有如下的其他好处。

（1）软件开发人员和用户之间的理解偏差可在功能展示时显露出来。

（2）软件开发小组可能会在原型设计中发现需求的不完善和不一致。

（3）可以迅速展示一个应用系统对管理的可行性和作用。

（4）原型可以用作书写产量-质量系统描述的基础。

原型一旦开发出来，还可以用于用户培训和系统测试。用原型化方法在软件开发初期成本会增加，主要原因是由于用户复用了效率较差的原型代码，而这些代码导致了整个系统性能的降低。在开发后期成本会降低，因为在迭代过程中开发效率会越来越高。

2.2.1 开发模型

原型开发过程可用如图 2-14 所示的简要模型来表示，这是英国软件工程专家 Ian Sommerville 给出的模型。在开发过程的一开始就要明确原型开发的目的，或是对用户界面的原型设计，或是为系统功能需求进行的有效性验证，还可能是为了说明应用系统管理上的可用性。

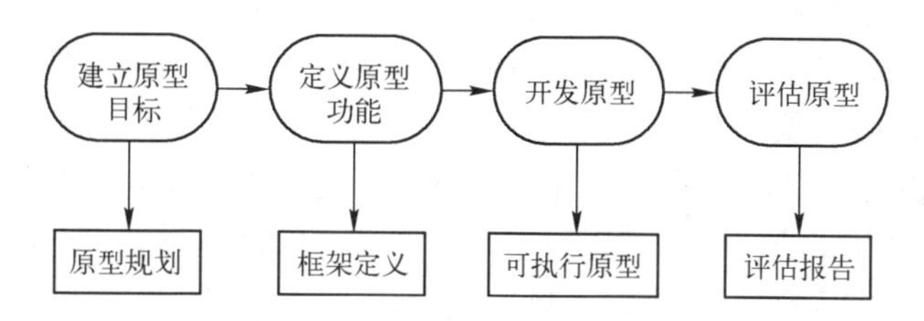

图 2-14 原型开发过程的宏观模型

开发过程的下一步就是确定哪些东西要加到原型系统中，更为重要的是，确定哪些应该从原型中除去。为了降低原型开发的费用和加快开发进度，需要抛开一些功能模块，也可以放松一些性能要求，如响应时间和内存耗费，同时可以对错误处理和管理忽略或是做简单处理。除非设计原型的目标是建立用户界面，否则可靠性标准和程序质量也不予考虑。

最后阶段的工作是原型的评估。对用户培训的有关规定要在这一阶段给出，同时要基于原型的设计目标导出评估计划。用户需要一定的时间来适应新系统并逐渐使使用方式变得规范化。一旦使用方式规范了，他们就能发现需求上的错误和纰漏，从而提出改进的需求。

原型开发过程模型的具体形式也是多样的，如抛弃式（也称为丢弃型）、演化式（也称为样品型）、增量式（也称为渐增式）等。

1. 抛弃式原型开发

基于抛弃式原型开发的软件过程模型如图 2-15 所示。这种方法在降低总的生存期成本的情况下，增强了需求分析过程。在这种开发方法中，原型的根本作用是弄清楚需求并为管理人员评估过程风险提供额外的信息。经过评估，原型被抛弃，不再作为系统开发的基础。

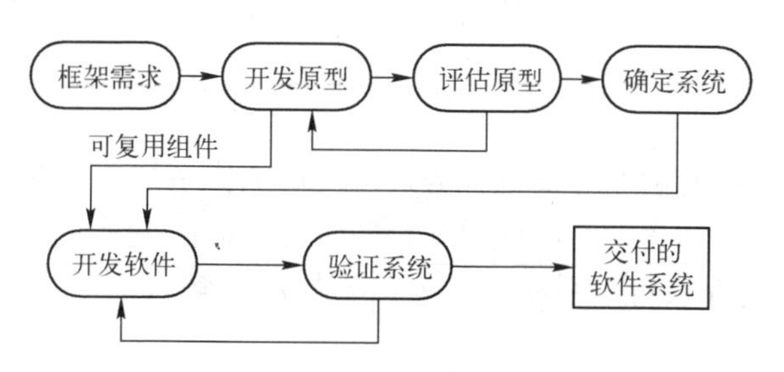

图 2-15 抛弃式原型开发模型

这种方法在硬件系统开发中用得较多，在开发一个昂贵的硬件系统之前，原型用作设计验证。一个电子系统的原型往往利用现成的电路组件来做。正式投产时，再制作专门用途的集成电路来实现该系统。

抛弃式软件原型用于提供系统需求，这种原型通常不作为设计有效性验证，原型与最终系统差距很大。原型必须尽快拿出来，以使用户能尽早反馈对系统描述的意见。抛弃式原型中的功能经过原型设计而得到深刻理解，但质量标准和性能指标在原型中被忽略，原型开发和最终系统开发使用的语言也往往不一样。

在图 2-15 中，假设原型是从粗略的系统描述开始的，接着进行交付试验，然后再修改，直到用户对其功能满意为止。在这一阶段，阶段性的过程模型被采用，从原型中提炼需求，而最后系统却要重新建立。原型中的组件也许会用于最终系统中，这样能够降低一些开发成本。原型除了能导出系统描述之外，有时原型实现本身就是系统描述。

抛弃式原型开发的主要问题如下。

1）为了尽快拿出原型，可能对系统做了很多简化，因而不可避免地会漏掉一些重要特征，有些对安全要求很高的系统很难用原型来表现其中的某些重要部分。

2）在用户和开发人员之间没有一个能写进合同的、对于原型实现的合法规定。

3）非功能需求，如可靠性、鲁棒性和安全性，在原型实现中得不到充分体现。

开发一个可能执行的抛弃式原型通常遇到的问题是：原型的使用方式和最终系统的使用方式可能不一样。

抛弃式原型在需求工程过程中并不一定是很有用的可执行的软件原型，纸上的用户界面模型在帮助提炼界面设计和设计使用情景时也十分有效，也很经济，在几天之间就可以完成。

2．演化式原型开发

演化式原型开发过程模型如图 2-16 所示，先给出一个系统的最初实现，就像其他工程产品的一个样品，让用户使用和评论，之后进行不断细化和完善，经过多次反复后形成最后的应用系统。

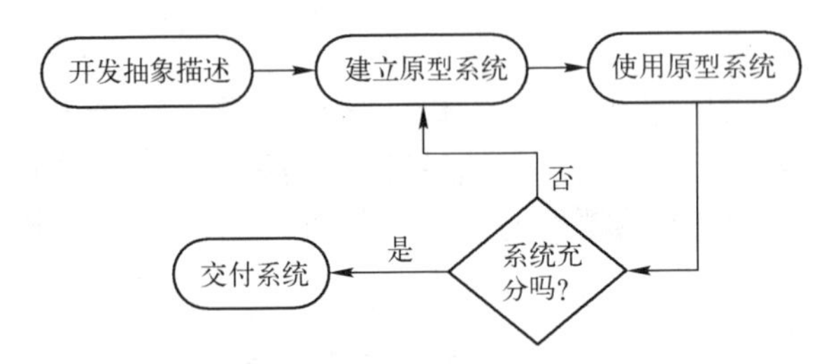

图 2-16　演化式原型开发过程模型

演化式原型开发主要有两个方面的优势，一是可加快系统交付的进度，在某些情况下，快速交付软件可能比提供完备的功能或保证长期的可维护性更重要；二是用户能够参与，用户在软件开发过程中的介入可使系统开发人员更好地理解软件需求，并使用户逐渐喜欢系统，在工作中依赖它。

用演化式原型开发方法对于大规模、开发周期长的系统是重要和有效的方法，在使用这种方法时要注意 3 方面的问题。

（1）管理问题

大型软件系统的开发需有专门管理机构处理软件过程模型，软件过程模型定期产生可交付的文档来评估项目的进展状况，由于原型开发太快，会产生大量的系统文档，从而增加成本。此外，快速原型开发可能需要一些不熟悉的技术。

（2）维护问题

由于要不断地对原型进行修改，因而可能会引起系统结构的崩溃，如果某个开发人员不是一开始就参与到项目中，他就很可能难以理解系统。而且，如果快速原型开发中使用了某种专门技术，这种技术可能会过时，不再被使用，这使得以后再寻找具有相关知识的人来维护系统变得十分困难。

（3）契约问题

用户和开发者之间正规的模型契约是基于系统描述的。没有这样的描述很难拟定该系统开发的合同。如果一份合同只约定开发时间并按照该时间计算开发费用，付给开发人员，则用户是不满意的。因为这可能会引起系统功能性的降低，使开发费用过高，开发人员也不愿意接受一个固定价格的合同，因为他们无法控制最终用户不断改变的需求。

从这些困难可以看出，使用演化式原型开发技术要有一个现实的态度，允许从一个小型或中等规模的系统做起，以缩短系统的交付日期。要降低开发成本，就要尽量提高可用性。如果用户参与开发，则原型就会贴近真实需求，软件系统的生命周期会相对缩短。随着维护问题的增加，系统可能不得不被替换或彻底重写。对于大型系统的开发，可能有很多开发机构和开发人员，演化式开发中的管理问题将非常突出，变得难以驾驭。系统中的部分原型可能是抛弃式原型。

3．增量式原型开发

基于增量式的原型开发过程模型如图 2-17 所示，它避免了演化式原型开发中的经常性变更问题。一旦建立了一个总的系统体系结构，就可在早期阶段作为系统的总框架。一旦该框架得到认可，除非在以后开发过程中发现错误，否则就不对框架和组成部分作任何改动，但用户对各交付组件的反馈意见会影响后续交付的组件的设计。

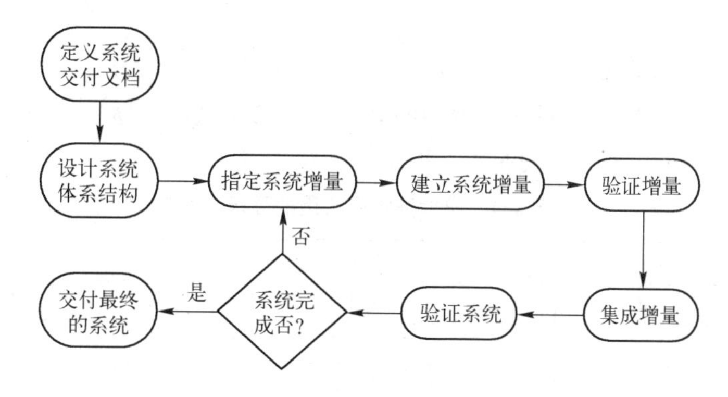

图 2-17　增量式原型开发过程模型

增量式原型开发是建立在软件总体设计基础之上的，而演化式原型开发的设计则是不断发展的。在增量式原型开发中，首先要进行总体设计，然后完成模块设计，并顺序增加。在增量开发中，必须给出每一部分的计划和文档，这就保证了能够及时得到用户的反馈，从而限制了错误的出现。增量式原型开发方法主要影响实现阶段，与演化式原型开发比较，它能修改的范围较小，因而具有易于控制和管理的优点。

原型化方法的主要特点是突出一个“快”字，用户可以很快看到未来系统的“样品”，但它存在的问题也比较严重。一方面，为了让用户快速看到系统“样品”，开发人员常常使用不适当的开发环境、编程语言以及效率不高的算法，而这些有可能集成到系统中，成为实际系统的一部分；另一方面，由于时间紧迫，构造原型时来不及考虑软件的整体质量和系统以后的可维护性问题，由此，可能造成开发出的软件质量不高。

2.2.2 快速原型技术介绍

快速原型技术强调了交付的速度，而不是系统的性能、可维护性和可靠性。目前，有 3 种比较实用的快速原型技术。

1．使用动态高级语言开发应用系统

动态高级语言包含运行时的数据管理功能，使用的硬件成本也相对较低。由于减少了许多存储分配和管理中的问题，因而极大地简化了程序的开发，这些语言中的功能一般都是用像 Ada 或 C 语言中的基本结构来构造的，如基于表结构的 Lisp 语言，基于逻辑的 Prolog 语言以及基于对象的 Smalltalk 语言等。

到目前为止，非常高级的动态语言并没有广泛应用于大型系统中，因为大型系统需要大型运行支撑环境。大型运行支撑环境对存储的需求高，且降低了用这些语言编写的程序的执行速度。

对于很多商业应用系统的开发，动态高级语言可以代替诸如 C、COBOL、Ada 等一类的语言。Java 是一种主流的开发语言，它源于 C++语言，还具有许多 Smalltalk 语言的特征，如平台独立性和自动存储管理等。Java 具有许多高级语言的特征，还具有传统的第 3 代语言所拥有的性能优化的能力。目前，已有很多的可复用 Java 组件，显然，它是一种非常适合演化式原型设计的语言。

表 2-4 为常用于原型开发的动态语言。每当选择一种原型开发语言时，需要问以下几个问题。

（1）问题的应用领域是什么？

如表 2-4 所示，不同的语言适合不同的领域。如果是有关自然语言处理的应用，那么用 Lisp 或 Prolog 比用 Java 和 Smalltalk 更合适。

表 2-4　原型开发中常用的高级语言

语言	类型	应用领域
Smalltalk	面向对象	交互式系统
Java	面向对象	交互式系统
Prolog	逻辑	符号处理
Lisp	基于列表	符号处理

（2）需要与什么样的用户交互？

不同的语言对用户交互的支持能力不一样，许多语言如 Smalltalk 和 Java 与 Web 浏览器集成得相当好，而其他语言如 Prolog，较适合文本界面。

（3）语言提供的支撑环境如何？

成熟的支撑环境可以包含许多的支持工具，而且有很多可复用的组件，这些将大大简化原型开发过程。

实际当中可以混合使用动态高级语言来构建系统原型，先将系统的不同部分用不同的语言编写，然后建立不同部分之间的通信框架，如某电话网络系统原型开发中使用了 4 种语言，Prolog 用于数据库原型开发，Awk 用于记账，CSP 用于协议描述，PAISLey 用于性能仿真。

由于大系统的不同部分之间差异很大，因此，没有一种语言能够适合系统构造过程中的所有部分。用多种语言来共同实现一个大系统的优点在于对应用的逻辑部分可以选择一种最适合的语言，从而加快原型开发的速度，但不足之处在于建立一个能够在多种语言之间的通信框架比较困难。由于不同语言中的实体差异很大，所以需要大量的代码用于将一种语言中的实体转换到另一种语言中去。

2．使用第 4 代语言开发数据库管理系统

由于绝大多数商业应用软件系统都涉及数据库中的数据的操作，因而现在所有的商用数据库管理系统都支持数据库程序设计。数据库程序设计使用的是专门语言，这类语言内嵌有数据库知识和数据库的操作方法，其支撑环境提供界面定义的工具、数字计算工具以及报告生成工具，第 4 代语言（4GL）指的就是数据库程序设计语言和支撑环境。

4GL 环境提供的工具如图 2-18 所示，包括以下几种。

（1）数据库查询语言。主要是 SQL，其中的命令可以直接输入，也可以由用户填写的表格自动生成。

（2）界面生成器。可以创建用于数据输入和显示的表格。

（3）分析和操作的记录。

（4）报告生成器。用于定义和创建来自数据库的信息报告。

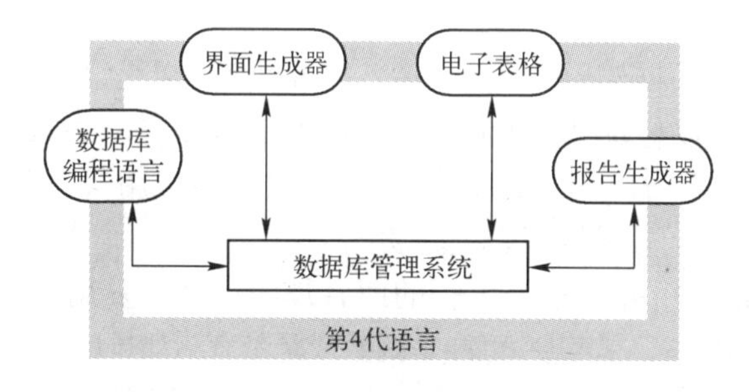

图 2-18　4GL 组件

绝大多数 4GL 建立了基于 WWW 浏览器的数据库界面，这使得只要在有互联网的地方就可以对数据库进行访问，这就大大降低了培训成本、软件开发成本，还允许外界用户访问数据库，但是 Web 浏览器固有的局限性以及互联网协议的因素，使得这一方法对那些需要极快交互响应速度的系统来说不太合适。

基于 4GL 的开发既可用于演化式原型系统的开发，也可以结合到基于方法的分析中去。基于方法的分析用系统模型来产生原型系统。用 CASE 工具生成的应用结构及相关文档使得用这种方法生成的演化式原型比手工开发的系统更容易维护。CASE 工具可以生成 SQL 或其他传统程序设计语言写成的代码。

尽管 4GL 很适合原型的开发，但是把它用于产品软件的开发却有很大的不足，原因是用 4GL 写成的代码，其执行速度比使用传统程序设计语言写成的程序的执行速度慢，而且对内存的需要量也大于传统程序设计语言。有人做过试验，把用 4GL 写的程序改用 C++重写，结果使内存的使用量降低了一半，而运行速度却比 4GL 提高了 10 倍。

用 4GL 书写的程序是非结构化的，难以维护。另外，4GL 还未标准化，因此交付后的维护成本可能会很高。而当用 4GL 开发的系统不得不重建时，就会出现一些特别的问题。4GL 之间缺乏标准和一致性使得用户必须重写系统，因为它们先前用的语言可能已经过时，不再使用。

3. 使用组件复用技术通过集成来构造应用软件系统

使用这种技术开发需要在系统描述中说明哪些可复用组件是可利用的，这就需要对需求给出一个折中方案，一般地，有效组件的功能并不能与用户需求完全吻合，因而需要对用户需求调整。大多数情况下，用户需求是可以调整的，因此这一方法可用于原型的开发。

可复用组件的组成如图 2-19 所示，如果系统中许多部分都可以复用而且不需要重新设计和实现，则系统的开发时间将会缩短，若有许多可复用组件以及组合这些组件的机制，那么原型的构造就会快很多。这种组合机制必须包括控制设施以及组件之间通信的机制。

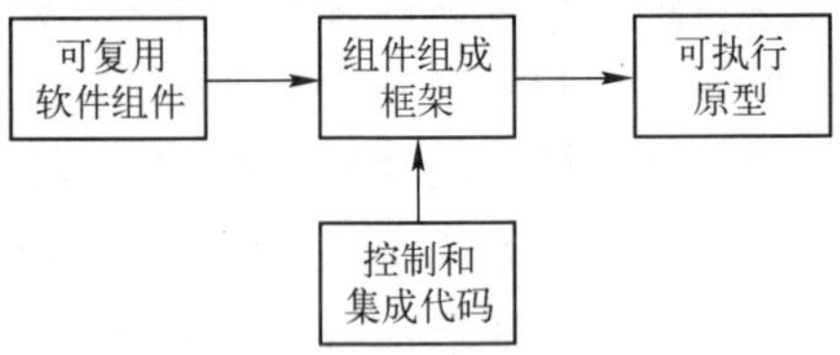

图 2-19 可复用组件的组成

基于复用的原型开发在如下的两个层次上实现。

（1）应用层

整个应用系统与原型结合在一起，功能模块可以共享。例如，如果原型需要一个文本处理功能，则可以通过在其中集成一个标准的文字处理系统来达到这种功能。

（2）组件层

单个组件集成进标准的框架形成系统构造。标准框架可以是设计用于演化式开发的脚本语言，如 Visual Basic，也可以是通用的基于 CORBA、DCOM 或 Java Beans 的组件集成框架。

应用层的复用可以获得应用中所有的功能，如果该应用又提供脚本或改编功能（如 Excel 的宏），则也可以用于开发原型系统的功能。

对一个应用完整地复用并不总是可行的或合理的，基于复用的开发还依赖于最小粒度（finer-grain）的可复用组件，这些组件可能是函数或是带有诸如排序、搜索、显示等特别操作的对象。原型系统定义一个总的控制结构，然后将各功能组件集成到该结构中来，如果没有满足需要的功能组件可供使用，就要开发一个组件，该组件还可以用于以后的系统构造。

可视化开发系统，如 Visual Basic，在应用开发中支持这种复用方法，程序员交互地建立系统，通过屏幕、域、按钮和菜单来定义用户界面。先是对这些界面元素进行命名，然后将处理脚本与这些界面元素相连，这些脚本可能去调用可复用的组件，或者调用一段专门设计的代码或两者都有。

脚本语言是一些非模式的高级语言，用于通过组件集成来构造系统。脚本语言通常包括控制结构和图形工具集，使用脚本语言将大大缩短系统的开发时间。UNIX 的 Shell 语言是早期的典型脚本语言，以后功能更强大的脚本语言不断出现。

基于复用的可视化编程方法特别适合于个体或小规模团体进行小型、简单系统的快速开发软件。对于大型系统，需要人员多，项目的组织困难，很难有一个明确的系统体系结构，系统中不同部分之间的关联相当复杂，这些问题使系统的变更非常困难。对于大型软件系统的开发，可将交互限定在一个特别的对象集上，但是这样做对于建立非标准的用户界面比较麻烦。

2.2.3 用户界面开发

用户界面的开发是原型化方法的重要内容，在软件系统的开发中，对用户界面的描述、设计和实现占有相当大的比重。有人做过统计，平均 60%的程序代码用于用户界面，用户界面是人与系统交互的媒介，开发好会提高使用效率，以用户为中心进行设计的观点强调用户在系统开发过程中要从始至终地参与、并强调原型开发的重要。目前，图形化用户界面已成为交互式系统的标准界面形式。

原型开发是用户界面设计过程的基本部分，由于用户界面的动态特性，文本的描述和图示不足以清楚表达用户界面需求，采用演化式原型方法并让用户参与是唯一可行的开发软件系统图形化界面的方法。

界面生成器是一个图形化屏幕设计系统。界面组件如菜单、域、图标以及按钮可以从菜单中选择并放到界面合适位置完成，这类系统是数据库程序设计系统的重要组成部分。Visual Basic 就是基于这类系统实现的标准开发技术。由于界面生成是基于描述来创建出良好结构的程序，而演化式开发的迭代过程不会损坏这种软件结构，因而无须任何返工。

由于 WWW 浏览器支持页面定义语言（HTML），因而成为一种可理解的用户界面描述语言。按钮、域、表单以及二维表格都可包含在 Web 页面中。同时，多媒体对象可以使人们获得声音、影像甚至虚拟现实的显示。处理脚本可以关联到用户界面的对象上，这样无论是在 Web 的客户端还是在服务器端，都可以通过对该对象的选取来执行相应的处理功能。

由于 Web 浏览器的有效使用和 HTML 强大的表示和处理能力，使越来越多的用户界面设计成基于 Web 的界面。基于 Web 的用户界面可以用标准的网站设计软件来设计，网站中用户界面编辑器其实就是界面生成器。Web 页面中实体的定义、摆放以及相关的动作连接都是这种网页编辑器内嵌的页面定义语言（HTML）能力的体现（如链接到另一个网页），制作基于 Web 的界面也可以使用 Java 或 CGI 脚本。

2.3 面向对象建模及 UML 方法

面向对象技术是 20 世纪 80 年代问世的，它的模块性、封装性、继承性、多态性和动态绑定能满足软件工程要求的局部化、易维护、可重用、易扩充以及当今多媒体和分布式计算的诸多要求。80 年代末以来，出现了几十种面向对象方法，其中 Coad/Yourdon、Booch、OMT、Jacobson、Wirfs-Brock 的方法得到了广泛的认可。统一建模语言 UML 结合了 Booch、OMT 和 Jacobson 方法的优点，统一了符号体系，并从其他方法和工程实践中吸收了许多经过实际检验的概念和技术，UML 方法已于 1997 年被对象管理组织（Object Management Group，OMG）正式确定为面向对象方法的国际标准，目前，UML 方法已经得到广泛使用。

2.3.1 面向对象基本概念

1．对象及对象模型

对象（Object）是系统中用来描述客观事物的一个实体，它是构成系统的一个基本单位。一个对象由一组属性和对这组属性进行操作的一组服务构成。属性和服务是构成对象的两个主要因素，属性是用来描述对象静态特征的一个数据项，服务是用来描述对象动态特征（行为）的一个操作序列。一个对象可以有多项属性和多项服务。一个对象的属性和服务被结合成一个整体，对象能够保存属性（信息）并提供一系列操作服务来读取或者改变这个属性。

2．类和实例

在面向对象的方法中，类（Class）是具有相同属性和服务的一组对象的集合，它为属于该类的全部对象提供了统一的抽象描述，其内部包括属性和服务两个主要部分。类代表的是一种抽象，是代表对象本质的、主要的、可观察的行为。类给出了属于该类的全部对象的抽象定义，而对象则是符合这种定义的一个实体。因此类能创造新的对象，并且每个对象属于一个类，通常把属于某个类的一个对象称为该类的实例。

事物（对象）既具有共同性，也具有特殊性。运用抽象的原则舍弃对象的特殊性，抽取其共同性，则得到一个具有广泛共性的类。如果在这个类的范围内，来考虑具有某些特殊性的一组事物的话，这些事物也可以被抽象为另一个类。这个新类不仅具有前一个类的共性，同时它还有自己特殊的属性。通常，把前一个类称为“基类”（或“父类”），把后来生成的那个类称为“派生类”（或“子类”）。

实例的行为和属性由类定义，每个实例有一个唯一的标识。不同的实例可以由同一个类产生，每个实例由定义在类上的服务操作。不同的实例可以被不同的操作序列操纵，因而会有不同的内部状态，如果这些实例以完全相同的方式操纵，它们的状态也会相同。

3．封装

封装（Encapsulation）是面向对象方法的一个重要原则。它主要包括两层意思，第一是指把对象的全部属性和全部服务操作结合在一起，形成一个不可分割的整体；第二是指对象只保留有限的对外接口使之与外界发生联系，外界不能直接地访问和存取对象的属性，只能通过允许的接口操作，这样就尽可能地隐蔽了对象的内部细节，对外形成了一个保护的边界。

4．继承

继承（Inheritance）是类的特性。子类中不必重新定义已在它的父类中定义过的属性和行为，而它却可以自动地、隐含地拥有父类的所有属性和行为。例如在类“人”中，描述那些对“男人”和“女人”都是相同的属性和行为，将他们的共同特征都收集到类“人”中，并让其他的类继承这个类。如“男人”和“女人”继承“人”。这样只需要在“男人”和“女人”的类定义中，描述那些对于类“人”来说是新的特征。从而，使“男人”和“女人”这两个类获得类“人”中定义的所有特征。继承的实现则是通过面向对象（Object Oriented，OO）系统的继承机制来保证的。

继承关系是可以传递的。通过继承，能够简化对程序的修改。比如想修改“人”中的某种特征，只需在类“人”的定义中做修改就足够了。

通过提取和共享公共的特征，能够把公共性的类放到继承层次较高层。同样想加一个新类，可能会找到一个类，它已经提供了一个新类所需要的一些操作和信息结构，这时，可以让新类继承这个类，并且只加上那些只有新类才有的属性和操作。在继承层次中位于一个类下面的那些类叫作这个类的子类，位于一个类上面的类叫作它的父类。因为继承具有传递性。所以，一个类实际上继承了层次结构中在其上面的所有类的全部描述。这样，属于某个类的对象除具有该类所描述的特征外，还具有层次结构中该类上面所有类的描述的全部特征。

继承关系是一个类关系，即是类之间的关系。在类的层次结构中，一个类可以有多个子类，也可以有多个父类。因此，一个类可以直接继承多个类。这种继承方式称为多重继承（Multiple Inheritance）。如果限制一个类最多只能有一个父类，则一个类至多只能继承一个类，这种继承方式称为单继承或简单继承（Single Inheritance）。在简单继承情况下，类的层次结构为树结构，而多重继承是网状结构。

5. 消息

对象通过它对外提供的服务接口在系统中发挥自己的作用。当系统中的其他对象（或其他系统成分）请求这个对象执行某个服务时，它就响应这个请求，完成指定的服务所应完成的职责。在 OO 方法中把向对象发出的服务请求称作消息（Message）。对象之间是通过消息来进行通信的，这也是 OO 方法中的一个原则，它与封装的原则有密切的关系。封装使对象成为一些各司其职、互不干扰的独立单位。消息通信则为它们提供了唯一合法的动态联系途径，使它们的行为能够相互配合，构成一个有机的运动的系统。

6. 结构与连接

在任何一个较为复杂的问题域中，事物之间并不是相互孤立、各不相关的，而是具有一定的关系，而因此构成一个有机的整体，从而使对象之间的交互与合作构成更高级的（系统的）行为。为了使系统能够有效地映射问题域，系统开发者需认识并描述对象之间的以下几种关系。

1）对象的分类关系。

2）对象之间的组成关系。

3）对象属性之间的静态联系。

4）对象行为之间的动态联系。

OO 方法运用一般-特殊结构、整体-部分结构、实例连接和消息连接描述对象之间的以上的 4 种关系。

一般-特殊结构又称为分类结构（Classification Structure），是由一组具有一般-特殊关系（继承关系）的类所组成的结构。它是一个以类为节点，以继承关系为边的连通有向图。

整体-部分结构又称作组装结构（Composition Structure），它描述对象之间的组成关系，即一个（或一些）对象是另一个对象的组成或部分。客观世界中存在着许多这样的现象。一个整体-部分结构由一组彼此之间存在着这种组成关系的对象构成。

整体-部分结构有两种实现方式。第一种方式是用部分对象的类作为一种广义的数据类型来定义整体对象的一个属性，构成一个嵌套对象。第二种方式是独立地定义和创建整体对象和部分对象，并在整体对象中设置一个属性，它的值是部分对象的对象标识，或者是一个指向部分对象的指针。在第二种方式下，一个部分对象可以属于多个整体对象，并具有不同的生存期。第二种方式便于表示比较松散的整体-部分关系。

实例连接（Instance Connection）反映对象之间的静态联系。例如教师和学生之间的任课关系、单位的公用汽车和驾驶员之间的使用关系等，这种双边关系在实现中可以通过对象（实例）的属性表达出来，所以这种关系称作实例连接。

消息连接（Message Connection）描述对象之间的动态联系，即若一个对象在执行自己的服务时，需要通过消息请求另一个对象为它完成某个服务，则说第一个对象与第二个对象之间存在着消息连接。消息连接是有向的，从消息发出者指向消息接收者。

一般-特殊结构、整体-部分结构、实例连接和消息连接均是面向对象分析（Object-

Oriented Analysis，OOA）与面向对象设计（Object-Oriented Design，OOD）阶段必须考虑的重要概念。只有在分析、设计阶段认清问题域中的这些结构与连接关系，编程时才能准确而有效地反映问题域。

7. 多态性

对象的多态性（Polymorphism）是指在一般类中定义的属性或服务被特殊类继承之后，可以具有不同的数据类型或表现出不同的行为，这使得同一个属性或服务名在一般类及其各个特殊类中具有不同的语义。

2.3.2 面向对象建模

医生在给病人看病时，如果只从表面观察一下就下结论可能会不确切，医生不但要对病人用听诊器听，还要对其进行透视、做 CT、化验等一系列检查，可能就会准确地诊断出病人是否有病、得的是什么病，从而给出治疗方案。面向对象建模，就像对人进行全面体检，为了全面了解需求，面向对象方法要进行一系列的建模，需求模型实际上是一组模型，就像从不同方面去诊断人体，需求模型是系统的第一个技术表示。

需求建模的重要性不言而喻，需求模型必须实现 3 个主要目标：1）描述客户需要什么；2）为软件设计奠定基础；3）定义在软件完成后可以被确认的一组需求。分析模型在系统级描述和软件设计之间建立了桥梁。这里的系统级描述给出了在软件、硬件、数据、人员和其他系统元素共同作用下的整个系统或商业功能，而软件设计给出了软件的应用程序结构、用户接口以及构件级的结构。这个关系如图 2-20 所示。

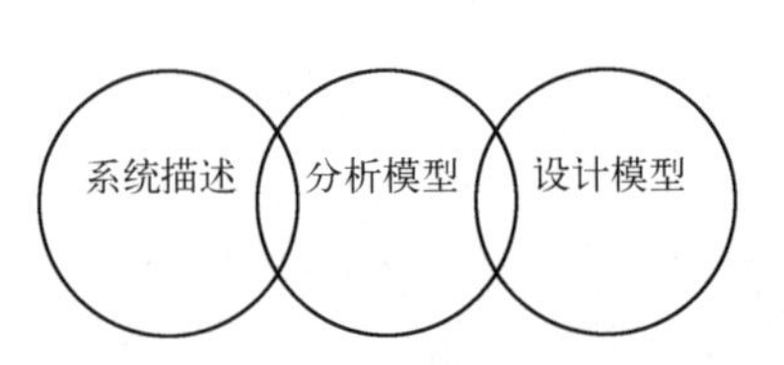

图 2-20 分析模型在系统描述和设计模型之间起到桥梁作用

需求分析产生软件工程特征的规格说明，指明软件和其他系统元素的接口、规定软件必须满足的约束。需求分析让软件工程师细化在前期需求工程的起始、导出、谈判任务中建立的基础需求。

在需求建模期间可以建立以下一种或多种模型类型。

1）场景模型：出自各种系统“参与者”观点的需求。

2）数据模型：描述问题信息域的模型。

3）面向类的模型：表示面向对象类（属性和操作）的模型，其方式为通过类的协作获得系统需求。

4）面向流程的建模：表示系统的功能元素并且描述当功能元素在系统中运行时怎样进行数据变换的模型。

5）行为模型：描述如何将软件行为看作是外部“事件”后续的模型。

这些模型为软件设计者提供信息，这些信息可以转化为结构、接口和构件级的设计。最终，在软件开发完成后，需求模型以及需求规格说明就为开发人员和客户提供了评估软件质量的手段。

1. 基于场景建模

为了更好地了解最终用户希望如何与系统交互，首先应使用 UML 从开发用例、活动图及泳道图形式的场景开始。

（1）创建初始用例

“用例”只是帮助定义系统之外存在什么“参与者”以及系统应完成什么功能。本质上用例捕获了信息的产生者、使用者和系统本身之间发生的交互。用例从某个特定参与者的角度出发，采用简明的语言描述一个特定的使用场景。如果想让用例在需求建模阶段提供价值，那么必须回答并重点关注 4 个内容：1）编写什么？2）写多少？3）编写说明应该多详细？4）如何组织说明？

两个首要的需求工程工作是起始和导出，它们提供了开始编写用例所需要的信息。开始开发用例时，应列出特定参与者执行的功能或活动。这些可以从所需系统功能的列表通过与用户及所有相关人员的交流，或通过评估活动图来获得。

（2）细化初始用例

为全面理解用例描述功能，对交互操作给出另外的描述是非常有必要的。因此，要通过如下提问对初始用例主场景中的每个步骤进行评估。

1）在这一状态点，参与者能进行一些其他动作吗？

2）在这一状态点，参与者有没有可能遇到一些错误的条件？如果有可能，这些错误会是什么？

3）在这一状态点，参与者有没有可能遇到一些其他的行为（如被一些参与者控制之外的事件调用）？如果有，这些行为是什么？

这些问题的答案导致创建一组次场景，次场景属于原始用例的一部分但是表现了可供选择的行为。

（3）编写正规的用例

前面表述的非正规用例对于需求建模常常是够用的。但是，当一个用例包括关键活动或描述一套具有大量异常处理的复杂步骤时，就会希望采用更为正规的方法。

在很多情况下，不需要创建图形化表示的用户场景。然而，当场景比较复杂时图形化的表示更有助于理解。图 2-21 为 SafeHome 产品描述的一个初步的用例图。

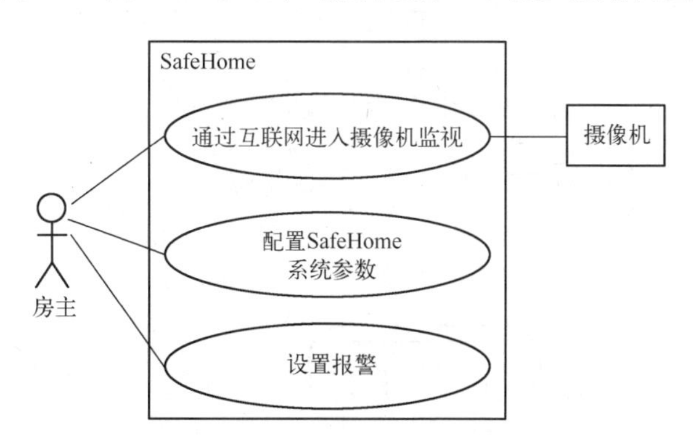

图 2-21　SafeHome 系统的初步用例图

每一种建模注释方法都有其局限性，用例方法也不例外。和其他描述形式一样，如果描述不清晰，用例可能会误导或有歧义。一个用例关注功能和行为需求，一般不适用于非功能需求。对于必须特别详细和精准的需求建模情景（例如安全关键系统），用例方法就不够用了。

然而，软件工程师会遇到的所有场景中的绝大多数情景都适用基于场景建模。如果开发得当，用例作为一个建模工具能提供很大的好处。

2．补充用例的 UML 模型

用例图比较简单，但它提供的信息有限，就像医生从外观看一个人，他是否真的有病，还需借助于其他手段才能知道更多的情况。为了补充用例，可以从大量的 UML 图形模型中进行选择。

（1）开发活动图

UML 活动图在特定场景内通过提供迭代流的图形化表示来补充用例。类似于流程图，活动图使用两端为半圆形的矩形表示一个特定的系统功能，箭头表示通过系统的控制流，菱形表示判定分支，实心水平线表示并行发生的活动，通过互联网进入摄像机监视并显示摄像机视图功能的活动图如图 2-22 所示，应注意到活动图增加了额外的细节，而这些细节是用例不能直接描述的（是隐含的）。例如，用户尽可以尝试有限次数地输入用户身份证号（ID）和密码，这可以通过“提示重新输入”的判定菱形来体现。

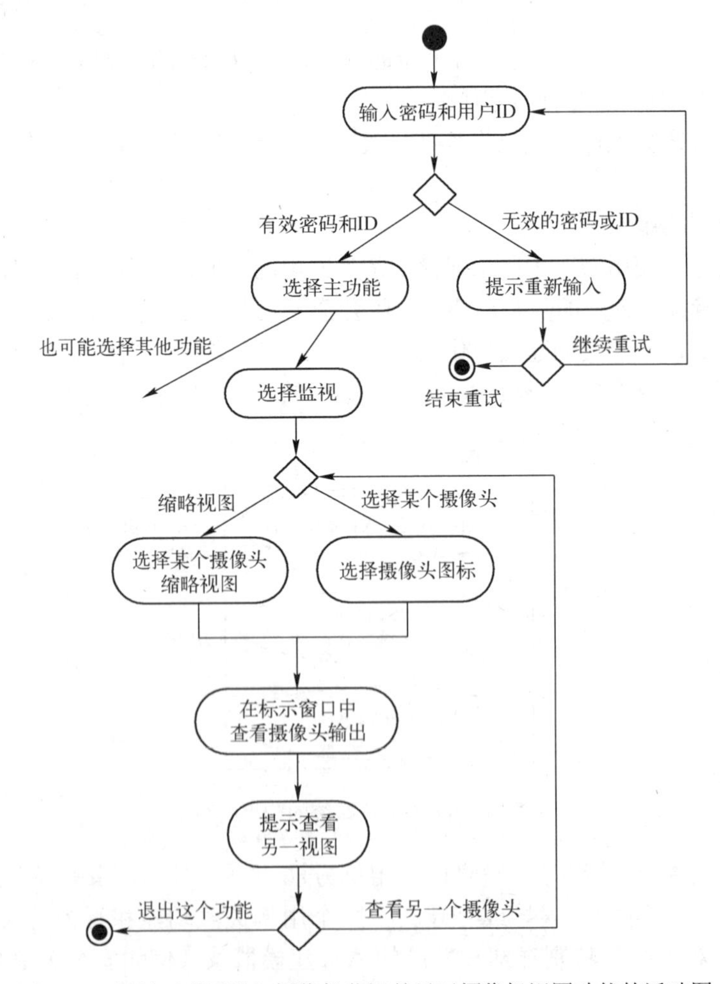

图 2-22　通过互联网进入摄像机监视并显示摄像机视图功能的活动图

（2）泳道图

UML 泳道图表现了活动流和一些判定，并指明由哪个参与者实施。UML 泳道图是活动图的一种有用的变形，可让建模人员表示用例所描述的活动流，同时指示哪个参与者（如果在某个特定用例中涉及了多个参与者）或分析类是由活动矩形所描述的活动来负责。职责由纵向分割图的并行条表示，就像游泳池中的泳道。

考虑图 2-22 所表示的活动图情景，应该有 3 种分析类（房主、摄像机和接口）有直接或间接的责任。参看图 2-23，重新排列活动图，与某个特殊分析类相关的活动按类落入相应的泳道中。例如，“接口”类表示房主可见的用户接口。活动图标记出对接口负责的 2 个提示——“提示重新输入”和“提示查看另一视图”。这些提示以及与此相关的判定都落入了“接口”泳道。但是，从该泳道发出的箭头返回到“房主”泳道，这是因为房主的活动在房主泳道中发生。

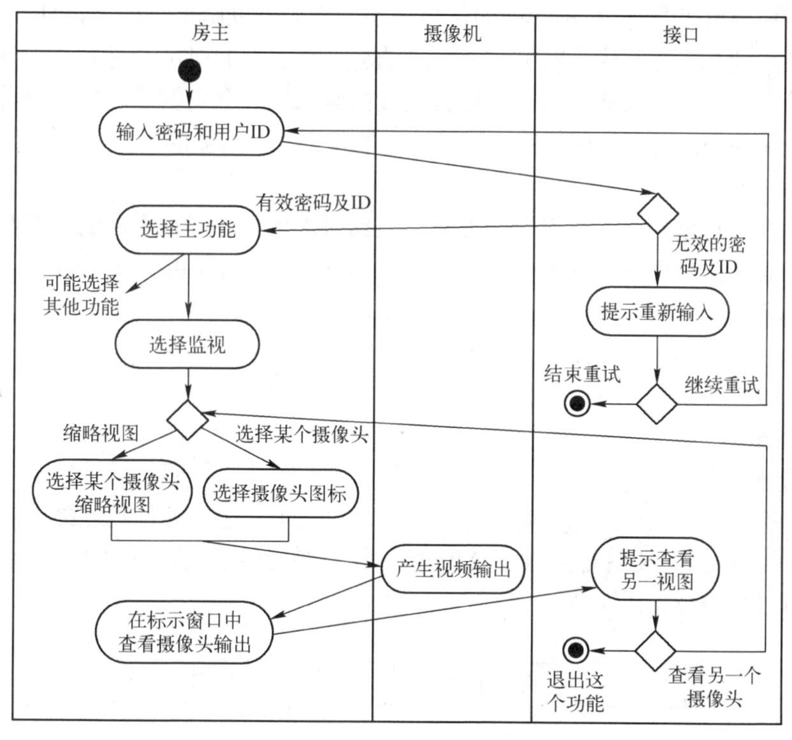

图 2-23　通过互联网进入摄像机监视并显示摄像机视图功能的泳道图

伴随着活动图和泳道图，面向过程的用例表示各种参与者行使一些特定功能或其他处理步骤，以便满足系统需求。但是需求的过程视图仅表示系统的单一维度。

3．数据建模

如果软件需求包括建立、扩展需求，或者具有数据库的接口，或者必须构建和操作复杂的数据结构，那么，可以选择建立一个数据模型作为全部需求建模的一部分。这时需要定义在系统内处理的所有数据对象，数据对象之间的关联以及其他与此相关的信息。可以使用实体关系图（E-R 图）来描述这些问题并提供在一个应用项目中输入、存储、转换和产生的所有数据对象。

（1）数据对象

数据对象是必须由软件可理解的复合信息表示。复合信息是指具有若干不同的特征或属性的事物。因此，单个值的“宽度”不是有效的数据对象，但是“维度”可以被定义为一个对象，因为它包括宽度、高度和深度。

数据对象可能是外部实体（例如产生或使用信息的任何东西）、事物（例如报告或显示）、偶发事件（例如电话呼叫）或事件（例如警报）、角色（例如销售人员）、组织单位（例如财务部）、地点（例如仓库）或结构（例如文件）。例如，一个人或一部车可以被认为是数据对象，在某种意义上它们可以用一组属性来定义。数据对象描述包括了数据对象及其所有属性。

数据对象只封装数据——在数据对象中没有操作数据的引用，这种区别将数据对象与面向对象方法中的“类”或“对象”区分开来。因此，数据对象可以表示成一张表。

（2）数据属性

属性命名某数据对象，描述其特征，并在某些情况下引用另一个对象。数据属性定义了数据对象的性质，可以具有 3 种不同的特性之一。它们可以用来：1）为数据对象的实例命名；2）描述这个实例；3）建立对另一个表中的另一个实例的引用。另外，必须把一个或多个属性定义为标识符——也就是说，当要找到数据对象的一个实例时，标识符属性成为一个索引关键字。在某些情况下，标识符的值是唯一的，但不是必需的。

（3）关系

关系指明数据对象相互“链接”的方式，数据对象可以以多种不同的方式与另一个数据对象连接。考虑一下两个数据对象：“人”和“汽车”。这些对象可以使用图 2-24a 所示的简单标记表示。在“人”和“汽车”之间可以建立联系，因为这两个对象之间是相关的。但这个关系是什么呢？为确定答案，必须理解在将要构建的软件环境中“人”和“汽车”的角色。可以用一组“对象-关系对”来定义相互的关系，例如：

- 拥有汽车的人。
- 汽车驾车投保人。

关系“拥有”和“驾车投保”定义了“人”和“汽车”之间的相互连接。图 2-24b 以图形方式说明了这些对象-关系对，图 2-24b 标注的箭头提供了关联方向的重要信息，这一方向信息通常可以减少歧义或误解。

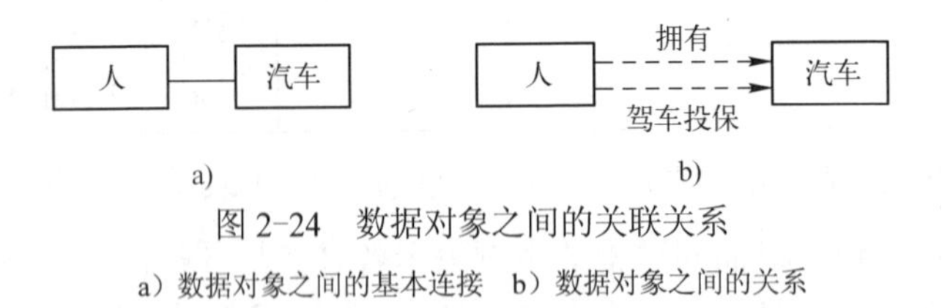

图 2-24　数据对象之间的关联关系

a）数据对象之间的基本连接　b）数据对象之间的关系

4．类建模

类建模是基本的建模内容，基于类的建模表示了系统操作的对象、应用于对象间能有效控制的操作（也称为方法或服务）、这些对象间的关系以及已定义类之间的协作。

（1）识别分析类

当环顾房间时就可以发现一组容易识别、分类和定义的物理对象。但当环顾软件应用的问题空间时，了解类和对象就没有那么容易了。

通过检查需求模型开发的使用场景，对系统开发的用例进行“语法解析”，可以开始进行类的识别。方法是，把每个名词或名词词组用下划线标出来，将它们确定为类，并将这些名词输入到一个简单的表中，同时标注出同义词，相同的名词或名词词组只标一次。如果要求某个类（名词）实现一个解决方案，那么这个类就是解决方案空间的一部分；否则，如果只要求某个类描述一个解决方案，那么这个类就是问题空间的一部分。

分离出所有的名词后，要确定它是什么类，分析类表现为如下方式之一。

1）外部实体（例如其他系统、设备、人员），产生或使用基于计算机系统的信息。

2）事物（例如报告、显示、字母、信号），问题信息域的一部分。

3）偶发事件或事件（例如，所有权转移或完成机器人的一组移动动作），在系统操作环境内发生。

4）角色（例如经理、工程师、销售人员），由和系统交互的人员扮演。

5）组织单元（例如，部门、组、团队），和某个应用系统相关。

6）场地（例如传感器、四轮交通工具、计算机），定义了对象的类或与对象相关的类。

这种分类只是已提出的大量分类方法之一，为了说明在建模的早期如何定义分析类，考虑对 SafeHome 安全功能的“处理叙述”进行语法分析，对第一次出现的名词加下划线，第一次出现的动词采用斜体。

SafeHome 安全功能***能使***房主在***安装***时***配置***安全系统，***监视***所有***链接***到安全系统的传感器，通过因特网、个人计算机或控制面板和房主***交互***。

在安装过程中，用 SafeHome 个人计算机***设计***和***配置***系统。为每个传感器分配一个编号和类型，用主密码***启动报警***和***关闭报警***系统，而且当传感器事件发生时会***拨打输入***的电话号码。

当***识别***出一个传感器事件时，软件***激活***装在系统上可发声的警报，在房主系统配置活动中***指定***的延迟时间后，软件拨打监测服务的电话号码并***提供***位置信息，***报告***检测到的事件性质。电话号码将每隔 20 秒***重拨***一次，直至***达到***电话接通。

房主通过控制面板、个人计算机或浏览器这些接口来***接收***安全信息。接口在控制面板、计算机或浏览器窗口中***显示***提示信息和系统状态信息。房主采用如下形式进行交互活动……

抽取上述描述中的名词，可以得到如表 2-5 所示的一些潜在类。这个表应不断完善，直到将处理叙述中所有的名词都考虑到为止。注意，表 2-5 中的每一输入项只是潜在的对象，还不是最终确定的类，在进行最终决定之前还必须对它们每一项进行分析。

表 2-5　对 SafeHome 安全功能进行语法解析后得出的潜在类

潜在类	一般分类
房主	角色或外部实体
传感器	外部实体
控制面板	外部实体
安装过程	事件
系统（别名安全系统）	事物
编号、类型	不是对象，是传感器的属性
主密码	事物
电话号码	事物
传感器事件	事件
可发声的警报	外部实体
监测服务	组织单元或外部实体

如何确定某个潜在类是否应该真的成为一个分析类，可考虑是否具有如下特征。

1）是否是保留信息。在分析期间只有当潜在类的信息必须记下来，系统才能工作，这样的潜在类就是有用的。

2）是否是所需服务。潜在类必须具有一组可确认的操作，这组操作能用某种方式改变类的属性值。

3）是否具有多个属性。在需求分析过程中，焦点应在于主要的信息。当然，只有一个属性的类可能在设计中有用，但是在分析活动阶段，最好把它作为另一个类的某个属性。

4）是否具有公共属性。可以为潜在类定义一组属性，这些属性适用于类的所有实例。

5）是否是公共操作。可以为潜在类定义一组操作，这些操作适用于类的所有实例。

6）是否是必要的需求。在问题空间中出现的外部实体，以及生产或消费对任何系统解决方案在运行时所必须的信息，几乎都被定义为需求模型中的类。

考虑包含在需求模型中的合法类，潜在类应全部或几乎全部满足这些特征。判定潜在类是否包含在分析模型中多少有点主观，而且后面的评估可能会舍弃或恢复某个类。然而，基于类建模的首要步骤就是定义类，因此即使是主观的也必须进行决策。根据上述选择特征进行筛选后，可列出 SafeHome 潜在类如表 2-6 所示。

表 2-6　对表 2-5 的潜在类进行筛选的结果

潜　在　类	适用的特征编号
房主	拒绝：6 适用但是 1、2 不符合
传感器	接受：所有都适用
控制面板	接受：所有都适用
安装过程	拒绝
系统（别名安全系统）	接受：所有都适用
编号、类型	拒绝：3 不符合，这是传感器的属性
主密码	拒绝：3 不符合
电话号码	拒绝：3 不符合
传感器事件	接受：所有都适用
可发声的警报	接受：2、3、4、5、6 适用
监测服务	拒绝：6 适用但是 1、2 不符合

应该注意到：1）表 2-6 并不全面，必须添加其他类以使模型更完整；2）某些被拒绝的潜在类将成为被接受类的属性（例如，“编号”和“类型”是“传感器”的属性，“主密码”和“电话号码”可能成为“系统”的属性）；3）对问题的不同陈述可能导致做出“接受或拒绝”不同的决定。（例如，如果每个房主都有个人密码或通过声音确认，那么“房主”类有可能接受并满足特征 1）和 2）。

（2）描述属性

属性是在问题的环境下完整定义类的数据对象集合，属性描述了已经选择包含在需求模型中的类。为了给分析类开发一个有意义的属性集合，应该研究用例并选择那些合理属于类的事物。此外，每个类都应回答如下问题：什么数据项能够在当前问题环境内完整地定义这个类？

为了说明这个问题，考虑为 SafeHome 定义 System 类。房主可以配置安全功能以反映传感器信息、报警响应信息、激活或者关闭信息、识别信息等。可以用如下方式表现这些组合数据项。

识别信息=系统编号+确认电话号码+系统状态

报警应答信息=延迟时间+电话号码

激活或者关闭信息=主密码+允许重试次数+临时密码

等式右边的每一个数据项可以进一步地精化到基础级，本例中可以为 System 类组成一个合理的属性列表，如图 2-25 的中部所示。

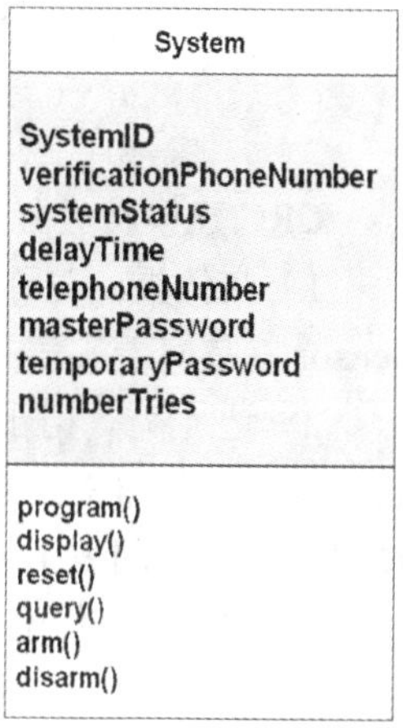

传感器是整个 SafeHome 系统的一部分，已经定义 Sensor 为类，多个 Sensor 对象将和 System 类关联。通常，如果有超过一个项和某个类相关联，就应避免把这个项定义为属性。

（3）定义操作

操作定义了某个对象的行为。尽管存在很多不同类型的操作，但通常可以粗略地划分成 4 种类型：1）对数据的操作，例如添加数据、删除数据、重新格式化数据、选择数据；2）执行计算的操作；3）请求某个对象的状态的操作；4）监视某个对象发生某个控制事件的操作。这些功能通过在属性及相关属性上的操作来实现。因此，操作必须理解为类的属性和相关属性的性质。

System
SystemID verificationPhoneNumber systemStatus delayTime telephoneNumber masterPassword temporaryPassword numberTries
program() display() reset() query() arm() disarm()

图 2-25　System 类的类图

在第一次迭代要导出一组分析类的操作时，可以再次研究处理叙述（或用例）并合理地选择属于该类的操作。为了实现这个目标，可以再次研究语法解析并分离动词。这些动词中的一部分将是合法的操作并能够很容易地连接到某个特定类。

另外，对于语法分析，可以通过考虑对象间所发生的通信来获得对其他的操作更为深入的了解，对象通过传递信息与另一个对象互相通信。

（4）类-职责-协作者建模

类-职责-协作者（Class-Responsibility-Collaborator，CRC）建模是一种简单的建模方法，可以识别和组织与系统或产品需求相关的类。CRC 建模实际上是表示类的标准索引卡片的集合。每张卡片分 3 部分，顶部写类名，卡片主体左侧部分列出类的职责，右侧部分列出类的协作者。使用 CRC 卡片的一个目的是早期舍弃、频繁舍弃，并且低成本舍弃。事实上抽出一叠卡片要比改编大量源代码要容易得多。

事实上，CRC 模型可以使用纸质的或电子的索引卡，建立索引卡的目的是开发有组织表示的类。CRC 模型中的职责是和类相关的属性和操作。简单地说，职责就是“类所知道或能做的任何事”，协作者是提供完成某个职责所需要信息的类。通常，协作意味着信息请求或某个动作请求。

例如，SafeHome 安全住宅系统中 FloorPlan 类的一个简单 CRC 索引卡可以用图 2-26 所示的形式来描述。CRC 卡上所列出的职责只是初步的，可以添加或修改。在职责栏右边的 Wall 和 Camera 是需要协作的类。

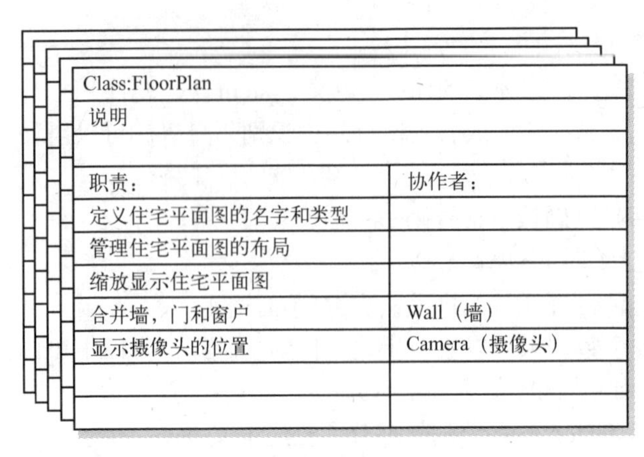

图 2-26　CRC 模型索引卡例子

CRC 建模将类分为 3 种。

1）实体类。也称做模型或业务类，是从问题说明中直接提取出来的，例如 FloorPlan 和 Sensor 就是属于实体类，这些类一般代表保存在数据库中和贯穿应用程序的事物。

2）边界类。用于创建用户可见的和在使用软件时交互的接口，如交互屏幕或打印的报表。实体类包含对用户来说很重要的信息，但是并不显示这些信息。边界类的职责是管理实体对象对用户的表示方式，例如，一个称作 Camera Window 的边界类负责显示 SafeHome 系统监视摄像机的输出。

3）控制类。用于自始至终管理“工作单元”。也就是说，控制类可以管理 4 个方面的工作：实体类的创建及更新；当边界类从实体对象获取信息后的实例化；对象集合间的复杂通信；对象间或用户和应用系统间交换信息的确认。通常，直到设计开始时才开始考虑控制类。

在给类分配职责时可以采用如下指导原则。

1）系统的智能应分布在所有类中以求最佳地满足问题的需求。每个应用系统都包含一定程度的智能，也就是系统内所含有它知道的以及所能完成的事情。智能在类中可以有多种分布方式，建模时可以把“不灵巧类”（几乎没有职责的类）作为一些“灵巧”类（有很多职责的类）的从属。尽管该方法使得系统中的控制流简单易懂，但同时带来两个方面的缺点：一是把所有的智能集中在少数类，使得变更更为困难；二是这样做可能会需要更多的类，因此需要更多的开发工作。

如果将系统的智能更平均地分布在应用系统的所有类中，每个对象只了解和执行其中的一些事情，并提高系统的内聚性，这就会提高软件的可维护性并减少变更的副作用影响。

为了确定是否恰当地分布了系统智能，应该评估每个 CRC 模型索引卡上标记的职责，以确定某个类是否具有超长的职责列表，如果有这种情况就表明智能太集中。此外，每个类的职责应表现在同一抽象层上。

2）每个职责的说明应尽可能具有普遍性。这条指导原则意味着应在类的层级结构的上层保持职责（属性和操作）的通用性，因为它们更有一般性，它们将适用于所有的子类。

3）信息和与之相关的行为应放在同一个类中。这实现了面向对象原则中的封装，数据和操作数据的处理应包装在一个内聚单元中。

4）某个事物的信息应局限于一个类中而不要分布在多个类中。应由一个单独的类负责保存和操作某特定类型的信息，通常这个职责不应由多个类分担。如果信息是分布的，软件将变得更加难以维护，测试也会面临更多挑战。

5）职责应由相关类共享。很多情况下，各种相关对象必须在同一时间展示同样的行为。例如，对于一个视频游戏，必须显示如下类：Player、PlayerBody、PlayerArms、PlayerLegs 和 PlayerHead。每个类都有各自的属性（例如，position、orientation、color 和 speed）并且所有这些属性都必须在用户操纵游戏杆时更新和显示。因此，每个对象必须共享职责 update()和 display()。Player 知道在什么时候发生了某些变化并且需要 update()操作。它和其他对象协作获得新的位置或方向，但是每个对象控制各自的显示。

协作方面的内容讲解如下。

类通过一种或两种方法实现其职责：一是类可以使用其自身的操作控制各自的属性，从而实现特定的职责；二是一个类可以和其他类协作。

协作是从客户职责实现的角度表现从客户到服务器的请求。协作是客户和服务器之间契约的具体实现。如果为了实现某个职责需要发送任何消息给另一个对象，就说明这个对象和其他对象有协作。单独的协作是单向流，即表示从客户到服务器的请求。从客户的角度看，每个协作都和服务器的某个特定职责相关。

要识别协作可以通过确认类本身是否能够实现自身的每个职责。如果不能实现每个职责，那么需要和其他类交互，因此就要有协作。

当开发出一个完整的 CRC 模型时，可以使用如下方法评审模型。

1）所有参加 CRC 模型评审的人员拿到一部分 CRC 模型索引卡。对有协作的卡片要拆分，也就是说每个评审员不得有两张存在协作关系的卡片。

2）分类管理所有的用例场景以及相关的用例图。

3）评审组长细致地阅读用例，当评审组长看到一个已命名的对象时，给拥有相应类索引卡的人员一个令牌。例如，SafeHome 的一个用例包含如下描述：

房主观察 SafeHome 控制面板以确定系统是否已经准备接收输入。如果系统没有准备好，房主必须手工关闭窗户和门以便指示器呈现就绪状态（若指示器未就绪说明某个传感器是开启的，也就是说某个门或窗户是打开的）。

当评审组长看到用例说明中的“控制面板”，就把令牌传给拥有 ControlPanel 索引卡的人员。“暗示着某个传感器是开启的”语句需要索引卡包含确认该暗示的职责（由 determine-sensor-status()实现该职责）。靠近索引卡职责的是协作者 Sensor，然后令牌传给 Sensor 对象。

4）当令牌传递时，Sensor 卡的拥有者需要描述卡上记录的职责。评审组确定（一个或多个）职责是否满足用例需求。

5）如果记录在索引卡上的职责和协作不能满足用例，就需要修改卡片。修改可能包括定义新类和相关的 CRC 索引卡，或者在已有的卡上说明新的或修改的职责、协作。

该过程持续进行直到用例编写结束。当评审完所有的用例，将继续进行需求建模。

2.3.3 统一建模语言 UML

Rational 软件公司的三位学者，Grady Booch、Jim Rumbaugh 和 lvar Jacobson 经过三年多的努力正式提出面向对象系统的通用统一模型语言 UML 1.0 版，这是 OO 行业中一件具有里程碑性质的进展。UML 语言是在已有的三大 OO 方法学的基础上，抽象出表示它们的模型语言，并吸取了其他OO开发方法和近三十年软件工程的成果，它对OO技术的发展有着深远的影响。1997年11月，OMG组织采纳UML作为面向对象建模的标准语言。UML还在不断发展变化，在对象管理组织网站www.omg.org上可查看到UML的版本内容，熟悉UML对于软件工程人员是至关重要的。

1．UML的元模型理论

模型规定了对象的属性操作以及聚集、结合和通信。利用表示法系统表达的层次称为模型层。

一个系统往往是由多个模型的聚集、相互结合和通信组成。需要一种手段构成各个模型，为此把属性、操作、结合、通信进一步抽象为结构元素、行为元素来表达模型，并提供表达系统的机制（包），这一层称为元（Meta）模型层。为了准确地表达模型的语义，提供分类、说明（标记值）和约束。在这样的元模型描述下生成的模型实例，语义可以得到准确地刻画。

元模型的基础结构是元-元模型层，它定义了用于描述元模型的语言。为了准确定义元模型的元素和各种机制，元-元模型指出，每个元类中有元属性和元操作，最基本的机制是类-实例化机制，即元模型是元-元模型的实例。为了和OMG组的元对象设施（Meta Object Facility，MOF）提供的元-元模型一致，UML的元模型体系结构直接从MOF的元模型生成。UML是元模型层的描述语言，它的实例兼及模型层，并可以直接对应OO语言中的类、类型、消息、继承、聚集、概括、接口。

2．大型逻辑包装

一个软件系统，由不同模型的系统组成。每个模型由模型元素按照某种组合机制构成。UML从表示角度上用无语义但有结构关系的包把相关元素封装在一起。包有包容（子包）和继承关系。系统和模型均按包的形式提供，即一个包可以封装一个模型，若干子包聚集为一个系统包。用户可以在系统提供的包的基础上定义自己的系统和各模型。UML提供的包是基础包、行为元素包和模型管理包。基础包描述一个软件系统提供的最基本支持；行为元素包为模型元素定义各种动作、通讯，管理其使用情况、状态描述等；模型管理包定义了模型元素如何组织成模型、包和子系统。

3．图形化的UML表示法

UML为对象的结构模型和行为模型定义了语义。UML中的图可分为两大类：结构图和行为图。结构图描绘系统组成元素之间的静态结构，包括它们的类、接口、属性和关系。行为图描绘系统元素的动态行为，包括它们的方法、交互作用、协作性和状态历史。UML表示法是UML语义的可视化表示，是描述模型的工具。

（1）结构图

结构图的类型包括类图、构件图、对象图、部署图、组合结构图、包图和用例图7种。类图是使用UML建模时最常用的图，它展示了系统中的静态事物、它们的结构以及它们之间的相互关系，如图2-25就是一个简单例子，System类有8个属性和6个操作；构件图可以展示一组构件的组织和彼此间的依赖关系，它用于说明系统如何实现，以及软件系统内构件如何协同工作；对象图可以展示系统中的一组对象，它是类图在某一时刻的快照；部署图可展示物理系统运行时的架构，同时可以描述系统中的硬件和硬件上驻留的软件；组合结构图可以展示模型元素的内部结构；包图用于包之间的依赖关系；用例图描述系统外部参与者如何使用系统提供的服务。

（2）行为图

行为图包括活动图、状态图、顺序图、通信图、时间图和交互概述图 6 种。活动图显示系统内的活动流，通常用于描述不同的业务过程；状态图显示一个对象的状态和状态之间的转换，状态图中包括状态、转换、事件和活动。状态图是一个动态视图，对事件驱动的行为建模尤其重要。

在描述系统中，反映对象之间通过消息进行通信的图称为交互图。交互图包含 4 种类型：顺序图、通信图、时间图和交互概述图。顺序图也称为时序图，它描述了系统中对象间通过消息进行的交互，强调了消息在时间轴上的先后顺序；通信图也称为协作图、合作图，它描述了系统中对象间通过消息进行的交互，强调了对象在交互行为中承担的角色；时间图也称为定时图，是一种特殊的顺序图，它描绘与交互元素的状态转换或条件变化有关的详细时间信息；交互概述图是一种高层视图，用于从总体上显示交互序列之间的控制流。

（3）关系元素

在 UML 中，共定义了 24 种关系，这 24 种关系在建模时可以用关联关系、实现关系、泛化关系、依赖关系和扩展关系 5 种来表示。关联关系提供了通信的路径，它是所有关系中最通用同时也是语义最弱的关系。在关联关系中，有两种比较特殊的关系，它们是聚合关系和组合关系；实现关系是用来规定接口和实现接口的类或组件之间的关系。接口是操作的核心，这些操作用于规定类或组件提供的服务；泛化关系描绘了从特殊事物到一般事物之间的关系，即子类到父类之间的关系；依赖关系表示两个或多个模型元素之间语义上的关系，客户元素以某种形式依赖于提供者元素，依赖关系可以细分为使用依赖、抽象依赖、授权依赖和绑定依赖四大类，实际上，关联、实现和泛化都是依赖关系；扩展关系是一种 UML 提供的底层的扩展机制，应用并不广泛。扩展表示把一个构造型附加到一个元类上，使得元类的定义中包含这个构造型。

4．元模型的形式化语言 OCL

用户借助 UML 提供的表示法定义自己系统的元模型，以图形化的表示方法来表示模型元素时，其语义解释不够准确。为此 UML 提供了形式化语言即对象约束语言（Object Constraint Language，OCL）以一阶谓词逻辑模型描述各种约束。

实际上 UML 继承了软件工程中形式化规格说明语言研究的成果。因为只有形式规格说明描述的软件体系结构在其各开发阶段中才能保证语义的一致性。但是形式语言约束只能准确刻画静态语义，对于动态语义除了加上 OCL 描述外，还必须以自然语言加以说明，完全形式化是极为复杂的。UML 在给出自身的语义说明时运用了这个办法，对于每个包都给出以下 3 个层次的说明。

1）抽象的语法（Abstract Syntax）：由一个 UML 类图给出各元类之间的关系。

2）良构的规则（Well-formedness Rules）：用形式语言 OCL 表述无边界效应的约束。

3）语义（Semantics）：用自然语言描述引入的新概念和动态语义。

总的来说，UML 元模型是由图形表示法、自然语言和形式语言组成的描述。这种合成强调表述性和易读性间的平衡。

5．基于 UML 的软件开发

软件开发通常按照如下步骤进行：首先是了解系统（客户）需求，然后是系统分析、设计，之后是代码编写，最后是测试，投入运行后还要进行代码的维护和扩展。UML 允许从一个基本的图开始，之后添加需要的额外特性。

（1）系统（用户）需求

它是问题提出的过程，软件大体要实现什么功能，有什么参与者（Actor）。而用例（Use Case）图所表达的正是参与者与用例、用例和系统响应之间的关系。在了解系统需求的过程中，就可以给用例图添加上相应的 Actor 与 Use Case。在了解系统需求的后期，则可以把不同 Actor 与 Use Case 间的关系用相应的连线连接，并对连线定义，使用例图更加清晰。之后可对 Use Case 的系统响应进行分析，即把系统执行顺序画出来，这已经进入系统分析阶段。

（2）系统分析

在这一阶段，需要把软件的功能细化，同时考虑数据间的关系（层次），然后建立与之对应的对象，接着分析对象间的关系（即软件结构）并定义对象的属性和方法。

其过程是：首先对 Use Case 进行分析，可按时间顺序把一个个过程标注出来，并分析哪些过程属于哪一个对象，形成顺序图。同时 Use Case 中还可以使用协作图和状态图。协作图是按对象之间的关系来连接，适用于时间顺序不严格的过程变化。状态图的分析重点在于数据的变化，常用于观察过程的参数和数据的变化，它在类图分析中也使用。其次是把上一步分析的过程和数据整理成对象的方法和属性，并在类图中画出来。对于类中的操作，还可用状态图来分析运行过程。完成类的绘制后，要把相近的类划归在一起，形成一个包，接着把这些类用相应的关系（继承、接口等）连接起来。类与类之间的关系在不同的面向对象的语言中有着各自的特殊之处。但都可用 UML 的关系（关联关系、实现关系、泛化关系、依赖关系和扩展关系）表达出来。

（3）设计

这一阶段，在基于操作系统和特定语言的基础上分析整个系统，如果设计的系统模块处于不同物理层次，比如网络系统中有多个 Server（Database Server、Web Server 等）和多个 Client，而软件模块分布在不同的 Server 里运行，这时需要使用部署图，用来显示系统中软件和硬件的物理架构，部署图既可以显示运行时系统的结构，同时还可表明构成应用程序的硬件和软件元素的配置和部署方式。

需要说明的是基于 UML 的软件分析与设计是一个连续的过程，设计阶段是分析阶段的结果的扩展，通过加入新的类来定义软件系统的技术方案细节，设计阶段用和分析阶段类似的方式使用 UML。

（4）代码编写

这一过程是把抽象的软件模型转变为具体的代码。使用基于 UML 的 CASE 工具建立了相应的模型，或者说建立起一个多视角的相关数据库系统之后，则可使用软件直接产生基于此模型的对应代码框架。至此一个具有清晰结构的软件系统就已经有了雏形，往后的阶段只需要把某一种具体代码往框架里填充。

（5）测试

通常，测试可分为单元测试、集成测试、系统测试和验收测试几个步骤，UML 模型可作为测试阶段的依据，不同测试小组可使用不同的 UML 图作为他们测试工作的依据。单元测试使用类图和类规格说明，集成测试使用构件图和协作图，系统测试使用用例图来验证系统的行为，验收测试用与系统测试类似的方法来验证系统是否满足在分析阶段确定的所有需求，验收测试是由用户进行的。

（6）代码的维护和扩展

面向对象的程序设计方法，主要目的就是为了让程序更容易维护、扩展。为了改动和添加代码，一般情况下就得通读源代码和注释，然后才明白程序的结构和完成的功能，进而修改。但对于 UML 设计出来的软件，只要看其模型中不同的视图就可以把软件结构清晰的表达出来了。同时在建立模型时所写的文档，也会加入源代码中。另外，有的 CASE 工具还提供 COM 接口，通过编程对建立的模型进行分析，输出相应的报表、文档。因而，用 UML 建立模型更利于软件的维护和扩展。

2.4 需求规约说明书（SRS）

软件需求规约说明书（Software Requirements Specification，SRS）也叫软件需求规约，是分析阶段的产物，写出 SRS 并经复审通过，就意味着分析阶段结束。因而 SRS 是开发人员与用户必须遵守的“合同”。它既是软件人员进行软件设计的依据，也是用户考虑验收方案的基础。SRS 是软件开发过程中一个重要的里程碑，它是所有相关人员对所开发软件的共同理解、共同意志的体现。

2.4.1 SRS 的内容

SRS 中的内容以及详细程度取决于所要开发的系统的类型以及所使用的开发过程，复杂的、要求极高的系统需要有详尽的需求，因为系统安全性和信息安全性都需要详细的分析。如果系统是由某个外部机构承担的时候，对 SRS 的描述应该精确和详细。如果需求中有较大弹性，而且系统是由本机构内部开发的话，文档可以写得不太详细，一些二义性问题可以在开发阶段得以解决后补充进去。

一般可以从以下 5 个方面去描述 SRS。

1．概述

给出软件需求的简单描述，包括课题目标、用户、约束、功能性能规定等。

2．软件需求描述

1）功能和行为建模。给出用例图、功能和特征列表，给出候选类清单，建立类的层次关系，绘制基于 UML 的状态图、需求的活动图、顺序图等，给出类定义模板（类的整体说明，属性说明，方法和消息说明）。

2）数据建模。确定数据对象和数据属性，给出详细的数据流图及数据词典描述，使用 E-R 图描绘数据对象之间的关系。

3．界面

规定软件同系统其他元素（硬件、软件、人机接口、数据通信协议等）的功能联系，给出初步用户手册。硬件界面包括计算机特性、内外存容量、I/O 设备能力等。软件界面包括操作系统特性、公用程序和支持软件以及它们相互之间的连接特性。

4．质量评审

规定软件功能的正式确认需求和测试限制，给出软件的初步测试计划。

5. 补充说明

给出一些便于读者阅读本规格说明书的注释，例如本项目的一些背景材料，以增进对本规格说明书内容的理解。

表 2-7 是一个基于 IEEE 标准的 SRS 的结构，IEEE 标准是一个通用的标准，可以调整以适应特殊场合。

表 2-7 软件需求规约说明书的结构

章节题目	描述要求及内容
前言	定义文档的读者对象，说明版本的修正历史，包括新版本为什么要创建，每个版本间的变更内容的概要
绪论	描述为什么需要该系统，简要描述系统的功能，解释系统是如何与其他系统协同工作的。要描述该系统在机构总体业务目标和战略目标中的位置和作用
术语	定义文档中的技术术语和词汇。假设文档读者是不具有专业知识和经验的人
用户需求定义	描述系统应该提供的服务以及非功能系统需求，该描述可以使用自然语言、图表或者其他各种客户能理解的标记系统。产品和过程必须遵循的标准也要在此定义
系统体系结构	对待建系统给出体系结构框架，该体系结构要给出功能在各个模块中的分布。能被复用的结构中组件要用醒目方式标示出来
系统需求描述	对功能和非功能需求进行详细描述。如有必要，对非功能需求要再进一步描述，例如，定义与其他系统间的接口
系统原型	给出一个或多个系统模型，以表达系统组件、系统以及系统环境之间的关系。这些模型可以是对象模型、数据流模型和语义数据模型
系统演化	描述该系统建成后的基本设想，并预测由于硬件演化和改变用户需求时系统将如何变动。这部分对系统设计人员来说是有用的，因为这有助于他们避免一些不合理的设计决策，这些决策可能会限制未来系统的变更
附录	提供与所开发的应用软件有关的详细的、专门的信息，例如，硬件和数据库的描述，硬件需求定义了系统最小和最优配置，数据库需求定义了系统所用的数据的逻辑结构和数据之间的关系
索引	包含文档的多重索引，除了标准的字母顺序索引外，还应有图表索引、功能索引等

当然，SRS 中的内容是和被开发软件的类型以及开发中使用的方法紧密相关的，如果使用演化模型来开发软件产品，则表 2-7 中的许多有关细节可能会省去。重点也将会被放在用户需求的定义和高标准的非功能需求上面。在这种情况下，因为 SRS 提供的信息有限，所以设计者和编程人员将根据他们的判断和知识来决定如何设计系统以满足用户的需求。

然而，当软件系统是大型系统工程项目的一部分时，大系统本身包含交互式硬件和软件系统，一般就必须在细粒度层次上定义需求，这意味着 SRS 内容会非常多，可能还会包含初步用户手册、初步测试计划等，对于长文档，尤其需要一个详细的目录和文档索引，以便读者能快速找到所需的信息。

2.4.2 SRS 的作用

在外部承包商开发软件系统时必须有 SRS，然而敏捷开发模式的使用表明由于需求的快速变化，致使 SRS 在写完时已经过时，也就浪费了大量的精力。于是像极限编程这类的方法相应产生，这种方法是增量式收集用户需求，并把它们作为用户故事情景写在卡片上，然后用户对要实现的需求给出优先级排序，最为紧要的需求将在下一个增量中优先考虑。

这种方法很适合需求不稳定的业务系统，但是有一份定义系统的业务和可靠性需求的短的支持文档仍然是有用的，当专注于系统下一个版本的功能性需求时，很容易忘记应用到整个系统上的需求。

SRS 的作用可以用图 2-27 来表示，SRS 对不同的人员起的作用是不一样的，在编写 SRS

时必须在以下几方面采取折中：与客户关于需求的沟通；为开发者和测试者在细节层次上定义需求；附带可能对系统所做的演化的有关信息。对可预见变更方面的信息能帮助系统设计者避免作出一些苛刻的设计决策，也能帮助系统维护工程师避免为增加新需求而去调整系统。

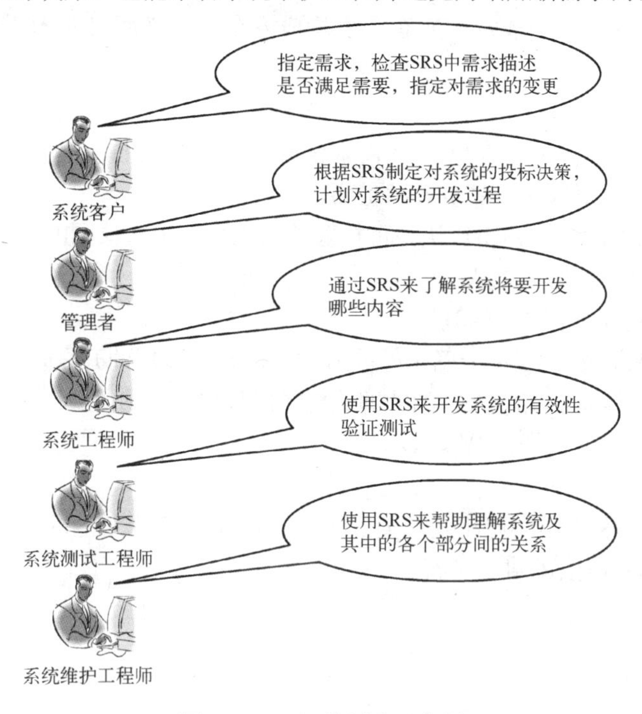

图 2-27　SRS 的用户及作用

2.4.3　SRS 的特征

由以上讨论可以看出，所谓 SRS 其实就是对所开发的软件系统的功能、性能、用户界面以及运行环境等作出的详细说明。那么，怎样才能把 SRS 写好呢？一般来说，一份好的 SRS 应具有如下 7 个特征。

1．唯一性

唯一性是指在 SRS 中每一种需求仅有一种解释。

1）最终软件产品的每一个特征仅用一个条款来叙述。

2）在特殊场合某个术语可以是多义的，但必须在词典中对它的含义做出规定。

由于自然语言有歧义性，所以当用自然语言写 SRS 时要特别细心检查，应尽量避免其歧义性。用形式语言（Formal Language）或半形式语言来写 SRS 是避免歧义性的一种方法。有了形式语言，还可以进一步实现需求自动化，其语法、语义方面的错误可以通过形式语言处理器来自动地检出。

当然，形式语言也有一个缺点，就是需要一段时间的学习，不像自然语言那样人人都会用。

2．完整性

完整性是指：

1）包含全部重要的需求。如功能、性能、设计约束、特征和外部接口等。

2）规定各种情况下对每种输入数据的软件响应，注意，规定不正确的输入值的响应同规定正确的输入值的响应是同样重要的。

3）符合需求规范标准，如果某一部分不符合标准，则要说明标准中不适用于本需求规范书的原因。

4）全部标记和规范书中涉及的所有图表均应齐全，定义所有的术语和测量单位，还要指出各部分的含义。

3．可检验性

可检验性是指 SRS 中描述的每一个需求都应该是可检验的。也就是说，当人或机器通过有限步处理，能检查出软件产品是否满足要求。

有时在编写 SRS 时会遇到用户认为可检验的要求，而编写该 SRS 的人却认为是不可检验的要求。对此，有 3 种处理方法：

1）修改这些要求，使之能被检验。

2）在编写 SRS 时暂时还不能确定检验方法，但是在以后的开发阶段是可以确定检验的方法，这样的要求应暂时保留下来，到能够确定的时候就补充进去。

3）去掉那些确实不可检验的要求。

4．一致性

一致性是指在 SRS 中不出现相互冲突的需求。在 SRS 中出现的冲突有如下 3 种。

1）两个不同的术语描述同一对象。

2）规定客观对象的特征有冲突。

3）两个规定的动作之间有逻辑上或时间上的冲突。

5．可修改性

可修改性是指当改动 SRS 的结构或文体时是十分容易的，且与以前的版本相容。

6．可跟踪性

如果 SRS 中每条需求的由来都很清楚，在开发软件的过程中，或在后续编写其他文档过程中，在 SRS 中都可以找到依据，这就是可跟踪性。

7．可利用性

在软件运行和维护阶段，甚至万一替换该软件时 SRS 必须是有用的，这就是运行和维护阶段的可利用性。

软件的维护可能与原来开发该软件无关的人员频繁地进行。局部的改变可以根据代码的注解来进行，然而，对更加广的范围，如设计乃至需求的改变，其 SRS 是必须的。此时，除了要求 SRS 具有可修改性以外，SRS 也应提供来龙去脉。假如原因或功能的来由不清楚，欲对其进行有效的维护往往是办不到的。

2.4.4 SRS 的构造原则

如果希望 SRS 完美无缺可能也不现实，但是应该抓住用户对系统需求的本质。不管完成 SRS 的方式有什么不同，规约可被看作是一个表示过程。需求被以最终导向成功的软件实现的方式来表示。Balzer 和 Goldman 给出了如下的一系列规约原则。

1）把功能和实现分开。

2）开发一个系统的行为模型，该模型应描述出系统的数据和功能对来自外部的“敏感数据”是如何响应的。

3）通过刻画其他系统构件和软件交互的方式，建立软件操作的语境。

4）定义系统运行的环境，指明一组高度缠绕在一起的动作者如何对环境中由其他动作者产生的改变对象的“敏感数据”作出反应。

5）创建认知模型而不是设计或实现模型，该认知模型按用户感觉系统的方式来描述系统。

6）认识到规约是不完整的和可扩充的。规约总是一个模型，通常是现实中（或想象中）某个相当复杂情形的一个抽象，因此，它将是不完整的，并将存在于多个细节层次。

7）在建立 SRS 的内容和结构时，应使它能够适应未来的变化。

2.4.5 SRS 的评审

评审也称为复审，是保证软件质量的重要手段，软件生命周期每个阶段工作结束后都应进行评审。软件需求规约是软件工程后续各个阶段的工作基础，其质量直接影响到软件的质量，因而 SRS 的评审是十分重要的，它是保证规约质量的重要措施。

1．SRS 的评审内容

对软件需求规约的复审可以从粗到细地进行，首先从客观性上保证规约的完整性、一致性、精确性，复审时可考虑下列问题。

1）叙述的软件目标和系统的目标是否保持一致？

2）所有系统元素的重要接口是否进行了描述？

3）是否合适地定义了问题域的信息流和结构？

4）图是否清楚？每个图可以没有文字补充而单独存在吗？

5）主要的功能是否保留在范围中，并且均已合适地描述？

6）软件的行为和它所必须处理的信息及必须完成的功能是否一致？

7）设计约束是否现实？

8）开发的技术风险是否考虑过？

9）是否考虑过其他可选的软件需求？

10）是否详细地说明了检验标准？它们对成功描述的系统是合适的吗？

11）是否存在不一致性、信息遗漏或冗余？

12）是否和客户进行了全面接触？

13）用户是否复审过初步的用户手册或原型？

14）对计划阶段的估算产生什么样的影响？

之后着重对规约细节的评审，重点关注措辞，发现隐含的问题，明确模糊的术语。

2．SRS 的质量度量

Davis 等人于 1993 年提出了用以下特征来评价分析模型和 SRS 的质量：确定性（无歧义性）、完整性、正确性、可理解性、可验证性、内部与外部的一致性、可完成性、简洁性、可跟踪性、可修改性、精确性和可复用性。他们建议每个特征用一个或多个特征来表示。例如，假设在 SRS 中有 n_r 个需求，则

$$n_r = n_f + n_{nf}$$

其中，n_f 为功能需求数，n_{nf} 为非功能（如性能）需求数。

为确定需求的确定性（无歧义性），Davis 等人提出了一种基于评审者对每个需求的解释

的一致性的度量：

$$Q_1 = n_{ui} / n_r$$

其中，n_{ui} 是所有评审者都有相同解释的需求数，Q_1 的值越接近 1，SRS 的歧义性越低。

功能需求的完整性可以通过下列表达式来确定：

$$Q_2 = n_u / [n_i \times n_s]$$

其中，n_u 是单一功能的需求数，n_i 是由 SRS 定义的或隐含的输入的个数，n_s 是在 SRS 中所确定的状态数，Q_2 是 SRS 中为一个系统所确定的必要功能的百分比度量。但是，它没有考虑非功能性需求，为了把非功能性需求结合到整体度量中以求完整性，必须考虑需求已经被确认的程度：

$$Q_3 = n_c / [n_c + n_{nv}]$$

其中，n_c 是已经确认为正确的需求数，n_{nv} 是尚未确认的需求数。

2.5 案例：图书馆系统的软件需求分析

图书馆系统是常见的应用软件系统，图书馆有大有小，藏书量、业务范围、读者人群、功能、服务及质量有很大的差别，大型图书馆系统是一个非常复杂的系统，涉及到硬件、软件、计算机网络、通信、管理、人员、考古、科研、对外交流、出版等很多学科和技术，小型图书馆则功能比较单一，本节给出小型图书馆系统 LMIS 的软件需求分析过程。

小型图书馆要实现图书查询、图书借出、图书归还和图书管理，系统设图书管理员和普通读者两种用户，普通读者先要进行注册才能使用系统。

图书管理员负责添加、更新和删除图书信息，并登记和查阅图书的借出及归还情况，普通读者可以根据作者名或主题来检索图书信息，并且可以预定暂时借不到的图书，一旦预定的图书被归还或已购买到将立即通知预订者。

该系统应该在 Web 环境下运行，要求界面友好、系统响应速度快，并具有良好的可扩展性。

2.5.1 确定系统参与者

系统参与者是与系统交互的外部实体，它既可以是人员也可以是外部系统或硬件设备，可以通过提出以下问题来确定系统的参与者。

1）谁使用该系统的主要功能？

2）谁需要该系统的支持以完成日常工作任务？

3）谁从该系统获取信息？

4）谁负责维护和管理该系统以保证该系统能正常运行？

5）该系统需要和哪些外部系统交互？

通过以上问题的答案可以确定“图书管理员”和“普通读者”是 LMIS 的两个主动参与者，“图书管理员”负责维护系统的信息并使用系统的主要功能，“普通读者”从系统中获取所需的信息；另外，系统需要使用外部的“邮件系统”通知预订者，因此，“邮件系统”也是一个参与者，如图 2-28 所示。

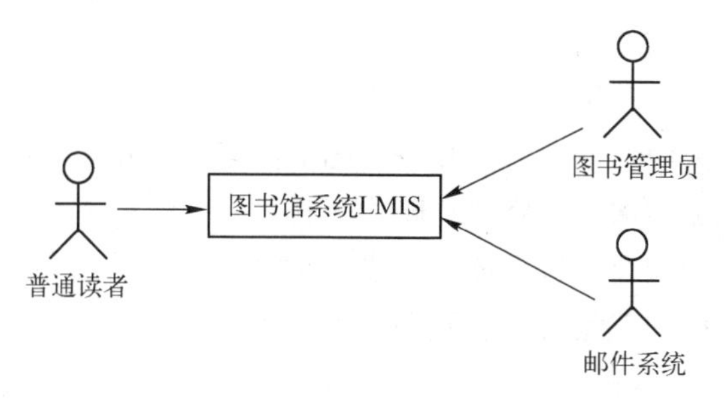

图 2-28　图书馆系统 LMIS 的参与者

2.5.2　开发系统场景

场景是从单个参与者的角度观察系统特性的具体化和非正式的叙述性描述，对于软件开发人员来说，确定系统参与者和场景的关键在于理解业务领域，这需要理解用户的工作过程和系统的范围，为此，可以提出以下问题。

1）系统参与者希望该系统执行什么任务？

2）系统参与者访问什么信息？该系统的数据由谁生成？

3）系统参与者需要通知系统的哪些外部变化？

4）系统需要通知参与者什么事情？

通过对以上问题的回答来确定系统的场景，如图 2-29 描述的就是 LMIS 的一个借书场景。

场景名称：借书

参与者实例：张文，图书管理员；李强，普通读者

事件流程：

1. 李强向张文提供个人的注册号、所借图书的编号和书名等。
2. 张文在 LMIS 中查询该图书是否在图书馆。
3. 张文登记李强的借书记录，并将图书借给李强。

其他流程：

1. 若图书已经借出或不存在：张文告诉李强无法借阅。
2. 若李强不是合法用户：李强请求张文注册，然后才能使用 LMIS 借阅。

图 2-29　LMIS 的借书场景描述

2.5.3　绘制系统用例图

用例用于描述一个完整的系统事件流程，其重点在于参与者与系统之间的交互而不是内在的系统活动，并对系统参与者产生有价值的可观测结果。实际上，从识别参与者开始，发现用例的过程就已经开始了，对于已经识别的系统参与者，可以通过提出如下问题来确定可能的用例。

1）系统参与者要从系统中获得什么功能？参与者需要做什么？

2）系统参与者需要读取、产生、删除、修改或存储系统的某些信息吗？

3）系统中发生事件需要通知参与者吗？参与者需要通知系统某件事情吗？

4）系统需要的输入、输出信息是什么？这些信息从哪里来？到哪里去？

5）系统采用什么方法来满足某些特殊要求？

通过以上问题的回答在 LMIS 中可以识别出以下用例：

（1）与“图书管理员”有关的用例

1）读者管理：在系统中维护普通读者的注册信息。

2）图书管理：在系统中增加、修改和删除图书的基本信息。

3）书目管理：在系统中增加、修改和删除书目信息。

4）借书登记：在系统中登记普通读者的借书记录。

5）还书登记：在系统中登记普通读者的还书记录。

（2）与“普通读者”有关的用例

1）图书预定：在 LMIS 系统中预定图书。

2）预定取消：在 LMIS 系统中取消已有的图书预定。

（3）作为系统的合法注册用户与“图书管理员”和“普通读者”共同有关的用例

1）登录：使用 LMIS 的人员需要进行登录，以验证其身份是否合法，是否具有相应权限。

2）查询浏览：用户可以检索图书信息、读者注册信息及读者借还书信息等。

在确定出每一个系统参与者的用例之后，需要将参与者和确定的每一个用例联系起来，由此就可绘制出系统的用例图，图 2-30 就是通过以上分析后绘制的 LMIS 用例图。

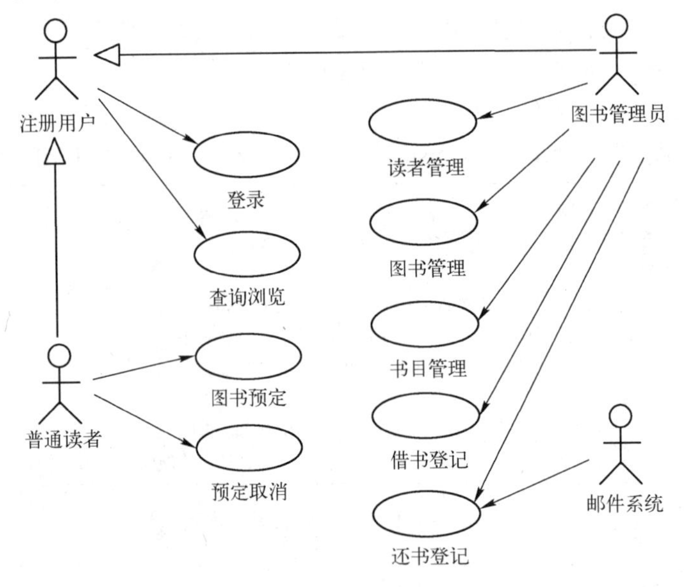

图 2-30　LMIS 用例图

2.5.4　描述用例

从图 2-30 可以看出，用例图提供的信息是有限的，要想更多地了解用例，还需要使用文字来描述那些不能反映在图形上的信息。描述用例就是关于系统的参与者与系统如何交互的规格说明，描述上应该清晰明确，没有二义性。在描述用例时，应该注重外部，尽量不涉及内部细节。

描述用例可从以下 5 个方面进行。

（1）用例目标

简要描述用例的最终任务和结果。

（2）用例中的事件流

1）说明用例是怎样启动的，即哪些系统参与者在什么情况下启动执行该用例。

2）说明系统参与者和用例之间的信息处理过程，如哪些信息是通知对方的，怎样修改和检索信息，系统使用和修改了哪些实体等。

3）说明用例在不同的条件下，可以选择执行的多种方案。

4）说明用例在什么情况下，才能被视作完成，完成时结果应传给系统参与者。

（3）用例的特殊需求

说明此用例有什么特殊要求。

（4）用例的前提条件

说明此用例开始执行的前提，如系统参与者登录成功等。

（5）用例的后置条件

说明此用例执行结束后，结果应传给什么系统参与者。

图 2-31 为 LMIS 中“登记借书”的用例描述。

用例：登记借书

1. 用例目标

本用例允许图书管理员登记普通读者的借书记录。

2. 用例中的事件流

2.1 基本流程

当普通读者希望借书，图书管理员准备登记有关借书记录时，开始执行本用例。

1）系统请求图书管理员输入读者的注册号和所借图书的书目。

2）图书管理员输入有关信息后，系统产生一个唯一的借书记录号。

3）系统显示新生成的借书记录。

4）图书管理员确认后，系统增加一个新的借书记录。

2.2 可选流程

（1）读者没有注册

在主流程中，如果系统中没有读者的注册信息，系统将显示错误信息，用例结束。

（2）所借图书的书目不存在

在主流程中，如果所借图书已被借出或者系统中没有该图书的书目，则系统将显示错误信息，用例结束。

3. 用例的特殊需求

无。

4. 用例的前提条件

此用例开始执行前，图书管理员必须在系统登录成功。

5. 用例的后置条件

如果此用例执行成功，则该读者的借书记录将被更新，否则，系统状态不变。

图 2-31　LMIS 中“登记借书”的用例描述

2.6　小结

需求分析是软件生命周期的重要阶段，目标是深入描述软件的功能和性能，确定软件设计的约束、软件同其他系统元素的接口细节，定义软件的其他有效性需求。软件需求的任务包括起始、导出、精化、协商、规格说明、确认和管理。软件需求规格说明（SRS）是分析阶段的最终产物，是软件工程过程中的里程碑式的文档，因而是需求分析阶段最重要的文档。

软件需求分析方法主要有结构化方法、原型化方法和面向对象方法。结构化分析是面向数据流进行需求分析的方法，是一种建模技术；原型化开发过程有抛弃式、演化式和增量式，主要原型开发技术有 3 种：使用动态高级语言、数据库编程和组件复用，原型开发技术对用户界面的设计和实现是一种有效的方法；面向对象分析是利用面向对象的概念和方法构建软件需求模型，它关注对象的内在性质，以及对象的关系与行为。在面向对象的方法中，UML 适用于系统开发的全过程，从需求规格描述直到系统建成后的测试和维护阶段。

需求建模的目标是创建各种表现形式，用其描述什么是客户需求，建立生成软件设计的基础。基于场景的模型从用户的角度描述软件需求。用例是主要的建模元素，它叙述或以模板驱动方式描述了参与者和软件之间某个交流活动。在需求获取过程中得到的用例定义了特定功能或交互活动的关键步骤。还可以使用活动图说明场景，即一种类似于流程图的图形表示形式，描述在特定场景中的处理流。泳道图显示了如何给不同的参与者或类分配处理流。数据建模常用于描述软件构建或操作的信息空间。为了识别分析类，基于类的建模方法从基于场景和面向流的建模元素中导出信息。可以使用语法分析从文本叙述中提取候选类、属性和操作，然后根据选择特征对候选类作出接受或拒绝的决定。CRC 建模是一种简单的建模方法，可以用 CRC 索引卡组织类并定义类之间的联系，CRC 模型中的职责是和类相关的属性和操作，协作者则是提供完成某个职责所需要信息的类。

2.7 习题

1．结构化分析方法是什么年代提出的，主要创建者是谁？

2．结构化分析方法使用的工具主要有哪些？

3．总结一下数据流图的画法步骤。

4．某系统有一张数据流图的编号为 2.1.2.2.5，其父图中与该图相对应的加工处理的编号是什么？该图位于分层 DFD 的第几层，写出其父图的编号。

5．DFD 的基本组成元素有哪些，如何表示？

6．什么是数据词典，编写数据词典应注意哪些问题？

7．分层数据流图的平衡指的是什么？

8．一套分层 DFD 中每张图的加工处理不宜超过几个，依据是什么？

9．DFD 中数据守恒指的是什么？

10．如何检查数据流图的正确性，如何改进数据流图？

11．指出图 2-32 所示的数据流图中的错误。

图中相关的数据流及包含的数据项如下。

A: a1, a2, b1, m;

B: a1, b1, b2;

M: m, a2;

N: t, ns;

C: a1, b1, b2;

T: m, a2, ns。

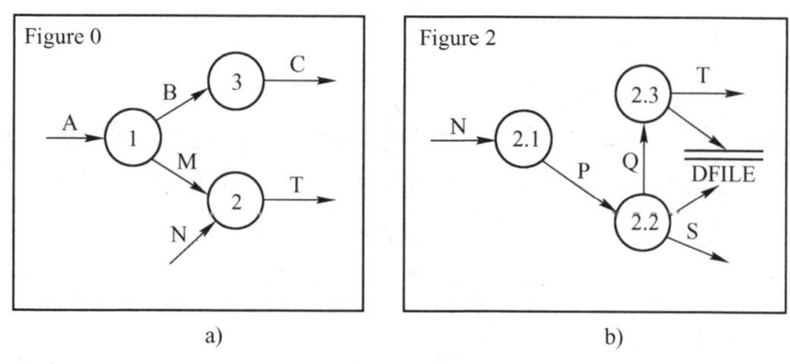

图 2-32　题 11 的数据流图

a）父图　b）子图

12．图 2-33 是某系统的分层数据流图，试将其重新分解，使各部分之间的联系最少。

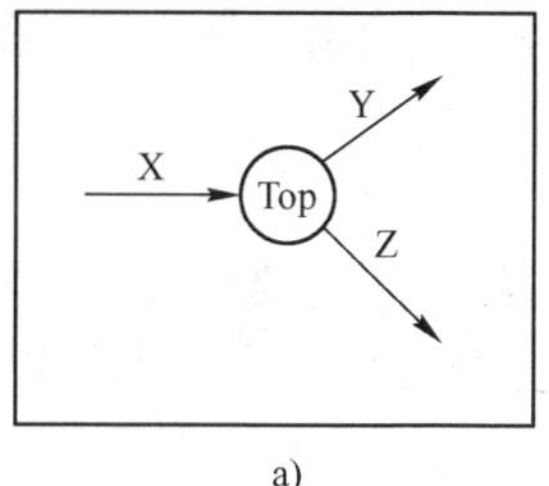

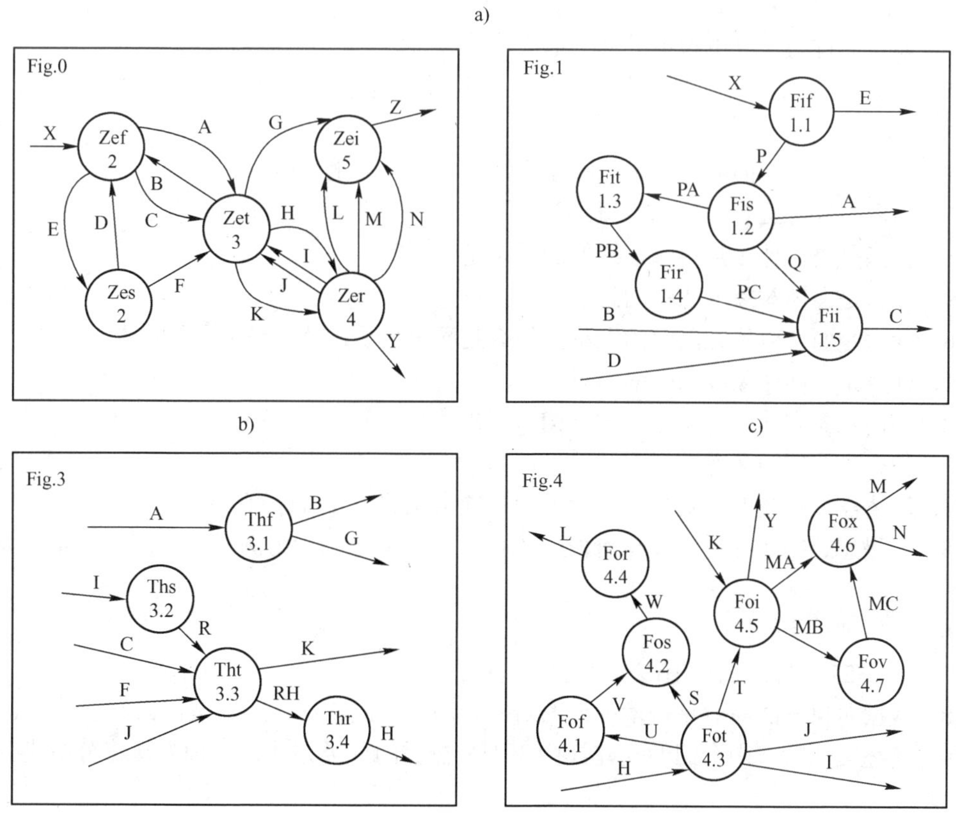

图 2-33　题 12 的数据流图

a）父图　b）子图　c）子图　d）子图　e）子图

13．试针对图 2-2 编写数据词典。

14．写出结构化英语的约束和原则。

15．分别用结构化英语（或汉语）、判定树和判定表描述下列问题。

某商场顾客购物时收费有 4 种情况：普通顾客一次购物累计少于 100 元，按 A 类标准收费（不打折），一次购物累计等于或多于 100 元，按 B 类标准收费（打 9 折）；会员顾客一次购物累计少于 1000 元，按 C 类标准收费（打 8 折），一次购物累计等于或多于 1000 元，按 D 类标准收费（打 7 折）。

16．开发系统原型有什么好处？

17．Ian Sommerville 给出的原型开发模型将软件开发过程分为几个阶段，给出各阶段的名称。

18．抛弃式原型开发有什么特点，分析抛弃式原型开发的主要问题。

19．演化式原型开发有什么优势，在使用这种方法时要注意哪些问题？

20．增量式的原型开发过程有什么特点？

21．有哪些比较实用的快速原型技术？

22．目前，原型开发中常用的高级语言主要有哪些，分别适合什么应用领域？

23．基于复用的可视化编程方法适合于小型、简单的软件系统的开发，还是大型、复杂的软件系统的开发，为什么？

24．如何通过组件复用和集成来构造应用软件系统？

25．为什么用原型化方法开发用户界面，为什么越来越多的用户界面设计成基于 Web 的界面？

26．为什么用户界面的开发是原型化方法开发软件的重要内容？

27．面向对象方法有哪些基本概念？

28．什么是类，什么是对象，它们的关系是什么？

29．什么是面向对象方法中的封装？

30．什么是面向对象方法中的继承，什么是简单继承，什么是多重继承？

31．什么是面向对象方法中的消息？

32．面向对象方法中对象之间的结构与连接关系主要有哪几种？

33．什么是对象的多态性？

34．简述需求建模的重要性，需求模型必须实现的主要目标有哪些？

35．如果想让用例在需求建模阶段提供价值，在创建初始用例时必须回答并重点关注哪些内容？

36．如何细化初始用例？

37．图 2-21、图 2-22 和图 2-23 是什么关系？

38．数据对象与面向对象技术中说的对象是同一个概念吗？区别是什么？

39．简述 2.3.2 节中介绍的类建模中识别分析类的分类方法，这种方法将分析类分为哪些方式？

40．什么是 CRC 建模，CRC 卡片是如何组成的？

41．CRC 建模将类分为几种，分别称作什么类？

42．在 CRC 建模过程中，在给类分配职责时应该采用哪些指导原则？

43．当开发出完整的 CRC 模型时，用什么方法评审 CRC 模型？写出评审过程。

44．简要说明 UML 的主要模型图有几种，每种图的作用是什么？

45．简述基于 UML 的软件开发过程，与传统方法相比有什么特点？

46．软件需求分析中主要应完成哪些工作？

47．什么是 SRS，为什么说 SRS 是软件开发过程中一个重要的里程碑，一份好的 SRS 应具有哪些特征？

48．简要叙述 SRS 的构造原则。

49．用图示的方式说明 SRS 与哪些人员相关以及 SRS 的作用。

50．软件需求分析阶段需要建立一系列跟踪表，写出几种主要的跟踪表名称。

51．简述 Davis 等人所提出的度量 SRS 质量的方法。

第 3 章　软件系统的设计

一群朝气蓬勃的年轻创业者用合理价位买了一块地，他们决定在这里建设企业，现在面临的是怎么干的问题，哪里盖工作间和生产厂房，哪里盖库房，哪里盖办公室，盖多大、盖几层，布局、朝向如何，内部外部使用什么材料，如何施工，等等，一大堆具体问题困扰着他们，建筑设计方案可能不止一个，需要制定最合理的一个方案。软件系统的设计与此类似，软件设计是软件工程的技术核心，是软件需求的转化，是创造性的活动，它涉及软件体系结构、数据结构、程序结构、结构内元素之间的关系、用户界面布局、过程描述，等等，好的软件设计就像好的建筑设计一样，既赏心悦目，又实用。

3.1　软件设计的基本原理

软件设计是软件工程活动的技术核心，它是软件工程后续活动的基础，如果直接将需求转换成软件的实现，虽然当时会加快软件的交付，但它存在构造不稳定的隐患，而且难以测试，图 3-1 可以形象地说明进行软件设计和不进行软件设计的后果，进行了软件设计后软件过程是稳固的，如果不进行设计，即使后续工作做得再好，软件也会随时“倒塌”。

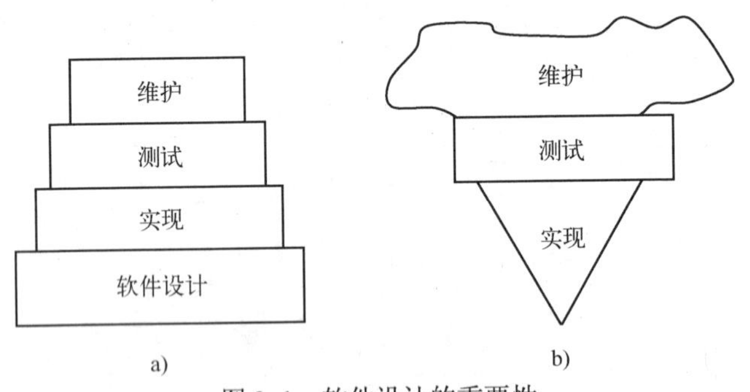

图 3-1　软件设计的重要性

a) 软件设计是软件开发过程稳定的基础　b) 不进行软件设计随时会使软件开发过程“倒塌”

软件设计是需求分析的转换，在需求分析阶段所建立的各种模型可以作为设计的依据，将它们输入到设计中，产生的输出就是设计，甚至有些模型可以直接转换成设计，图 3-2 是软件需求分析模型与软件设计模型的对应关系，数据设计及类设计将类模型转化为设计类的实现以及软件实现所要求的数据结构。CRC 模型中定义的对象和关系、类属性和其他表示法刻画的详细数据内容为数据设计活动提供了基础，在与软件体系结构设计的连接中可能会进行部分的类设计，更详细的类设计在设计每个软件构件时进行。软件体系结构设计，一是要定义软件的主要构造元素之间的关系；二是要定义实现软件需求的体系结构风格和设计模式；三是定义影响体系结构实现方式的约束。体系结构设计表示是基于计算机系统的框架，可以从需求模型导出。接口设计描述了软件和环境之间、软件和使用人员之间是如何通信的，接口意味着信息流和特定的行为模型。因此，使用场景和行为模型为接口设计提供了所需的大量信息。构件级设计则将软件体系结构的构造元素变换为对软件构件的过程性描述，基于类的模型、流模型和行为模型获得的信息是构件设计的基础。

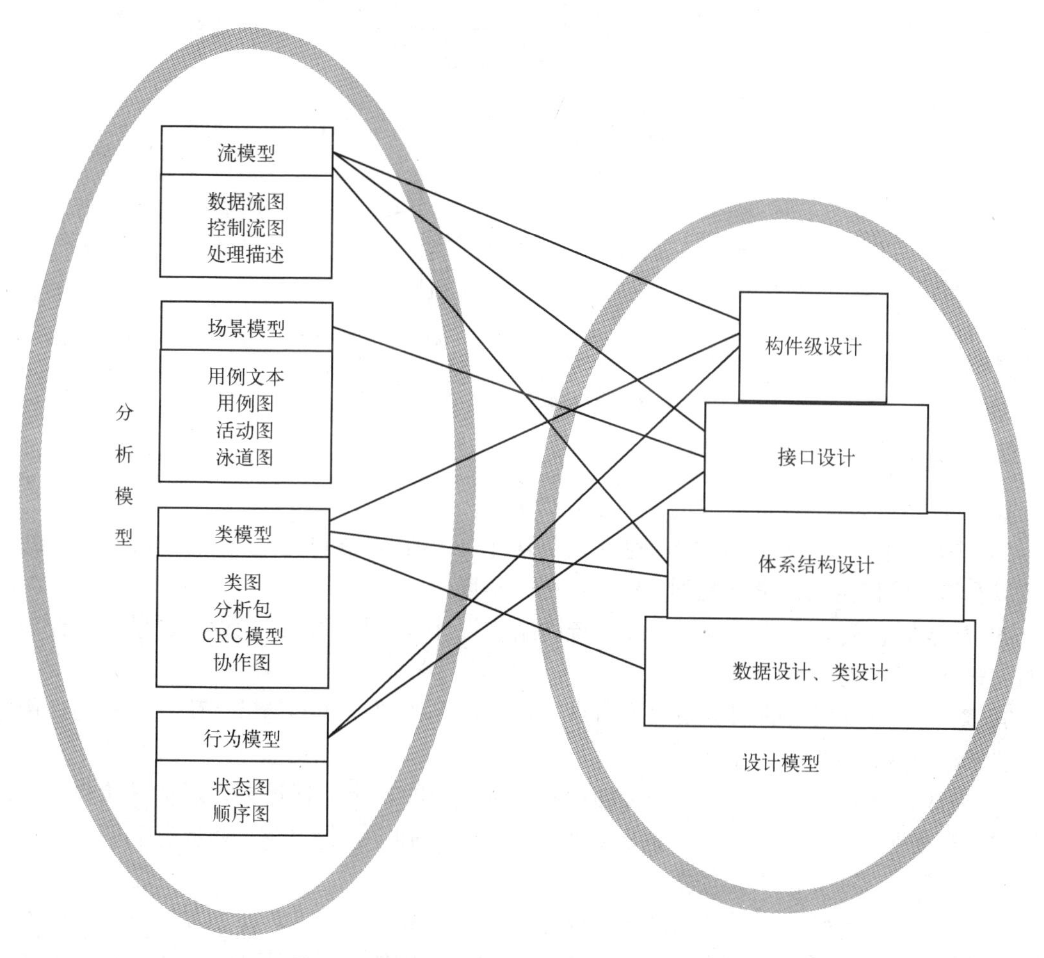

图 3-2　软件需求分析模型与软件设计模型的对应关系

在软件需求分析阶段，主要解决的是需要让所开发的软件“做什么”的问题，并且已在 SRS 中详尽和充分地进行了描述。进入设计阶段，开始着手对软件需求的实施，即着手解决“怎么做”的问题。从宏观上看，可把软件设计分为概要设计和详细设计两个阶段。软件设计的流程可用图 3-3 表示。

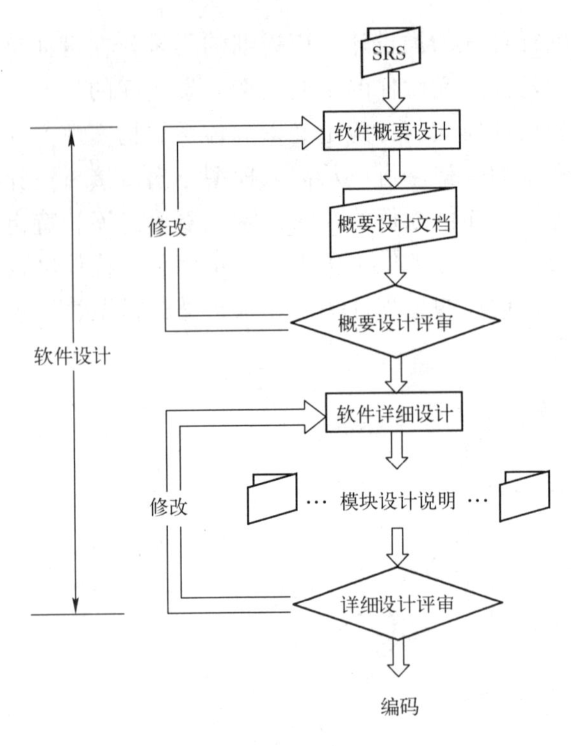

图 3-3　软件设计流程

1．概要设计

在概要设计阶段主要应完成的工作包括如下。

1）决定软件系统的总体结构，包括整个软件系统应分为哪些部分，各部分之间有什么联系以及如何将确定的需求分配到各组成部分去实现。

2）与数据有关的设计，包括文件系统的结构设计、数据库的结构设计、模式设计、数据的完整性及安全性设计。

3）对需求阶段编写的初步用户手册进行审定，在概要设计的基础上确定用户的使用方式和要求，完成系统的用户手册。

4）完成概要设计以后，应进一步细化和完善软件的初步测试计划，对测试策略、方法和步骤等提出明确要求，定义详细的测试用例。在此基础上，经过进一步完善和补充，可作为将来系统化测试工作的重要依据。

5）上述工作结束后，要组织对概要设计工作的质量进行评审，特别要评审软件的整体结构、各子系统的结构、各部分之间的联系、软件的结构如何保证需求的实现、用户的接口如何等。

2．详细设计

这一阶段主要是构件级设计，通常是采用现有的可复用软件构件，实现软件详细设计，主要有如下的 3 项工作。

1）确定实现软件各组成部分功能的算法以及各部分的内部数据组织，定义接口特征和分配给每个软件构件的通信机制。

2）选择合适的表达方式来描述各个算法的处理逻辑。

3）进行详细设计的评审，重点评估数据结构、接口和算法是否能够工作，考察算法的正确性和效率。

3．软件设计的目标和准则

软件设计所追求的目标是使设计出的软件系统易维护、易理解、具有高可靠性和高效率。

如何衡量一个软件设计是否达到了上述目标，其准则是：首先应使设计出的软件结构具有明显的层次性，以便于软件元素之间的控制；其次应使设计出的软件结构呈模块化，这些模块要具有完全独立的功能，内聚性要高，耦合性要低；三是设计出的软件与环境的界面应当清晰；最后，软件设计说明书应当清晰、简洁、完整和无歧义性。软件设计说明书也是软件工程中里程碑式的文档，是软件设计的最终成果，它既是编码人员书写源程序的依据，又是将来对系统进行测试及维护的指南。

3.1.1 软件设计的概念和原则

1．软件体系结构

随着软件系统的规模越来越大、越来越复杂，整个系统的结构和规格说明显得越来越重要。大型系统总是被分解成若干子系统，这些子系统提供一些相关的服务，概要设计过程中要识别出这些子系统并建立起子系统控制和通信的框架，这个过程称为体系结构设计。对大型复杂的软件系统来说，对总体系统结构的设计和规格说明比算法和数据结构的选择更为重要，因而研究软件体系结构对提高软件生产率和软件的可维护性都很有意义。

软件体系结构不是可运行的软件，它是一种表达，它使我们能够对设计在满足既定需求方面的有效性进行分析、在设计变更相对容易的阶段考虑体系结构可能的选择方案、降低与软件构造相关的风险。

在体系结构设计中，软件构件可能会像程序模块或者面向对象的类那样简单，也可能扩充到包含数据库和能够完成客户机与服务器网络配置的“中间件”。构件的属性是理解构件之间如何相互作用的必要特征。在体系结构层次上，不会详细说明内部属性（如算法的细节）。构件之间的关系可以像从一个模块对另一个模块进行过程调用那样简单，也可以像数据库访问协议那样复杂。

软件体系结构问题包括软件系统总体组织和全局控制、通信协议、同步、数据存取，为系统各部分分配特定功能，各部分的组织、规模、性能，在各设计方案间如何选择等。现在，软件体系结构的研究已独立于软件工程的研究，成为计算机科学的一个研究方向和独立学科分支。软件体系结构研究的主要内容涉及软件体系结构描述、软件体系结构风格、软件体系结构评价和软件体系结构的形式化方法等。解决好软件的重用、质量和维护问题，是研究软件体系结构的根本目的。

体系结构的设计过程主要关心的是为系统建立一个基本架构，它包括要识别出系统的主要组件以及这些组件之间的通信。体系结构设计过程的输出是一个体系结构的设计文档，文档包括一系列的图形化的系统模型描述和一些相关的描述文本。该文档描述了系统如何由子系统构成以及每个子系统如何由模块构成，系统的不同图解模型是从不同角度来分析体系结构的产物。开发的体系结构模型可能包括以下内容。

1）静态结构模型。给出子系统或组件，将其作为一个个独立的单元来开发。

2）动态过程模型。给出系统在运行时的过程组成，它可能不同于静态模型。

3）接口模型。定义每个子系统从它们的公共接口能得到的服务。

4）关系模型。给出子系统间的关系，如数据流关系。

体系结构的设计要基于一些特别的体系结构模型或风格，只有对这些模型相当熟悉，使用起来才能得心应手。图 3-4 至图 3-7 是一些常见的体系结构风格，图 3-4 是以数据为中心的体系结构，这种结构的中心是数据存储，其他构件会经常访问该数据存储，并对存储中的数据进行更新、增加、删除或者修改。图 3-5 是管道-过滤器结构的例子，每个构件称为过滤器，这些构件通过管道连接，管道将数据从一个构件传送到下一个构件。每个过滤器独立于其上游和下游的构件而工作，过滤器的设计要针对某种形式的数据输入，并且产生某种特定形式的数据输出。调用和返回体系结构也是常用的风格，它有几种子风格，如主程序/子程序体系结构风格、远程过程调用体系结构风格等，图 3-6 是主程序/子程序体系结构风格的例子，这种结构中，主程序调用一组程序构件，这些程序构件又去调用其他构件。图 3-7 是层次体系结构风格，这种结构由一系列不同层次构成，每个层次各自完成操作，这些操作逐渐接近机器的指令集。在外层，构件完成建立用户界面的操作，在内层，构件完成建立操作系统接口的操作。中间层提供各种实用工具服务和应用软件功能。面向对象的体系结构也是常用的风格，该结构中的构件封装了数据和必须用于控制该数据的操作，构件间通过信息传递进行通信与合作。

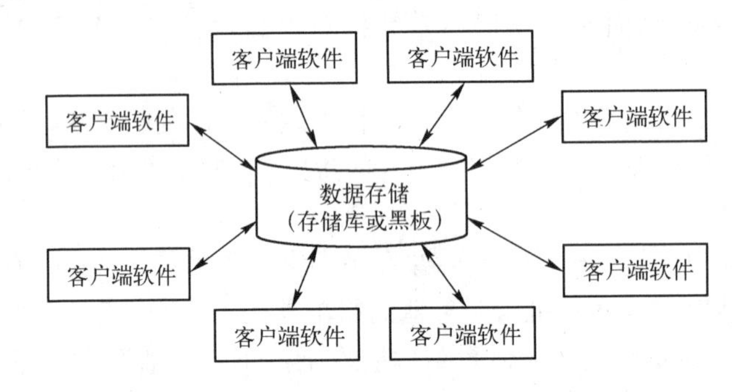

图 3-4　以数据为中心的体系结构

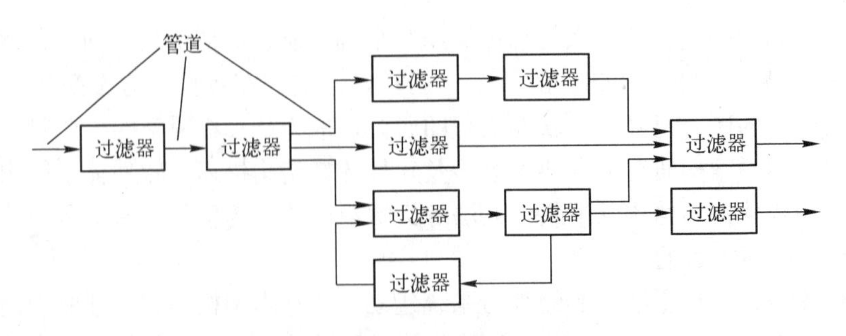

图 3-5　管道-过滤器体系结构

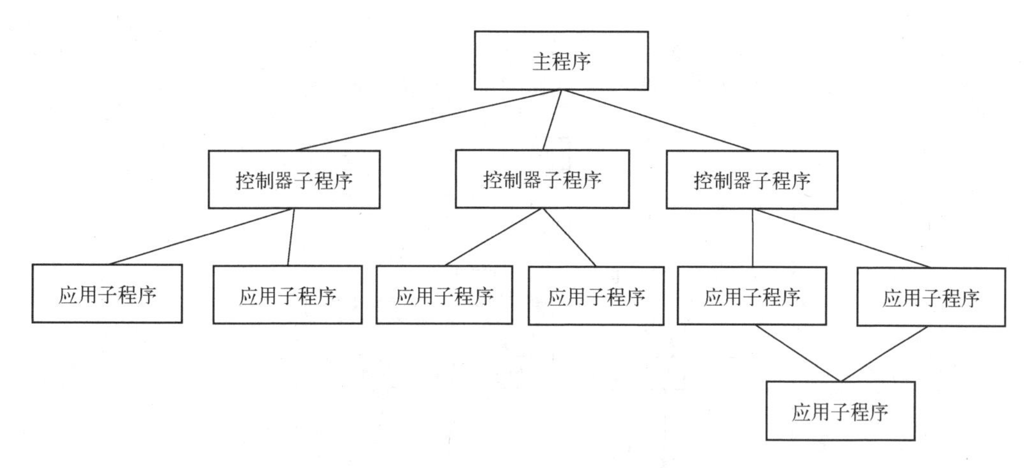

图 3-6　主程序/子程序体系结构

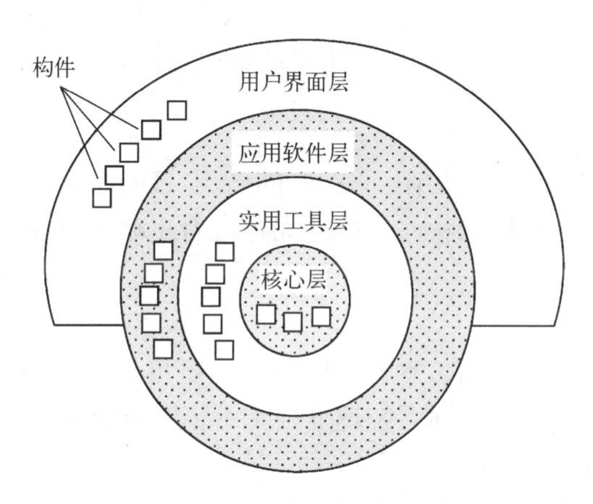

图 3-7　层次体系结构

常见的体系结构风格还有客户-服务器风格、翻译风格、过程控制风格等，就像建筑上有公寓风格、办公楼风格、商业楼风格、工厂风格、博物馆风格、哥特式风格等一样，每种风格还有若干子风格，软件体系结构每种风格也有若干子风格，一旦需求工程确定了待建系统的特征和约束，就可以选择最适合这些特征和约束的体系结构风格或风格的组合。在很多情况下，可能会有多种风格适合当前的系统，这时要对选择的体系结构风格进行评估，以确保它与需求以及它的构件之间的正确性、清晰性、完整性和一致性。

不但要了解模型本身，还要了解它们的应用领域及各自的优缺点。如结构化模型中的容器模型、客户机/服务器模型、抽象机模型，控制模型中的集中式模型和事件驱动模型，模块分解模型中的面向对象模型和数据流模型等虽都是通用模型，但都有不同的特点，除此以外，对于特别的应用可能还需要特别的体系结构模型。这些体系结构的模型为领域相关的体系结构，有两种领域相关的体系结构模型：类模型和参考模型。类模型是从许多实际系统中抽象出来的一般模型，它们封装了这些系统的主要特征。参考模型是更抽象且是描述一大类系统的模型，它是对设计者有关某类系统的一般结构的指导。

2．软件结构中的若干概念

软件结构是软件元素（即模块）之间关系的表示。由于软件元素间的关系是各种各样的，如调用关系、包含关系、从属关系和嵌套关系等，因而软件的结构也是多种多样的。图 3-8 为一个调用和返回的软件结构，其中的方框表示模块。

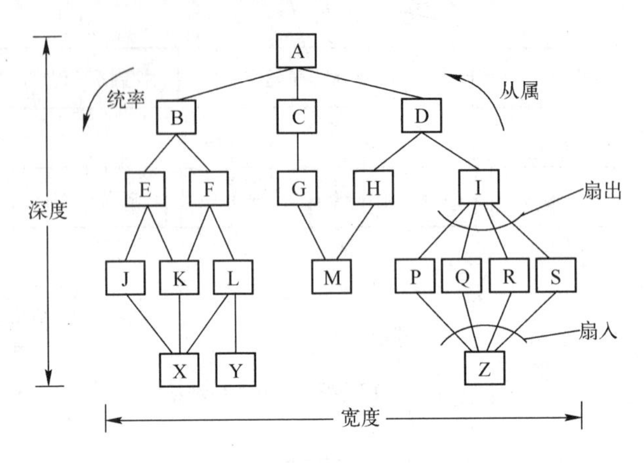

图 3-8　软件结构图示例

（1）深度（Depth）

表示软件结构中的控制层数，如图 3-8 中的结构，Depth=5。深度往往能粗略地反映一个系统的大小和复杂程度，深度和程序长度之间也应有粗略的对应关系，当然这个对应关系与模块的大小有关。

（2）宽度（Width）

表示软件结构的总跨度，如图 3-8 中 Width=8。宽度也能粗略地反映一个系统的大小和复杂程度，一般说来，宽度越大，则系统越复杂。对宽度影响最大的是模块的扇出。

（3）扇入数（Fan-in）

指有多少模块直接控制一个给定的模块，图 3-8 中 Z 的扇入为 4，H 的扇入为 1。一个模块的扇入越大，说明共享该模块的上级模块数越多，这虽有一定的益处，但一定要考虑到模块的独立性原理。

（4）扇出数（Fan-out）

指由一个模块所直接控制的其他模块数，图 3-8 中 D 的扇出为 2，I 的扇出为 4。扇出越大表明模块越复杂，因为它要协调和控制过多的下级模块，扇出过小（例如总是 1）也不好，一般认为，一个设计得好的系统平均扇出数是 3 或 4。

（5）统率（Superordinate）和从属（Subordinate）

若一个模块控制另一个模块则说前者统率后者，或者说后者从属于前者，如图 3-8 中，模块 C 统率 G，也统率 M，A 统率所有模块，H 从属于 D，最终从属于 A。

3．软件的模块化

模块化的概念在软件中已使用了几十年，所谓模块就是单独命名的可编址的元素，若组合成层次结构形式就是一个可执行的软件，也就是满足一个软件项目需求的可行解。

Myers 曾说：“模块化是软件的唯一属性，它使得一个程序易于进行智能管理”，单个模块组成的大型程序（即不分模块）是不易掌握的，控制路径多，引用变量多，全局的复杂性使它几乎无法理解。

模块化的目的是为了降低软件的复杂性，使软件设计、调试、维护等操作简单、容易。

关于模块化可以降低软件复杂性这一说法，有人用下面的分析来加以论证。

设 $C(x)$表示问题 x 的复杂度函数，$E(x)$是解决问题 x 所需的工作量，对于两个问题 p_1 和 p_2，若

$$C(p_1) > C(p_2) \tag{3-1}$$

则

$$E(p_1) > E(p_2) \tag{3-2}$$

显然，解决复杂的问题比解决简单的问题需花费更多的工作量。若 $p = p_1+p_2$，即问题 p 可分解为两个问题 p_1 和 p_2，则根据经验，p_1 和 p_2 组合后的复杂性比单独解决每个问题时的复杂性要大，即

$$C(p_1 + p_2) > C(p_1) + C(p_2) \tag{3-3}$$

由（3-1）和（3-2）可得出

$$E(p_1 + p_2) > E(p_1) + E(p_2) \tag{3-4}$$

由此可得出结论：如果把软件无限细分，则开发它所需的工作量将趋于零，但事实并非如此。当把模块划分得越小，则花在单个模块上的工作量确实越来越小，但同时，花在模块与模块之间联系的工作量——即接口工作量却越来越大，如图 3-9 所示，实际总工作量是两条曲线的叠加，即图中虚线所示。从图上可以看出，存在一个使软件开发工作量最小的区域 M，当模块数落在该区域时，才能使开发工作量和成本都最小。

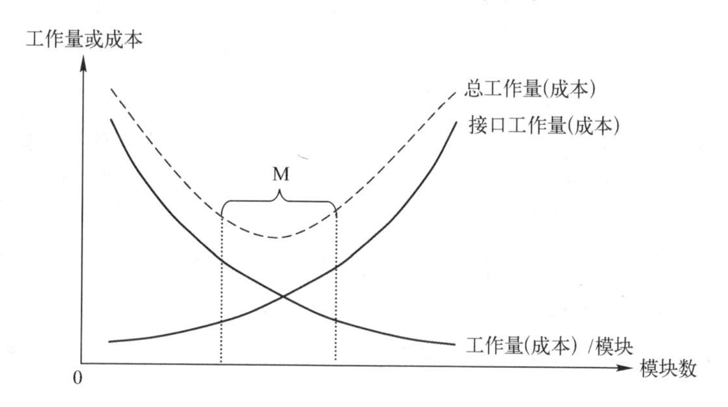

图 3-9　软件模块化和工作量（成本）的关系

前面论证的错误在于没有考虑图 3-9 中的接口工作量曲线，实际上关系式（3-3）的右端应为 $C(p_1 + I_1 p_1) + C(p_2 + I_2 p_2)$ ，此处的 I_1 和 I_2 分别为 p_1 和 $p2$ 与外界联系的因子。当 I_1 和 I_2 较大时，大于号就不成立了，表明模块与外界联系多，模块的独立性差；当 I_1 和 I_2 较小时，大于号才成立，表明模块与外部联系少，模块的独立性强。

由以上分析可知，软件模块化的过程中必须致力于降低模块与外部的联系，提高模块的独立性，才能有效地降低软件复杂性，使软件设计、调试、维护等过程变得容易和简单。虽然获得 M 的值是困难的，但我们可以定性地分析，由美国 IBM 公司的 Myers 等人给出了两种定性准则来度量模块的独立性，即耦合性和内聚性。

（1）耦合性（Coupling）

耦合性或称为耦合度，是模块之间关联性的尺度，它提供了一个对一个模块与其他模

块、全局数据和外部环境的连接的指标。Mycrs 等人从耦合的机制上将耦合分为非直接耦合、数据耦合、标记耦合、控制耦合、外部耦合、公共耦合和内容耦合 7 种类型，并对其进行了比较和分析，图 3-10 是 7 种类型的耦合关系图。

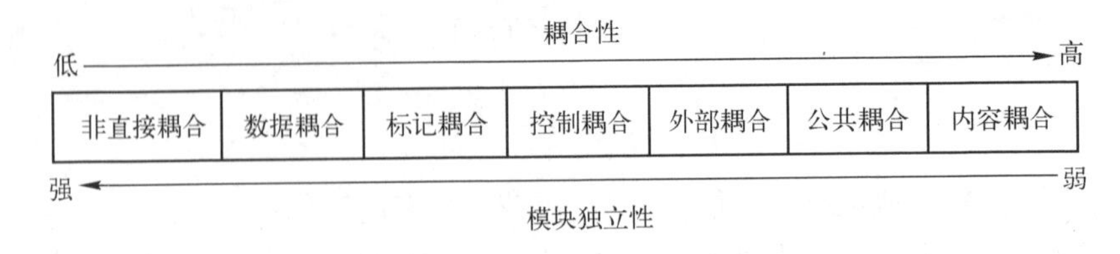

图 3-10　7 种类型的耦合关系图

1）内容耦合。指一个模块直接引用另一个模块的内容，被引用模块的任何变化，或者用不同的编译程序文本对它再编译都会造成程序出错。这种耦合一般出现在汇编语言中。

2）公共耦合。指一组模块都引用同一全局数据结构。例如 FORTRAN 程序中，访问 COMMON 区中数据的那些模块、访问绝对存储单元的那些模块都是公共耦合。

3）外部耦合。指一组模块都引用同一全局数据项，外部耦合与公共耦合引起的问题类似，但外部耦合中不存在依赖于一个结构内各项的物理安排的问题。

4）控制耦合。指一个模块通过某种信息控制另一个模块，这种耦合的实质是要在单一接口上选择多功能模块中的某项功能。因此，对被控制模块接口的任何修改，都将影响控制模块，此外，控制模块必须知道被控制模块的一些逻辑关系，这些都有损于模块的独立性。

5）标记耦合。若模块之间通过变元表传递数据结构，则模块之间的联系就是标记耦合。例如 A 模块把一个记录传送给 B 模块，则 A 和 B 都需了解记录的数据结构。在设计中，应尽量避免标记耦合，因为它增加了模块之间不必要的联系。例如，若 B 只需记录中的某些项，则不必传送整个记录，如果采用信息隐蔽的办法，把数据结构上所有操作都孤立成一个模块，则可以消除这种耦合。

6）数据耦合。若模块之间通过变元表传递数据，则模块之间的联系就是标记耦合。例如，上例中 B 的功能是打印雇员的一个信封，则不用把全部记录传送给 B，而是只传送雇员名字、地址、邮政编码等数据项，这些都是作为参数来传送，B 模块不依赖于私人记录，A 和 B 更加独立。

7）非直接耦合。指模块之间没有直接关系，它们之间的联系完全是通过上级模块的控制和调用来实现的，因而模块的独立性最强。

原则上讲，我们总是希望模块之间的耦合均为非直接耦合方式，但有时很难做到。一方面是由于问题本身固有的复杂性，另一方面如果片面追求非直接耦合方式，可能时、空两方面所花的代价太大。此外，有时其他耦合类型可能更适合问题的特性。例如，某个程序有 4 种类型的错误信息，把它们分别放在相应的模块中处理将不增加耦合性，从耦合性的度量上看这是一种好的方案。另一种方案是把 4 种错误信息集中放入同一模块中，通过调用模块和传送错误类型到模块接口上来进行处理，这就形成了控制耦合，但这样做可以消去重复信息，使所有错误信息格式标准化，从而可把设计人员的精力更好地集中在效率和弄清错误信息方面，所以，耦合类型的选择，应根据实际情况，全面权衡，综合考虑。

（2）内聚性(Cohesion)

也称为聚合性或聚合度，它是度量一个模块能完成一项功能的能力。一个好的内聚模块应当恰好做一件事，人们总是希望模块的内聚性越高越好，即模块强度越强越好，根据模块内部的构成情况，可以把内聚分为高内聚、中内聚和低内聚 3 类。其中高内聚包含功能内聚和顺序内聚；中内聚包含通信内聚和过程内聚；低内聚包含时间内聚、逻辑内聚和偶发内聚。图 3-11 是这 7 种类型内聚的关系图。从图中可以看出，功能内聚的模块独立性最强，偶发内聚模块独立性最弱。

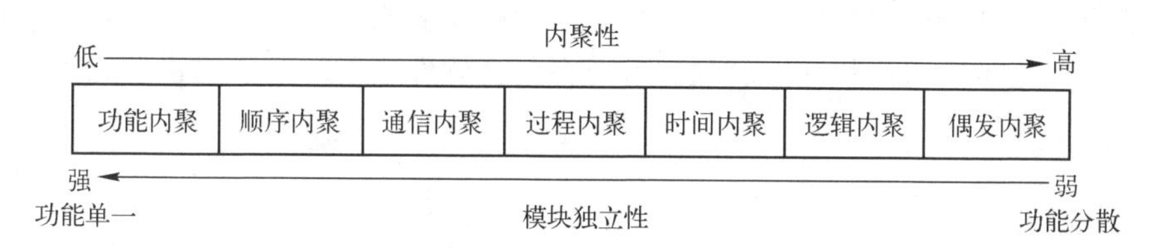

图 3-11　7 种类型的内聚关系图

1）偶发强度。模块内的元素间没有实质性的联系，因而它的强度是最弱的。例如，为了节省空间，将几个模块中共同的语句抽出来放在一起组成的模块就属于此类。这种模块不仅难以修改，而且无法定义其功能，因而要尽量避免这种强度的模块。

2）逻辑强度。将几个逻辑上相关的功能组合起来形成的模块，实际上这些“相关”功能并无实质上的联系。这类模块的特点也是不易修改，另外，当调用时需要进行参数传递，这就增加了模块与模块之间的耦合，将用不到的部分也同样调入内存，因而降低了效率。例如，将各种错误信息处理集中起来定义为一个模块，但这些错误信息处理彼此间并无关系，这就形成了具有逻辑强度的模块。

3）时间强度。也称为古典强度，是顺序完成一类“相关”功能的模块，这种强度的模块其实是将若干在同一时间段内要做的工作集中在一起，这种模块的强度虽然比逻辑强度的模块略好些，但由于模块内各组成元素间并无实质性联系，因而修改和维护比较困难。例如，初始化模块就属于这种模块，由于初始化模块要为所有变量置初值，这就使该模块与被置初值的模块存在一种隐含关系，不易修改。

4）过程强度。顺序完成某一类顺序相关功能的模块，这种模块内的各元素是相关的，且必须以特定次序执行。例如先输入 x，再决定 y，等等。和时间强度的模块相比较，过程强度强调严格的执行次序，而时间强度强调在同一个时间段内执行，对执行次序并无要求。显然，过程强度的模块比时间强度的模块的内聚性要高。

5）通信强度。模块中所有处理元素都集中在数据结构的一个区域，通信强度的模块也具有过程强度，但它比过程强度的内聚性高。例如，一个文件的删除修改模块，删除、修改功能都是对文件这一公用数据发生关系。

6）顺序强度。模块内各个处理元素都紧密相关于同一功能，并且必须按顺序执行，其特征是模块内前一元素的输出是另一元素的输入。这类模块可以看成是多个功能强度的组合，以达到信息隐蔽，即把某个数据结构、资源或设备隐蔽在一个模块内，不为别的模块所知晓。这种模块的内聚性比以上各种强度的模块都高。

顺序强度与过程强度的区别在于：前者强调的是数据的顺序，而后者强调的是加工处理的先后。

7）功能强度。一个模块仅完成某一特定的具体功能，因而它的内聚性最高，具有“黑盒”的作用，如“开平方”子程序模块。

常常期望一个模块具有最强的模块强度，最低的耦合度，即设计成具有完成某种具体功能的模块，模块间传送尽可能少的数据型参数，但这并不是说其他类型的模块完全不能设计，例如初始化系统时，古典强度的模块还是需要的。

模块的内聚性和耦合性是一个问题的两个方面，一个模块当它的内聚性高的时候，与其他模块的联系——耦合性就必然小。耦合性越小，模块的相对独立性越大。内聚性越大，模块各成分之间联系越紧密，其功能越强。因此在划分软件模块时，应尽量做到“耦合性尽量小，内聚性尽量大”。

3.1.2 软件概要设计

在软件概要设计阶段应该宏观、整体、全面地考虑问题，本节讨论在软件设计中应当考虑哪些内容、采取什么策略、设计中应遵循什么准则以及模块设计中的具体方法。

1．充分理解 SRS，确定设计策略

（1）确定软件设计方法

目前，使用广泛且成熟的软件设计方法主要有面向数据流的方法和面向对象的方法。面向数据流的设计方法适用于数据处理和实时控制，如 SD 方法。面向对象的设计方法符合人类的常规思维方式，主要特征是信息隐蔽、数据抽象以及信息继承，适用于各种软件的开发，使编程更加容易，维护更加方便。20 世纪 70、80 年代时人们还曾广泛使用过面向数据结构的设计方法，这种方法适用于事务处理，如 Jackson 方法、LCP 方法等。以上方法也可混合使用，要依具体情况和设计人员对某种方法的熟悉程度来定。每种方法都有不足和局限，软件设计方法仍在不断发展中，有人把软件设计划分为结构化设计、面向对象设计和后面向对象方法 3 个发展阶段，在后面向对象时代出现了许多新的设计思想，如面向方面的方法、面向 Agent 的方法、泛型程序设计、面向构件的方法及敏捷方法等。面向 Agent 的设计方法是较活跃的研究内容，Agent 除具有对象特征外，还具有智能性、主动性、自治性、社会性和移动性，软件设计方法未来将如何发展，是否有极限，还在探讨中。

（2）考虑冗余和防卫设计

这两方面都是软件可靠性需求。冗余设计是指对同一问题由不同的程序员采用不同的程序设计风格和不同的算法设计软件，虽然提高了软件的可靠性，但大大增加了软件开发成本，降低了运行效率。

防卫设计指的是在软件设计中插入自动检错、报错和纠错功能，这种防卫性功能可以是周期性地或空间时间内主动地对整个软件系统进行校验和考核，搜索和发现异常情况，也可在软件运行时进行相应的检查和考核。检查的项目通常有：输入数据类型、属性和范围、用户输入数据的性质和顺序、栈的溢出、循环变量、选择变量、表达式中的零分母、输出数据格式等。实现这种设计常用的手段有：对数据值报表的交叉求和、数据量的跟踪、方程解的验算、概率值域判定等。

防卫性设计也将增大软件开发工作量并降低运行效率。因而，对于防卫性设计采用到何等程度将取决于对软件可靠性的要求。

对于航天类的软件系统，冗余和防卫设计是必须考虑的重点内容。

（3）确定对操作系统的引用方式

开发应用软件时要考虑的对操作系统的引用方式主要有两种，一种是把应用软件的每个模块都纳入到操作系统控制之下，这种方式比较简单，开发工作量相对较少，但运行的时空效率较低。一般用于软件功能要求还没有完全确定、是否需要扩充、如何扩充和扩充范围都不十分清楚的情况下。

另一种方式是在操作系统的支持下进行开发，引用操作系统中的部分功能模块生成一个独立的可运行的软件系统。这种方式设计工作量较大，一般说来，对它所进行的修改和扩充都要重新置于操作系统之下进行开发、重新生成，开发代价大，成本高，但它的运行效率高，维护方便。

以上策略性问题都是在设计工作一开始就要确定的，不确定或者确定不当都会给设计过程带来困难。

2．模块化准则

模块化准则是指应用信息隐蔽原理进行软件的初步设计，以提高模块的独立性，信息隐蔽原理是软件工程学中的一条重要原理，也是面向对象方法的重要特征。信息隐蔽原理由Parnas 提出，他认为在设计模块时，包含在模块内的过程和数据对于无须这些信息的其他模块是不可存取的。根据信息隐蔽原理，在概要设计中应该列出将来可能发生变化的因素，并在划分模块时将一些可能发生变化的因素隐含在某个模块内部，使其他模块与此因素无关。对于这样构造的软件系统，当在测试期间及往后的软件维护期间要修改时，只改一个模块就够了，其他模块不受影响。因为大多数数据和过程都是隐蔽的，是其他模块所不知道的，所以在修改期间由于疏忽所引起的错误就很少会传播到软件内的其他位置。

3．模块设计中的具体方法

以下讨论的问题及解决方法有些是概要设计方面的，有些则是详细设计方面的，还有些可能是共同的。

（1）功能强度模块的组成

一个具有功能强度的模块，不仅要能完成指定的具体功能任务，还应告诉它的调用者完成任务的状态和不能完成的原因，因而一个完整的功能模块应包括执行某项指定任务的部分、出错处理部分和结束标志，这 3 部分应当看作是一个功能强度模块的有机组成部分，不应当分离到其他模块中去，否则将会增加模块的耦合性。

（2）消除重复功能

在设计时经常会出现几个模块具有类似的功能，这不仅浪费编写和测试时间，还可能因编写不一致给修改带来麻烦。

相似有完全相似和局部相似两种。对于完全相似的情况可完全合并，只需在数据类型的描述或变量的定义上予以改进即可，而对于局部相似则要根据情况具体分析，图 3-12 中的 Q_1 和 Q_2 两个模块具有类似的功能 Q，如果将它们改造成图 3-13 的结构是不合适的，因为其实际结构如图 3-14 所示，其中 Q_m 中既含有 Q_1 和 Q_2 可共用的部分 Q，又含有非共同部分 Q_{1s} 和 Q_{2s}，Q_m 必须从模块 X 及 Y 接受一个开关量以识别是 X 调用还是 Y 调用，因而 Q_m 的内聚性是逻辑强度的，而 X 和 Y 的耦合性也较高，Q_m 的流程如图 3-15 所示。

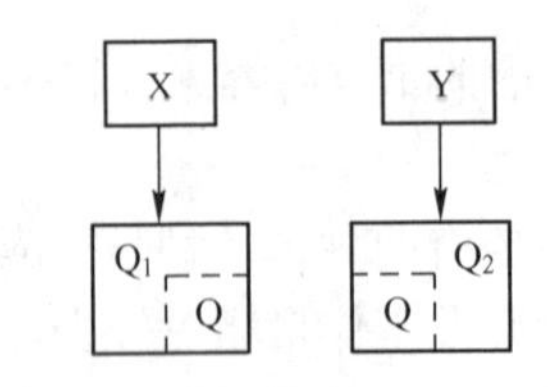

图 3-12　具有相似功能的例子

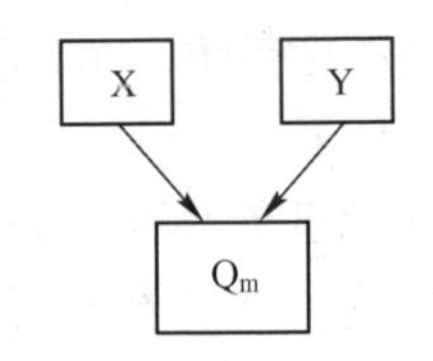

图 3-13　对图 3-12 的不合适的合并

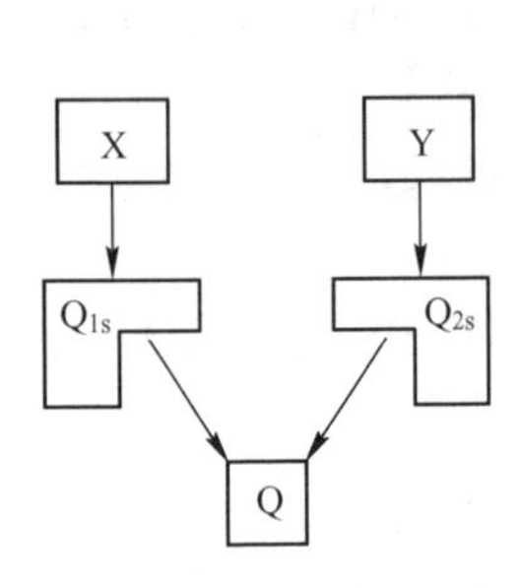

图 3-14　与图 3-13 等价的实际结构

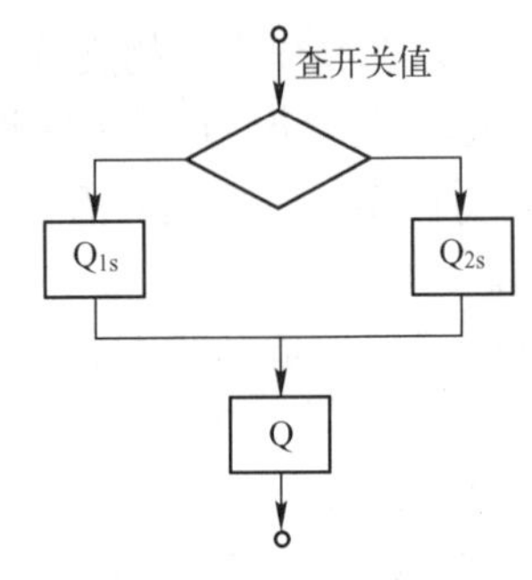

图 3-15　图 3-13 中模块 Q_m 的流程

正确的做法是：先分析 Q_1 和 Q_2，找出这两个模块中相同的功能，把它分离出来构成一个独立的下属模块 Q，然后根据 Q_{1s} 和 Q_{2s} 的大小可考虑同其父模块合并或单独构成一个模块，图 3-16a 至图 3-16d 是可能的几种方案。

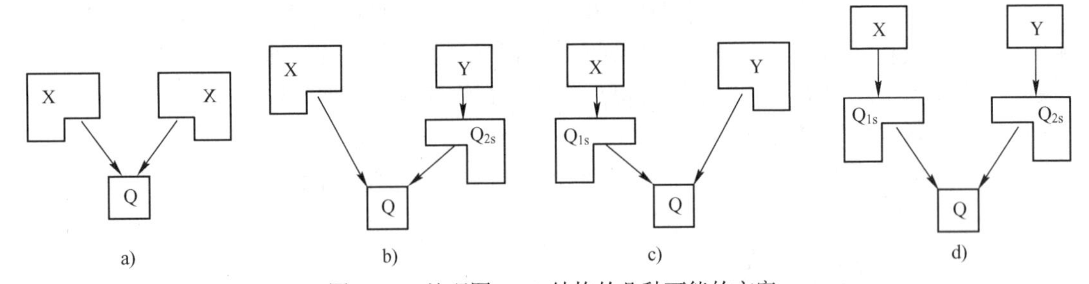

图 3-16　处理图 3-12 结构的几种可能的方案

a) Q_{1s} 和 Q_{2s} 均较小可与其父模块合并　b) Q_{1s} 较小 Q_{2s} 较大　c) Q_{1s} 较大 Q_{2s} 较小　d) Q_1s 和 Q_2s 均较大，均可单独构成模块

（3）将模块的影响范围限制在模块的控制范围之内

在软件结构的某一层上的判定可能影响其他层的处理或数据，一个模块的影响范围定义为该模块中的一个判定所影响的所有其他模块。一个模块的控制范围则是从属于或最终从属于该模块的所有模块，图 3-17a 中模块 B 的控制范围是 B、B1 和 B2，模块 B2 的控制范围是 B2，若模块 B2 中的判定影响到模块 A 和 B1 的操作，则 B2 的影响范围是 B2、B、Y、A、B1 ，这样的结构是不好的，因为 B2 的判定要传送给 B，再传送给 Y，才能传送给 A，增加了模块间的耦合性。

如果一个判断的影响范围包含在这个判断模块的控制范围之内，则称这种模块是简单的，这个概念称为“影响范围/控制范围原则”，图 3-17a 不符合这一原则，因此这个结构不好。

图 3-17b 至图 3-17d 为改进后的结构，3-17b 中影响范围在控制范围之内，但判断所处

层次太高，这样也要经过多次传送，增加了信息传送量，虽符合影响范围/控制范围原则，但不是最好的结构；3-17c 中影响范围在控制范围之内，只有一个判断分支含有一个不必要的穿越，比 3-17b 的结构好；3-17d 的结构最好，是最理想的设计，判定的影响范围恰好在判定所在模块的下一层，但整体结构发生了改变。

若在软件设计中，发现影响范围不在控制范围之内，可以选用下面的手段对结构图作改进。

1）将作判断的模块合并到它的父模块中，使判断处于足够高的位置。

2）将受判定影响的模块下移到控制范围之内，如图 3-17d 所示。

3）把判断上移到层次中足够高的位置，如图 3-17b、图 3-17c 所示。

这些手段在实现时并不容易，可能会受到其他因素的影响，这需综合考虑。

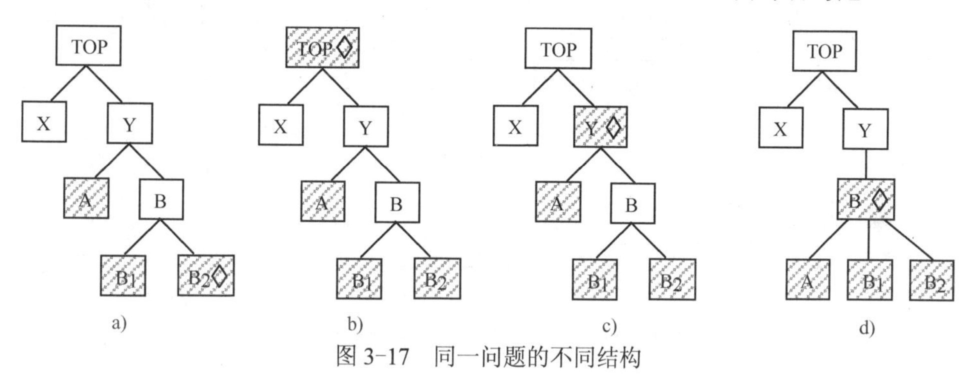

图 3-17　同一问题的不同结构

1—小菱形◇表示判定　2—阴影表示判定的影响范围

a) 不好的结构　b) 较好的结构　c) 更好的结构　d) 最好的结构

（4）关于模块的扇入数和扇出数

模块的扇入和扇出数均不宜过高。如图 3-18a 所示，一个模块被 5 个以上的模块调用，模块的扇入数偏高，如果该模块是公用的服务性模块则是正常的，否则就是该模块含有过多功能，这时可将其分解成几个同层的模块，如图 3-18b 所示，图中下层的那个模块执行所有调用模块都需要的功能。

如图 3-19a，一个模块需调用 5 个以上的模块，模块的扇出数偏高，如果该模块的功能是“分类”则是正常的，否则也是该模块含有过多功能，这时可将其分解成图 3-19b 的结构。

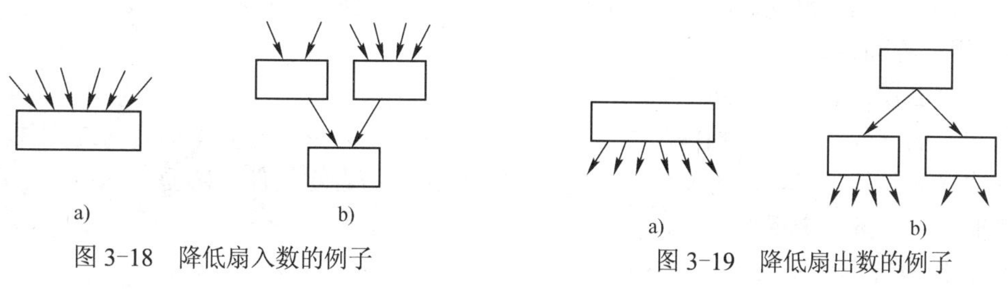

图 3-18　降低扇入数的例子

a) 模块的扇入太高　b) 分解后降低了扇入

图 3-19　降低扇出数的例子

a) 模块的扇出太高　b) 重新分解后降低了扇出

设计中应尽量避免如图 3-20 所示的扁平结构，遇到这种情况可将其进行适当改进，一个好的设计结构应该是一个寺庙的形状（即 mosque 结构），顶是尖的——一个主模块，中间较宽——中间层被分解成较多个模块，底部较窄——底层的模块可被上面的多个模块共用，如图 3-21 所示。

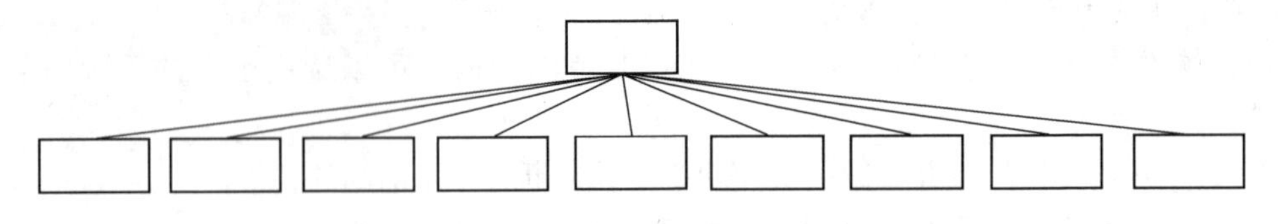

图 3-20　不好的软件结构（扁平形状）

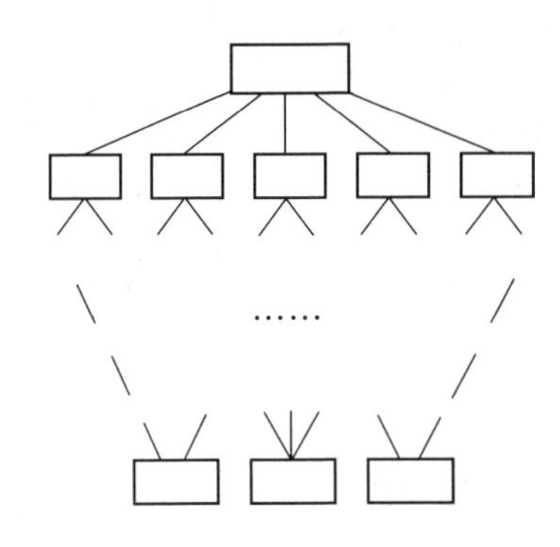

图 3-21　好的软件结构（寺庙形状）

（5）尽量设计单入口、单出口模块，避免“病态连接”

这个要求是为防止内容耦合，当一个模块在顶端进入，在底端退出时，比较容易理解和维护，“病态连接”是指转移到或引用到模块的中间。

（6）关于模块的大小

限制模块的规模是控制复杂性的有效手段之一，在设计过程中应掌握每个模块的篇幅，一般说来，模块大小以一页为宜，即 30～50 行比较合适，因为这样的篇幅比较容易阅读和理解，便于测试和维护。

在设计过程中，要估计一下每个模块的篇幅，特大的模块不易理解，可检查一下它是否包含了好几个功能，可从中分离出一些功能来构成同层或下层的其他模块。对一些特小的模块可考虑同它的父模块合并，但如果该模块的内聚性是功能强度的，或它与其他模块的耦合性低，或它的父模块很复杂，或它有多个父模块，在这些情况下都不宜合并。

4．用户界面设计

（1）界面设计的黄金规则

用户界面就像一个人的相貌和外观，如果“颜面”很差，别人就不愿意与之交往，因而用户界面设计是软件设计的重要内容，它直接影响到使用者对软件的感受，在设计用户界面时应遵循以下 3 条黄金规则。

- 软件应置于用户的控制之下。
- 减少用户的记忆负担。
- 保持界面一致。

1）软件应置于用户的控制之下。这条规则要求以不强迫用户进入不必要的或不希望的动作的方式来定义交互模式、对不同用户能提供不同的灵活的交互、允许用户交互被中断和撤销、随着用户使用技能增长可以使交互流线化并允许定制交互、用户与内部的技术细节应隔离开来、所设计的界面应允许用户与出现在屏幕上的对象直接交互。

2）减少用户的记忆负担。用户必须记住的东西越多，和系统交互时出错的可能性也就越大。一个经过精心设计的用户界面不会加重用户的记忆负担。因而，这条规则要求减少用户的短期记忆、建立有直观意义的缺省、定义直观的快捷方式、界面的视觉布局应该基于真实世界的象征、以不断进展的方式逐渐揭示信息。

3）保持界面一致。这条规则有三个方面的要求，一是允许用户将当前任务放入有意义的环境中；二是一组应用系统都应该实现相同的设计规则，以保持所有交互的一致性；三是如果过去的交互模型已经建立起了用户期望，除非有不得已的理由，否则不要改变它。

（2）界面设计步骤

界面设计是一个迭代过程，每个用户界面设计步骤都要进行很多次，每次细化和精化的信息都来源于前面的步骤。可以使用类似于第 1 章介绍的螺旋模型来表示，如图 3-22 所示，用户界面设计过程包含以下 4 个不同的框架活动。

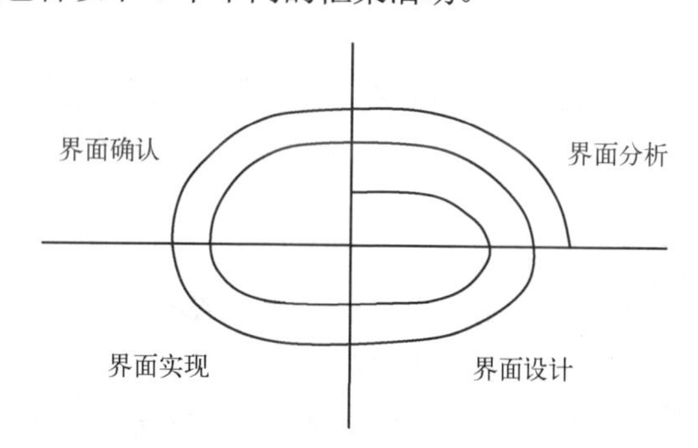

图 3-22　用户界面设计迭代过程

1）通过界面分析定义界面对象和操作。

2）定义导致用户界面状态发生变化的事件，并对行为建模，设计界面。

3）描述每个界面状态，实现界面，就像最终用户实际看到的那样。

4）判定用户能否从界面提供的信息来解释系统状态，评估界面是否满足用户的需求。

以上 4 步活动是迭代进行的，不要试图第一轮就刻画所有的细节，后续的迭代过程将精化界面的任务细节、设计信息和运行特征。

（3）WebApp 界面设计

网络已经成为人们日常生活中不可缺少的部分，Web 应用软件（简写为 WebApp）已经发展成为成熟的工具，这些工具不仅可以为最终用户提供独立的功能，而且已经同公司数据库和业务应用集成在了一起。WebApp 用户界面是它的“第一印象”，如果一个网站站点非常好用，但它的用户界面非常糟糕、缺少美感、设计风格不合适，同样会失败。一个良好的 WebApp 界面是易于理解的、宽容的，能给用户可控制感，为了达到这些特性，在设计 WebApp 界面时应遵循如下准则。

1）能在 WebApp 的当前使用中预测出用户的下个步骤，自动提供导航而无需用户查找这一功能。

2）导航控制、菜单、图标和美学风格的使用应该在整个 WebApp 中保持一致。

3）界面应该辅助用户在整个 WebApp 中移动，但是应该坚持使用已经为应用系统建立起来的导航习惯，以这样的方式来辅助用户。

4）WebApp 的设计和界面应该优化用户的工作效率，而不是优化设计与构造 WebApp 的 Web 工程师的效率，也不是优化运行 WebApp 的客户/服务器环境的效率。

5）界面应该足够灵活，既能够使其中一些用户直接完成任务，也能够使另一些用户以一种比较随意的方式浏览 WebApp。

6）WebApp 界面及界面表示的内容应该关注在用户正在完成的任务上。

7）如果一个用户任务定义了选项或标准化输入的顺序，第一个选项物理上应该与下一个选项在一起。

8）WebApp 不应该让用户等待内部操作的完成，而应该利用多任务处理方式，从而使用户继续他的处理工作，看起来就像前面的操作完成一样。

9）界面应该简单、直观，将内容和功能分类组织，让用户学习 WebApp 的时间减到最少，并且一旦已经学习过了，当再次访问此 WebApp 时，将所需要的再学习时间减到最少。

10）隐喻应该采用用户熟悉的图片和概念，但是并不要求是现实生活的精确再现。

11）用户填写的表单、专用数据清单等工作产品必须自动保存，使得在有错误发生时数据不会丢失。

12）界面展示的所有信息对于老人和年轻人都应该是易读的。

13）应该跟踪和保存用户状态，使得当用户退出系统稍后返回时又能回到退出的地方。

WebApp 界面设计的工作流程由以下 11 项组成。

1）对需求模型中的信息进行评审，并根据需要进行优化。

2）开发 WebApp 界面布局的草图。

3）将用户目标映射到特定的界面行为。

4）定义与每个行为相关的一组用户任务。

5）为每个界面行为设计情节故事板的屏幕图像。

6）利用从美学设计中的输入来优化界面布局和情节故事板。

7）明确实现界面功能的界面对象。

8）开发用户与界面交互的过程表示。

9）开发界面的行为表示。

10）描述每种状态的界面布局。

11）优化和评审界面设计。

5．概要设计文档

概要设计主要交付的文档有概要设计说明书、数据库/数据结构设计说明书和软件测试计划。概要设计说明书是最重要的交付文档，主要包括软件系统的基本处理流程、组织结构、功能分配、模块划分、接口设计、运行设计、数据结构设计和出错处理设计等，概要设计说明书应包含的具体内容可参看表 3-1，具体开发软件系统时可参考有关标准。

表 3-1　概要设计说明书

1. 引言
   1.1 编写目的
   1.2 背景
   1.3 定义
   1.4 参考资料
2. 总体设计
   2.1 需求规定
   2.2 运行环境
   2.3 基本设计概念和处理流程
   2.4 结构
   2.5 功能需求与程序（模块）的关系
   2.6 人工处理过程
   2.7 尚未解决的问题
3. 接口设计
   3.1 用户接口
   3.2 外部接口
   3.3 内部接口
4. 运行设计
   4.1 运行模块组合
   4.2 运行控制
   4.3 运行时间
5.系统数据结构设计
   5.1 逻辑结构设计要点
   5.2 物理结构设计要点
   5.3 数据结构与程序（模块）的关系
6. 系统出错处理设计
   6.1 出错信息
   6.2 补救措施
   6.3 系统维护设计

设计结束后要组织评审，主要应集中于软件的结构设计，分析软件设计是否覆盖了已确定的软件需求，软件的每一成分是否可追溯到某一项需求。评审可由结构设计负责人、设计文档的作者、课题负责人、项目经理、对系统开发进行技术监督的软件工程师、技术专家和其他方面的代表，评审是保证软件质量的重要手段，地位和作用十分重要。

3.1.3　软件详细设计

软件的详细设计就是对软件过程的描述，由此可直接而简单地导出实现系统的代码，目前通用的详细设计工具主要有图示工具、语言工具和表格工具，不管哪种工具，都应表示出处理的顺序、精确的判定位置、重复的操作以及数据的组织和结构等，但很多工具在数据的组织和结构方面有欠缺。

1．图示工具

使用图示工具将软件的过程细节表示成图的一部分。在图中，逻辑构造采用特殊的形式来表示，以下讨论 4 种图示工具：结构化流程图、N-S 图、PAD 图和 HIPO 图。

（1）结构化流程图

流程图是使用非常广泛的方法，它的构成很简单，方框表示一个处理步，菱形表示逻辑判断，箭头表示控制流，图 3-23 为结构化流程图的基本构造，有了这些基本构造通过嵌套就可以构造出复杂的结构。如图 3-24 所示的整体是顺序结构，由两项子任务构成，第二项任务是一个 If-then-else 结构，该结构的 then 部分是一个 Repeat-until 形式的重复结构，而 else 部分又是一个 If-then-else 结构。

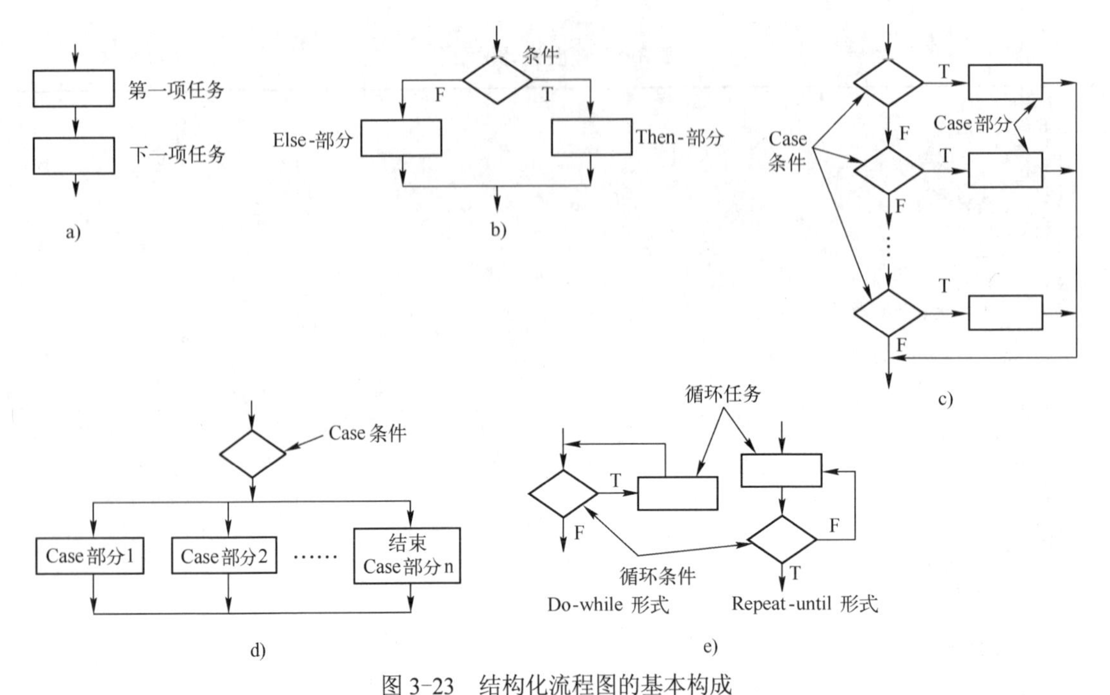

图 3-23 结构化流程图的基本构成

a) 顺序结构 b) If-then-else 结构 c) 选择结构 d) 另一种形式的选择结构 e) 重复结构

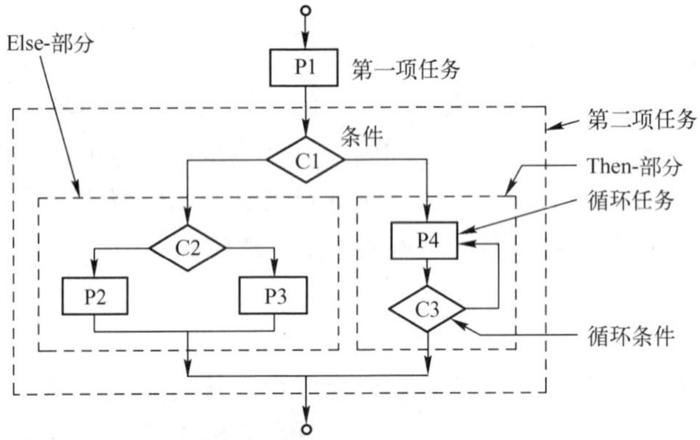

图 3-24 结构化流程图的嵌套

（2）N-S 图

也叫盒图（Box Diagram），或框图，它的基本元素是 box，由 Nassi 和 Shneiderman 开发并经 Chapin 拓展，故称为 N-S 图，或 Chapin 图。N-S 图其实是结构化流程图的变形，但它去掉了影响结构的箭头。两框或多框首尾相接表示顺序结构，一个条件框后接一个 then 部分框和一个 else 部分框并列的形式表示 If-then-else 结构。重复结构则是在框中用方框表示要重复处理的部分（Do-while 部分或 Repeat-until 部分），方框外的弯形框表示重复条件。选择形式则是将流程图中的相应表示放倒后再旋转后变形得到的，也可以看作图 3-23d 的变形。图 3-25 为 N-S 图的基本构成。由于没有从盒子内部到外部的转移方法的表示，因此保证了结构化的构造。

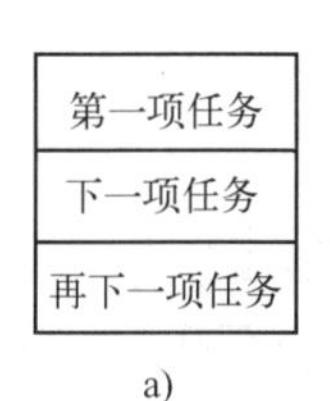

a)

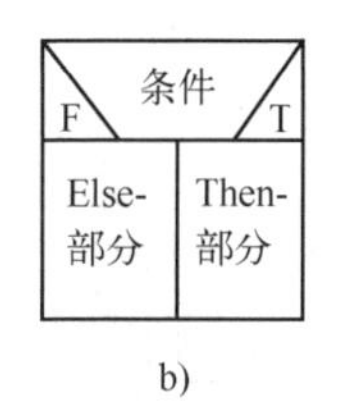

b)

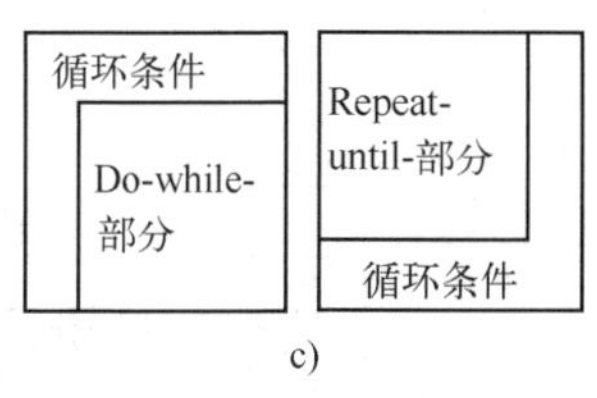

c)

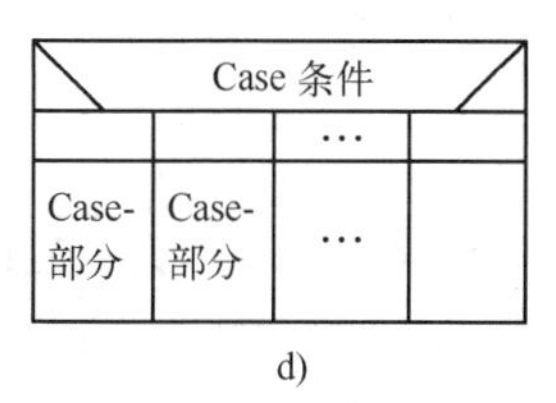

d)

图 3-25　N-S 图的基本构成

a) 顺序结构　b) If-then-else 结构　c) 重复结构　d) 选择结构

和流程图一样，用图 3-25 的基本成分通过嵌套可以构造出复杂的结构，图 3-24 的例子用 N-S 图可表示成如图 3-26 的形式。

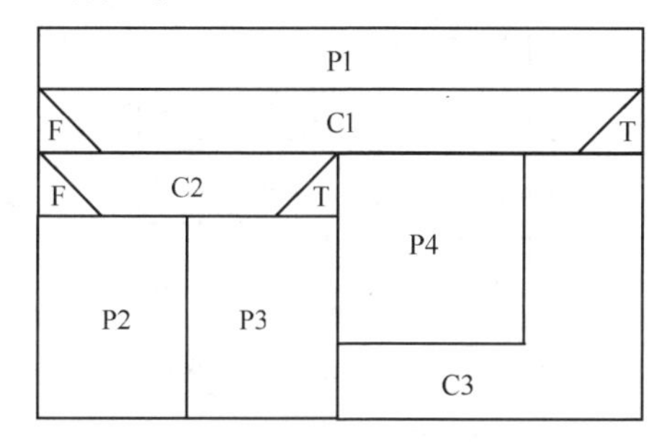

图 3-26　图 3-24 的 N-S 图表示

（3）PAD 图

问题分析图（Problem Analysis Diagram，PAD）是日本日立公司提出的一种图形工具，它综合了多种技术特征，基于 PASCAL 的控制结构，以二维树的形式描述程序的逻辑，其主要优点是程序结构清晰，能够直接导出程序代码，并对其一致性进行检查，PAD 的基本符号如表 3-2 所示，PAD 图的基本控制结构如图 3-27 所示，图中 3-27a 为顺序结构，先执行 A，再执行 B。3-27b 中的 P 是判断条件，P 取真时执行 A 框，取假时执行 B 框。3-27c 表示多分支选择。3-27d 是 Do-while 型循环。3-27e 是 Repeat-until 型循环，S 是循环体。用这些基本结构构造的图 3-24 所示的结构如图 3-28 所示。

表 3-2　PAD 的基本符号

序号	符　号	名　称	注　释
1		输入框	框内写出输入变量名
2		输出框	框内写出输出变量名
3		处理框	框内写出处理或语句名
4		重复框	先判断，再循环，框内写出重复条件
5		重复框	先执行，后判断，再循环，框内写出重复条件
6		选择框	可一路、二路、三路或多路选择，框内写出选择条件
7	或	子程序框	框内写出子程序名
8		定义框	框内写出定义名

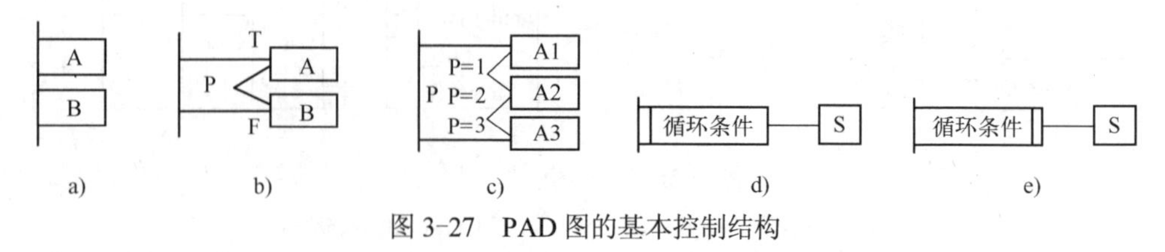

图 3-27　PAD 图的基本控制结构

a) 顺序结构　b) If-then-else 结构　c) 选择结构　d) Do-while 型循环　e) Repeat-until 型循环

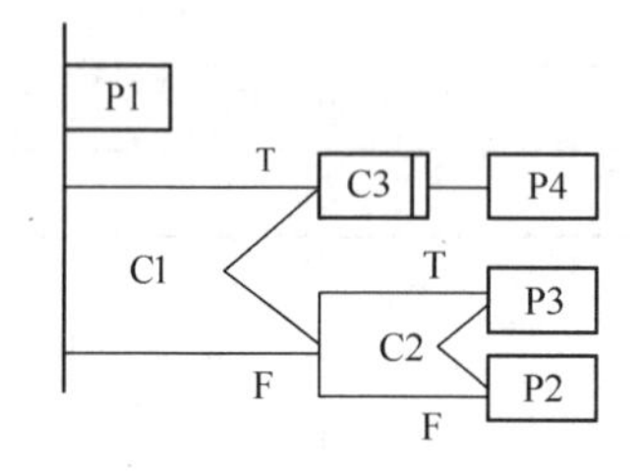

图 3-28　图 3-24 的 PAD 表示

（4）HIPO 图

层次加输入-处理-输出（Hiberarchy Plus Input-Process-Output，HIPO）图是根据 IBM 公司研制的软件设计与文件编制技术发展而来。在概要设计、详细设计、设计评审、测试和维护的不同阶段都可以使用 HIPO 图对设计进行描述。HIPO 图的最重要特征是它能够表示输入/输出数据与软件过程之间的关系。完整的 HIPO 图由如下的 3 部分组成。

1）H 图：以层次方框形式表达程序主功能模块与次功能模块之间的关系。

2）高层 IPO 图：描述 H 图中主功能模块和次功能模块的输入、处理及输出。

3）低层 IPO 图：给出 H 图中最低层次的具体设计。

图 3-29 为一个订单系统的 H 图，图 3-30 为“2.0 每月发票处理”的高层 IPO 图。

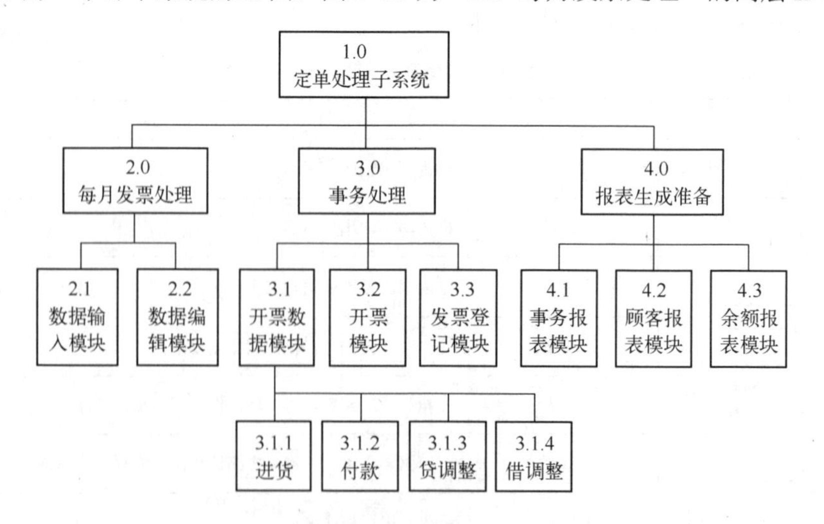

图 3-29　订单处理的 H 图

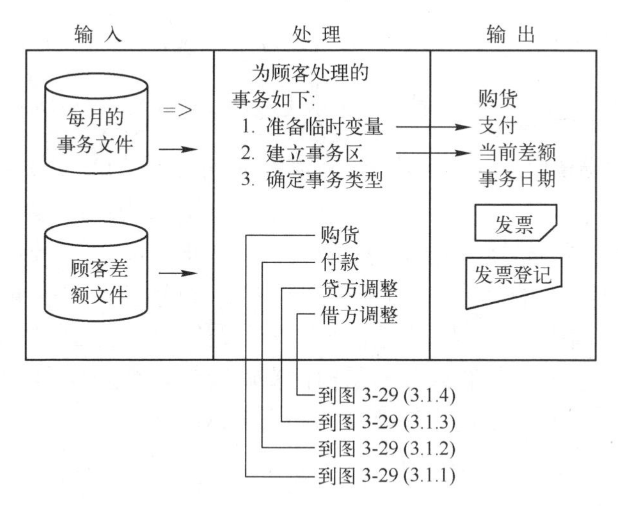

图 3-30　每月发票处理的 IPO 图

在中央处理方框中给出过程，并把它与输入、输出和数据库信息相连接。这样就能使设计者明确地把信息流与过程流联系起来。通常，处理过程用一个处理步骤来说明，但也可用流程图、N-S 图或程序设计语言来表示。

为了降低规模和维护上的复杂性，大多数项目的 HIPO 图只深入到某一层。但在通常情况下，对于编码来说仍然层次太高，一般可用伪码或其他工具做中间步骤的描述，再来编写代码。

2．表格工具

利用表格来表示软件过程细节、表格描述动作及相应的各种条件或输入处理和输出信息。判定表既是需求分析中描述处理的工具，又可用来作为软件详细设计的工具。

3．语言工具

用伪码（Pseudo Code）来表示软件过程细节，伪码表示很接近程序设计语言（PDL），结构化英语就是理想的伪码表示，是较好的语言工具。

4．工具的比较

以上介绍了一些工具，还有一些工具，有的不常使用，有的还在使用，并且工具也在不断推出，面对一个详细设计工具，如何判断它是否优劣呢？以下介绍一种方法可以对工具做出定量的评价。

给定分析条目论域 $U=\{u_1, u_2, ..., u_n\}$，看作是评语组成的集合，任一评语 u_i 的取值为：“很好”、“好”、“较好”、“一般”、“较差”、“差”和“很差”（或“不适用”）7 档或“高”、“中等”、“低”及“不适用”4 档。令“很好”=1，“好”=0.8，“较好”=0.6，“一般”=0.5，“较差”=0.4，“差”=0.2，“很差”=0；“高”=1，“中等”=0.7，“低”=0.4，“不使用”=0。取值理由如下：自然语言中“很好”就是很满意，因而“很好”取 1 是合理的，一般地说，“较好”算合格，因而取为 0.6，“好”介于它们之间，取 0.8，若“很差”（即不能适用）的语言值为 0，则“差”应为 0.2，“较差”为 0.4。“一般”是既不好也不坏故取 0.5；由于“高”、“中等”、“低”是用来描述使用频率的，因而“低”取 0 值是不合理的（若有语言值“不使用”则取 0 值），若“低”取 0.4，则由于“中等”介于“高”和“低”之间，故取 0.7。

设 $U=\{u_1, u_2, ..., u_n\}$ 为分析条目域，$u_1, u_2, ..., u_n$ 为分析条目，n 为分析条目个数，设 $\underset{\sim}{A}$ 为理想设计工具，则 $\underset{\sim}{A} \in F$ (U)，$\underset{\sim}{A}=1/u_1+1/u_2+\cdots 1/u_n$，对于任一设计工具

$\underset{\sim}{B}-x_1/u_1+x_2/u_2+\cdots x_n/u_n, x_i\in[0,1]$，i=1, 2, …, n，定义：

$$S(\underset{\sim}{A},\underset{\sim}{B})=1-e(\underset{\sim}{A},\underset{\sim}{B})=1-\frac{1}{\sqrt{n}}(\sum_{i=1}^{n}(\mu_{\underset{\sim}{A}}(u_i)-\mu_{\underset{\sim}{B}}(u_i))^2)^{1/2} \quad (3\text{-}5)$$

为设计工具 $\underset{\sim}{B}$ 的满意度。其中 $e(\underset{\sim}{A},\underset{\sim}{B})$ 为模糊集 $\underset{\sim}{A}$ 与 $\underset{\sim}{B}$ 的 Euclid 距离。

取评语论域 $U=\{u_1, u_2, u_3, u_4, u_5, u_6, u_7, u_8, u_9, u_{10}\}$，其中：$u_1$=易学易用性，$u_2$=逻辑表达，$u_3$=逻辑验证，$u_4$=易编码性，$u_5$=适合自动化处理方面，$u_6$=可修改性，$u_7$=结构化实施，$u_8$=数据表示，$u_9$=初期测试的简易性，$u_{10}$=使用频率。假设提出一种新的详细设计工具 N，对其评价如下：易学易用性好，逻辑表达能力较好，逻辑验证能力较好，易编码性很好，适合自动化处理方面一般，可修改性较差，结构化实施较差，数据表示较差，初期测试的简易性较好，使用频率暂不评论，则设计手段 N 的满意度是：

$$\begin{aligned}S(\underset{\sim}{A},\underset{\sim}{N})&=1-e(\underset{\sim}{A},\underset{\sim}{N})\\&=1-\frac{1}{\sqrt{9}}(\sum_{i=1}^{9}(\mu_{\underset{\sim}{A}}(u_i)-\mu_{\underset{\sim}{N}}(u_i))^2)^{1/2}\\&=1-\frac{1}{3}((1-0.8)^2+(1-0.6)^2+(1-0.6)^2+(1-1)^2+(1-0.5)^2\\&\quad+(1-0.4)^2+(1-0.4)^2+(1-0.4)^2+(1-0.6)^2)^{1/2}\\&=0.55\end{aligned}$$

综合评价接近较好（0.6），建议推广使用。

软件详细设计工具有 30 多种，由于某些描述并不能直接转换为程序设计语言，因此，通过归纳可选出有代表性的 6 种。表 3-3 为这 6 种设计工具的评语。设 F 表示论域 U 上的模糊集（设计工具集合），$\underset{\sim}{B_i}\in F(\text{U})$，$i$=1, . . . , 6；$\underset{\sim}{B_1}$：流程图，$\underset{\sim}{B_2}$：判定表，$\underset{\sim}{B_3}$：N-S 图，$\underset{\sim}{B_4}$：程序设计语言，$\underset{\sim}{B_5}$：HIPO 图，$\underset{\sim}{B_6}$：PAD 图，若把每个 u_i（评语）看做一个模糊集，则对每个 $\underset{\sim}{B_i}$ 的单项评语可化为属于 u_i 的隶属度，根据前面的分析可得出详细设计工具 $\underset{\sim}{B_i}$ 在评语模糊集 u_i 上的投影，如表 3-4 所示。

表 3-3 6 种详细设计工具评语

序号	评语内容（分析条目）	设计工具					
		流程图	判定表	NS 图	程序设计语言	HIPO 图	PAD 图
1	易学易用性	好	较好	差	很好	好	好
2	逻辑表达	较好	很好	好	好	差	好
3	逻辑验证	差	很好	较好	较好	差	差
4	易编码性	较好	好	好	较好	较好	好
5	适合自动化处理方面	差	很好	差	很好	较好	差
6	可修改性	差	好	差	好	较好	较好
7	结构化实施	差	不适用	很好	好	较好	好
8	数据表示	差	差	差	较好	好	很好
9	初期测试的简易性	差	好	较好	差	较好	好
10	使用频率	高	低	低	中等	低	低

表 3-4　6 种详细设计工具 $\underset{\sim}{B_i}$ 在评语模糊集 u_i 上的投影

序号	u_i	F 集合					
		$\underset{\sim}{B_1}$	$\underset{\sim}{B_2}$	$\underset{\sim}{B_3}$	$\underset{\sim}{B_4}$	$\underset{\sim}{B_5}$	$\underset{\sim}{B_6}$
1	u_1	0.8	0.6	0.2	1	0.8	0.8
2	u_2	0.6	1	0.8	0.8	0.2	0.8
3	u_3	0.2	1	0.6	0.6	0.2	0.2
4	u_4	0.6	0.8	0.8	0.6	0.6	0.8
5	u_5	0.2	1	0.2	1	0.6	0.2
6	u_6	0.2	0.8	0.2	0.8	0.6	0.6
7	u_7	0.2	0	1	0.8	0.6	0.8
8	u_8	0.2	0.2	0.2	0.6	0.8	1
9	u_9	0.2	0.8	0.6	0.2	0.6	0.8
10	u_{10}	1	0.4	0.4	0.7	0.4	0.4

设 $\underset{\sim}{A} \in F(U)$，$\underset{\sim}{A} = 1/u_1 + 1/u_2 + \ldots\ldots + 1/u_n$ 表示理想设计工具，根据式（3-5）和表 3-4 计算设计工具 $\underset{\sim}{B_i}$ 的满意度

$$S(\underset{\sim}{A},\underset{\sim}{B_1})= 0.35$$

$$S(\underset{\sim}{A},\underset{\sim}{B_2})= 0.52$$

$$S(\underset{\sim}{A},\underset{\sim}{B_3})= 0.42$$

$$S(\underset{\sim}{A},\underset{\sim}{B_4})= 0.64$$

$$S(\underset{\sim}{A},\underset{\sim}{B_5})= 0.50$$

$$S(\underset{\sim}{A},\underset{\sim}{B_6})= 0.55$$

由此可见，$\underset{\sim}{B_4}$ 的满意度最高，按满意度由大到小的排列顺序是：程序设计语言、PAD 图、判定表、HIPO 图、N-S 图、流程图。

通过以上计算可知，$\underset{\sim}{B_1}$（流程图）虽是使用频率最高的详细设计工具，但却是最差的一种，$\underset{\sim}{B_1}$ 中只有 u_{10} 取值最大（u_{10}=1），表示使用频率高，使用频率高并不能说明这种设计工具好，若去掉这一评语，使

$$U=\{u_1, u_2, u_3, u_4, u_5, u_6, u_7, u_8, u_9\}$$

则 $\underset{\sim}{B_1}$ 的满意度降得更低，按满意度由大到小的排列顺序仍然不变。通过计算可知，程序设计语言及 PAD 图是较好的详细设计工具，应提倡多使用。据调查，使用 PAD 图可使软件生产率提高 2 倍以上。

随着软件工程技术的发展，仍将有新的详细设计工具研制出。对于新问世的详细设计工具，如何判断其是否优良，首先应对其逐项给出评语，然后将评语转化成[0, 1]区间的数（即该工具对该项的隶属度），然后计算该工具的满意度。若“满意度＞0.5”才算是比较好的，

若“满意度<0.5”则不够理想。若“满意度= 0.5”则应对比较内容逐项考察，择取用户最关心的主要内容计算满意度，若仍然“满意度<0.5”则该工具不理想。

5．程序复杂性的度量

经过详细设计之后每个模块的内容都非常具体了，由此可衡量其复杂程度，但一般都是定性的，定量度量并不多，以下介绍两种较成熟的方法。

（1）Halstead 方法

严格地说该方法在代码生成之后才能使用，因为它的度量原始依据是运算符个数 n1、运算数个数 *n*2、运算符总数 *N*1 和运算数总数 *N*2，而这些量只有在代码生成之后才能导出。

Halstead 给出的长度 *N* 的计算公式为：

$$N=n_1 log_2 n_1+n_2 log_2 n_2 \qquad (3\text{-}6)$$

根据上式可预测出程序中包含的错误个数，计算公式为：

$$E=N log_2 (n_1+n_2)/3000 \qquad (3\text{-}7)$$

有人曾对从 300 至 12000 条语句范围的程序检验上述公式，发现预测的错误数与实际错误数相比误差在 8%之内。

虽然 Halstead 的定量度量学在实际中应用极为有限，但它有望成为关于软件可靠性、软件开发工作量及软件维护工作量的定量工具，也有望成为软件复杂性和模块性的一种形式度量。

（2）McCabe 的环形复杂性度量

该度量方法由美国人托马斯·麦克凯（Thomas J. McCabe）（如图 3-31 所示）提出，它是根据算法流程来衡量程序的复杂度。首先将算法表示成程序图，然后统计程序图中节点个数和弧数，再根据节点个数和弧数计算出程序的复杂度，也可根据封闭区域数或判定数来给出复杂度的值，此处介绍它的基本方法。

图 3-31　托马斯·麦克凯

1）程序图。程序图是程序流程图的变形，只要把流程图中所有的处理符号都用节点表示，原来连接不同处理符号的箭头变成连接不同节点的有向弧，就可得到程序图，图 3-32a 是一个程序流程图，3-32b 是相应的程序图表示。程序图只是描述程序内部的控制流程，不表现出对数据的具体操作以及分支或循环的具体条件。

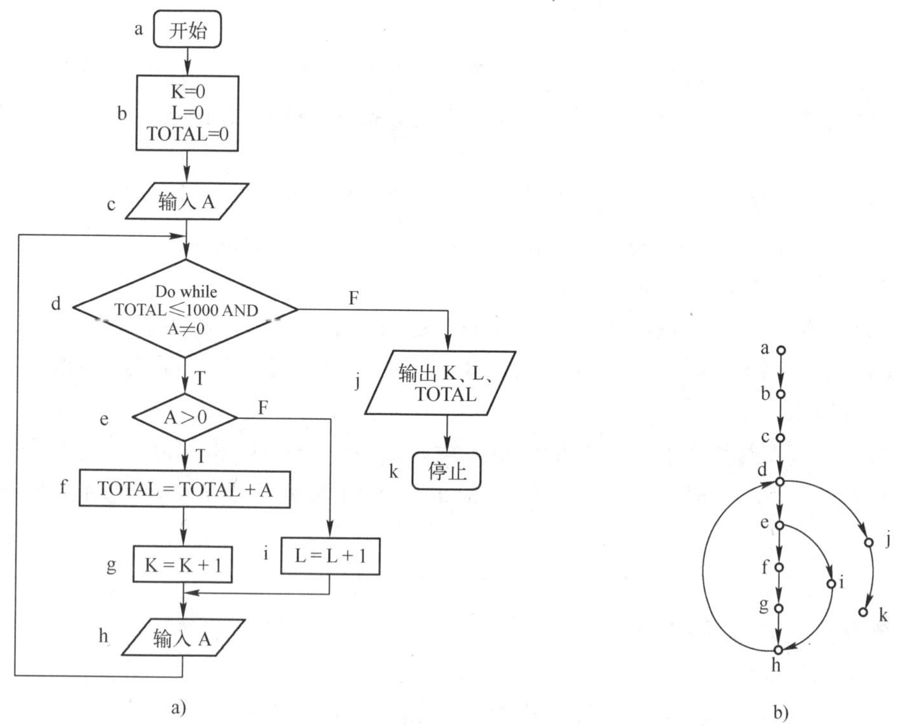

图 3-32　程序流程图转换成程序图例子

a) 程序流程图　b) 对应的程序图

通常称程序图中开始点后面的那个节点为入口点，称停止点前面的那个节点为出口点，图 3-32b 中入口点为 b，出口点为 j。

2）环形复杂度计算方法。根据图论知识，一个强连通的有向图中环的个数由式（3-8）给出，其中 $V(G)$是有向图 G 中的环数，m 是 G 中的弧数，n 是节点数，p 是分离部分数。

$$V(G) = m - n + p \tag{3-8}$$

对于一个正常的程序来说，应该能从程序图内的入口点到达图中任何一个节点，因为一个不能达到的节点表示永远不能被执行的程序代码，这显然是错误的，因此程序图总是连通的，即 p=1。

所谓强连通图是指从图中任一个节点出发都可以到达所有其他节点。程序图虽是连通的，但通常不是强连通的，因为从图中位置较低的节点不能到达较高的节点。但是，如果从出口点到入口点增加一条虚弧，则程序图就成为强连通的了。如图 3-33 是强连通图，它是图 3-32b 从出口点到入口点增加一条虚弧后得到的。

所谓环型复杂度是指强连通的程序图中环的个数 $V(G)$，图 3-33 中节点数 n=11，弧数 m=13，因而环形复杂度为

$$V(G)=13-11+1=3$$

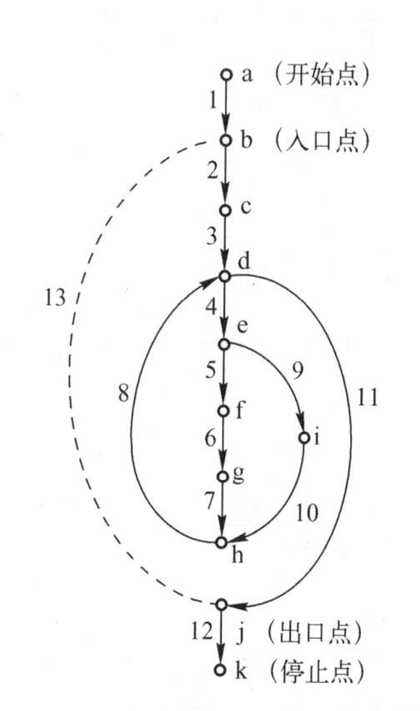

图 3-33　由图 3-32b 得到的强连通图

计算环形复杂度还有其他方法，对于平面图，环形复杂度等于强连通的程序图在平面上围成的区域个数。图 3-33 中有(b, c, d, j, b)、(d, e, f, g, h, d)和(e, i, h, g, f, e)三个区域，因而 $V(G)=3$。

3）环形复杂度的用途。程序的环形复杂度反映了程序控制流的复杂程度，当程序内分支数或循环个数增加时，环形复杂度也随之增加，因此它是对测试难度的一种定量度量，也能对软件最终的可靠性给出某种预测。

McCabe 研究大量程序后发现，环形复杂度越高程序越复杂，越容易出问题，因而通过限制 $V(G)$就可控制模块的规模和复杂程度。实践表明，模块规模以 $V(G)\leqslant 10$ 为宜。

（3）其他度量方法

对于程序的复杂程度还有其他一些定量度量方法，如 Henry 和 Kafura 提出的信息流方法是根据程序的长度 *length*、输入数据个数 *fanin* 和输出数据个数 *fanout* 来计算程序的复杂程度 P，即

$$P=lenth \times (fanin \times fanout)^2 \tag{3-9}$$

其相对结果和环形复杂度一致。

6．详细设计文档

详细设计文档有详细设计说明书和模块开发卷宗，详细设计说明书又称程序设计说明书，是对软件系统的每个模块的详细描述，包括实现算法及逻辑流程等，编写内容可参见表 3-5，也可参考有关标准编写。模块开发卷宗是在模块开发过程中逐步编写出来的，每完成一个模块或一组密切相关的模块的复审时编写一份，应该把所有的模块开发卷宗汇集在一起。编写的目的是记录和汇总低层次开发的进度和结果，以便于对整个模块开发工作的管理和复审，并为将来的维护提供非常有用的技术信息。模块开发卷宗的编写内容见表 3-6 和表 3-7。

表 3-5　详细设计说明书

1. 引言
   - 1.1 编写目的
   - 1.2 背景
   - 1.3 定义
   - 1.4 参考资料
2. 程序(模块)系统的组织结构
3. 程序(模块)1(标识符)设计说明
   - 3.1 程序(模块)描述
   - 3.2 功能
   - 3.3 性能
   - 3.4 输入项
   - 3.5 输出项
   - 3.6 算法
   - 3.7 流程逻辑
   - 3.8 接口
   - 3.9 存储分配
   - 3.10 注释设计
   - 3.11 限制条件
   - 3.12 测试计划
   - 3.13 尚未解决的问题
4. 程序(模块)2(标识符)设计说明

   …

表 3-6　模块开发卷宗

1. 标题 2. 模块开发情况表(表 3-7) 3. 功能说明 4. 设计说明	5. 源代码清单 6. 测试说明 7. 复审的结论

表 3-7　模块开发情况表

<table>
<tr><td colspan="2">模块标识符</td><td></td><td></td><td></td><td></td></tr>
<tr><td colspan="2">模块的描述性名称</td><td></td><td></td><td></td><td></td></tr>
<tr><td rowspan="4">代码设计</td><td>计划丌始口期</td><td></td><td></td><td></td><td></td></tr>
<tr><td>实际开始日期</td><td></td><td></td><td></td><td></td></tr>
<tr><td>计划完成日期</td><td></td><td></td><td></td><td></td></tr>
<tr><td>实际完成日期</td><td></td><td></td><td></td><td></td></tr>
<tr><td rowspan="4">模块测试</td><td>计划开始日期</td><td></td><td></td><td></td><td></td></tr>
<tr><td>实际开始日期</td><td></td><td></td><td></td><td></td></tr>
<tr><td>计划完成日期</td><td></td><td></td><td></td><td></td></tr>
<tr><td>实际完成日期</td><td></td><td></td><td></td><td></td></tr>
<tr><td rowspan="4">组装测试</td><td>计划开始日期</td><td></td><td></td><td></td><td></td></tr>
<tr><td>实际开始日期</td><td></td><td></td><td></td><td></td></tr>
<tr><td>计划完成日期</td><td></td><td></td><td></td><td></td></tr>
<tr><td>实际完成日期</td><td></td><td></td><td></td><td></td></tr>
<tr><td colspan="2">代码复查日期及签字</td><td></td><td></td><td></td><td></td></tr>
<tr><td rowspan="2">源代码行数</td><td>预计</td><td></td><td></td><td></td><td></td></tr>
<tr><td>实际</td><td></td><td></td><td></td><td></td></tr>
<tr><td rowspan="2">目标模块大小</td><td>预计</td><td></td><td></td><td></td><td></td></tr>
<tr><td>实际</td><td></td><td></td><td></td><td></td></tr>
<tr><td colspan="2">模块标识符</td><td></td><td></td><td></td><td></td></tr>
<tr><td colspan="2">项目负责人批准日期及签字</td><td></td><td></td><td></td><td></td></tr>
</table>

软件的详细设计完成以后，要组织评审。评审可从正确性和可维护性两个方面出发，对它的逻辑、数据结构和界面等进行检查。详细设计评审可采用以下 3 种形式之一。

1）设计者和设计组的另一个成员一起进行静态检查。

2）由一个检查小组对软件过程描述进行较正式的检查。

3）由检查小组以会议的方式进行正式的设计检查，对软件设计质量给出评价。

软件开发的实践表明，正式的详细设计评审在发现某些类型的设计错误方面和测试一样有效。因为在设计过程中发现错误更容易，以后扩大错误的机会也会减少，错误的个数也就会减少。

3.2　结构化设计方法

结构化设计方法（Structured Design, SD）是使用广泛的一种方法，由理查德 • 史蒂文斯（W.Richard Stevens）（1951-1999，图 3-34）、G.Myers、Edward Yourdon（第 2 章图 2-1）及拉里 • 康斯坦丁（Larry L.Constantine）（图 3-35）等人提出，是面向数据流的设计方法，适

用于任何软件系统的设计，它可以同分析阶段的 SA 方法及编码阶段的 SP 方法前后衔接起来使用。

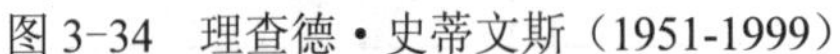
图 3-34　理查德・史蒂文斯（1951-1999）

图 3-35　拉里・康斯坦丁

SD 方法的基本思想是将系统设计成由相对独立、单一功能的模块组成的结构，用 SD 方法设计的系统，由于模块之间是相对独立的，所以每个模块可以独立地被理解、编写、测试、报错和修改，这就使复杂的研制工作得以简化。此外，模块的相对独立性也能有效地防止错误在模块之间扩散蔓延，因而提高了系统的可靠性。

3.2.1　软件结构图的组成

软件结构图中所用的基本符号包括方框、箭头或直线、小箭头、菱形及弧形箭头。矩形方框表示模块，框中写上反映该模块功能的名字，用从一个模块指向另一个模块的箭头或直线来表示调用关系，调用旁边的小箭头表示数据传送关系，用菱形表示有条件的调用，用弧形箭头表示循环调用关系。调用顺序可依据数据传送关系确定，但一般是由左至右进行，以同一名字命名的模块在一张图中只允许出现一次。

图 3-36 表示将输入数据作计算后，将结果打印成一份报告的程序的软件结构图，该图反映了模块调用关系，数据传送关系及重复调用关系。

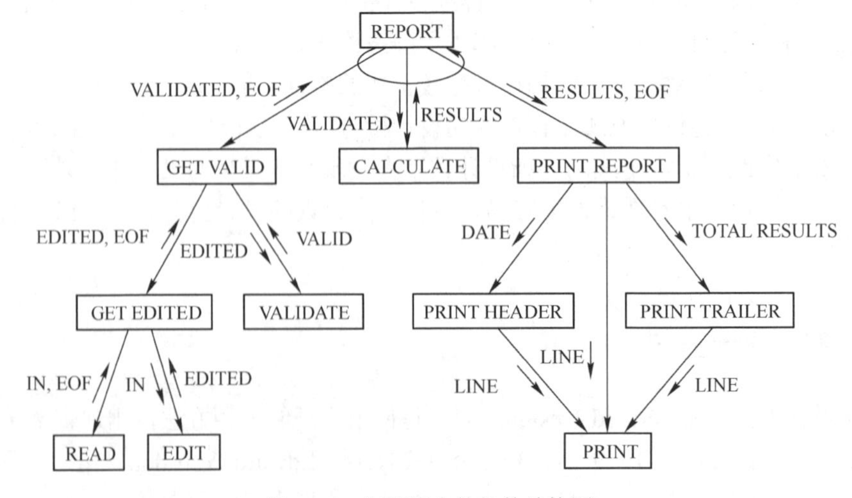

图 3-36　打印报告的软件结构图

由图 3-36 所示，顶层的报告主模块 REPORT 首先得到控制，REPORT 按从左到右的顺序调用 3 个下属模块 GET VALID、CALCULATE 和 PRINT REPORT，GET VALID 按顺序调用下属模块 GET EDITED 和 VALIDATE，GET EDITED 按顺序调用下属模块 READ 和 EDIT。

因而，最先执行的是 READ 模块，输入数据从该模块读入，将读入的数据传给父模块 GET EDITED，GET EDITED 再传给子模块 EDIT 经编辑后，将编辑后的数据 EDITED 再传给父模块 GET EDITED，GET EDITED 再将其传给它的父模块 GET VALID，GET VALID 模块再传给子模块 VALIDATE，经合理性检查后向上传送给主模块 GET VALID，GET VALID 模块将经检验是合格的数据 VALIDATED 及文件结束标志 EOF 传给系统主模块 REPORT，主模块 REPORT 再将数据传送给计算模块 CALCULATE，计算模块完成计算后将结果 RESULTS 上传送给主模块，最后主模块将结果交给打印模块 PRINT REPORT，打印模块分别要调用打印报告头 PRINT HEADER、打印一行 PRINT 和打印报告尾 PRINT TRAILER 诸模块来完成其功能，半圆弧形箭头表示以上过程将反复执行。

3.2.2 软件结构图的画法

每个软件的功能和结构可能并不一样，但有内在的规律可循，SD 方法将系统按数据流的变换规律将数据流图分为两类，一类是变换型，一类是事务型。

1．基本概念

数据处理系统的数据流图可归纳为两种典型的结构，一类是中心变换型结构，一类是事务处理型结构。中心变换型结构是一种线性状的结构，它可以明显地分成输入（又称传入 Afferent）、变换中心（Transform Center）和输出（又称传出 Efferent）3 部分。图 3-37 为具有变换流的系统模型，从该模型可以看出，信息沿输入通道进入系统，同时由外部形式变换成内部形式，进入系统的信息经过变换中心，经加工处理后再沿输出通道变换成外部形式离开系统。当数据流图具有这些特征时，这种信息流就叫做变换流。

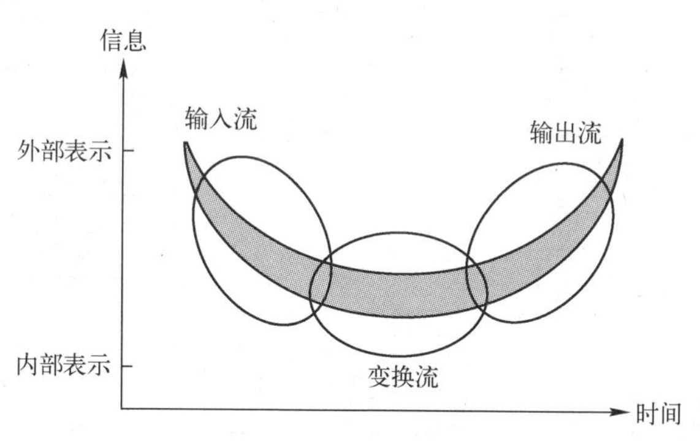

图 3-37　变换流模型

原则上，所有信息流都可以归结为变换流，但是，当数据流图具有图 3-38 类似的形状时，这种数据流是“以事务为中心的”，也就是说，数据沿输入通道到达某一个变换 T，这个变换 T 相当于一个中心，它将输入的信息分离成一串平行的数据流，然后根据输入数据的类型选择后面的若干个动作中的一个来执行。这类数据流称为事务流。

图 3-38 中的变换 T 称为事务中心，它完成下述任务。

1）接收输入数据（称为事务）。

2）分析每个事务以确定它的类型。

3）根据事务类型选取一条活动通路。

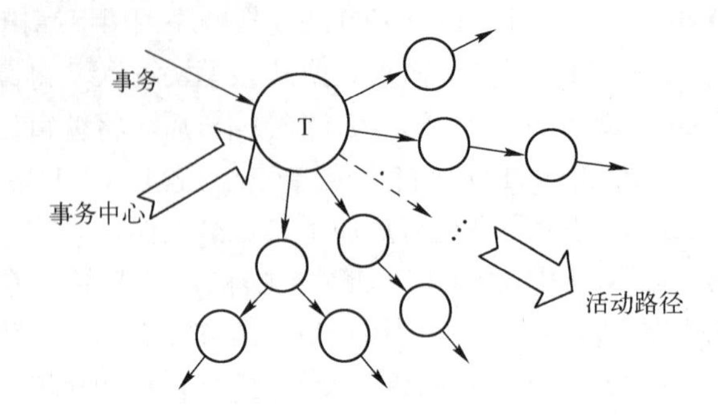

图 3-38　事务流模型

2．设计步骤

面向数据流的设计方法一般有以下 7 个步骤。

1）复审 SRS 中的 DFD，如果不够详细，则应进一步求精。

2）确定 DFD 类型。

3）把 DFD 转换成软件结构图，建立软件结构基本框架，有时也称为第一级分解。

4）进一步分解结构中的模块，有时也称为第二级分解。

5）求精并改进得到的软件结构，以便获得一个最合理的软件结构。

6）描述接口和全局数据结构。

7）复审。

上述步骤可用图 3-39 表示。

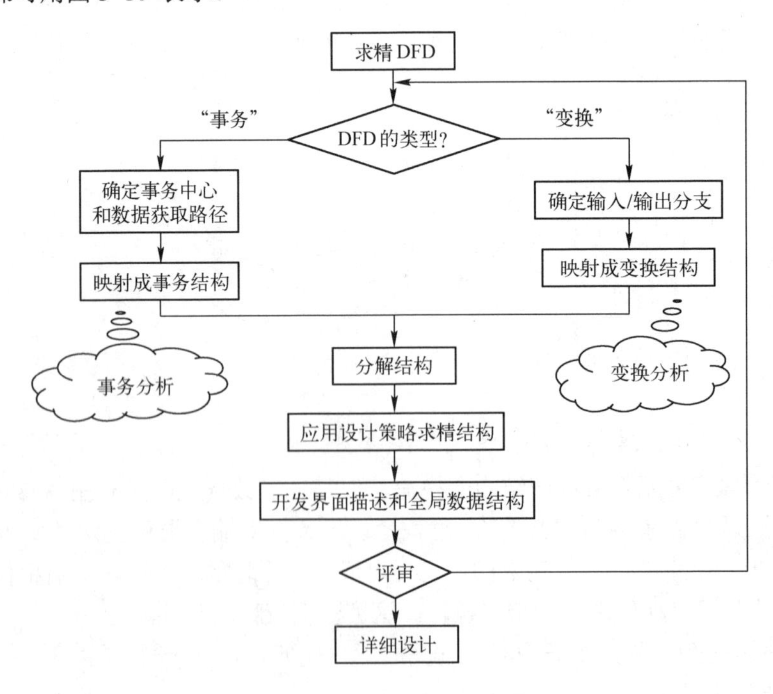

图 3-39　SD 方法设计步骤

3．变换分析方法

变换型结构的数据流图可分成 3 部分：输入、主变换和输出。主变换是系统的中心工作，主变换的输入数据对象（数据流）称为系统的逻辑输入，主变换的输出数据对象（数据流）称为系统的逻辑输出，相对地，整个系统输入端的数据对象（数据流）称为物理输入，系统输出端的数据对象（数据流）称为物理输出。从输入设备获得的物理输入一般要经过编辑、格式转换、有效性检验等一系列辅助性变换后变成纯粹的逻辑输入才传送给主变换，同样，主变换产生的纯粹的逻辑输出要经过格式转换、组成物理单元、缓冲处理等辅助性变换后成为物理输出最后才从系统送出。

使用变换分析技术可以从中心变换型结构的数据流图导出标准形式的程序结构，其过程如下（如图 3-40 所示）。

（1）确定系统的主变换、逻辑输入和逻辑输出

这一步可暂不考虑数据流图中的一些支流，如出错处理等。若设计人员参与了需求分析，对该系统的 SRS 又很熟悉，则决定哪些变换是系统的主变换是比较容易的，例如，几股数据对象的汇合处往往是系统的主变换。

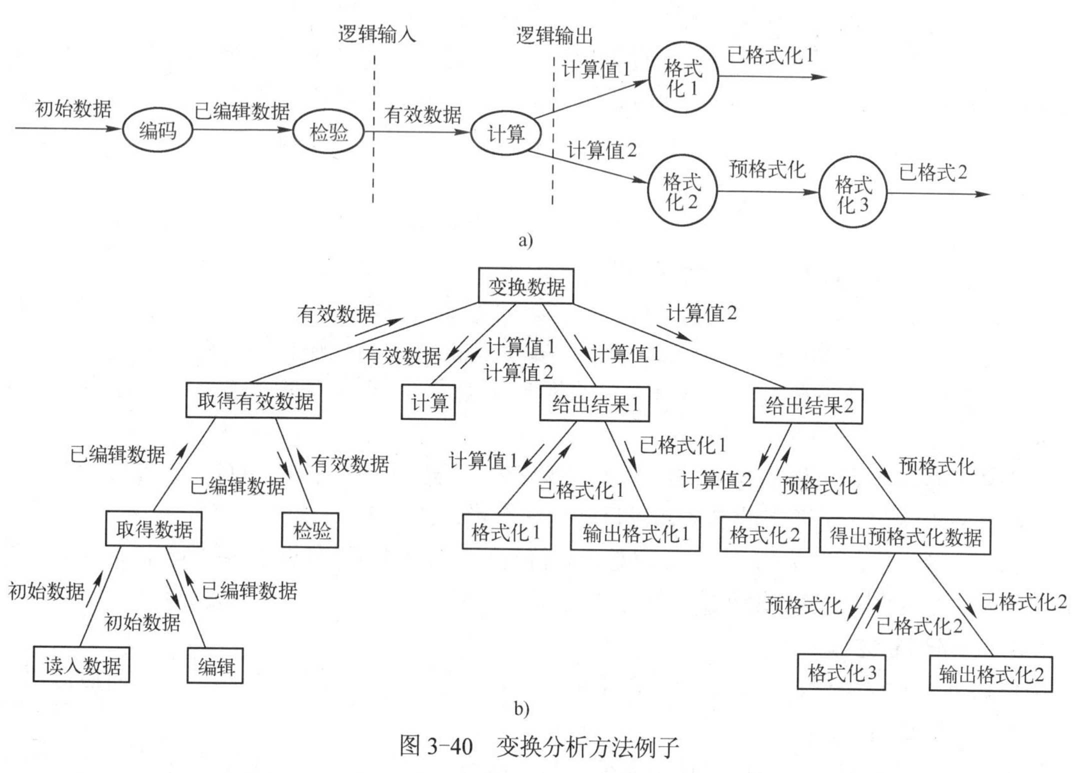

图 3-40　变换分析方法例子

a) 数据流图　b) 导出的软件结构图

如果一时不能确定主变换在哪里，则可以先确定逻辑输入和逻辑输出。方法是从物理输入端开始，一步步向系统的中间移动，直到达到这样一个数据对象：它已不能再被看作为系统的输入，则其前一个数据对象就是系统的逻辑输入。同样，从物理输出端开始，一步步向系统的中间移动，也可以找出离物理输出端最远的，但仍可被看作是系统的输出的那个数据对象就是逻辑输出。

对系统的每一股输入和输出，都可用上面的方法找出相应的逻辑输入和逻辑输出，而位于逻辑输入和逻辑输出之间的变换就是系统的主变换。

由于每个人的看法不同，不同的人找出的主变换可能也不同，但一般不会相差很远。

（2）设计模块结构的顶层和第一层

由顶向下设计的关键是找出“顶”在何处，决定了系统的主变换其实就是决定了程序结构的“顶”的位置。因而，可以先设计一个主模块，并将它画在与主变换相应的位置上，主模块的功能是完成整个程序要做的工作。程序结构的“顶”设计好之后，就可以按输入、变换、输出等分支来处理，即设计结构的第一层。先为每一个逻辑输入设计一个输入模块，它的功能是向主模块提供数据；再为每一个逻辑输出设计一个输出模块，它的功能是将主模块提供的数据输出；最后为主变换设计一个变换模块，它的功能是将逻辑输入变换成逻辑输出。

第一层模块同主模块之间传送的数据应该同数据流图相对应。

这样就得到了结构图的第一层，这里主模块控制并协调输入模块、变换模块和输出模块的工作。一般说来，它要根据一些逻辑（条件或循环）来控制对这些模块的调用。

（3）设计中、下层模块

这一步是由顶向下、逐步细化地为每一个模块设计它的下属。

输入模块的功能是向它的父模块提供数据，所以它本身必定要有一个数据来源，因此输入模块可由两部分组成，一部分是接收数据，另一部分将这些数据变换成其父模块所需要的数据。所以应该为每一个输入模块设计两个下属模块，其中一个是输入模块，另一个是变换模块。

同理，输出模块的功能是将其父模块提供的数据输出，所以它也应该由两部分组成，一部分是将父模块提供的数据变换成输出的形式，一部分是输出。所以也应该为每一个输出模块设计两个下层模块，其中一个是变换模块，另一个是输出模块。

上述设计过程可以一直进行下去，直至达到系统的物理输入端和物理输出端。

为变换模块设计下层模块，没有一定的规律可遵循，此时需研究数据流图中相应变换的组成情况。

需要注意的是调用模块与被调用模块间传送的数据应同数据流图相对应。每设计出一个新的模块应给它起一个适当的名字，以反映出这个模块的功能。

运用上述变换分析技术，可以较容易地获得与数据流图相对应的软件结构图，即与问题结构相对应的程序结构，这种软件结构符合变换型程序的标准形式，所以质量是比较高的。

4．事务分析方法

依据事务处理类型数据流图导出初始模块结构图也应先找出事务处理中心，而后由顶向下，逐步求精地进行。

虽然，在任何情况下都可以使用变换分析方法设计软件结构，但是在数据流图具有明显的事务特点时，也就是有一个明显的“发射中心”（事务中心）时，还是以采用事务分析方法为宜。

事务分析的设计步骤和变换分析的设计步骤大部分相同或相似，主要差别仅在于由数据流图到软件结构的映射方法不同。

由事务流映射成的软件结构包括一个接收分支和一个发送分支。映射出接收分支结构的方法和变换分析映射出输入结构的方法相似，即从事务中心的边界开始，把沿着接收通路的处理映射成模块。发送分支的结构包含一个调度模块，它控制下层的所有活动模块；然后把数据流图中的每个活动流通路映射成与它的流特征相对应的结构。图 3-41 说明了上述映射过程。

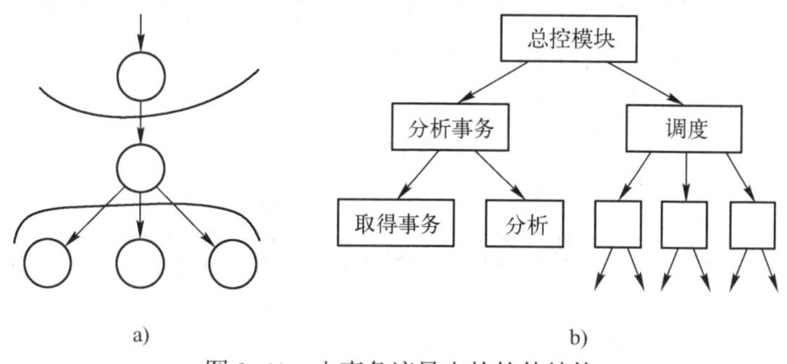

图 3-41　由事务流导出的软件结构

a)　数据流图　b) 软件结构图

具体步骤如下。

1）设计主模块。

2）设计输入、输出模块。

3）为每一种类型的事务处理设计一个事务处理模块。

4）为各个事务处理模块设计下层的操作模块。

5）为操作模块设计细节模块。

图 3-42 所示的例子说明了这一过程，导出的软件结构具有明显的 4 个层次，它们是调度层、事务处理层、操作层和细节层。

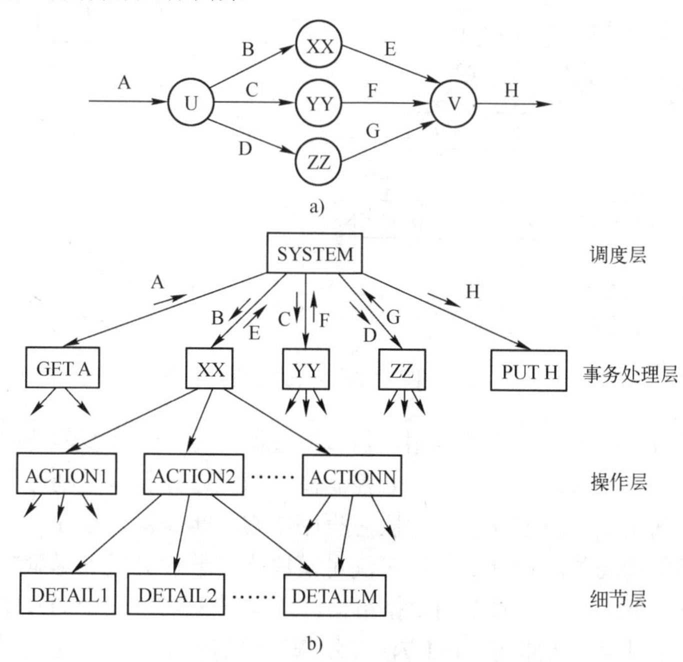

图 3-42　由事务型数据流图导出的软件结构例子

a) 数据流图　b) 软件结构图

5. 混合型分析方法

实际系统的数据流图都是两种类型的混合，并不具有上述典型的形式，这时候整体上可以把数据流图看成是变换流的结构，用变换分析方法映射软件结构，在局部根据流的特征具体运用“变换分析”或“事务分析”就可得出软件结构的某个方案。如图 3-43 所示的数据流图，整体将其看作变换流，D 为逻辑输入，K 为逻辑输出，在输入部分从 B 到 D 正好是事物流结构，导出的软件结构如图 3-44 所示。

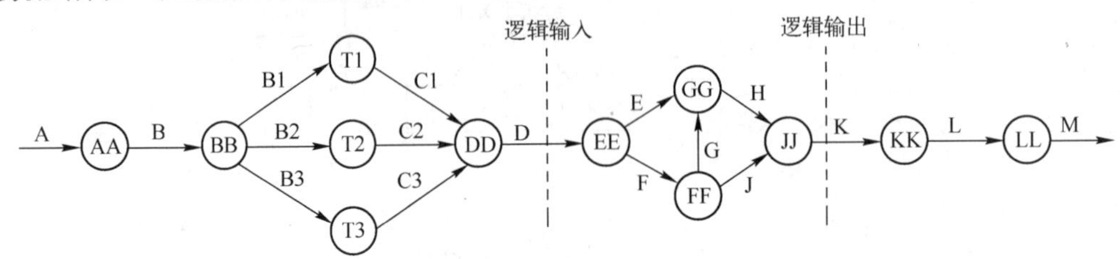

图 3-43　混合型数据流图

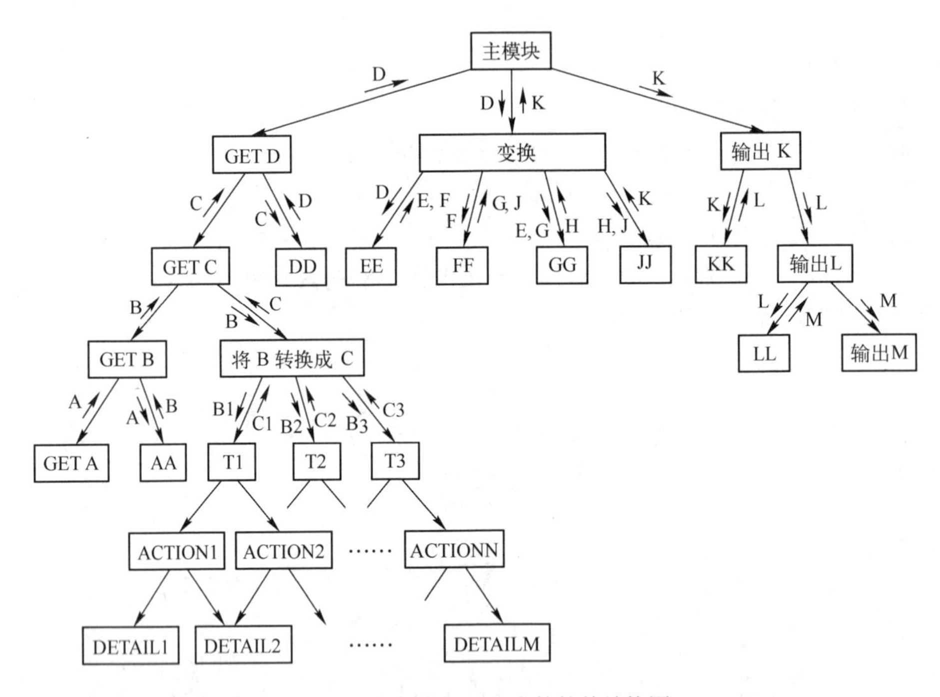

图 3-44　由图 3-43 导出的软件结构图

变换分析和事务分析方法应灵活运用，机械地遵循上述方法和步骤有时会得到一些不必要的控制模块，这时可将其合并。反之，若控制模块功能过分复杂，则可将其分解成多个控制模块，或增加中间层次。应该在设计阶段对程序结构不断地精化和评估，结构上的简单往往反映出程序的优雅和高效。设计优化应在满足模块化要求的前提下尽量减少模块数量，在满足信息需求的前提下尽量减少复杂的数据结构。例如图 3-45 所示的 DFD 也可以转换成图 3-46 所示的结构，读者可以根据前面的方法和步骤，说明转换理由。对于对性能要求很高的系统来说，可能还需要在设计的后期甚至编码阶段进行优化。实践表明，占系统 10%～20%

的程序往往占用处理时间的 50%～80%，因此，对性能要求很高的系统中最消耗时间的模块的算法要进行时间优化，以提高效率。总之，由于各个系统的具体特点不同，软件结构图的设计方法也应多样，任何满足 SRS 要求的结构图都可以作为软件结构图。

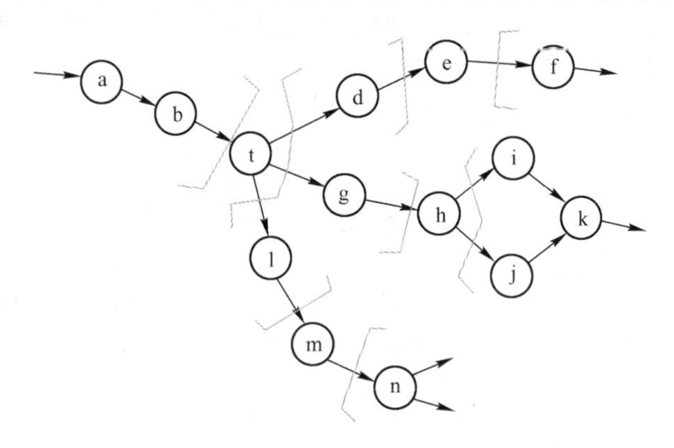

图 3-45　某系统的数据流图

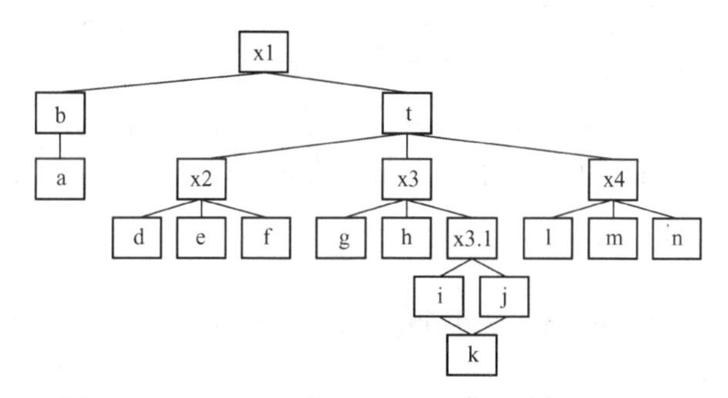

图 3-46　与图 3-45 的 DFD 对应的一种软件结构图

3.3　面向对象的设计方法

由于面向对象分析（OOA）和面向对象设计（OOD）之间没有明显的边界，所以很难区分出两个阶段，从 OOA 到 OOD 是一个逐渐扩充模型的过程，分析处理以问题为中心，可以不考虑任何与特定计算机系统有关的问题，而 OOD 则把人们带进了面向计算机系统的“实地”开发活动中。

3.3.1　面向对象设计过程

OOD 可分为两个阶段：高层设计和低层设计。高层设计是对系统的体系结构的设计，低层设计集中于类的详细设计。

1．高层设计

高层设计阶段开发软件的体系结构，构造软件的总体模型。在这个阶段，标识在计算机环境中解决问题所需要的概念，并增加一批需要的类。这些类包括那些可使应用软件与系统的外部世界交互的类。此阶段的输出是适合应用软件要求的类、类间的关系、应用的子系统视图规格说明。

2．类设计的目标

（1）设计出单一概念的模型

在分析与高层设计阶段，常常需要使用多个类来表示一个“概念”。一般地，人们在使用面向对象方法开发软件时，常常把一个概念进行分解，用一组类来表示这个概念。当然，也可以只用一个独立的类来表示一个概念。

（2）设计出可复用的“插接相容性”构件

人们希望所开发的构件可以在未来的应用中使用。因此，需要一些附加特性。例如，在相关的类的集合中界面的标准化、在一个集合内部的类的“插接相容性”等。

（3）设计出可靠的构件

应用软件的可靠性与它的构件有关，因而每个构件必须经过充分的测试。但是由于成本关系，测试往往不够完备。然而，如果要建立可复用的类，则通过测试确保构件的可靠性是绝对必要的。

（4）设计出可集成的构件

人们希望把类的实例用到其他类的开发和应用中，这要求类的界面应当尽可能小，一个类所需要的数据和操作都包含在类定义中。因此，类的设计应当尽量减少命名冲突。面向对象语言的消息语法可通过鉴别带有实例名的操作名来减少可能的命名冲突。

类结构提供的封装特性使得把概念集成到应用的工作变得很容易。封装特性保证了把一个概念的所有细节都组合在一个界面下，而信息隐蔽则保证了实现级的名字将不会同其他类的名字相互干扰。

3．通过复用设计类

面向对象技术的一个重要优点是利用既存类来设计类，许多类的设计都是基于既存类的复用。

（1）选择

设计类最简单的方法是从既存构件中简单地选择合乎要求的构件，大多数 OO 语言环境都带有原始构件库（如整数、实数和字符），它是基础层。任何基本构件库（如“基本数据结构”构件）都应建立在这些原始构件库上。它们都是一般的和可复用的类。原始构件库还包括一组提供其他应用论域服务的一般类，如窗口系统和图形图元。表 3-8 显示了建立在这些层上面的特定域的库。最低层的论域库包括了应用论域的基础概念并支持广泛的应用开发。特定项目和特定组的库包括一些论域库，它包含为相应层所定义的信息。

表 3-8　一个面向对象构件库的层次

构件层次	构件来源
特定组的构件	一个小组为组内所有成员使用而开发
特定项目的构件	一个小组为某一个项目而开发
特定问题论域的构件	购自某一个特定论域的软件销售商
一般构件	购自专门提供构件的销售商
特定语言原操作	购自一个编译器的销售商

（2）分解

最初识别的“类”常常是几个概念的组合。在设计时，可能会发现所标识的操作落在分散的几个概念中，或者会发现，数据属性被分开放到模型中拆散概念形成的几个组内。这样必须把一个类分成几个类，希望新标识的类容易实现，或者它们已经存在。

（3）配置

在设计类时，可能会要求由既存类的实例提供类的某些特性。通过把相应类的实例声明为新类的属性来配置新类。例如，一种仿真服务器可能要求使用一个计时器来跟踪服务时间。设计者不必开发在这个行为中所需的数据和操作，而是应当找到计时器类，并在服务器类的定义中声明它。

（4）演变

要开发的新类可能与一个既存类非常类似，但不完全相同。此时，可以将一个既存类演变成一个新类，利用继承机制来表示一般化-特殊化的关系。特殊化处理有以下 3 种可能的方式。

1）由既存类建立子类。现要建立一个新类“起重车”。它的许多属性和服务都在既存类“汽车”中。关系如图 3-47 所示。新类是既存类的特殊情形，这时直接让“起重车”类作为“汽车”类的子类即可。

2）建立继承层次由既存类建立新类。现要增加一个新类“拖拉机”。它的属性与服务有的与“汽车”类相同，有的与“汽车”类不同。关系如图 3-48 所示。这时，调整继承结构。建立一个新的一般的“车辆”类，把“拖拉机”与“汽车”类的共性放到“车辆”类中，“拖拉机”与“汽车”类都成为“车辆”类的子类。“车辆”是抽象类，相关操作到子类“汽车”类去查找。

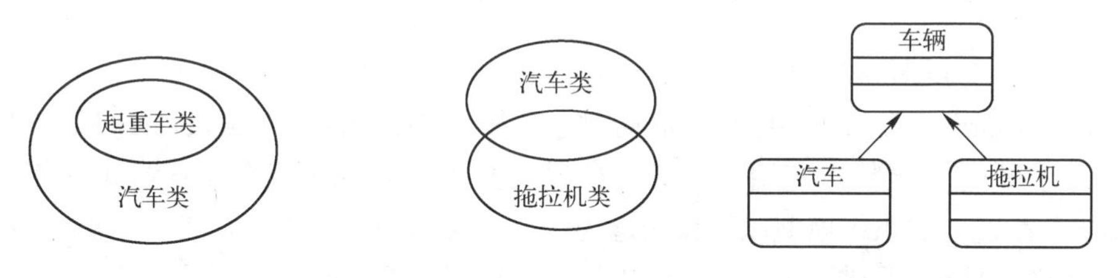

图 3-47　建立子类　　　　图 3-48　调整继承结构

3）建立既存类的父类。另一种情形是想在既存类的基础上加入新类，使得新类成为既存类的一般类。例如，已经存在“三角形”类、“四边形”类，想加入一个“多边形”类，并使之成为“三角形”类和“四边形”类的一般类。继承结构如图 3-49 所示。从这个“多边形”类又可派生出新的类，如“六边形”类。

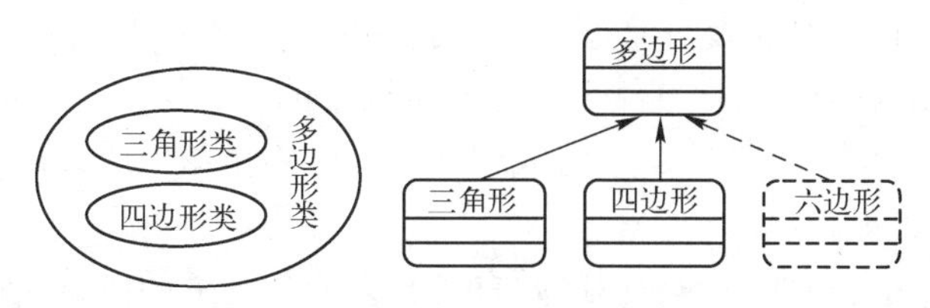

图 3-49　建立一般类

后两种方法涉及既存类的修改。在这两种情况下，既存类中定义的操作或数据被移到新类中。如果遵循信息隐蔽和数据抽象的原理，这种移动应不影响已有的使用这些类的应用。类的界面应保持一致，虽然某些操作是通过继承而不是通过类的定义延伸到这个类的。

4．类设计方法

类的设计是由数据模型化、功能定义和抽象数据类型定义混合而成。类是某些概念的一个数据模型，类的属性就是模型中的数据域，类的操作就是数据模型允许的操作。

类的标识有主动和被动之分，在被动类和主动类的设计之间不存在明显的差别，许多类是主动和被动的混合。在设计主动类时，需要优先确定数据类型，稍后再确定操作。在设计被动类时，把类提供的服务“翻译”成操作，在标识了服务之后再设计为支持服务所需要的数据。

类中对象的组成包括了私有数据结构、共享界面操作和私有操作。而消息则通过界面，执行控制和过程性命令。

类的设计描述包括以下两个部分内容。

（1）协议描述

协议描述定义了每个类可以接收的消息，建立一个类的界面。协议描述由一组消息及对每个消息的相应注释组成。

（2）实现描述

实现描述说明了每个操作的实现细节，这些操作应包含在类的消息中。实现描述必须包含充足的信息，以提供对协议描述中所描述的所有消息的适当处理。接受一个类所提供服务的用户必须熟悉执行服务的协议，既定义“什么”被描述。而服务的提供者（对象类本身）必须关心服务如何提供给用户，即实现细节的封装问题。

3.3.2 面向对象设计方法

1．Coad 与 Yourdon 方法

Coad 与 Yourdon 方法严格区分了面向对象分析 OOA 和面向对象设计 OOD。其中 OOA 的主要考虑在于与一个特定应用有关的对象以及对象与对象之间在结构和相互作用上的关系。通过 OOA 建立的系统模型以对象概念为中心，称为概念模型，由下述 5 层组成。

1）类和对象层：识别类和对象，形成整个分析模型的基础。

2）属性层：定义类和对象所要保存的信息及对象之间的实例连接。

3）服务层：定义类和对象所能提供的服务及对象之间的消息连接。

4）结构层：包括组装结构和分类结构。组装结构即整体与部分的结构，该结构用来表示聚合，即由不同的类的成员聚合而形成新的类；分类结构分为泛化与特化，该结构捕获了定义出的类的层次或网络结构。

5）主题层：主题由一组类及对象组成，用于将类和对象做进一步的组合。

Coad 与 Yourdon 在设计阶段继续采用分析阶段中的 5 个层次。不同的是，在设计阶段中，这 5 个层次是用在建立系统的 4 个组成成分上。这 4 个组成成分是：问题论域、用户界面、任务管理和数据管理。

问题论域部分包括与所面对的应用问题直接有关的所有类和对象。识别与核定这些类和对象的工作在 OOA 中已经开始，这里只是对它们做进一步细化，例如，加进有关如何利用现有的程序库的细节，以便于系统的实现。在其他的 3 个部分中，识别和定义新的类和对象。这些类和对象形成问题论域部分与用户、与外部系统和未用设备、与磁盘文件和数据管理系统的界面。这 3 部分的作用主要是保证系统基本功能的相对独立，以加强软件的可复用性。假如外部的系统更新了，相应的通信协议也应有所变化。在这种情况下，只需修改任何管理部分中的某些类和对象，而不必对其他几个部分做任何修改。

（1）问题论域部分的设计

对在 OOA 中得到的结果进行改进和增补，主要是根据需求的变化，对 OOA 产生模型中的某些类与对象、结构、属性、操作进行组合与分解。要考虑对时间和空间的折中、内存管理、开发人员的变更以及类的调整等。另外根据 OOD 的附加原则，增加必要的类、属性和联系，主要工作内容如下。

1）复用设计。

2）把问题论域的未用类关联起来。

3）为建立公共操作集合建立一般类。

4）调整继承级别。

（2）用户界面部分的设计

根据需求把交互的细节加入到用户界面的设计中，包括有效的人机交互所必需的实际显示和输入。用户界面部分设计主要包括以下内容。

1）用户分类。

2）描述人及其任务的场景。

3）设计命令层。

4）设计详细的交互。

5）继续做原型。

6）设计 HIC（人机交互）类。

7）根据图形用户界面进行设计。

（3）任务管理部分的设计

当系统中有许多并发行为时，需要依照各个行为的协调和通信关系划分各种任务，以简化并发行为的设计和编码。任务管理主要包括任务的选择和调整，它的工作包括如下内容。

1）识别事件驱动任务。

2）识别时钟驱动任务。

3）识别有限任务和关键任务。

4）识别协调者。

5）评审各个任务。

6）定义各个任务。

（4）数据管理部分的设计

数据管理部分提供了在数据管理系统中存储和检索对象的基本结构，包括对永久性数据的访问和管理。数据管理方法主要有文件管理、关系数据库管理和面向对象数据库管理 3 种。文件管理提供基本的文件处理能力。关系数据库管理系统（Relational Database Management System，RDBMS）建立在关系理论的基础上，它使用若干表格来管理数据。面向对象数据库管理系统（Object-Oriented Database Management System，OODBMS）以两种方法实现：一是 RDBMS 的扩充，二是面向对象程序设计语言（Object-Oriented Programming Language，OOPL）的扩充。数据存储管理部分的设计包括数据存放方法的设计和相应操作的设计。数据存放设计可采用文件存放数据，采用关系数据库存放数据和采用面向对象数据库存放数据。设计相应的操作则是为每个需要存储的对象及其类增加用于存储管理的属性和操作，在类及对象的定义中加以描述。

2．层次化 OOD 方法

层次化面向对象方法（Hierarchical Object Oriented Design, HOOD）是欧洲航天局（ESA）提出的专门针对实时嵌入式系统开发的 OOD 方法，该方法在 OOD 基础上运用面向问题域中实体的层次化分解思想，吸收了结构化程序设计中自顶向下、逐步求精的精髓，以更自然、更接近人类思维方式的解空间来映射问题域。HOOD 支持软件生命周期中的所有活动，已有越来越多的大型软件工程项目采用 HOOD 方法。

（1）对象

在 HOOD 中，按照对象是否影响系统的动态行为，把对象划分成被动对象和主动对象。被动对象需要消息的触发才能执行，自身不含控制流程。主动对象是作为系统的线程或进程投入运行。主动对象中，至少有一个服务不需要接收消息就能主动执行。外界对象请求它的服务时，控制流并不转移到对象体内。请求对象只是告知主动对象，发出了对主动对象的服务请求。至于请求的服务是否执行、何时执行、以什么方式执行，则完全由主动对象根据内部状态来决定。

（2）层次化

用 HOOD 设计系统时，首先要针对整个系统确认一个对象，该对象叫做根对象。接着，根据整个问题域中出现的不同功能实体，把根对象分解成若干子对象。这种划分在所有的对象内部递归地进行，直至划分出来的子对象足够简单，可以直接用代码实现为止。这样，设计得到的结果是一棵 HOOD 设计树（HOOD Design Tree，HDT），树的根节点代表要实现的系统，叶子节点称作终端对象。

（3）控制结构

HOOD 中实现系统的控制结构的方法是在系统所有的对象之外定义一个主函数，主函数调用它所需要的服务。任何时候，系统中都只有一个活动的控制流。这样的控制结构，或多或少地破坏了系统面向对象的特性，因为主函数并不对应问题域中的对象。HOOD 根据问题中的客观对象的实体特性，引入了被动对象、主动对象、操作控制结构和对象控制结构等概念，使得 HOOD 可以更加灵活、有效地控制系统的动态行为。

（4）设计表示

HOOD 使用两种形式化的工具表示系统设计，一种是 HOOD 图，另一种是对象描述框架（Object Description Skeleton，ODS）。

1）HOOD 图。HOOD 图用一组特定的符号表示系统的设计过程和结果。这些符号可以表示系统中的对象、对象接口（即提供的数据类型、服务）、对象之间的关系（使用、包含）等。

HOOD 图把整个系统的设计过程和层次过程结构用图形直观、清晰地表示出来，便于系统的设计和维护。HOOD 图的缺点是它的不完整性，因此其作用只限于辅助设计、维护人员理解问题以及进行系统体系结构设计。

2）ODS 表示。ODS 是一组结构化的文字域，它提供了所有刻画对象属性的域，这些域又可分成外部可见部分和内部实现部分。将 HOOD 图和 ODS 两种表示结合起来使用，能直观、全面地映射问题域，同时它们提供了对设计的一致性和完整性的检验，可以在较早的阶段检查出存在的问题。

（5）设计过程

HOOD 提供了一个标准化的基本设计步骤：问题定义、一个非正式的解决策略的说明、策略的形式化、解决方案的形式化，按照这个标准化的过程，可以非常规范地实现系统的设计，设计过程如图 3-50 所示。

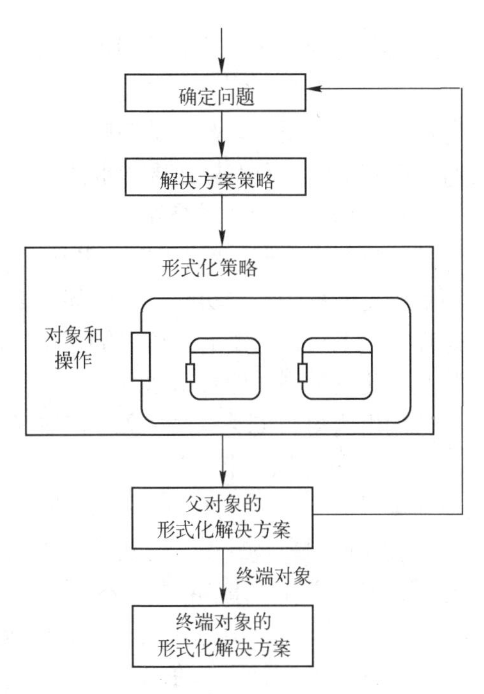

图 3-50　HOOD 的基本设计步骤

对于项目规模庞大、使用寿命长、实时嵌入式、过程控制类的系统设计，HOOD 比一般的 OOD 方法更具优势，不过由于 HOOD 是和 Ada 编码直接相联系的，因而限制了 HOOD 的推广和使用。

3．UML 方法

运用面向对象概念来构造系统模型时，要建立起从概念模型直至可执行体之间明显的对应关系，同时着眼于那些有重大影响的问题以及创建一种对人和机器都适用的建模语言。因此，建模语言是面向对象建模中的一个非常关键的因素。UML 以前，没有一个主导的建模语言。很多建模语言共享一套被广泛接受的概念，只是用不同的语言来表达，有细微的差别，这样一来，面向对象建模领域的厂商不得不支持多个相似的、有细微差别的建模语言。而 UML 的设计目标就是建立一套语义和符号，能够用于各个领域，解决各种程度的结构复杂性问题。UML 出现之后，提供了工具之间、过程之间以及领域之间集成的新机会，降低了培训和重组的费用，更为重要的是，使得开发者能够把精力集中于商业价值上，并为此提供一个范型。

（1）UML 模型

UML 用模型来描述系统的结构和特征。UML 从不同的角度为系统建模，从而形成不同的视图，每个视图表示一个系统描述中的某个特定的抽象。同时，每个视图又由一组图构成，图中含有一个系统在某个方面的具体信息。UML 包括 10 种图和 5 种视图。这 10 种图为用例图、类图、对象图、包图、构件图、活动图、状态图、顺序图、合作图和配置图；5 种视图为用例视图、逻辑视图、并发视图、构件视图和部署视图。

1）用例图。在 UML 中，用例图用来描述用例视图，用例视图由角色、用例、关联和系统边界组成。系统边界用矩形框表示，框内为系统的功能，框外是与本系统相关的其他系统。图 3-51 是某公司销售业务系统的用例视图。

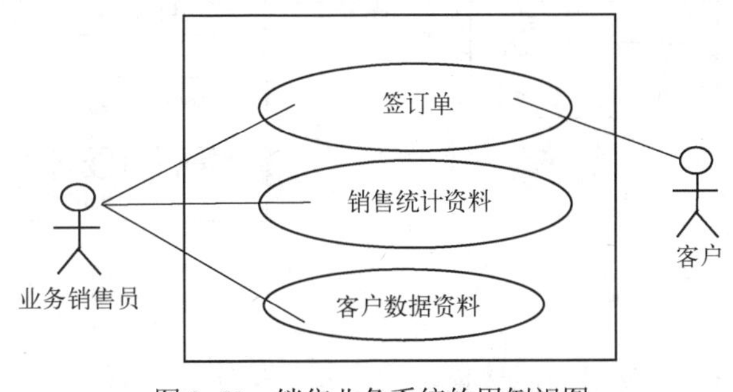

图 3-51　销售业务系统的用例视图

在创建用例图并获取用例模型时，关键问题在于执行者和用例的获取。其中获取执行者时要考虑：谁是系统的主要使用者以及系统需要与其他哪些系统交互等问题；获取用例时要考虑：执行者要求系统提供哪些功能，执行者需要读、产生、删除、修改或存储系统中的信息有哪些类型以及怎样把这些事件表示成用例中的功能等问题。

用例图着重于从系统外部执行者的角度来描述系统需要提供哪些功能，并且指明了这些功能的执行者是谁；用例图在 UML 方法中占有十分重要的地位，它是客户和开发者共同协商而确定的系统基本功能，人们甚至称 UML 是一种用例图驱动的开发方法。但是用例图只是在宏观上给出模型的整体轮廓，用例的实现细节必须以文本的方式进行描述。也就是说，从图形化的模型只能看出系统应当具有哪些功能，每个功能的含义和具体实现步骤必须通过其他的用例图和实现步骤的文本描述来确定。

2）类图和对象图。

● 类图

在面向对象技术中，现实生活中的对象经过抽象，映射为程序中的对象。这样，对象是现实世界中个体或事物的抽象表示，是其属性和相关操作的封装。所谓类是描述对象的“基本原型”，它定义一类对象所能拥有的数据和能完成的操作。而对象是类的实例。类描述同类对象的属性和行为。在 UML 中，类和对象模型分别由类图（Class Diagram）和对象图（Object Diagram）表示。类可表示为一个划分成 3 格的长方形（参见第 2 章图 2-25 示例，下面两个格子可省略），如图 3-52 所示。

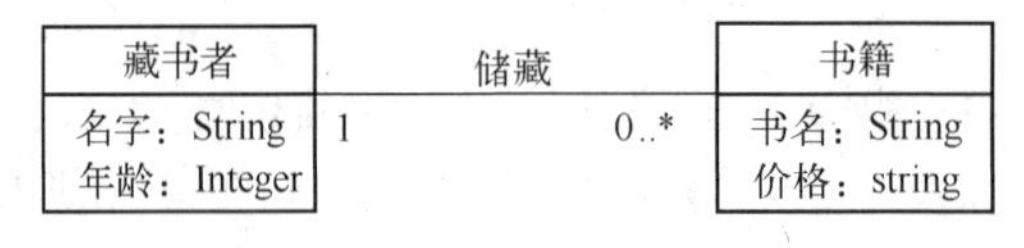

图 3-52　类图

● 对象图

对象图（Object Diagram）表示某个时刻对象和对象之间的关系，代表了系统某时刻的状态，它包含带有值的对象。由于类图中已经包含了对象，所以那些只有对象而没有类的类图就是一个“对象图”，因此，一个对象图可看成一个类图的特殊用例，而实例和类可在对象图中显示。在 UML 中，对象可表示为一个划分成 3 格的长方形（下面两个格子同样可省略），如图 3-53 所示。

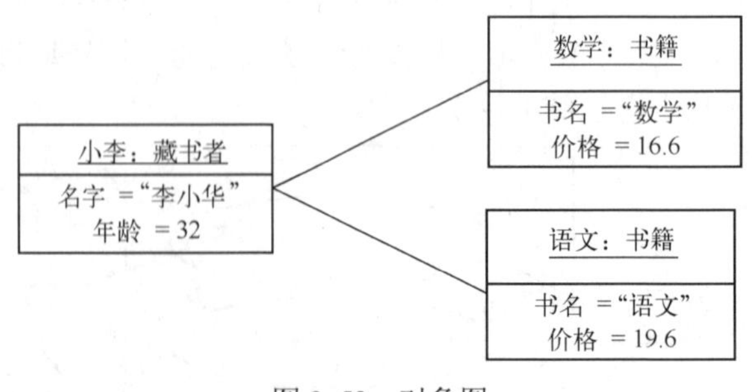

图 3-53　对象图

● 关联

关联（Association）主要用来连接模型元素及链接实例，表示两个类之间存在的某种语义上的联系，即与该关联连接的类的对象之间的链接。例如，一名教师在一所大学工作，一所大学有许多院系，就可认为教师和大学、大学和院系之间存在某种语义上的联系。在分析或者设计类图模型时，就应该对应于在教师类和大学类、大学类和院系类之间建立关联关系。根据链接的类对象间的具体情况，关联又可分为普通关联、递归关联、多重关联以及或关联，具体内容如下。

a）普通关联：最常见的关联可在两个类之间用一条直线连接，直线上写上关联名。关联可以有方向，表示该关联的使用方向。可以用线旁的小实心三角表示方向，也可以在关联上加上箭头表示方向，在 UML 中也称为航向（Navigability）。只在一个方向上存在航向表示的关联，称为单向关联，在两个方向上都有航向表示的关联，称作双向关联，图 3-52 表示藏书者类和书籍类之间存在双向关联。

在关联的两端可写上一个被称为“重数”（Multiplicity）的数值范围，表示该类有多少个对象可与对方的一个对象连接。重数的符号表示有以下形式。

0..1　表示 0 或 1。

0..*　表示 0 或多，可以简化表示为 *。

1　表示 1 个对象，重数的默认值为 1。

1..*　表示 1 或多。

2..4　表示 2 至 4。

图 3-52 表示一个藏书者可以储藏 0 或多本书籍，而一本书籍只能属于一个藏书者。

b）递归关联：UML 中允许一个类与自身关联，这种关联称为递归关联。例如在一个大学中，一个校长管理多名教师，而校长和教师都是大学的教工，属于教工类。这样就形成了“教工类”到“教工类”的递归关联，图 3-54 表示了这种关联。关联的两端标的是角色名，表示类在这个关联中所扮演的角色。

c）多重关联：多重关联是指两个以上的类之间互相关联。例如，教师指导学生完成论文，可用图 3-55 表示，图中省略了重数和角色名。

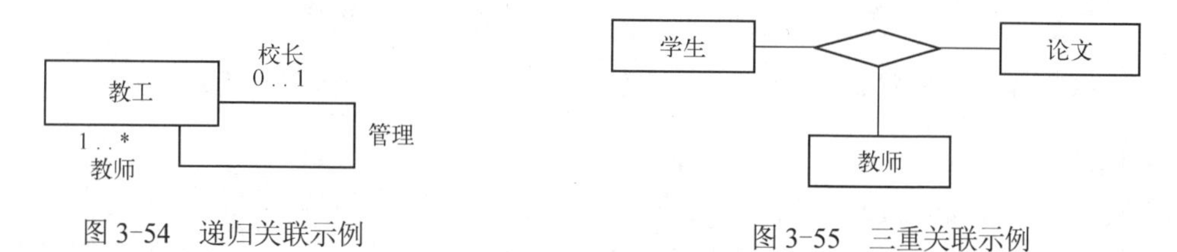

图 3-54　递归关联示例　　图 3-55　三重关联示例

d）或关联：教师可以购买多台计算机，大学也可以购买多台计算机，但教师和大学不能购买同一台计算机，即一台计算机只能归属于教师或大学中的一个。此时要在两个关联之间加上虚线，上面标以{or}来描述，称为或关联。如图 3-56 所示。

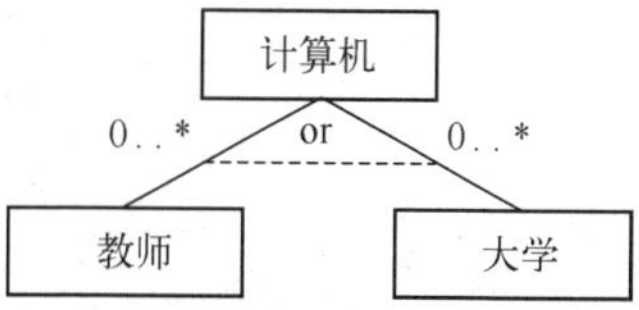

计算机
0..*　or　0..*
教师　大学

图 3-56　或关联示例

● 泛化

泛化（Generalization）用于描述类与类之间一般与特殊的关系。具有共同特性的元素可抽象成一般类，并通过增加其内涵，进一步抽象成特殊类。例如，生物可分为植物和动物，物体的状态可分为固体、液体和气体。

泛化也可以理解为是两个同类的可泛化元素之间的直接关系。其中一个元素被称为父，另一个为子。对类而言，父称为超类（Superclass）或父类，子称为子类。父所说明的直接实例带有所有子的共同特点，子所说明的实例是上述实例的子集，不仅有父的特征，还有独有的特征。泛化是一种反对称关系。按照一个方向转变成为父，另一个方向引向子。在父类方向上经过一个或几个泛化关系的元素称为祖先；在子类方向上经过一个或几个泛化关系的元素称为子。不允许出现泛化环，一个类不能既是自己的祖先又是自己的后代。

在最简单的情况下，类（或者其他可泛化元素）有单一的父。在复杂情况下，子有多个父。泛化也称为继承，子继承了父的所有结构、行为和约束，称为多重继承（或者多重泛化）。

a）单一泛化：具有泛化关系的两个类之间，特殊类继承了一般类的所有信息，称为子类，被继承类称为父类，且一个子类最多只能有一个父类。子类可以继承父类的属性、操作和所有的关联关系。在 UML 中，泛化常表示为一端带空心三角形的连线，空心三角形紧挨着父类。如图 3-57 所示，父类是交通工具，车、船和飞机是它的子类；类的继承关系可以是多层的，例如车是交通工具的子类，同时又是卡车、轿车和客车的父类。

没有具体对象的类称为抽象类，可用于描述它的子类的公共属性和操作。图 3-57 中的交通工具就是一个抽象类，一般用一个附加标签值{abstract}来表示。

b）多重泛化：多重泛化即多重继承，指的是子类的子类可以同时继承多个上一级子类，也就是说，子类的子类可以有多个父类。图 3-58 中，“水陆两栖”类就是通过多重继承得到的，子类“陆地动物”和“水生动物”能被“水陆两栖”类同时继承。允许多重继承的父类“动物”被“水陆两用”类继承了两次。

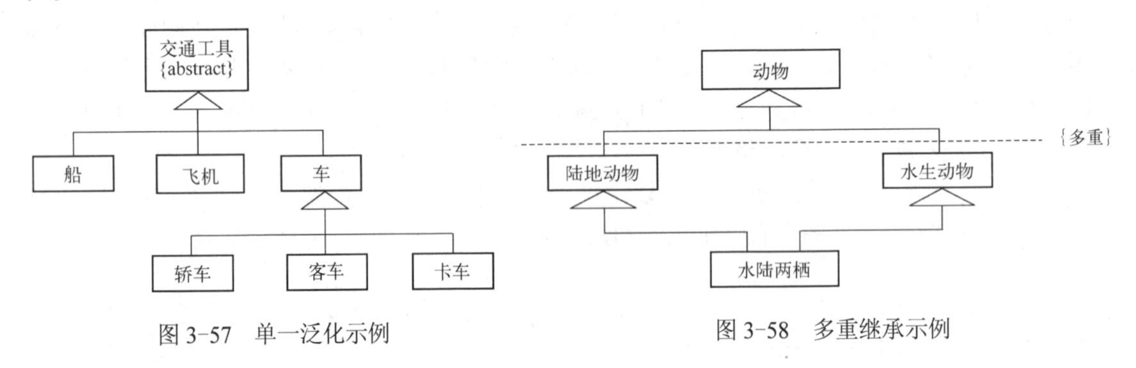

图 3-57　单一泛化示例

图 3-58　多重继承示例

● 依赖

依赖关系（Dependency）描述的是两个模型元素（类、用例等）之间的语义上的连接关系。假设有两个元素 A、B，如果修改元素 A 的定义可能会引起对另一个元素 B 的定义的修改，则称元素 B 依赖于元素 A。例如，若某个类中使用另一个类的对象作为操作中的参数；一个类存取另一个类中的全局对象；或一个类调用另一个类的类操作等，都表示这两个类之间有依赖关系。依赖关系的图形表示为带箭头的虚线，箭头指向独立的类，箭头旁边可以带一个标签，具体说明依赖的种类。图 3-59 所示的是一个友元依赖（Friend Dependency）关系。依赖关系能使其他类中的操作可以存取该类中的私有或保护属性。

● 聚集

聚集（Aggregation）是一种特殊形式的关联。聚集表示类之间的关系是整体与部分的关系。一辆轿车包含 4 个车轮、一个方向盘、一个发动机和一个底盘，这是聚集的一个例子。在需求分析中，“包含”“组成”“分为……部分”等经常设计成聚集关系。除了一般的聚集外，还有两种特殊聚集：共享聚集和组合聚集。在 UML 中，共享聚集表示为空心菱形，组合聚合表示为实心菱形。

a）共享聚集：共享聚集（Shared Aggregation）的特征是，它的“部分”对象可以是多个任意“整体”对象的一部分。例如，课题组包含许多个人，但是每个人又可以是另一个课题组的成员，即部分可以参加多个整体，图 3-60 表示课题组类和个人类间的共享聚集。

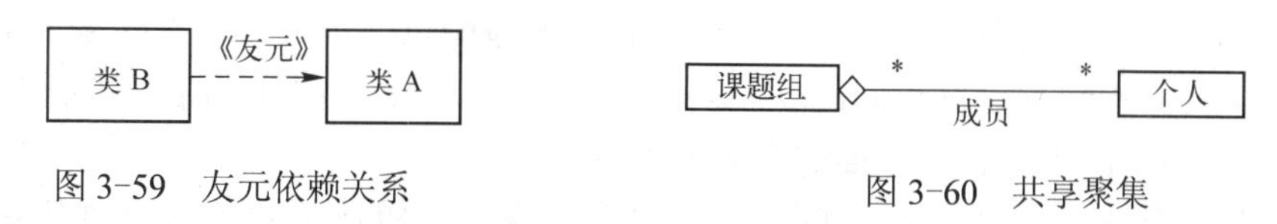

图 3-59　友元依赖关系　　　　图 3-60　共享聚集

b）组合聚集：在组合（Composition）聚集中，整体拥有各部分，部分与整体共存。如整体不存在了，部分也会随之消失。例如，一个目录之下有 3 个文件，一旦目录消亡，则各部分同时消失。“整体”的重数必须是 0 或 1，而“部分”的重数可以是任意的，如图 3-61 所示。

● 包图

包被作为访问及配置控制机制，以便允许开发人员在互不妨碍的情况下组织大的模型并实现它们。自然，它们将成为开发人员希望的样子。更为特殊的是，要想能够起作用，包必须遵循一定的语意规则。因为它们是作为配置控制单元，所以它们应该包含那些可能发展到一起的元素。包也必须把一并编译的元素分组。如果对一个元素的改变会导致其他元素的重新编译，那这些元素也应该放到相同的包内。

每个模型元素必须包含在一个且仅一个包或别的模型元素里。否则的话，模型的维护、修改和配置控制就成为不可能。拥有模型元素的包控制它的定义。它可以在别的包里被引用和使用，但是对这个包的改变会要求访问授权并对拥有该包的包进行更新。

从另一个角度看，包是类的集合。包图所显示的是类的包以及这些包之间的依赖关系。因此，如果两个包中的任意两个类之间存在依赖关系，则这两个包之间存在依赖关系。包的依赖是不传递的。在大的软件工程项目中，包图是一种重要工具。但是使用包图时要注意，由于依赖会产生耦合，应该尽量将依赖性减少到最低程度。此外，包的概念对测试也是特别有用的。

图 3-62 是一个订单处理子系统的包结构。这个子系统包含了几个包。而包之间的依赖关系通过点画线来表示，这意味着包之间存在着依赖关系，比如订单包依赖于顾客包，订单获取应用包依赖于订单包的有无，等等。更为复杂的包图还有内部包和外部包之分，包之间的关系有依赖和泛化等关系。

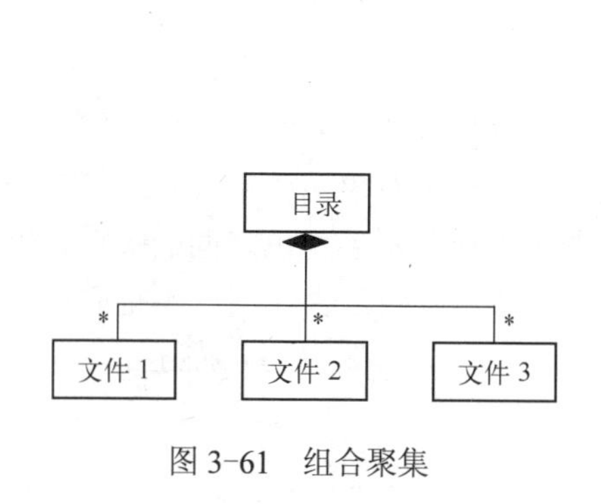

图 3-61　组合聚集

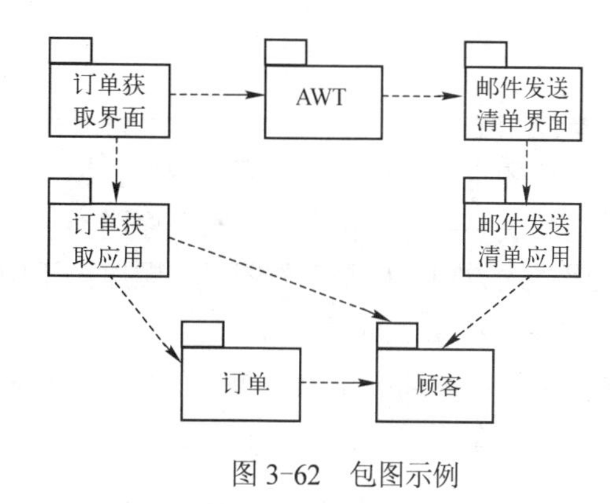

图 3-62　包图示例

3）交互图。

交互图包括顺序图和合作图，用来表示一个用例中对象之间的相互作用的关系。

● 顺序图（Sequence Diagram）

顺序图也叫时序图，顺序图是用来显示对象之间按照事件发生的先后顺序安排的相互作用的图。它主要表明了参与相互作用的对象和对象之间交换消息的顺序。对象之间的相互作用是按照时间次序安排的对象之间的通信的集合。顺序图包括了关于对象的若干事件发生的时间顺序，但是并不包括对象之间的联系。顺序图或者以描述的形式存在（描述所有可能的场景），或者以实例的形式存在（描述实际的场景）。

简言之，顺序图描述了对象之间动态的交互关系，着重体现对象间消息传递的时间顺序。因此，顺序图由一组对象构成。

顺序图具有两个方向，垂直方向和水平方向。垂直方向代表时间；水平方向代表参与相互作用的对象。每个对象都带有一条垂直线，称作对象的生命线，它代表时间轴，时间沿垂直线向下延伸。消息用从一条垂直的对象生命线指向另一个对象的生命线的水平箭头表示。图中还可以根据需要增加其他的说明和注释。

例如，图 3-63 描述了一个打印机工作的顺序图，其中每一列表示参与交互的一个对象，竖轴从顶到底表示时间，消息用箭头表示，箭头上的标识表示消息名并可能包含有参数，操作由垂直方框表示。打印系统首先由用户触发打印功能，计算机对象处理该打印请求，由打印驱动程序根据当前打印机的任务情况调用打印机，如果打印机空闲，则马上打印文件，如果打印机忙，则把文件放入打印队列等待进一步的处理。

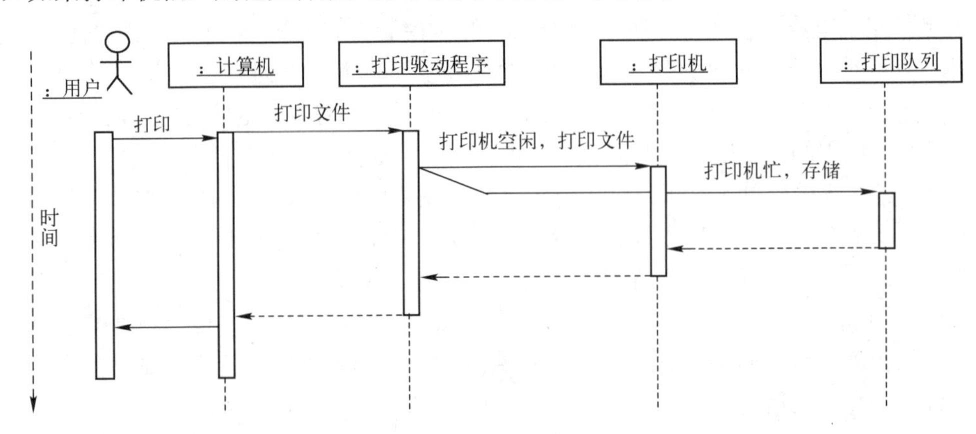

图 3-63 顺序图示例

● 合作图

合作图也叫协作图，与顺序图的作用相同。合作图也是用来描述系统中对象之间的某种动态协作关系。在合作图中，与顺序图类似，对象同样是用一个对象图符来表示，箭头表示消息发送的方向。但是合作图又与顺序图不同，合作图明确地表示了角色之间的关系，侧重于描述各个对象之间存在的消息收发关系（交互关系）。另一方面，合作图也不把时间表示为单独的维，因此消息执行的顺序则由消息的编号来表明。例如，图 3-64 描述了一个打印机工作的合作图。

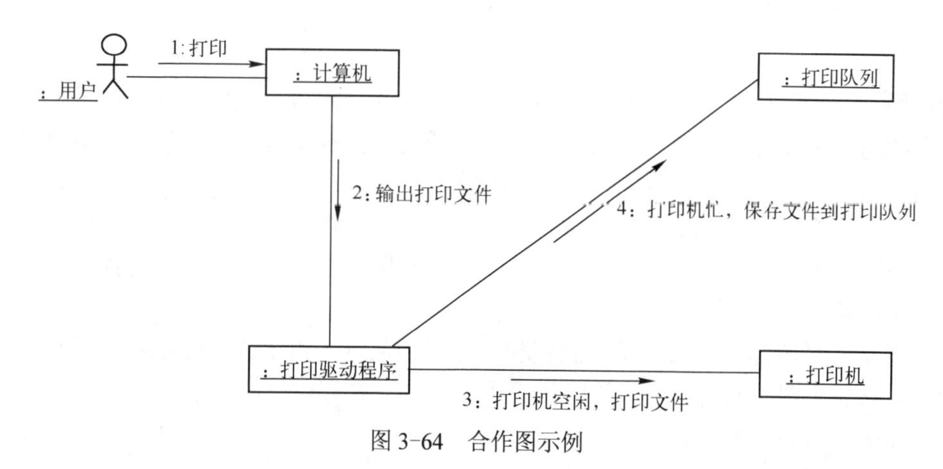

图 3-64　合作图示例

顺序图和合作图都是用来描述系统中对象之间的某种交互关系的，二者通过使用不同的方法表达的是类似的信息。但是它们又有明显的不同之处，合作图的布局方法能更清楚地表示出对象之间静态的连接关系；而顺序图突出执行的时序，能更方便地看出事情发生的次序。

如果要描述在一个用例中的几个对象协同工作的行为，交互图是一种有力的工具。交互图擅长显示对象之间的合作关系，尽管它并不对这些对象的行为进行精确的定义。但是如果想要描述跨越多个用例的单个对象的行为，应当使用状态图；而如果想要描述跨越多个用例或多个线程的多个对象的复杂行为，则需考虑使用活动图。

4）行为图。

行为图包括状态图和活动图两种。

● 状态图

状态图是用对象的多个状态及这些状态之间的转换来描述相应对象的行为。状态图是对类的补充描述，它展示了此类对象所具有的全部可能的状态以及当有某些事件发生时该类对象状态的转移情况。简单说来，状态图表示了一个类的生命历史，表明了引起从一个状态到另一个状态的转变的事件和由一个状态的改变而引发的动作。

状态图有起始状态、中间状态和终止状态。一个状态图可以有一个初始状态，而终止状态可以有多个。图 3-65 是电梯的状态图。图中电梯从底楼开始移动，除底楼外，它能上下移动。如果电梯在某一层上处于空闲状态，当上楼或者下楼事件发生时，电梯就会向上或者向下移动；而当超时事件发生时，电梯就会返回底楼。

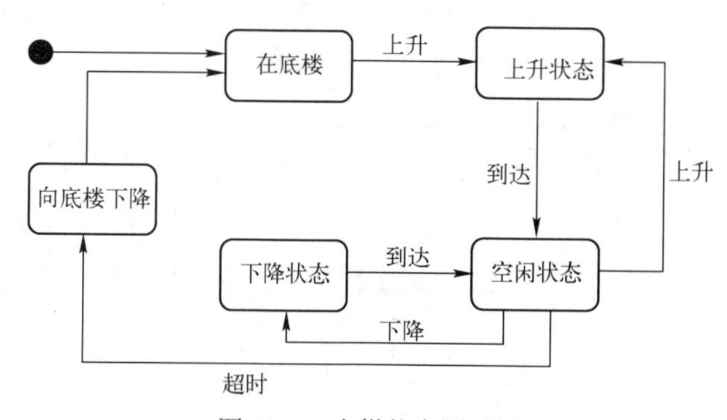

图 3-65　电梯状态图示例

在状态图中，●表示初始状态。⊙表示终止状态。

● 活动图

活动图以活动的形式表述系统，描述系统中各种活动的执行顺序，通常用于描述一个操作的执行状态，主要包括该操作中要进行的各项活动的执行流程。同时，它也常被用来描述多个用例的处理流程，或者用例之间的交互流程。

活动图由一些活动组成，图中同时包括了对这些活动的说明。当一个活动执行完毕之后，控制将沿着控制转移箭头转向下一个活动。活动图中还可以方便地描述控制转移的条件以及并行执行等要求。

活动图与流程图都能用来表示控制流和数据流，从这一点上说，活动图是结构化开发中流程图和数据流程图的面向对象的等同体。

活动图的图符表示如下。

●实心圆表示活动图的起点。

⊙带边框的实心圆表示终点。

▭圆角矩形表示执行的过程或活动。

◇菱形表示判定点。

——→箭头表示活动之间的转换，各种活动之间的流动次序。

[条件] 箭头上的文字表示继续转换所必须满足的条件，总是使用格式“[条件]”来描述。

▬▬粗线条表示可能会并行进行的过程的开始和结束。

例如，图 3-66 表示某人找饮料的活动图。首先，他去找饮料，如果找到茶叶，加水到茶壶中，同时可能有并行进行的活动——把茶叶放入杯中；然后把茶壶放到炉上，点燃火炉；当水烧开之后，将水倒入杯中，此处的粗线条表示“把茶叶放入杯中”并且“水烧开”。这两项活动均结束之后才能进行“将水倒入杯中”这项活动；最后喝饮料，活动结束。如果在开始时，没有找到茶叶，则进行判定，如果找到雪碧，就取一听雪碧，喝饮料，活动结束。而在判定时，如果连雪碧都没有找到，则找饮料的活动就直接结束。

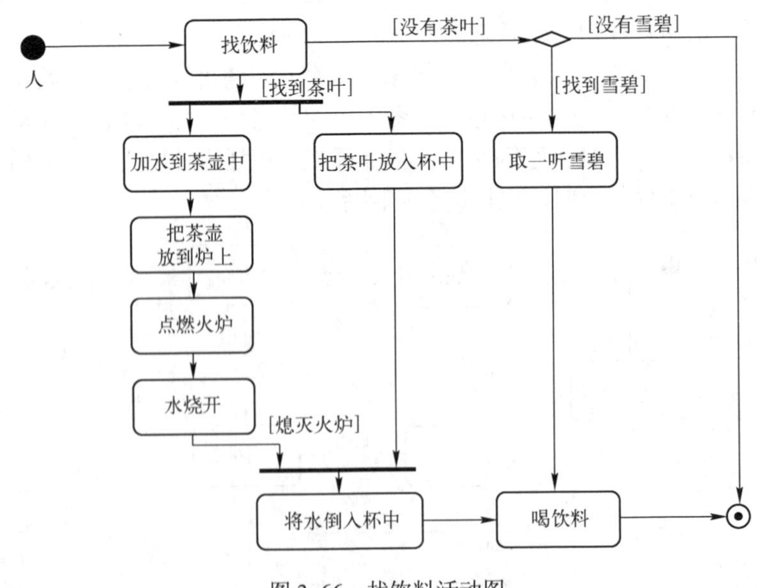

图 3-66　找饮料活动图

在分析用例、理解牵涉多个用例的工作流以及处理多线程应用时一般使用活动图来表示其流程；而在显示对象间合作和显示对象在其生命周期内的运转情况时，一般不使用活动图。

5）实现图。

实现图包括构件图和配置图。

● 构件图

构件图表明了软件构件之间的依赖关系，包括源代码构件、二进制目标码构件、可执行代码构件和文档构件。软件模块可以用一个构件来表示。有些构件存在于编译时，有些存在于连接时，有些存在于执行时，有些在多种场合存在。一个编译时构件只在编译时有意义，运行时构件是可执行的程序。

当修改某个构件时，利用构件图便于人们分析和发现可能对哪些构件产生影响，以便对它们做相应的修改或更新。例如图 3-67 表示的是用面向对象语言编写程序并把相应的图形和结果显示在窗口中的构件图。其中，客户程序依赖于图形库、窗口处理器和主类；而其他构件之间也存在着依赖关系。

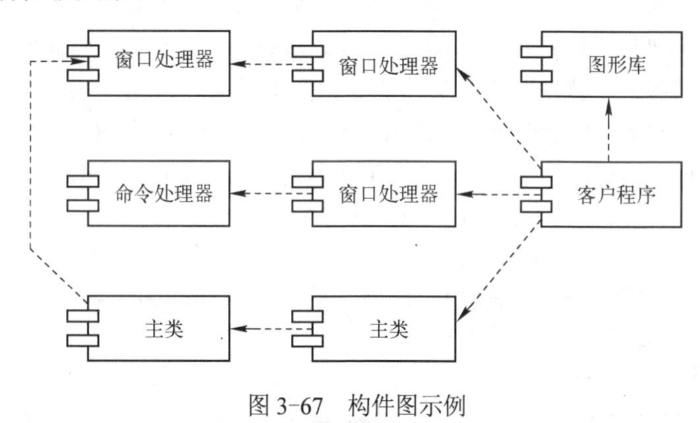

图 3-67　构件图示例

● 配置图

配置图描述系统中硬件和软件的物理配置情况和系统体系结构。配置图含有用通信链相连的节点实例。节点实例包括运行时的实例，如构件实例和对象。构件实例和对象还可以包含对象。配置图有实例形式和描述符形式。实例形式是配置图的常见形式，表明作为系统结构的一部分的具体节点上的具体构件实例的位置。描述符形式说明哪种构件可以存在于哪种节点上，哪些节点可以被连接，类似于类图。

在配置图中，用结点（立方体）表示实际的物理对象，如学生个人计算机和学校服务器等，根据它们之间的连接关系，将相应的结点连接起来，并说明其连接方式。在结点里面，说明分配给该结点上运行的可执行构件或对象，从而说明哪些软件单元被分配在哪些结点上运行。例如图 3-68 表示的是学生的个人计算机与校园网相连时的配置图。其中，立方体分别表示学生的个人计算机、学校的服务器和数据库服务器。可以看出，学生的个人计算机与学校的 02 号服务器相连，又通过 02 号服务器与学校的 VAX 数据库服务器相连。学生个人计算机通过 TCP/IP 相连，而 02 号服务器与 VAX 数据库服务器通过 DecNet 协议相连。

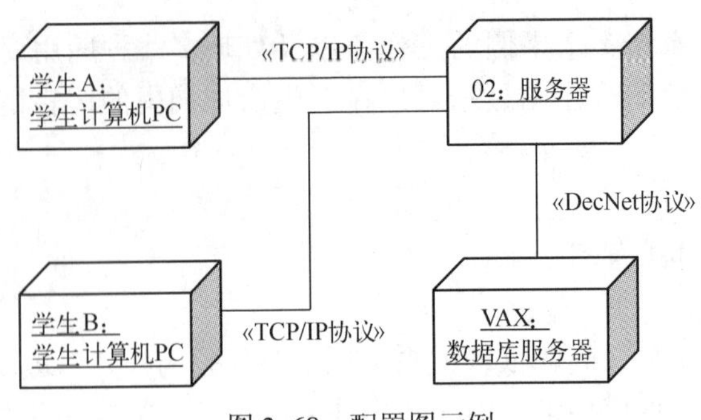

图 3-68　配置图示例

3.4　其他设计方法介绍

面向对象方法使得软件具有良好的体系结构，便于软件构件化、软件复用和良好的扩展性和维护性，抽象程度高，因而具有较高的生产效率。面向对象方法也有其不足，如许多软件系统不完全都能按系统的功能来划分构件，仍然有很多重要的需求和设计决策，比如安全、日志等，它们具有一种“贯穿特性”（Crosscutting Concerns），无论是采用面向对象语言还是过程型语言，都难以用清晰的、模块化的代码实现。最后的结果经常是：实现这些设计决策的代码分布贯穿于整个系统的基本功能代码中，形成了常见的“代码散布”（Code Scattering）和“代码交织”（Code Tangling）现象。代码交织现象是现有软件系统中许多不必要的复杂性的核心。它增加了功能构件之间的依赖性，分散了构件原来假定要做的事情，造成了许多程序设计出错的机会，使得一些功能构件难以复用，源代码难以开发、理解和发展。

为此又出现了一些新技术，以便更好地解决软件开发中的问题。

3.4.1　面向方面程序设计

面向方面程序设计（Aspect-Oriented Programming, AOP）方法最早是由施乐（Xerox）公司在美国加州硅谷 PaloAlto 研究中心（PARC）的首席科学家、加拿大大不列颠哥伦比亚大学教授 Gregor Kicgales 等人在 1997 年的欧洲面向对象编程大会（ECOOP 97）上提出的。

所谓的 Aspect，就是 AOP 提供的一种程序设计单元，它可以将传统程序设计方法学中难于清晰地封装并模块化实现的设计决策，封装实现为独立的模块。Aspect 是 AOP 的核心，它超越了子程序和继承，是 AOP 将贯穿特性局部化和模块化的实现机制。通过将贯穿特性集中到 Aspect 中，AOP 就取得一种单一的结构化行为，该行为在传统程序中分布于整个代码之中——这样就使 Aspect 代码和系统目标都易于理解。在 AOP 中，Aspect 是 AOP 中的一阶实体，AOP 中的 Aspect 就像 OOD 中的类。现有对 Aspect 的认识有错误校验策略、设计模式、同步策略、资源共享、分布关系和性能优化等。

Aspect 的实现与传统开发方法中模块的实现不同。Aspect 之间是一种松耦合的关系，各 Aspect 的开发彼此独立。主代码的开发者甚至可能没有意识到 Aspect 的存在，只是在最后系统组装时刻，才将各 Aspect 代码和主代码编排融合在一起。因此，主代码和 Aspect 之间可以是一种不同于传统“显式调用”关系的“隐式调用”。在软件复杂性日益增加的今天，隐式调用有巨大的优点，因为某一应用的领域专家，不太可能对分布、认证、访问控制、同步、加密、冗余等问题的复杂的实现机制很熟悉，因此就不能保证它们在程序中进行正确的调用。在当前强调程序演化的情况下，这一点尤其重要，因为开发人员很难正确预见到未来对程序的新需求。

AOP 是一种关注点分离技术，通过运用 Aspect 这种程序设计单元，允许开发者使用结构化的设计和代码，反映其对系统的认识方式。要使设计和代码更加模块化、更具结构化，就要使关注点局部化而不是分散于整个系统中。同时，需使关注点和系统其他部分保持良好定义的接口，从而真正达到“分离关注点，分而治之”的目的。

3.4.2 面向 Agent 的设计方法

Agent 作为人工智能研究重要而先进的分支，引起了科学、工程、技术界的高度重视。斯坦福大学的 Barbara Hayes-Roth 在 IJCAI 1995 的特约报告中提及：智能的计算机主体既是人工智能最初的目标，也是人工智能最终的目标。Agent 的概念作为一个自包含、并行执行的软件过程能够封装一些状态并通过传递消息与其他 Agent 进行通信，其被看作是面向对象设计方法的一个自然发展。Agent 具有以下主要特征。

（1）代理性（Action On Behalf Others）

Agent 具有代表他人的能力，即它们都代表用户工作。这是 Agent 的第一特征。

（2）自制性（Autonomy ）

一个 Agent 是一个独立的计算实体，具有不同程度的自制能力。它能在非事先规划、动态的环境中解决实际问题，在没有用户参与的情况下，独立发现和索取符合用户需要的资源、服务，等等。

（3）主动性（Proactivity）

Agent 能够遵循承诺采取主动，表现面向目标的行为。例如，互联网上的 Agent 可以漫游全网，为用户收集信息，并将信息提交给用户。

（4）反应性（Reactivity）

Agent 能感知环境，并对环境做出适当的反应。

（5）社会性（Social Ability）

Agent 具有一定的社会性，即它们可能同用户、其他 Agent 进行交流。

（6）智能性（Intelligence）

Agent 具有一定程度的智能，包括推理到自学习等一系列的智能行为。

（7）移动性（Mobility）

Agent 具有移动的能力，为完成任务，可以从一个节点移动到另一个节点。比如访问远程资源、转移到环境适合的节点进行工作等。

面向 Agent 的设计（Agent-Oriented Design，AOD）方法与面向对象设计方法的最基本区别在于 Agent 的社会性。面向 Agent 程序设计的主要思想是：根据 Agent 理论所提出的代表 Agent 特性的、精神的和有意识的概念设计了 Agent。根据概念直接设计 Agent 其实是人们想通过意愿来抽象一个复杂系统。由于 Agent 的上述特性，基于 Agent 的系统应是一个集灵活性、智能性、可扩展性、稳定性、组织性等诸多优点于一身的高级系统。

3.4.3 泛型程序设计

泛型程序设计（Generic Programming，GP）是一种范型（Paradigm），它致力于将各种类型按照一小组功能性的需求加以抽象，然后以这些需求为条件实现算法。由于算法在其操作的数据类型上定义了一个严格的窄接口，同一个算法便可以应用于各种类型之上。GP 为应用程序开发人员提出了十分美妙的承诺。它使“从‘一种一个’的软件系统向自动制作软件的各不相同的变体发展”这种思路变得十分真实可信。简单地说，GP 以“确定软件开发中自动化的好处”为中心进行软件开发。

3.4.4 面向构件的技术

面向构件技术是指通过组装一系列可复用的软件构件来构造软件系统的软件技术，通过运用构件技术，开发人员可以有效地进行软件复用，减少重复开发，缩短软件的开发时间，降低软件的开发成本。

由于构件隐藏了具体的实现，只用接口提供服务。这样，在不同层次上，构件均可以将底层的多个逻辑组合成高层次上的粒度更大的新构件，甚至直接封装到一个系统，使模块的重用从代码级、对象级、架构级到系统级都可能实现，从而使软件像硬件一样，可进行装配定制以实现要求的功能和系统。因而，面向构件的技术实现了更高层次的抽象。

面向构件技术还包括了另一个重要思想，这就是程序在动态运行时构件的自动装载。

3.4.5 敏捷方法

敏捷方法（Agile Methodologies，AM）也称作轻量级开发方法，对许多人来说，这类方法的吸引之处在于对繁文缛节的“官僚过程”的反叛。它们在无过程和过于烦琐的过程中达到了一种平衡，使得能以不多的步骤过程获取较满意的结果。敏捷型方法强调“适应性”而非“预见性”，敏捷型方法变化的目的就是成为适应变化的过程，甚至能允许改变自身来适应变化。敏捷型方法是“面向人”（People-Oriented）的而非“面向过程”（Process-Oriented）的，敏捷型方法认为没有任何过程能代替开发组的技能，过程起的作用是对开发组的工作提供支持。

3.4.6 Rational 统一过程

“统一过程”是一个软件开发过程，一个通用过程框架，可以应付种类广泛的软件系统、不同的应用领域、不同的组织类型、不同的性能水平和不同的项目规模。“统一过程”是基于组件的。然而，真正使“统一过程”与众不同的方面有 3 个：它是用例驱动的、以基本架构为中心、迭代式和增量性的。

3.4.7 功能驱动开发模式 FDD

功能驱动开发模式（Feature-Driven Development，FDD）是由 Peter Coad、Jeff de Luca、Eric Lefebvre 共同开发的一套针对中小型软件开发项目的开发模式，它强调的是简化、实用、易于被开发团队接受，适用于需求经常变动的项目。简单地说，FDD 是一个以 Architecture 为中心的、采用短迭代期、日期驱动的开发过程。它首先对整个项目建立起一个整体的模型，然后通过两周一次“设计功能——实现功能”迭代完成项目开发。此处的“功能”是指“用户眼中最小的有用的功能”，它是可理解的、可度量的，并且可以在有限的时间内（两周）实现。在开发过程中，开发计划的制定、报告的生成、开发进度的跟踪均是以上述“功能”为单位进行的。在 FDD 中，只有良好定义的并且简单的过程才能被很好地执行。另外，由于在 FDD 中采用了短周期的迭代，最小化的功能划分法，因而可以对项目的开发进程进行精确及时地监控。

在 FDD 中，将开发过程划分为如下 5 个阶段。

1）制定整体的模型。

2）根据优先级列出功能的详细列表。

3）依据功能制定计划。

4）依据功能进行设计。

5）实现功能。

在 FDD 中主要存在 3 类人员：开发人员、类的所有者和功能团队。

3.4.8 极端编程

Willy Farrel 和 Mary-Rose Fisher 讨论了开发者引入软件项目的 4 点价值：沟通、简单、反馈和勇气。

极端编程（Extreme Programming，XP）是一套应用这些有价值的东西来创造一个环境的惯例，在这个环境中，开发人员可以快速而正确地开发商业应用。XP 给出了 12 个基本惯例，也称为规则，它们是规划策略（The Planning Game）、成对编程（Pair Programming）、测试（Testing）、重新划分（Refractoring）、简单的设计（Simple Design）、集合体代码所有权（Collective Code Ownership）、持续的集成（Continuous Integration）、现场客户（On-site Customer）、小发行版本（Small Releases）、一周工作 40 小时（40-hour Week）、编码标准（Coding Standards）、系统比喻（System Metaphor）。

XP 的优点在于可以让软件开发人员发挥他们的专长，消除了大多数不必要的重量型过程。

3.5 实用案例

以下是应用本章的知识，结合实际进行软件设计的两个案例。

3.5.1 SafeHome 软件的结构设计

SafeHome 产品软件是 Pressman 教授贯穿全书的一个例子，在本书第 2 章曾涉及相关内容，图 3-69 是 SafeHome 系统的顶层数据流图；图 3-70 是 SafeHome 系统的第 1 层数据流图，其中的每个加工处理都要进一步展开；图 3-71 是其中的“监控传感器”的展开；图 3-72 是细化后的第 3 层，因为该图不是其中某个加工变换的展开，而是整个图的展开，所以其数据流图的图号为 Fig.5.0；图 3-73 是由图 3-72 映射成的相应的软件结构；图 3-74 是第二级分解；图 3-75 是按照本章介绍的方法映射成的“监控传感器”功能的完整结构；该结构中由于有些构件相对比较简单，所以经过精化、合并后得到如图 3-76 所示的最终结构。

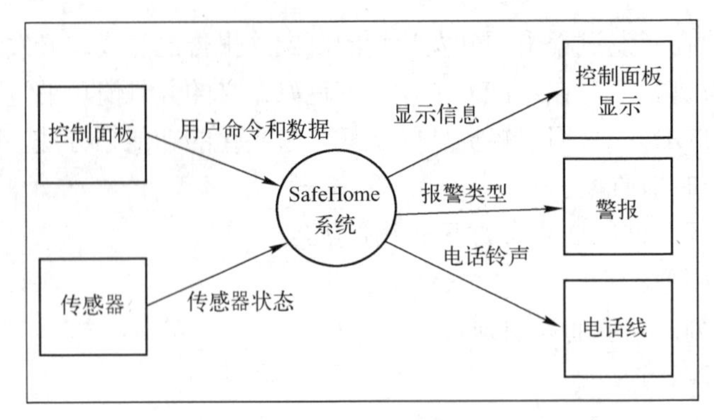

图 3-69　SafeHome 安全住宅系统的顶层数据流图

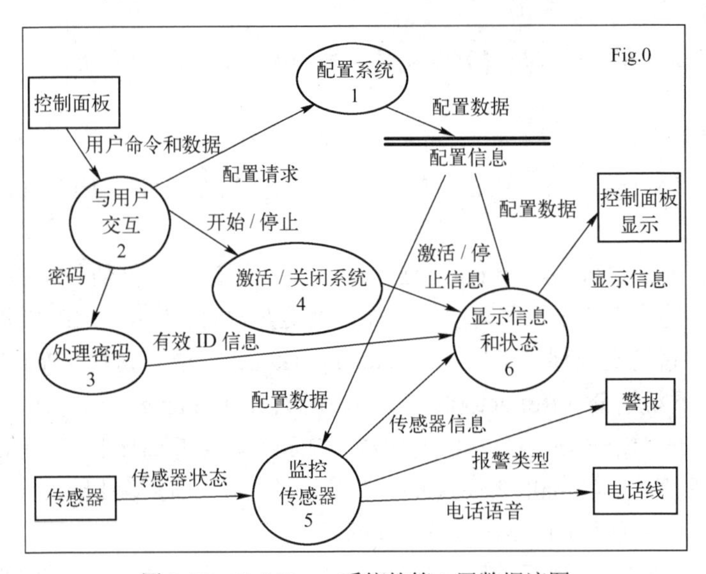

图 3-70　SafeHome 系统的第 1 层数据流图

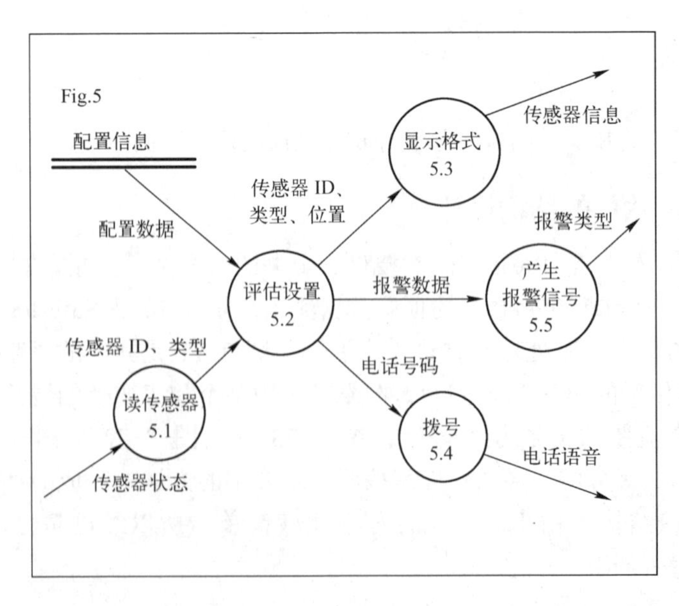

图 3-71　SafeHome 系统第 2 层的一张 DFD——图 3-70 中“监控传感器”的展开

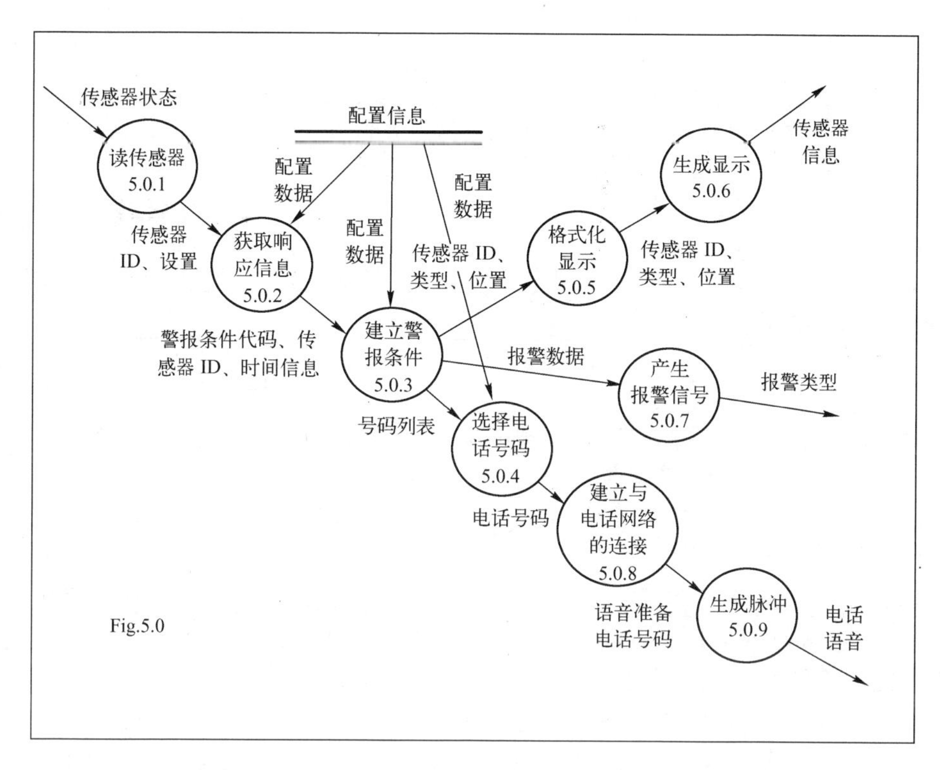

图 3-72　SafeHome 系统第 3 层的一张 DFD——图 3-71 的细化

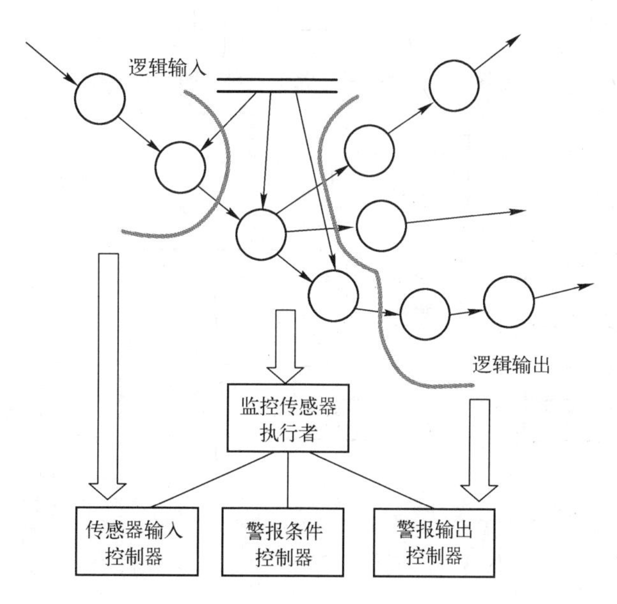

图 3-73　按变换分析方法由图 3-72 映射成软件结构的顶层和第 1 层——第一级分解

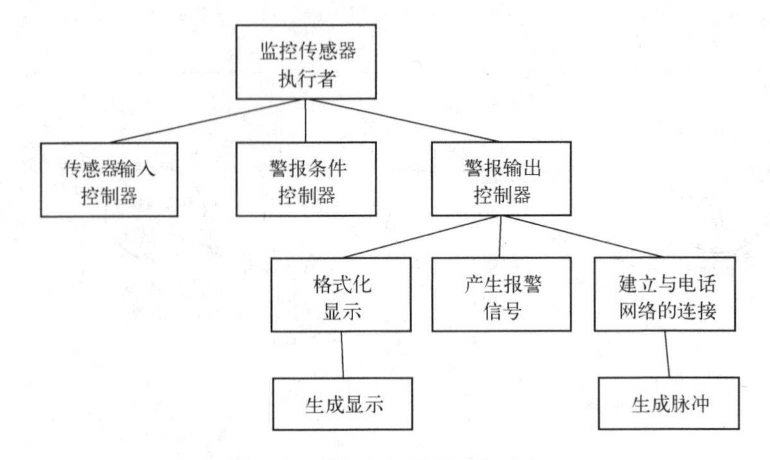

图 3-74　图 3-72 的第二级分解

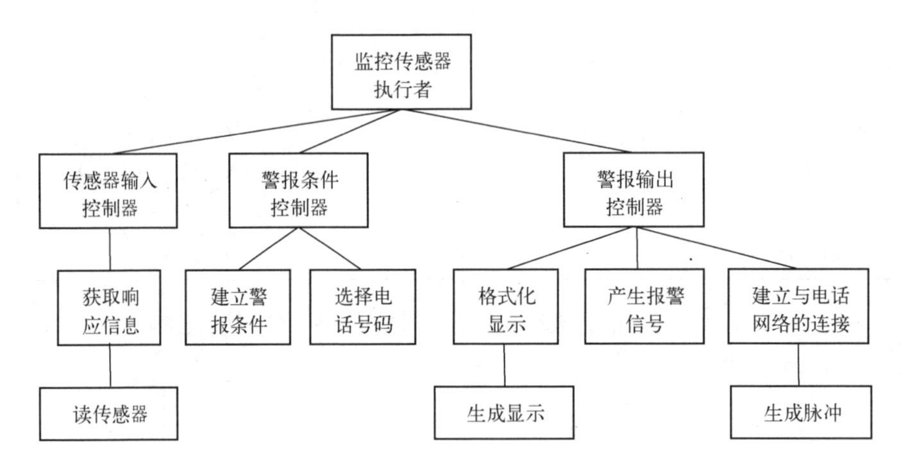

图 3-75　图 3-72 完全映射后的结构

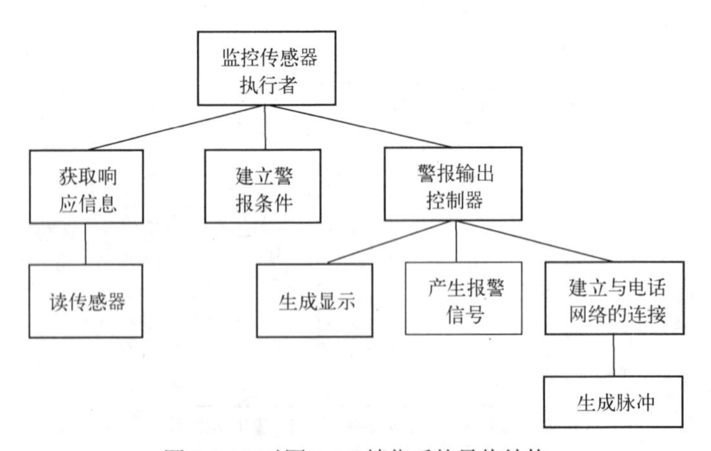

图 3-76　对图 3-75 精化后的最终结构

3.5.2　基于 UML 的网络管理平台的分析与设计

网络管理是监视和控制一个复杂的计算机网络，以确保其尽可能长时间地正常运行，或当网络出现故障时尽可能地发现并排除故障，使之最大限度地发挥其应有效益的过程。本节利用 UML 对网络管理平台进行建模，在本节的例子中，主要用到以下几种模型图：用例图、顺序图、类图、构件图和配置图。UML 以面向对象的图的方式来描述任何类型的系统，支持从系统需求、系统分析到系统设计的整个建模过程，包括建立系统的静态模型，以及描述系统的动态模型，因此非常适合网络管理平台的复杂建模过程。

1．理解需求

为网络管理平台系统的用户提供一份文本需求说明。这份说明应包括如下内容：图形用户接口（Graphical User Interface，GUI）；网络拓扑图；数据库管理系统（DBMS）；查询设备的标准方法；可制定的菜单系统；事件日志。

2．特定领域分析

首先定义用例图，确定系统的功能需求。通过分析可知，网络管理平台系统的角色有网络管理员，用户图形接口，网络管理应用（配置管理、拓扑管理、网路信息管理），核心系统（通信模块、信息管理）。

分析阶段的另一项工作是特定领域分析，以列出系统中的特定领域类。可以通过阅读规格说明以及寻找系统处理的“概念”来进行特定领域分析，也可以通过用户和领域专家的讨论，以识别出要处理的所有关键类及它们的相互关系。网络管理平台的用例图如图 3-77 所示。

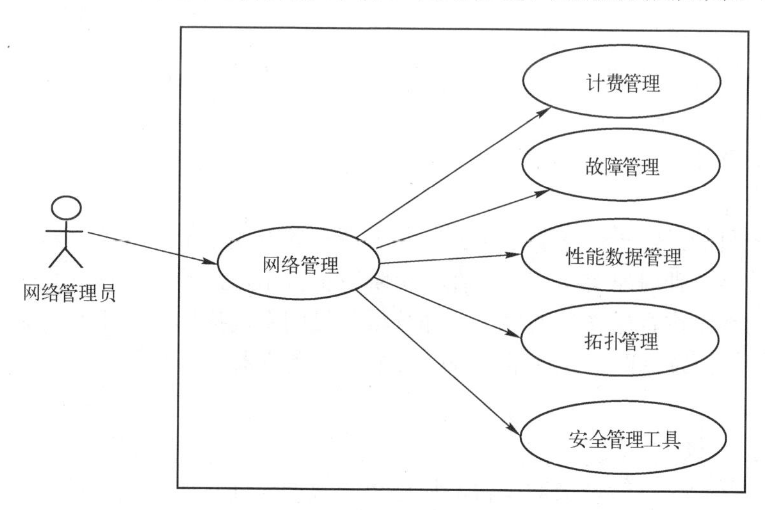

图 3-77　网络管理平台用例图

3．网络管理系统的设计

设计阶段的任务是通过综合考虑所有的技术限制，以扩展和细化分析阶段的模型。设计的目的是指明一种易转化成代码的工作方案，是对分析工作的细化，即进一步细化分析阶段所提取的类（包括其操作和属性）并且增加新类以处理诸如数据库、用户接口、设备信息等技术领域的问题。

设计阶段可以分为两个部分：第一部分是结构设计，属于高层设计，其任务是定义包（子系统）、包和包之间的依赖性和主要通信机制，要求结构尽可能简单和清晰，各部分之间的依赖尽可能地少，并尽可能减少双向依赖关系；第二部分是详细设计，细化包的内容，使编程人员得到所有类的一个足够清晰的描述，同时使用 UML 中的动态模型，描述特定情况下这些类的实例之间的行为。

（1）结构设计

一个设计良好的系统结构是系统可扩充和可变更的基础。包实际上是一些类的集合。类图中包有助于用户从技术逻辑中分离出应用逻辑（领域类），从而减少它们之间的依赖性。这就是软件结构设计强调的模块间高聚合、低耦合的原则。

在网络管理中，存在以下包（或子系统）。

1）管理员接口包，包括管理员和系统交互的图形界面类。管理员接口包允许管理员访问网络信息数据、加入新数据和修改数据。在网络配置管理中，管理员接口包跟其余对象包合作，调用其余包对象的操作，实施管理数据的收集、修改和删除。

2）网络信息采集配置包，包括网络管理站对网络中的设备信息进行采集并作分析。通过对网络中的设备信息进行参数设置的方法，然后生成对网络进行有效配置的类。网络信息采集配置包通过管理站与别的网络设备之间交换信息来实现网络性能的分析；配置管理向管理员提供了对网络资源的写访问，通过管理协议改变网络设备配置。

3）网络设备代理认证包，网络设备代理能够限制只有被授权的管理站才可以访问它的网络管理信息库（Management Information Bose，MIB）。从管理站发往设备代理的每个报文都包括一个共同体名，这个字符串起着口令作用。只要报文的发送方获得口令，该消息就被认为是可信的。

4）网络设备数据库管理包，网络管理实体可以通过读取 MIB 中的对象值来监视网络资源，它反映了该节点被管资源的状态，并且网络管理实体能通过改变这些值来控制资源。各个包的关系如图 3-78 所示。

（2）详细设计

详细设计的目的是通过创建新的类图、状态图和动态图，描述新的技术类，并扩展和细化分析阶段的网络管理对象类。这些图在分析阶段也曾用过，不过在详细设计阶段，它们是从技术层次上对系统进行更详尽的描述。如分析阶段的用例描述被用来验证它们是否在设计阶段都得到处理，而顺序图用来展示系统中每个用例在技术上如何实现。

1）类图。

● 管理员接口包

此包的任务是使网络管理员对平台的访问更为方便，并且实现网络拓扑图管理。在网络图中对故障使用颜色显示，失效管理工具可以帮助确定故障原因。配置管理工具能够以图示的方法显示出网络的物理和逻辑配置情况。性能管理也可以用不同颜色或不同图形显示出设备当前的性能状况。管理员接口包内部关系如图 3-79 所示。

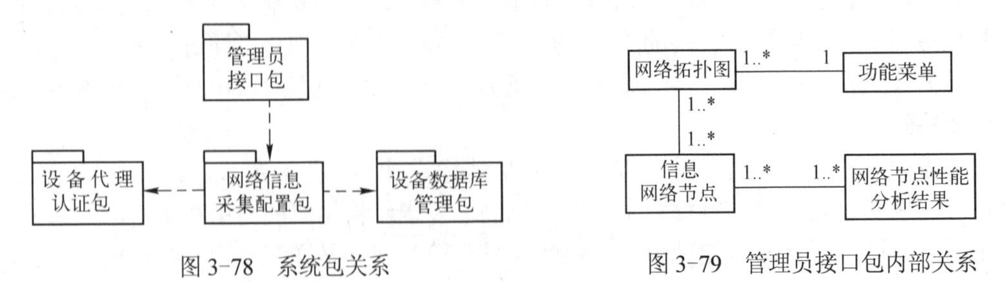

图 3-78　系统包关系　　图 3-79　管理员接口包内部关系

● 网络信息采集配置包

此包的任务是使网络管理站产生管理协议数据单元（Protocol Data Unit，PDU），PDU是网络中的设备代理，网络管理员根据需要发出命令，对设备代理进行MIB库的访问和修改，以达到对设备进行控制的目的以及让发出信息收集包对网络中的设备信息进行收集，以达到性能管理的目的。网络信息采集配置包内部关系如图3-80所示。

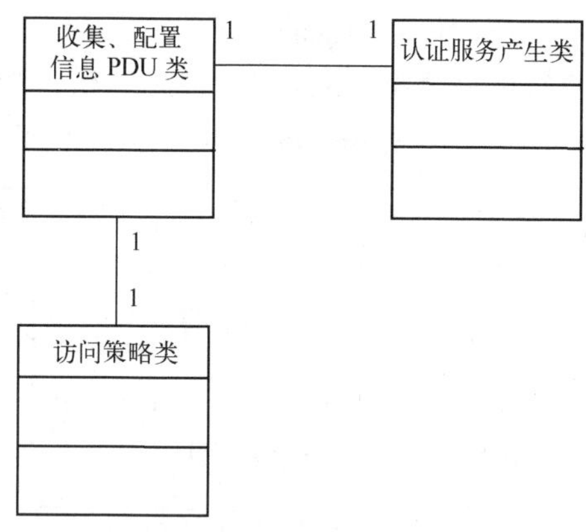

图3-80 网络信息采集配置包内部关系

● 网络设备代理认证包

此包的任务是对网络管理站发来的报文进行来源的认证，即确认报文发出的位置。在此处，简单网管协议SNMP采用共同体名的方法来确认报文是否可信。

● 网络设备数据库管理包

此包的任务是使每个设备代理中对该设备的资源都由一个对象所代表。管理信息库MIB就是这样由一些对象组成的结构化的集合。管理系统中的每个节点都有一个MIB，它反映了该节点中被管资源的状态。网络管理实体可以通过读取MIB中的对象来监视网络资源，也可以通过更改这些值来控制资源。

2）顺序图。顺序图显示对象之间的动态合作关系，它强调对象之间消息发送的顺序，同时显示对象之间的交互，网络设备信息收集的顺序图如图3-81所示。

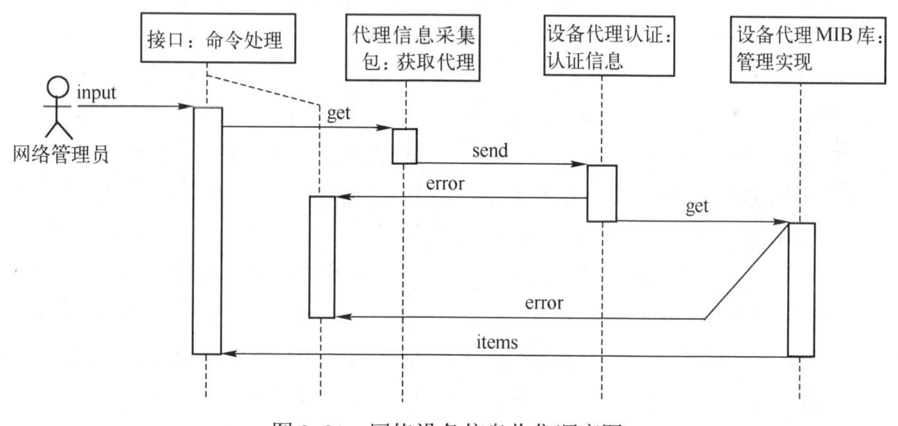

图3-81 网络设备信息收集顺序图

3）构件图。构件图描述了代码部件的物理结构及各部件之间的依赖关系。某一个部件可能是一个资源代码部件、一个二进制部件或一个可执行部件。它包含逻辑类或实现类的有关信息。构件图有助于分析和理解部件之间的相互影响程度。网络管理平台的构件图如图3-82所示。

4）部署图。部署图定义了系统中软硬件的物理体系结构。它可以显示实际的计算机和设备以及它们之间的连接关系，也可显示连接的类型及部件之间的依赖性。在节点内部放置可执行部件和对象，以显示节点与可执行软件单元的对应关系。

在本系统中，网络管理平台采用分层的体系结构。网络管理员可以配置多个独立的客户系统来监视和轮询网络中的不同部分。分层的网络管理结构可以使用客户机/服务器数据库技术。客户机没有单独的数据库，但可以通过网络访问中央服务器的数据库。鉴于中央服务器系统在层次结构中的重要性，需要对其进行冗余备份，这在任何情况下都是必要的。

层次体系结构的主要特点：不依赖于单一的系统；网络管理任务是分布的；在网络各处进行网络监控；集中进行信息储存。对应的部署图如图 3-83 所示，图中的 NMS 是网络管理系统 Network Management System 的缩写。

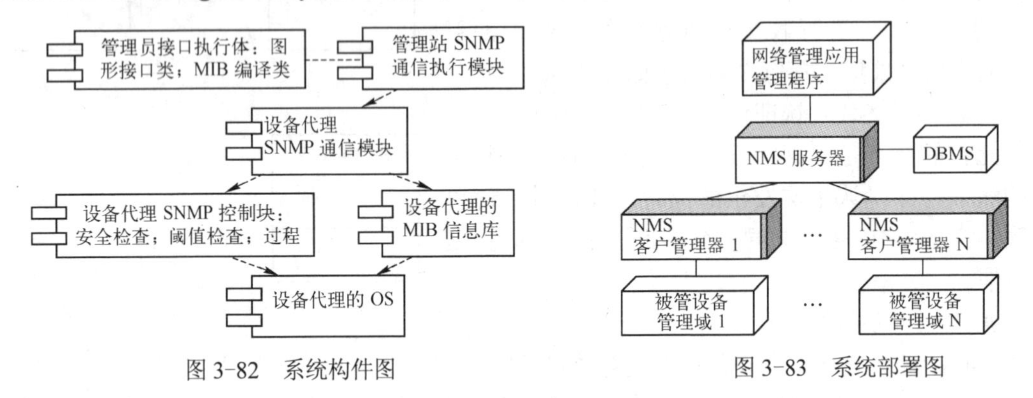

图 3-82　系统构件图　　　　图 3-83　系统部署图

3.6　小结

软件设计是软件开发中的关键阶段，在设计过程中需要软件开发者付出创造性的劳动，它比编码工作要重要得多。从宏观上看软件设计主要有两个阶段，概要设计和详细设计。概要设计是对软件体系结构的设计，详细设计是对软件过程的描述，由此转换成实现系统的代码。大中型以上规模的软件系统既要交付概要设计说明书又要交付详细设计说明书，小型软件系统可合并成一个软件设计说明书。软件设计说明书是重要文档，完成后要组织评审。

软件体系结构是指系统的一个或者多个结构，它包括软件构件、构件的外部可见属性以及它们之间的相互关系。软件体系结构不是可运行的软件，软件体系结构是构造系统的基本框架。大型系统要使用若干体系结构模型，不同的抽象层次上使用不同的模型。常见的体系结构有以数据为中心的体系结构、管道-过滤器体系结构、主程序/子程序体系结构、层次体系结构、客户-服务器体系结构、解释器体系结构、过程控制体系结构等。

划分软件模块时的原则是使各个模块“相对独立，功能单一”。一个好的模块必须具有高度独立性和相对较强的功能。划分模块的好坏，通常用内聚度和耦合度两个特性从不同侧面而加以度量。耦合度是指模块之间相互依赖性大小的度量，耦合度包括内容耦合、公共耦合、外部耦合、控制耦合、标记耦合、数据耦合和非直接耦合 7 种，耦合度越小，模块的相对独立性越大。内聚度是指模块内各成分之间相互依赖性大小的度量，内聚度包括偶发强度、逻辑强度、时间强度、过程强度、通信强度、顺序强度和功能强度 7 种，内聚度越大，模块各成分之间联系越紧密，其功能越强。因此在划分软件模块时，应尽量做到高内聚低耦合。

用户界面是软件产品的重要元素，3 条重要的黄金规则可用于指导用户界面设计：软件应置于用户的控制之下、减少用户的记忆负担以及保持界面一致。

面向数据流的设计（Data-Flow-Oriented Design，DFOD）是根据问题域的数据流（数据对象）定义一组不同的映射，把问题域的数据流（数据对象）转换为问题解的程序结构，这种方法也叫 SD 方法。SD 方法的要点是“自顶而下，逐步求精”。自顶而下的出发点是从问题的总体目标开始，抽象低层的细节，先构造高层的结构，然后再逐层分解和细化，这使设计者可从宏观到具体进行设计。避免一开始就陷入复杂的细节中，使复杂的设计过程变得简单明了，过程的结果也容易做到正确可靠。独立功能、单出单入口的模块结构减少了模块的相互联系，使模块可作为插件或积木使用，降低了程序的复杂性，提高了可靠性。

SD 方法按数据流的变换规律将数据流图分为变换型和事务型两类，不同类型数据流图映射出的软件结构有所不同，对于混合型的 DFD 应以变换分析方法为主，事物分析方法为辅。

面向对象方法以对象为中心，软件中的任何元素都是对象，复杂的软件对象是由比较简单的对象组合而成。在 OO 中，把所有对象都划分成各种对象类（简称为类，class），每个对象类都定义了一组数据和一组方法。数据用于表示对象的静态属性，是对象的状态信息。每当建立该对象类的一个新实例时，就按类中对数据的定义为这个新对象生成一组未用的数据，以便描述该对象独特的属性值。按照子类与父类的关系，把若干个对象类组成一个层次结构的系统。在这种层次结构中，下层的派生类具有和上层的基类相同的特性（包括数据和方法），这种现象称为继承。如果在派生类中对某些特性又做了重新描述，则低层的特性将屏蔽高层的同名特性。对象彼此之间仅能通过传递消息互相联系。对象与传统的数据有本质区别，它不是被动地等待外界对它施加操作，它是进行处理的主体，必须发消息请求它执行它的某个操作，处理它的私有数据，因为它具有“封装性”，所以不能从外界直接对它的私有数据进行操作，这种灵活的消息传递方式，便于体现并行和分布结构。

面向对象技术也有它的局限性，一是它对软件职责的划分是“垂直”的，在一个标准的对象继承体系中，每一继承类主要承担软件系统中一个特定部分的功能，对象的行为是在编译期间被决定的。二是接口问题，在传统的 OO 环境下，对象开发者没有任何办法确保使用者按照自己的要求来使用接口。

针对面向对象技术的缺点，人们又提出了许多其他方法，有人称为“后面向对象方法”，如面向方面的设计方法、面向 Agent 的设计方法、泛型程序设计、面向构件的设计方法、敏捷方法、Rational 统一过程、FDD 方法、XP 方法等。

随着软件系统规模和复杂程度的提高，人们对软件设计方法提出了越来越高的要求，因而软件设计方法和技术将不断向前发展，更加实用、先进、满足人们不断增长的需求的新方法还将继续出现。

3.7 习题

1. 软件设计阶段应主要完成哪些工作？简要给出软件设计的流程。
2. 简述软件设计的目标和准则。
3. 软件体系结构是不是可运行的软件，它是什么？
4. 软件体系结构主要研究哪些内容？
5. 给出下列软件体系结构的图示表示。

   以数据为中心的体系结构

   管道-过滤器体系结构

   主程序/子程序体系结构

   层次体系结构
6. 用图示方式说明软件设计的重要性。
7. 图 3-84 左端是软件需求分析模型，右端是软件设计模型，将需求分析的结果作为软件设计的输入，产生的输出就是设计，试用直线或箭头建立它们的对应关系。

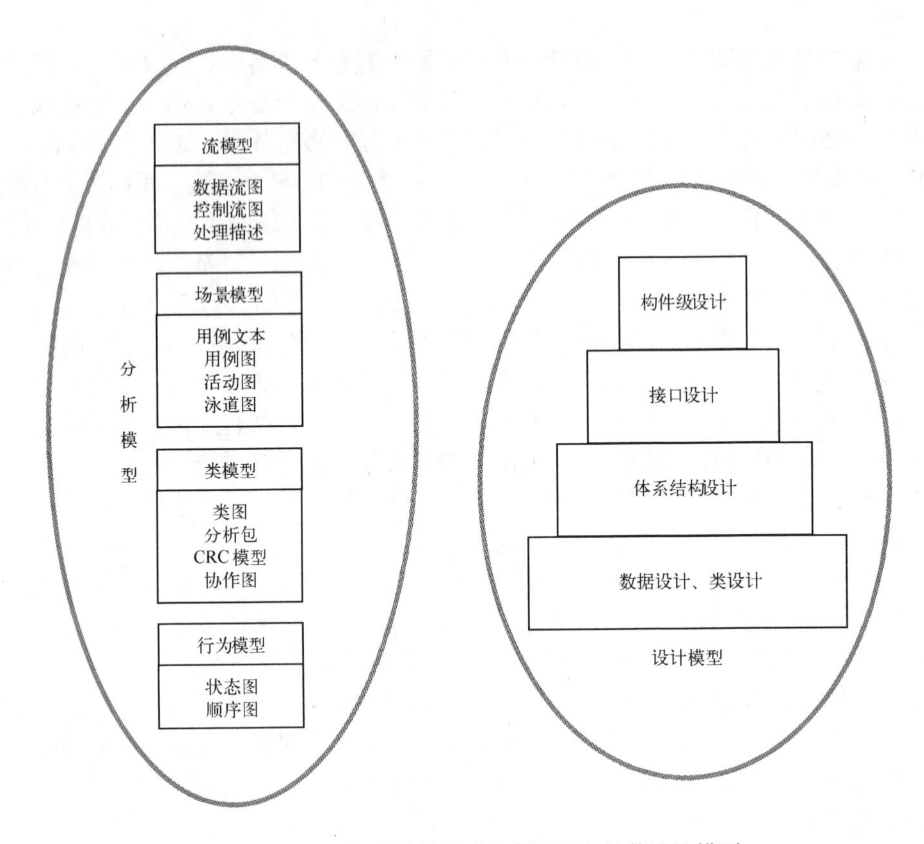

图 3-84　习题 7 的软件需求分析模型与软件设计模型

8．软件模块化是为了降低软件复杂性，以减少设计、编程、测试及维护工作量和成本。

设 $C(X)$ 为问题 X 的复杂度，$E(X)$ 为解决 X 所花费的工作量，

若有 X_1 和 X_2 且 $C(X_1) > C(X_2)$，则 $E(X_1) > E(X_2)$，

因为 $C(X_1+X_2) > C(X_1)+C(X_2)$，所以 $E(X_1+X_2) > E(X_1)+E(X_2)$。

可以得出结论，若将软件无限模块化就可将以后的工作量及成本降低为 0，这种说法显然不对，试给出有说服力的说明。

9．指出图 3-85 所示软件结构的宽度、深度，模块 E 的扇入、扇出数，哪些模块统领了 E，哪些模块从属于 E？

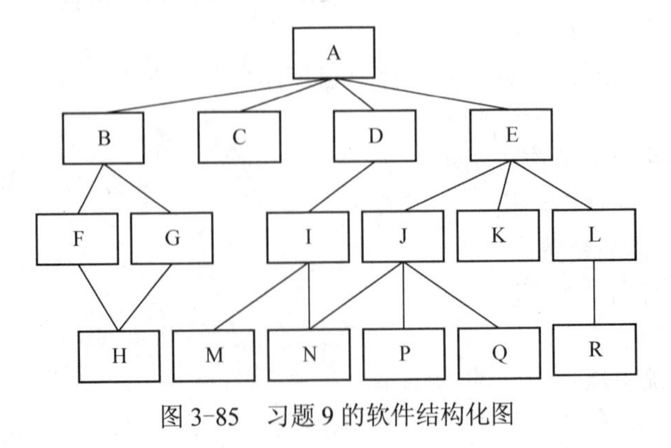

图 3-85　习题 9 的软件结构化图

10．Myers 给出了两种衡量模块独立性的度量，给出它们的名称。每一种又是如何划分的，给出从弱到强或从强到弱的排列，以及追求的目标是什么？

11．按从强到弱的顺序对下列耦合度进行排列。

公共耦合、内容耦合、非直接耦合、外部耦合、数据耦合、控制耦合、标记耦合

12．按从强到弱的顺序对下列聚合度进行排列。

过程强度、偶发强度、时间强度、逻辑强度、顺序强度、功能强度、通信强度

13．简述用户界面设计时应遵循的 3 条黄金规则。

14．简述用户界面设计过程的 4 个框架活动。

15．设计 WebApp 界面时应遵循哪些准则？

16．简述 WebApp 界面设计的工作流程。

17．比较面向数据流的设计方法、面向对象的设计方法以及面向 Agent 的设计方法。

18．在软件结构的设计过程中，若发现一个判定的作用范围不在该判定模块的控制范围之内应如何改进？

19．概要设计和详细设计有什么不同？

20．什么是信息隐蔽原理？

21．什么是软件的冗余设计、防卫设计？

22．给出典型的“变换型”数据流图的结构，给出典型的“事务型”数据流图的结构，它们有什么不同？

23．简要介绍 McCabe 的环形复杂度的用途。

24．McCabe 提出通过限制环形复杂度 $V(G)$数可有效控制模块的规模和复杂程度。请问他提出限制的 $V(G)$数多大？

25．分别计算图 3-86 所示程序图 3-86a 和 3-86b 的环行复杂度。

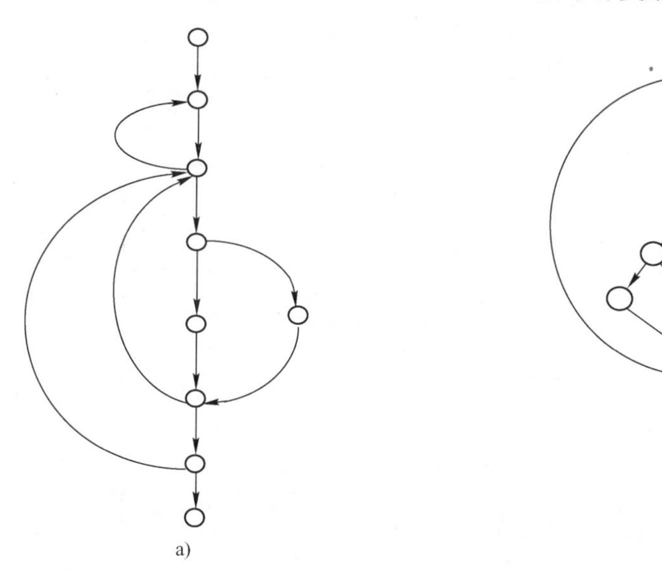

图 3-86　习题 25 的程序图

26．已知 n_1=462，n_2=141，试用 Halstead 的软件科学估算程序中的错误数。

27．把图 3-87 的结构化流程图分别转换成 PAD 图和 N-S 图。

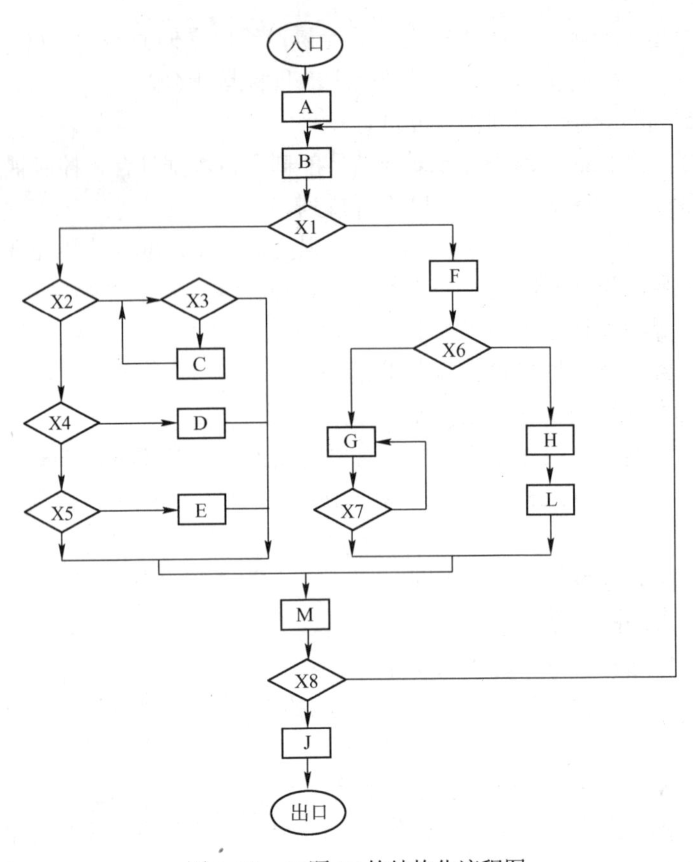

图 3-87　习题 27 的结构化流程图

28．先将图 3-88 描绘的 N-S 图转换为结构化流程图，然后计算它的环行复杂度（要求：计算之前先画出程序图）。

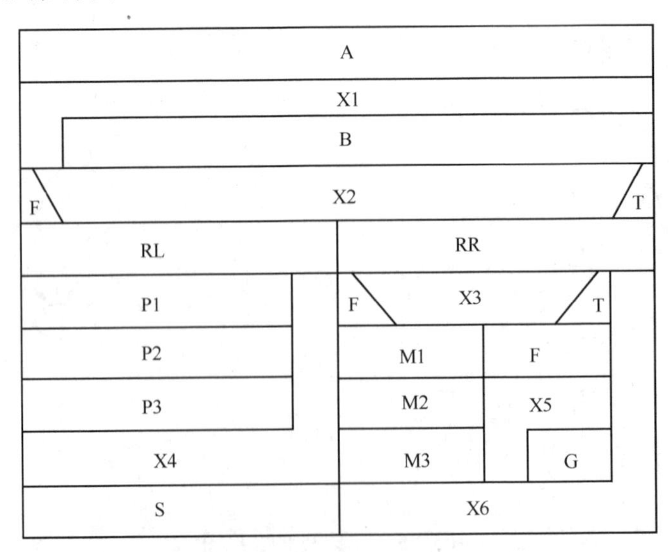

图 3-88　习题 28 的 N-S 图

29．试用 SD 方法将图 3-89 的数据流图映射成软件结构图。

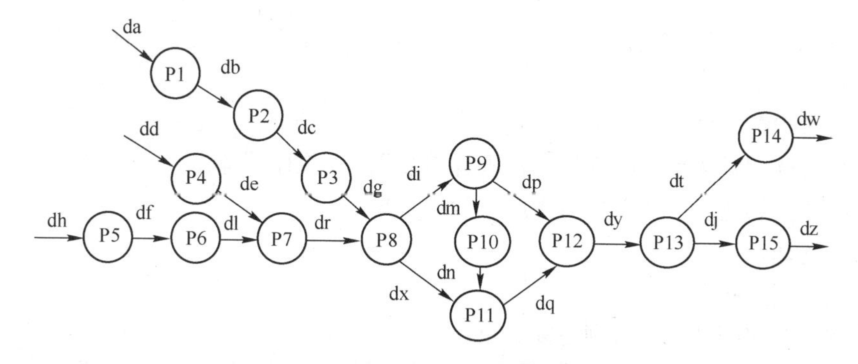

图 3-89　习题 29 的数据流图

30．简述 OOD 的任务。

31．解释图 3-46 所示的软件结构图的转换原理。

32．解释 OOD 基本概念：对象、类、封装、继承、消息、结构与连接、多态性。

33．简述 Coad 与 Yourdon 的 OOD 方法。

34．简述层次化 OOD 方法。

35．求一元二次方程 $ax^2+bx+c=0$ 的两个实根 x_1 和 x_2，并打印结果。用结构化英语描述解决该问题的算法。

36．分别用结构化英语、判定表和判定树描述下列问题。

所有住户 50 平方米以内，每平方米售价 5800 元；超过 50 平方米且在本人住房标准面积以内每平方米售价 7600 元。其中住房标准为：教授 140 平方米，副教授 120 平方米，讲师 90 平方米，标准面积以外每平方米售价 9000 元。

37．某公路收费站对载客车过路费的收费标准如下。

20 座及以下客车：7 元/车；21 座及以上至 50 座客车：15 元/车；51 座及以上客车：25 元/车；特殊车辆不收费。

试分别用结构化英语（或汉语）、判定表和判定树对上述收费问题进行描述。

38．敏捷方法是面向人的还是面向过程的？

39．说出用 UML 建模时常用的图的名称。

40．在软件详细设计过程中，你认为下列哪个数据比较合理？

30～50 行/模块

50～100 行/模块

100～300 行/模块

300～500 行/模块

500～2000 行/模块

41．已知一种详细设计工具 T，易学易用（取“好”）；逻辑表达能力较好，逻辑验证能力较好，很容易转换成程序设计编码（取“很好”）；不适合自动化处理（取“差”）；可修改性较好，结构化实施好，数据表示能力一般，初期测试的简易性好，使用频率较低（取“较差”），试用 3.1 节中介绍的方法计算工具 T 的满意度。

42．现开发一个酒店订房系统，试根据常识，画出酒店订房的 UML 用例图。

43．用 UML 画出酒店订房系统中顾客通过前台订房的顺序图。

44．根据下列对网店货物“订单处理”的叙述，绘出“订单处理”的UML活动图。
1）用户下订单。
2）生成送货单，同时等待用户付款。
3）用户付款超时或用户取消订单，则订单取消；否则，收款。
4）供应商接到送货单及货款后生成有效送货单。
5）供应商送货。
6）修改订货单状态。
7）若货物送完则结束，否则继续送货。
45．参看案例1中的图3-73，解释如何将数据流图转换成该软件结构图。

第4章　软件的编程实现

一栋建筑设计完后要施工，施工者是否按规程施工，选用的施工材料是否符合要求，施工采用的技术和工具如何？这些都会直接影响到这栋建筑的质量。软件的编程实现与此类似，它是软件工程过程中的具体实现阶段，这一阶段的工作是根据软件详细设计说明书用某种计算机语言来实现系统，产生出能在计算机上运行的程序。前一阶段软件设计的质量直接影响到实现的质量。同时，所选的程序设计语言及编码风格也会对软件的可靠性、可读性、可测试性及可维护性产生很大的影响。

4.1　编程语言的选择和分类

不同的程序设计语言有不同的特点和适用范围，编程语言选择得当，会使实现阶段事半功倍，反之则会事倍功半。

4.1.1　程序设计语言的分类

目前，用于实现软件的程序设计语言有几千种，按照不同的分类原则，会产生不同的类别。归纳起来主要有 5 种分类原则：按语言级别分类、按解决问题的方式分类、按程序执行方式分类、按应用领域分类和按应用范围分类。

按语言的级别可分为低级语言和高级语言两类。低级语言包括机器语言和汇编语言。机器语言是唯一可以被计算机直接执行的语言，指令由许多的 0、1 组成，可读性差，是第一代编程语言；汇编语言是第二代语言，它为每个机器代码设计一个助记符，用助记符编出的源程序经汇编，生成二进制目标文件执行；高级语言使用较接近于人的自然语言的程序设计语言，是第三代语言，如 C/C++、Java、C#、Delphi、Pascal、Fortran、Cobol、Ada 等；第四代编程语言更少关心实现的方法，处理的单元不再是单个的数据单元，而是一批数据单元，如 SQL 语言。

按解决问题的方式来分类，可分为面向机器的语言、面向过程的语言、面向对象的语言和面向问题的语言 4 类。面向机器的语言如汇编语言；面向过程的语言以“数据结构+算法”的形式构成程序，如 C、Pascal 和 Fortran 语言；面向对象的语言以“对象+消息”的形式构成程序，如 C++、Java、C#、Delphi；面向问题的语言不关心问题的求解算法及求解过程，只需指出问题是做什么，如APT、Lisp、SQL 语言。

按程序的执行方式，可分为解释执行语言、编译执行语言和编译解释型语言 3 类。因为计算机不能直接理解高级语言，只能直接理解机器语言，因此必须要把高级语言翻译成机器语言，才能执行，翻译的方式有编译和解释两种。

1）编译型语言在程序执行前，需要把程序编译成为可运行的机器语言（如 exe 文件），程序执行效率高。如 C、C++、Delphi 语言。

2）解释性语言不需要事先编译成机器语言，程序运行时由解释器直接执行，每执行一次就要翻译一次，效率较低。如 VB、各种脚本语言如 Perl、Python 等，还有由浏览器中的解释器直接执行的 Web 脚本语言：HTML、JavaScript、VbScript、ASP、JSP、PHP、XML 等。

3）编译解释型语言，先将原始代码编译成中间代码，然后在虚拟机中解释执行，兼顾了编译型和解释型语言的优势，如 Java、C#。

按应用领域来分，可分为单机语言、网络编程语言、数据库语言、人工智能语言等。单机用的语言如 Fortran、Pascal、VB、VC；网络编程语言如 HTML、VbScript、JavaScript、JSP、ASP、PHP、XML、Java、C#等。数据库语言如 SQL 语言，人工智能程序设计语言如 LISP，逻辑推理程序设计语言如 Prolog 等。

按照应用的范围来分，可分为通用程序语言与专用程序语言。应用范围广泛的语言，称为通用语言，如 Fortran、Pascal、Cobol、C、Ada 等。仅适合于单一领域的语言称为专用语言，如 APT 语言。

从程序设计语言的发展历程来看，经历了面向机器的语言、高级语言和甚高级语言 3 个阶段，也可划分为 4 代或 5 代。

4.1.2 机器语言

机器语言是用二进制代码表示的计算机能直接识别和执行的一种机器指令的集合。机器语言是计算机的第一代语言，它通过计算机的硬件结构赋予计算机的操作功能。

机器语言的一个语句是一组二进制代码，一个语句表示一条指令。

用机器语言编写程序，编程人员要首先熟记所用计算机的全部指令代码和代码的含义。编程序时，程序员不但要自己处理每条指令和每一数据的存储分配和输入输出，还要记住编程过程中每步所使用的工作单元处在何种状态。这是一件十分烦琐的工作，编写程序花费的时间往往是实际运行时间的几十倍或几百倍。而且，编出的程序全是 0 和 1 的指令代码，直观性差，还容易出错。

1. 机器语言指令组成

一条指令实际上包括两种信息即操作码和地址码。操作码用来表示该指令所要完成的操作（如加、减、乘、除、数据传送等），其长度取决于指令系统中的指令条数。地址码用来描述该指令的操作对象，它或者直接给出操作数，或者指出操作数的存储器地址或寄存器地址（即寄存器名）。

计算机是通过执行指令来处理各种数据的。为了指出数据的来源、操作结果的去向及所执行的操作，一条指令必须包含下列信息。

1）操作码。它具体说明了操作的性质及功能。一台计算机可能有几十条至几百条指令，每一条指令都有一个相应的操作码，计算机通过识别该操作码来完成不同的操作。

2）操作数的地址。CPU 通过该地址就可以取得所需的操作数。

3）操作结果的存储地址。把对操作数的处理所产生的结果保存在该地址中，以便再次使用。

4）下条指令的地址。执行程序时，大多数指令按顺序依次从主存中取出执行，只有在遇到转移指令时，程序的执行顺序才会改变。为了压缩指令的长度，可以用一个程序计数器（Program Counter，PC）存放指令地址。每执行一条指令，PC 的指令地址就自动加 1，指出将要执行的下一条指令的地址。当遇到执行转移指令时，则用转移地址修改 PC 的内容。由于使用了 PC，指令中就不必明显地给出下一条将要执行指令的地址。

2．机器语言指令格式

机器语言的指令格式与计算机的字长、存储器的容量及指令的功能都有很大的关系。从便于程序设计、增加基本操作并行性、提高指令功能的角度来看，指令中应包含多种信息。但在有些指令中，由于部分信息可能无用，浪费了指令所占的存储空间，并增加了访存次数，这反而会影响速度。

指令包括操作码域和地址域两部分。根据地址域所涉及的地址数量，常见的指令格式有以下几种。

1）三地址指令：一般地址域中 *A*1、*A*2 分别确定第一、第二操作数地址，*A*3 确定结果地址。下一条指令的地址通常由程序计数器按顺序给出。

2）二地址指令：地址域中 *A*1 确定第一操作数地址，*A*2 同时确定第二操作数地址和结果地址。

3）单地址指令：地址域中 *A* 确定第一操作数地址。固定使用某个寄存器存放第二操作数和操作结果。因而在指令中隐含了它们的地址。

4）零地址指令：在堆栈型计算机中，操作数一般存放在下推堆栈顶的两个单元中，结果又放入栈顶，地址均被隐含，因而大多数指令只有操作码而没有地址域。

5）可变地址数指令：地址域所涉及的地址的数量随操作定义而改变。如有的计算机的指令中的地址数可少至 0 个，多至 6 个。

3．机器语言特点

机器语言具有以下特点。

1）大量繁杂琐碎的细节牵制着程序员，使他们不可能有更多的时间和精力去从事创造性的劳动，确保程序的正确性和高效性对他们来说是更为重要的任务。

2）程序员既要驾驭程序设计的全局又要深入每一个局部直到实现的细节，即使智力超群的程序员也常常会顾此失彼，屡出差错，因而所编出的程序可靠性差，且开发周期长。

3）由于用机器语言进行程序设计的思维和表达方式与人们的习惯大相径庭，只有经过较长时间职业训练的程序员才能胜任，使得程序设计曲高和寡。

4）由于机器语言的形式全是 0 和 1，所以可读性差，不便于交流与合作。

5）因为机器语言严重地依赖于具体的计算机，所以可移植性差，重用性差。

各计算机公司设计生产的计算机，其指令的数量与功能、指令格式、寻址方式、数据格式都有差别，即使是一些常用的基本指令，如算术逻辑运算指令、转移指令等也是各不相同的。因此，尽管各种型号计算机的高级语言基本相同，但将高级语言程序编译成机器语言后，其差别也是很大的。因此将用机器语言表示的程序移植到其他机器上去几乎是不可能的。从计算机的发展过程可以看到，由于构成计算机的基本硬件发展迅速，计算机的更新换代是很快的，这就存在软件如何跟上的问题。通常，一台新机器推出并交付使用时，仅有少量系统软件（如操作系统等）可提交用户，大量软件是不断被按装的，尤其是应用程序，有相当一部分软件是用户在使用机器时不断按装的，这也就是所谓第三方提供的软件。

为了缓解新机器的推出与原有应用程序的继续使用之间的矛盾，人们希望各个计算机公司生产的同一系列的计算机尽管其硬件实现方法可以不同，但指令系统、数据格式、I/O 系统等应保持相同，也就是说软件应该完全兼容。当研制同一系列计算机的新型号或高档产品时，尽管指令系统可以有较大的扩充，但仍应保留原来的全部指令，保持软件向上兼容的特点，即低档机或旧机型上的软件不加修改即可在比它高档的新机器上运行，以保护用户在软件上的投资。

4.1.3 汇编语言

汇编语言是面向机器的程序设计语言。在汇编语言中，用助记符代替操作码，用地址符号或标号代替地址码。这样用符号代替机器语言的二进制码，就把机器语言变成了汇编语言。因而汇编语言也称为符号语言。

用汇编语言编制的程序输入计算机后，计算机不能像用机器语言编写的程序一样直接识别和执行，必须通过预先放入计算机的一种程序进行加工和翻译，才能变成能够被计算机直接识别和处理的二进制代码程序。这种起翻译作用的程序叫汇编程序，汇编程序是系统软件中语言处理系统软件。汇编程序把汇编语言翻译成机器语言的过程称为汇编。用汇编语言等非机器语言书写好的符号程序称为源程序，运行时汇编程序要将源程序翻译成目标程序。目标程序是机器语言程序，当它被安置在内存的预定位置上，就能被计算机的 CPU 处理和执行。

汇编语言是面向具体机型的，它离不开具体计算机的指令系统，因此，对于不同型号的计算机，有着不同结构的汇编语言，而且，对于同一问题所编制的汇编语言程序在不同种类的计算机间也是互不相通的。一般地说，特定的汇编语言和特定的机器语言指令集是一一对应的，不同平台之间不可直接移植。

许多汇编程序为程序开发、汇编控制、辅助调试提供了额外的支持机制。有的汇编语言编程工具经常会提供宏，它们也被称为宏汇编器。

汇编语言不像其他大多数的程序设计语言一样被广泛用于程序设计。在实际应用中，它通常被应用在底层、硬件操作和高要求的程序优化的场合。驱动程序、嵌入式操作系统和实时运行程序都需要汇编语言。

汇编语言虽然生产率、可靠性及可读性等方面比机器语言有了提高，但是汇编语言仍然依赖于机器的结构，难学难用，所以第一代和第二代语言统称为面向机器的语言，使用有限，只有在高级语言无法满足性能要求或不具备支持某种特定功能的技术性能时才予以考虑。

4.1.4 高级语言

高级语言一般不依赖于实现这种语言的计算机，用高级语言实现软件系统，其生产率、可读性、可靠性、可维护性等方面都有很大提高，高级语言比起面向机器的语言来说，更接近自然语言；高级语言的一个语句往往对应多条机器语言指令。

从应用的特点来看，高级语言可以分为基础语言、结构化语言、专用语言和面向对象语言 4 类，从语言的内在特点看，高级语言可以分为系统实现语言、静态高级语言、块结构高级语言和动态高级语言 4 类。

基础语言的特点是历史悠久、使用广泛，具有大量的软件库，如 Algol、Fortran、Cobol、Basic 等。

结构化语言的特点是具有很强的过程功能和数据结构功能，并提供了结构化和逻辑构造。Algol 是最早的结构化语言，由它派生出来的 PL/1、Pascal、C 和 Ada 等语言都有广泛的应用。

基础语言和结构化语言都是通用语言。

专用语言的特点是具有为某种特殊应用而设计的独特的语法形式，是为特殊应用领域而设计的语言，如 APL、Lisp、Prolog、Smalltalk 等，专用语言虽支持特殊应用，但可移植性和可维护性相对较差。

面向对象的语言是目前流行的高级语言，如 C++、Java、Visual C++、C#、Delphi、Object Pascal、Ada 95、Ada2000、Ada2012 等，因为语言的构造与设计的构造相类似，所以用面向对象语言来实现面向对象设计相对容易些。

系统实现语言是为了克服汇编程序设计的困难而从汇编语言发展起来的，如 C 语言就是著名的系统实现语言，系统实现语言容许直接使用机器操作。

静态高级语言的特点是静态分配存储，这种方式虽然方便了编译程序的设计和实现，但对语言的使用施加了较多限制，Cobol 和 Fortran 是这类语言的代表。

块结构高级语言的特点是提供有限形式的动态存储分配，称为块结构，每当进入或退出程序块时，存储管理系统分配存储或释放存储，Algol 和 Pascal 是这类语言的代表。

动态高级语言的特点是动态完成所有存储的分配和释放，这类语言的结构和静态的或块结构高级语言都很不相同，是为特殊应用而设计的，不属于通用语言。

4.1.5 非过程语言

对于第四代语言（4GL），迄今没有统一的定义，一种意见认为，3GL 是过程性语言，目的在于高效地实现各种算法，4GL 则是非过程性语言，目的在于直接地实现各类应用系统。如果说 3GL 要求人们告诉计算机怎么做。则 4GL 只要求人们告诉计算机做什么。有人认为，前三代语言是工业时代的产物，4GL 则是信息时代的标志。

可以认为 4GL 具有的特征是：它具有很强的数据管理能力，用户可用高级的、非过程化的基本语句说明“做什么”，不必描述实现细节，能满足多功能、一体化的要求。有人把 SQL 关系数据库算作最早的 4GL，还有人把 UNIX 系统中的 Shell 语言算作 4GL，严格地说，完全具备 4GL 特征的语言还没有。

第五代语言是用于第五代计算机的语言。第五代计算机是一种更接近人的人工智能计算机，它能理解人的语言，人无须编写程序，靠讲话就能直接对计算机下达命令，第五代计算机还能思考，能帮助人进行推理和判断。

4.2 编程要求

俗话说，无规矩不成方圆，即使软件细节设计得再好，在编程实现的时候也要有要求，编程时要遵守一些约定，要有好的编程风格，就像文学作品的写作一样，好作品大家都爱看，差的作品读者群就会减少。软件编程时不但要保证代码正确性和高质量，同时要考虑到程序的可读性、易理解性和可维护性，对于大的软件系统，良好和一致的编码风格，有利于程序员之间的相互通信，减少因不协调而引起的问题。

编程的基本要求就是要形成良好的编码风格，影响编码风格的因素以及形成良好编码风格的原则有很多，本节主要讨论 4 个方面的要求。

4.2.1 程序语句结构的构成原则

在用某种语言实现软件时，要尽量采用标准结构，特别要尽量避免容易引起误解或混淆的语句和结构。

【例 4-1】 容易误解的 IF-THEN-ELSE 结构。

图 4-1 中是两个嵌套的 IF-THEN-ELSE 结构，图 4-1a 中的结构容易造成误解，使人不容易看清第一个 ELSE 与哪一个 IF 配套，若改为图 4-1b 的锯齿状结构会好些，若将条件改成图 4-1c 的结构会更好些，既消除了模糊性，又提高了可读性。

```
IF (a>b) THEN
IF (x>y) THEN
语句段 A
ELSE
语句段 B
ELSE
语句段 C
```

a)

```
IF (a>b)
    THEN  IF (x>y)
        THEN
            语句段 A
        ELSE
            语句段 B
    ELSE
      语句段 C
```

b)

```
IF (a ≤ b)
  THEN
     语句段 C
  ELSE   IF (x>y)
         THEN
             语句段 A
         ELSE
             语句段 B
```

c)

图 4-1 一个不好的 IF-THEN-ELSE 结构及其改进

a) 容易引起误解的结构 b) 用锯齿结构改进可读性 c) 修改条件消除模糊性

【例 4-2】 IF-THEN-ELSE 结构中的冗余空语句。

大多数高级语言中都允许 THEN 或 ELSE 后面使用空语句，但这种写法可能会降低可读性，在下面写法中，若将左面的形式改成右面的形式则可提高可读性，使结构清晰。

① F c THEN null　　　　可改写成 IF （NOT c）THEN S；
　　ELSE S；

② IF（A>B）THEN GOTO 10；　　可改写成
　GOTO 20；　　　　　　　　IF (A>B) THEN S；
　10 S；　　　　　　　　　　20 ……
　20 ……

【例 4-3】 费解的多层嵌套结构。

以下伪码中使用了 WHILE-DO、IF-THEN 和 REPEAT-UNTIL 结构，语句 S 能否执行取决于 C1 至 C5 五个条件，这种结构比较复杂，不容易理解。

```
WHILE C1 DO
        IF C2 THEN WHILE C3 DO
          IF C4 THEN
                    REPEAT
                      S
                    UNTIL C5;
```

其实上述的嵌套结构相当于如下的形式

```
WHILE （C1 AND C2 AND C3 AND C4 ）AND NOT C5
   DO  S
```

对于 3 层以上的嵌套结构要认真分析，去掉或合并冗余条件，化简有关条件，对于该例，要仔细分析 C1 至 C5，将它们写成更加简略的形式，当然写成一句也不一定是最好的，但要使结构清晰、容易理解，每个语句都要简单而直接，下述规则可供参考。

1）不要为了节省空间而把多个句子写在一行。

2）编写程序时首先要考虑清晰性，不要刻意追求技巧使程序编写得过于紧凑。

3）首先要使程序正确，然后再考虑提高速度。

4）尽量避免复杂的条件测试。

5）尽可能使用库函数。

6）尽量使用 3 种基本控制结构（顺序、选择和重复）来编写程序。

7）尽量减少对“非”条件的测试。

8）避免大量使用多层循环和条件嵌套。

9）即使语言中规定了运算符的优先级，也要尽量用括号来反映表达式中各因子的运算次序，以增强可读性和易理解性。

4.2.2 程序可读性和易理解性的要求

程序可读性和易理解性是衡量程序质量的两个重要指标，只有可读性好和易理解性高的程序才能易于测试、纠错和维护，程序可读性和易理解性的基本要求是要使源程序文档化（Code Documentation），只有实现了源程序的文档化才有利于提高程序的可读性、易理解性和可维护性，源程序的文档化也称为内部文档编制（Internal Documentation），主要包括 3 个方面的内容。

1．符号的命名要求

符号的命名包括变量名、标号名、模块名和子程序名等的命名，是否恰当地选择符号名是影响程序可读性的关键因素之一，为了易于识别和理解，最好选用一些有实际意义的标识符，仅用一个字符或两个字符来表示标识符大多数情况下是不可取的，即使在限制符号名字符个数时也要选用有意义的词头或缩写词。

对于变量名可采用下面的参考原则。

1）使用能够表明过程所完成的功能或达到的目的的名字。

2）不要自造或使用别名。

3）尽量避免各名字之间视觉上的相似，使每个名字与众不同。

4）避免使用拼法反常的名字。

5）充分利用程序语言允许建立有意义名字的有利条件。

6）频繁使用的局部变量可采用较短的缩写名字，对于很少使用的全局变量，可采用较长的、描述意义较强的名字。

7）整个程序中应使用一致的变量缩写方式。

8）采用公共前缀来标识逻辑上组合在一起的变量，例如包含在某个数据库表中的所有数据项，或某一过程的所有局部变量。

9）不要使用程序语言中的关键字去定义变量名。

10）变量名要尽量与数据字典中提供的数据名一致。

2．注释要求

在源程序中应有注释，加注释是为了帮助阅读和理解程序，不是可有可无，而是必需的，有些程序中甚至注释的内容超过了程序正文。因此，也可把注释作为编码的一部分工作，正规的程序文本中注释约占整个程序文件的三分之一到一半。

在程序的开始处要加序言性注释，参考内容如下。

1）程序标题。

2）目的、功能。

3）调用形式、参数含义。

4）输入数据。

5）输出数据。

6）引用的子程序。

7）相关的数据说明。

8）作者。

9）审查者。

10）日期。

在每个模块或子程序的开始处、重要的程序段、每一控制结构的开始处、难懂的程序段等处都应有注释。

充分的注释，对于提高程序的可读性有很大的帮助。但是，注释并不是多多益善，对于采用了有意义的变量名、使用了结构化的构造、有良好的程序风格、一看就明白、清晰的语句或变量处加注释，反而是画蛇添足并不可取。

3．空行和缩格要求

空行和缩格要求是为了提高程序的可读性和易理解性。在功能块之间、程序段之间、子程序间用空行分隔可使程序清晰。对于嵌套和分枝等控制结构可采用缩格的方式，缩格可清楚地反映出程序的层次，如图 4-1b 就是采用缩格的方式提高了程序的可读性。但要注意，不能通过空行或缩格来改变程序的逻辑，不合适的缩格可能会引起阅读者的误解，造成混乱，采用 CASE 工具来进行自动格式处理是一个很好的选择。

【例 4-4】 嵌套程序结构的书写格式。

图 4-2 是同一程序段的 3 种书写方式，图 4-2a 的可读性较差，不易马上看清结构；图 4-2b 采用缩格方式，增强了可读性；图 4-2c 将 ELSE 子句与第一个 THEN 对齐，似乎是 C1 不成立时执行 S2，但它仍然与图 4-2b 等效，因而试图通过改变缩格的方式是不能改变程序逻辑的。

```
IF C1 THEN IF C2    THEN S1 ELSE S2
```

a)

```
IF C1
   THEN IF C2
        THEN    S1
        ELSE    S2
```

b)

```
IF C1
   THEN IF C2
        THEN S1
   ELSE S2
```

c)

图 4-2　不同的程序格式

a) 没有采用缩格方式可读性较差　b) 采用缩格方式增强了可读性　c) 通过改变缩格的对齐方式不能改变程序的逻辑

4.2.3 数据说明的要求

程序中都要涉及数据，良好的程序风格也能在数据说明上体现，为使数据说明易于理解和维护，应注意以下几个方面。

1）数据说明的次序应当规范化，例如可采用下列次序。

- 简单变量说明
- 公用数据说明
- 数组说明
- 文件说明

2）当多个变量名用一个语句说明时，应当对这些变量按字母顺序排列以方便查找，同时对测试和纠错也都有利。

3）如果设计了一个复杂的数据结构，应当使用注释来说明在程序实现时这个数据结构的固有特点。

4.2.4 输入和输出应遵守的原则

输入和输出应遵守的原则其实是用户界面设计时应遵循的黄金规则的具体体现，系统的输入和输出与用户的使用直接相关，系统能否被用户接受，有时就取决于输入和输出的格式，因此，输入和输出的方式和格式应尽可能方便用户的使用。

1．输入

在编码输入方面应该遵守的指导原则如下。

1）让程序对输入数据进行有效检验，防止对程序的有意和无意的破坏。

2）输入格式、步骤、操作要尽量简单、一致，允许采用自由格式输入数据。

3）使用数据结束或文件结束标志来终止输入，不要让用户来计算输入的项数或记录数。

4）在屏幕上向用户提示应该输入的信息，指明可使用选择项的种类和取值范围，给出边界值。

5）对相关组合数据进行检查，不接受非法输入值（例如，检查代表三角形 3 条边的 3 个输入数据项，如果它们不能组成三角形则拒绝接受）。

2．输出

在编码输出方面应该遵守的指导原则如下。

1）给所有的输出加注释。

2）输出尽可能统一、一致，使所有报告、报表具有良好的格式。

3．Wasserman 原则

Wasserman 原则论述了涉及输入和输出风格的指导原则，并称之为“用户软件工程（User SE）”，该原则主要包括以下内容。

1）把计算机系统的内部特性隐蔽起来不让用户看到。

2）有完备的输入出错检查和出错恢复措施，在程序执行过程中尽量排除由于用户的原因而造成程序出错的可能性。

3）如果用户的请求有了结果，应随时通知用户。

4）充分利用联机帮助手段，对于不熟练的用户，提供对话式服务，对于熟练的用户，提供较高级的系统服务，改善输入和输出的能力。

5）使输入格式和操作要求与用户的技术水平相适应。对于不熟练的用户，充分利用菜单系统逐步引导用户操作；对于熟练的用户，允许绕过菜单直接使用命令形式进行操作。

6）按照输出设备的速度设计信息输出过程。

7）区别不同类型的用户，分别进行设计和编码。

8）保持始终如一的响应时间。

9）在出现错误时应尽量减少用户的额外工作。

4.3 面向对象的编程语言介绍

面向对象（OO，Object Oriented）语言虽然有一些普遍特性，但更重要的是不同的语言具有不同的特性，不同设计构造和语言的选择直接影响到实现。因此，在选用 OO 语言时应了解它们的特性，以下简要综述几种较有影响的 OO 语言。

4.3.1 Smalltalk 语言

Smalltalk 是第一个流行的 OO 语言，由 Xerox DARC 研究小组开发，由该语言又成功地产生了许多其他 OO 语言。Smalltalk 提供了高度交互的开发环境，避免了传统的以编译为基础语言的“编辑-编译-连接”周期的延迟。Smalltalk 环境允许快速程序开发，Smalltalk 是无类型语言，库的组件可以组合成快速原型应用。

Smalltalk 还提供了用户接口设计的 MVC（Model/View/Controller）系统，用户接口被划分为应用定义模块、模块不同视图数以及模块和视图同步改变的控制器，开发人员可集中精力于基本应用（模块）并独立地添加用户接口（视图和控制器），MVC 可增量式地扩充子类。每个模块均存在许多不同的视图/控制器对，视图和控制器可以在模块中修改后扩充或不改变该模块的内容。

Smalltalk 具有可扩充的元数据，在运行时可以修改和使用，作为解释器的语言实现，与它本身包含的环境的其他部分集成紧密相关，对快速增量式开发和调试给出了很好的支持。

4.3.2 Eiffel 语言

Eiffel 语言是由美国交互软件公司 B.Myers 等人于 1985 年设计，并根据埃菲尔铁塔的设计工程师 G.Eiffel 的名字命名。1986 年成为软件产品。Eiffel 语言本身包括分析、设计和应用工具，设计用来创造可重用的程序代码并使程序具有可升级性。Eiffel 语言的基本要素包括对象、类、继承和实体。Eiffel 语言适用于所有大型操作平台。

Eiffel 环境提供了两个编译命名：EC 和 ES，分别用于编译单个类和整个系统。编译程序以 C 作为中间代码，提供了丰富的编译开关，用以控制系统的运行模式。它还提供虚拟存储机制，支持自动存储管理。Eiffel 的基本类库提供了大量描述常用数据类型的类，如数组、表、堆栈和树等。此外，它还提供了程序调试，文档编制的图形设计等工具。

4.3.3 C++语言

C++语言由 C 语言改良得出，在语法上和 C 语言很相像，多数 C 代码可以和 C++放在一起编译。C++是一种面向对象的强类型化语言，由 Bell 实验室于 1986 年推出，已被国外许多主要计算机和软件生产企业选为替代 C 语言或与 C 语言并存的基本开发工具。

C++语言是 C 语言的一个超集，是一种比 Smalltalk 更接近于机器，比 C 语言更接近于问题的面向对象的程序设计语言（OOPL，Object Oriented Programming Language）。C++中的类可以由用户自定义，与 Pascal 和 Ada 语言类似，用户自定义类型与系统内在类型在程序中的地位与用法完全相同。C++语言也体现了结构化程序设计的基本风格。

4.3.4 Delphi 语言

Delphi 语言是在 Pascal 语言的基础上发展而来的面向对象语言， 20 世纪 90 年代后期推出。具有可视化开发环境，适用于数据库应用、通信软件、三维虚拟现实、多媒体应用系统等。

Delphi 不断添加和改进各种特性，功能越来越强大。Delphi 6.0 是 Borland 公司推出的一套无论是界面还是功能都近乎完美的应用程序开发工具。与以前的 Delphi 版本相比，Delphi 7.0 使用更简便，效率更高，是较稳定的一个版本。

总结起来，Delphi 语言具有如下特点。

1）用 Delphi 语言编写的程序直接编译生成可执行代码，编译速度快。由于 Delphi 编译器采用了条件编译和选择链接技术，使用它生成的执行文件更加精炼，运行速度更快。在处理速度和存取服务器方面，Delphi 的性能远远高于其他同类产品。

2）Delphi 语言支持将存取规则分别交给客户机或服务器处理的两种方案，而且允许开发人员建立一个简单的部件或部件集合，封装起所有的规则，并独立于服务器和客户机，所有的数据转移通过这些部件来完成。这样，大大减少了对服务器的请求和网络上的数据传输量，提高了应用处理的速度。

3）Delphi 语言提供了许多快速方便的开发方法，使开发人员能用尽可能少的重复性工作完成各种不同的应用。利用项目模板和专家生成器可以很快建立项目的构架，然后根据用户的实际需要逐步完善。

4）Delphi 语言具有可重用性和可扩展性。开发人员不必再对诸如标签、按钮及对话框等 Windows 的常见部件进行编程。Delphi 包含许多可以重复使用的部件，允许用户控制 Windows 的开发效果。

5）Delphi 语言具有强大的数据存取功能。它的数据处理工具 BDE（Borland Database Engine）是一个标准的中介软件层，可以用来处理当前流行的数据格式，如 xBase、Paradox 等，也可以通过 BDE 的 SQLLink 直接与 Sybase、SQLServer、Informix、Oracle 等大型数据库连接。Delphi 既可用于开发系统软件，也适合于应用软件的开发。

6）Delphi 语言拥有强大的网络开发能力，能够快速地开发 B/S 应用软件，它内置的 IntraWeb 和 ExpressWeb 使得对于网络的开发效率超过了其他多数的开发工具。

7）Delphi 使用独特的 VCL 类库，使得编写出的程序显得条理清晰，VCL 是现在最优秀的类库，它使得 Delphi 在软件开发行业处于一个绝对领先的地位。用户可以按自己的需要，任意的构建、扩充、甚至是删减 VCL，以满足不同的需要。

8）从 Delphi8 开始，Delphi 也支持.Net 框架下的程序开发。

4.3.5 Java 语言

Java 是 SUN 公司推出的，非常适合内网和外网环境的 OOPL，Java 的一个重要目标是使程序员容易编程，Java 的面向对象功能与 C++基本相同，但增加了 Objective-C 的扩充功能，以提供更多的“动态解决方法”。为保证软件的可靠性，Java 采取了多种措施，包括对可能存在的问题进行早期检查，在后期进行动态检查。

Java 在许多方面比 C++具有更好的动态性，更能适应环境的变化。Java 还具有分布式、可移植、安全、高性能、多线程等优点。

4.3.6 C#语言

C#（读作 C Sharp）语言由 C 和 C++演变而来，是一门现代、简单、完全面向对象和类型安全的编程语言。C#结合了 Microsoft 的 C++程序开发的优势及 Visual Basic 的简易性，与 Java 语言一样能跨平台运行，是 Microsoft 的下一代视窗服务策略的一部分。

C#是现代编程语言，C#优雅的面向对象的设计可以用来构建从高水平的商务目标到体系标准应用程序的范围宽广的组件。使用 C#编程语言可迅速建造提供充分开拓计算和通信的工具和服务的新的 Microsoft.NET 平台。C#的组成部分使用简单的 C#语言结构体组成，能被转换成 Web 服务，任何操作系统上运行的任何语言程序都可以通过互联网来调用 C#组件。

4.4 案例：网上招聘系统软件编程规范

该案例由参考文献整理而成，某公司要开发一个网上招聘系统，已完成了软件需求分析和软件设计，编程阶段的任务是根据软件设计说明书，按照编码标准和规范实现软件。以下是该软件的编程规范。

4.4.1 编码格式规范

1．缩进排版规定

以 4 个空格作为缩进排版的一个单位。

2．行长度规定

一行程序的长度不超过 80 个英文字符，若是文档中的例子程序，则每行不超过 70 个英文字符。

3．断行规则

当一个表达式无法容纳在一行内时，应该使用如下规则将长行断开。

1）在一个逗号后面断开。

2）在一个操作符前面断开。

3）尽量选择较高级别的断开，尽量避免较低级别的断开。

4）新的一行应该与上一行同一级别表达式的开头处对齐。

5）如果以上规则导致代码混乱或者使代码都堆挤在右边，则以缩进 8 个空格来代替。

见图 4-3 中的算术表达式例子，图 4-3a 属于较高级别的断开，因为断开处位于括号表达式的外边。图 4-3b 属于较低级别的断开，应该尽量避免。

```
longName1= longName2*( longName3+ longName4 - longName5)
+4* longName6;   //推荐
```

a)

```
longName1= longName2*( longName3+ longName4
- longName5)+4* longName6;   //避免
```

b)

图 4-3　同一算术表达式的不同断开方式

a) 较高级别的断开　b) 较低级别的断开

图 4-4 是声明的例子，图 4-4a 是常规的规范缩进情形，代码堆挤到了右端。图 4-4b 中采用缩进 8 个空格的方式来代替，避免了非常纵深的缩进。

```
private static synchronized horkingLongMethodName (int anAry,
                                                   Object anotherAry, String yetAnotherAry,
                                                   Object andStillAnother){
                                                     ……
}
```

a)

```
private static synchronized horkingLongMethodName (int anAry,
        Object anotherAry, String yetAnotherAry,
        Object andStillAnother){
          ……
}
```

b)

图 4-4　同一声明的不同缩进格式

a) 常规的缩进方式使右端代码堆挤　b) 采用 8 个空格缩进，避免了非常纵深的缩进

if 语句的换行通常使用 8 个空格的缩进规则，因为常规缩进（4 个空格）会使语句体看起来不清晰，图 4-5a 是不可取的缩进方式，图 4-5b 和图 4-5c 都是可取的缩进方式。

4. 空行规则

空行是为了将逻辑相关的代码段分隔开，以提高可读性。

下列情况应该使用 2 个空行。

1）一个源文件的两个片段（section）之间。

2）类声明和接口声明之间。

下列情况应该使用 1 个空行。

1）两个方法之间。

2）方法内的局部变量和方法的第一条语句之间。

3）块注释或单行注释之前。

4）一个方法内的两个逻辑段之间，用以提高可读性。

```
if ((condition1 && condition2)
   || (condition3 && condition4)
      || ! (condition5 && condition6)){
      doSomethingAboutIt( );
}
```

a)

```
if ((condition1 && condition2)
        || (condition3 && condition4)
                || ! (condition5 && condition6)){
    doSomethingAboutIt( );
}
```

b)

```
if ((condition1 && condition2) || (condition3 && condition4)
        || ! (condition5 && condition6)){
    doSomethingAboutIt( );
}
```

c)

图 4-5　3 种不同的缩进方式

a) 不可取的缩进方式　b) 可取的缩进方式 1　c) 可取的缩进方式 2

4.4.2　编码命名规范

制定编码命名规范是为了使程序更易读，从而更易于理解。该规范也可以提供一些有关标识符功能的信息，以帮助理解代码。

1．包（Packages）

一个包名的前缀是全部小写的 ASCII 字母并且是一个顶级域名，通常是 com、edu、gov、mil、net、org 或标示国家的英文双字符代码。包名的后续部分根据不同机构各自内部的命名规则而不尽相同。这类命名规范可能以特定目录名的组成来区分部门（department）、项目（project）、机器（machine）或注册名（login names）。

【例 4-5】 符合规范的包名

```
com.sun.eng
com.apple.quicktime.v2
edu.cmu.cs.bovik.cheese
```

2．类（Classes）

一个类名是一个名词，采用大小写混合的方式，每个单词的首字母要大写。尽量使类名简洁而富于描述。尽量使用完整单词，避免缩写词（除非该缩写词被更广泛使用，像 URL、

HTML 等)。

3. 接口(Interfaces)

接口的大小写规则与类名相同。

4. 方法(Methods)

一个方法名是一个动词,采用大小写混合的方式,第一个单词的首字母要小写,其后单词的首字母要大写。

5. 变量(Variables)

变量采用大小写混合的方式,第一个单词的首字母要小写,其后单词的首字母要大写。变量名不应以下划线或美元符号开头,尽管这在语法上是允许的。变量名应简短且富于描述。变量名的选用应该易于记忆,即能够指出其用途。尽量避免单个字符的变量名,除非是一次性的临时变量。临时变量通常取名为 i、j、k、m 和 n,它们一般用于整型,c、d、e 一般用于字符型。

6. 实例变量(Instance Variables)

实例变量除了前面需要一个下划线,大小写规则和变量名相同,如 int_employeeId。

7. 常量(Constants)

类常量和 ANSI(美国国家标准学会)标准中的常量的声明,应该全部大写,单词间用下划线隔开。

4.4.3 程序中的声明规范

1. 每行声明变量的数量

推荐一行一个声明,因为这样有利于写注释。亦即:

```
int level;   //indentation level
int size;    //size of table
```

要优于:int level,size;

不要将不同类型变量的声明放在同一行,例如:

```
int foo, fooarray[];    //WRONG!
```

注意,上面的例子中,在类型和标识符之间放了一个空格。空格可使用制表符替代。

2. 初始化

尽量在声明局部变量的同时初始化。唯一不这么做的理由是变量的初始值依赖于某些先前发生的计算。

3. 布局

只在代码块的开始处声明变量(一个块是指任何被包含在大括号"{"和"}"中间的代码)。不要在首次用到该变量时才声明,这会把程序员搞糊涂,同时会妨碍代码在该作用域内的可移植性。

【例 4-6】 符合声明规范的布局。

```
void myMethod( ){
    int int1=0;  //方法(代码块)开始处声明变量
```

```
        if (condition) {
            int int2=0;    //if 代码块开始处声明变量
            ……
        }
    }
```

该规则的一个例外是 for 循环的索引变量：

```
    for (int i=0; i< maxLoops; i++) {…}
```

4. 包的声明

在多数 Java 源文件中，第一个非注释行是包语句。网上招聘系统包的声明采用如下规范：

```
    package com.changjiangcompany.structs.form;   //form 包
    package com.changjiangcompany.structs.action; // action 包
```

5. 类和接口的声明

当编写类和接口时，应该遵守以下格式规则。

1）在方法名与其参数列表之前的左括号“{”间不要有空格。

2）左大括号“{”位于声明语句同行的末尾。

3）右大括号“}”另起一行，与相应的声明语句对齐，除非是一个空语句，“}”应紧跟在“{”之后。

4）方法与方法之间以空行分隔。

4.4.4 编程语句规范

1. 简单语句

每行至多包含一条语句，例如：

```
    argv++;                //推荐
    argc--;                //推荐
    argv++;   argc--;      //避免
```

2. 复合语句

复合语句是包含在大括号中的语句序列，形如“{语句}”。遵循原则如下。

1）被括号括在其中的语句应该较之复合语句缩进一个层次。

2）左大括号“{”应位于复合语句起始行的行尾，右大括号“}”应另起一行并与复合语句首行对齐。

3）大括号可以被用于所有语句，包括单个语句，只要这些语句是诸如 if-else 或 for 控制结构的一部分。这样便于添加语句而无须担心由于忘了加括号而引入 bug。

4.4.5 代码注释规范

Java 程序有两类注释：实现注释（Implementation Comments）和文档注释（Document Comments）。实现注释使用“/*…*/”和“//”界定的注释。文档注释是 Java 独有的，并由“/**…*/”界定。文档注释可以通过 javadoc 工具转换成 HTML 文件，描述 Java 的类、接口、构造器、方法以及字段（field）。一个注释对应一个类、接口或成员。若想给出有关类、接口、变量或方法的信息，而这些信息又不适合写在文档中，则可使用实现块注释或紧跟在声明后面的单行注释。例如，有关一个类实现的细节，应放入紧跟在类声明后面的实现块注释中，而不是放在文档注释中。

注释应被用来给出代码的概括，并提供代码自身没有提供的附加信息。

在注释里，对设计决策中重要的或者不是显而易见的地方进行说明是可以的，但应避免提供代码中已清晰表达出来的重复信息。

1. 注释的方法

程序可以有 4 种方法来实现注释：块注释、单行注释、尾端注释和行末注释。

（1）块注释

块注释通常用于提供对文件、方法、数据结构和算法的描述，块注释被置于每个文件的开始处以及每个方法之前，它们也可以被用于其他地方，比如方法内部。在功能和方法内部的块注释应该和它们所描述的代码具有一样的缩进格式。块注释之首应该有一个空行，用于把块注释和代码分割开来。比如

```
/*
 * 这是块注释（Here is a block comment.）
 */
 public class Example{…
```

注意，顶层（top-level）的类和接口是不缩进的，而其成员是缩进的。描述类和接口的文档注释的第一行（/**）不需缩进，随后的文档注释每行都缩进 1 格（使星号纵向对齐）。成员，包括构造函数在内，其文档注释的第一行缩进 4 格，随后每行都缩进 5 格。

（2）单行注释

短注释可以显示在一行内，并与其后的代码具有一样的缩进层级。如果一个注释不能在一行内写完，就该采用块注释。单行注释之前应该有一个空行。以下是一个 Java 代码中单行注释的例子：

```
  if (condition){

/* 条件处理（Handle the condition.）*/
…
}
```

（3）尾端注释

极短的注释可以与它们所要描述的代码位于同一行，但是应该有足够的空白来分开代码和注释。若有多个短注释出现于大段代码中，它们应该具有相同的缩进。以下是一个 Java 代码中尾端注释的例子：

```
if (input= =2){
        return TRUE;                    /*特殊处理*/
  }else{
        return isMine(input);           /*调用函数 isMine*/
}
```

（4）行末注释

注释界定符“//”可以注释整行或者一行中的一部分。它一般不用于连续多行的注释文

本，然而，它可以用来注释连续多行的代码段。

注意：

1）频繁的注释有时会反映出代码的质量低。当觉得被迫要加注释的时候，可以考虑一下重写代码使其更清晰。

2）注释不应写在用星号或其他字符画出来的大框里，注释不应包括诸如制表符和回退符之类的特殊字符。

2. 开头注释

所有的源文件都应该在开头有一个类似C语言风格的注释，其中列出类名、版本信息、日期、作者以及版权声明。

3. 类和接口注释

包含两方面内容，一是类和接口的文档注释，用“/**……*/”来界定，该注释中包含要描述的文档信息。二是类和接口实现的注释，用“/*……*/”来界定，该注释应包含任何有关整个类或接口的信息，而这些信息又不适合作为类和接口的文档注释。

4.4.6 存放代码的目录规范

网上招聘系统开发环境是 Eclipse，开发之后的代码需要部署到 Tomcat 服务器环境上。所以开发环境的目录结构与运行环境的目录结构是一致的，只是在部署的运行环境中，可以不设置源代码的目录。为此制定目录规范，开发目录结构示意图如图 4-6 所示。

在软件详细设计完成后已得到了软件过程的伪代码描述，在实现阶段，要按照编码标准和规范进行分模块编码。开发环境是 Eclipse，首先开发人员在开发过程中按照开发的目录将相应的文件存放在指定的目录下，进行调试，如果调试完成，代码评审通过后，放入基线库，再从基线库将代码放入运行（Tomcat）环境中。

各个目录的说明如下。

1）onlineCV/src/share 目录中存放所有的 Java 公用模块。

2）onlineCV/src/form 目录中存放所有的 form 模块。

3）onlineCV/src/action 目录中存放所有的 action 模块。

4）onlineCV/src/model 目录中存放 MVC 体系中的所有模块。

5）onlineCV/WEB-INF/struts-bean.tld、onlineCV/WEB-INF/struts-html.tld、onlineCV/WEB-INF/struts-logic.tld 以及 onlineCV/WEB-INF/CVTld.tld 是标签库，其中 onlineCV/WEB-INF/CVTld.tld 是自定义标签库，其他是 struct 系统标准的标签库。

6）onlineCV/exam 存放问卷管理的图片文件和 jsp 文件，其中 onlineCV/exam/images 存放图片文件，onlineCV/exam/jsp 存放 jsp 文件。

7）onlineCV/knowledge 存放知识题库管理的图片文件和 jsp 文件，其中 onlineCV/knowledge/images 存放图片文件，onlineCV/knowledge/jsp 存放 jsp 文件。

8）onlineCV/position 存放职位管理的图片文件和 jsp 文件，其中 onlineCV/ position/images 存放图片文件，onlineCV/position/jsp 存放 jsp 文件。

9）onlineCV/ CVManagement 存放简历管理的图片文件和 jsp 文件，其中 onlineCV/CVManagement/images 存放图片文件，onlineCV/CVManagement/jsp 存放 jsp 文件。

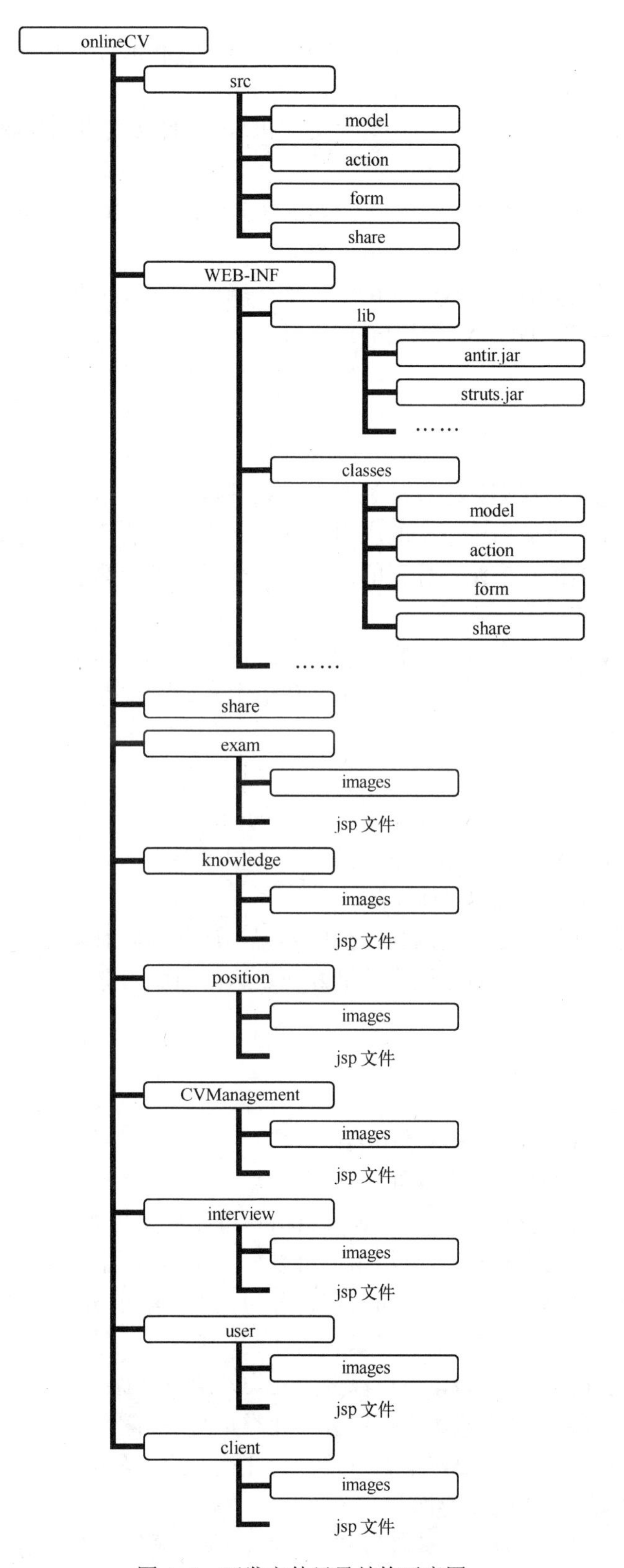

图 4-6　开发文件目录结构示意图

10）onlineCV/interview 存放面试管理的图片文件和 jsp 文件，其中 onlineCV/ interview/ images 存放图片文件，onlineCV/interview/jsp 存放 jsp 文件。

11）onlineCV/user 存放用户管理的图片文件和 jsp 文件，其中 onlineCV/user/images 存放图片文件，onlineCV/ user /jsp 存放 jsp 文件。

12）onlineCV/client 存放客户端的图片文件和 jsp 文件，其中 onlineCV/client/images 存放图片文件，onlineCV/ client /jsp 存放 jsp 文件。

13）onlineCV/ WEB-INF/classes 存放所有 Java 编译后的类文件。

14）onlineCV/ WEB-INF/lib 存放所有的库文件。

4.5 小结

软件的编程实现就是根据详细设计说明书用某种程序设计语言去编码实现软件的过程描述，不同的程序设计语言适用于不同的应用领域，选择合适的语言可提高编程效率和提高程序的质量，但十全十美的语言是不存在的，一般应选择尽可能熟悉的能较好满足应用领域要求的语言。

计算机语言的发展经历了机器语言时代、汇编语言时代和高级语言时代。目前主要使用的是高级语言，高级语言是过程性语言，第四代语言是非过程性的，第四代语言的发展将逐步改变程序设计的面貌。

编码风格直接影响到软件的可维护性和易理解性，程序虽然最终要转换成机器去执行的指令，但更重要的它是给人看的，因此要重视编码风格。

良好的编码风格要求使用合适的语句结构，源程序要文档化，数据说明要规范并易于理解，输入和输出要简单、格式尽可能一致。

用面向对象的语言编码是面向对象思想的实现，但非面向对象语言也可实现面向对象的设计，在选择 OOPL 时要考虑哪个语言能最好地表达问题域的定义。

4.6 习题

1．简述程序编码在软件工程过程中的作用。
2．程序设计语言是如何进行分类的？
3．按程序设计语言的级别来分类，计算机语言可以分为几类？给出名称。
4．按解决问题的方式分类，计算机语言可以分为几类？给出名称。
5．按程序执行方式分类，计算机语言可以分为几类？给出名称。
6．按应用领域分类，计算机语言可以分为几类？给出名称。
7．按应用范围分类，计算机语言可以分为几类？给出名称。
8．从应用的特点来看，高级语言可以分为几类？给出名称。
9．从语言的内在特点看，高级语言可以分为几类？给出名称。
10．简要说明编码风格的重要性。
11．简述在用计算机语言实现软件过程描述时，应遵循的参考规则有哪些？

12．源程序文档化主要包括哪些方面？

13．简述在编码输入方面应该遵守的指导原则。

14．简述在编码输出方面应该遵守的指导原则。

15．根据 Wasserman 原则的内容，简述什么是“用户软件工程”？

16．Delphi 语言是从哪种语言的基础上发展而来的，Delphi 语言主要具有哪些特点？

17．说出几种较有影响的面向对象的编程语言，简要介绍语言：C++、Java、C#。

18．根据 4.4 节案例，简要叙述编码格式规范、命名规范、声明规范、语句规范以及注释规范。

第5章　软件的测试及维护

当创业者们开发出一款新产品时，他们能将其立即投放市场吗？不能！因为那将面临很大的风险。正确的做法是由质量检验部门对产品进行反复测试，再送权威部门检测，甚至让一些人免费试用一段时间后才可以正式投放市场，而且售后服务必须跟上，否则该产品很难在市场上取得成功。软件也是如此，即使软件是非产品化的工程项目，也必须经过系统严格的测试。测试是软件工程中非常重要的一个阶段，是保证软件质量和可靠性的重要手段。根据软件的重要性不同，软件测试所占的工作量也有所不同。通常，软件测试工作量约占整个软件开发工作量的40%，重要软件的测试工作量可占整个软件开发工作量的80%以上。

投入使用后的软件还要进行维护，就像产品的售后服务一样，不进行维护的软件寿命是短暂的，很快就会被淘汰。软件维护是软件生命周期中消耗时间最长、最费精力、费用最高的一个阶段。如何提高可维护性、减少维护的工作量和费用是软件工程的一个重要任务。

5.1　软件测试的基本原理

软件测试是可以预先计划并系统进行的一系列活动。本节首先介绍软件测试的目标和原则，它们是进行软件测试活动的纲领和"大政方针"，软件测试的基本原理是在它们的基础之上展开的，软件测试的步骤和策略则是软件测试基本原理的体现。

5.1.1　软件测试目标和原则

软件测试目标和原则是进行软件测试工作的指导思想和策略，检验一个软件是否能有效工作，唯一可行的方式是进行穷举测试，但是即使一个很小的程序，进行穷举测试在人的有生之年都不太可能完成，我们所期望和追求的是用最少的测试用例和最少的测试工作发现软件中尽可能多的错误。

G. Myers在他的名著《The Art Of Software Testing》一书中提出了软件测试的目标。

1）测试是为了寻找错误而运行程序的过程。

2）如果用一个测试用例发现了一个至今未发现的错误，那么该测试用例就是一个好的测试用例。

3）如果一次测试发现了一个至今未发现的错误，那么，这次测试就是成功的。

由此可见，测试是为了发现并排除掉软件工程各个阶段和各项工作中出现的错误，测试并不是向别人展示该软件如何正确，否则出发点就错了。

在进行有效的测试之前，应该了解软件测试的基本原则，Davis提出了下面的原则。

1）所有的测试都应追溯到用户的需求。因为软件测试的目标是发现错误，因而从用户的角度看，最严重的错误就是软件系统不满足用户的需求。

2）尽早制定测试计划。在需求模型完成后就要开始制定测试计划，在软件设计模型确定后要定义详细的测试用例。

3）将 Pareto 原则应用于软件测试。Pareto 原则表明 80%的程序错误可能起源于 20%的程序模块，因而，关键在于如何孤立出这 20%的模块并进行重点和大量的测试。

4）测试应由小到大。最初应该在单个模块中寻找错误，然后转向在集成的模块簇中寻找错误，最后在整个系统中寻找错误。

5）穷举测试是不可能的。即使是一个小的程序，其测试数据的组合及路径的排列都将是天文数字，因而，穷举测试几乎不可能，有效的方法是检测重要数据，充分覆盖程序逻辑，并检测程序中的所有条件是否满足。

6）由独立的第三方测试软件。因为软件测试是为了发现错误，严格地说是“破坏性的”，因而为了达到最佳效果，开发人员并不是最佳测试人选。

5.1.2 软件的可测试性

软件可测试性是指一个计算机程序能够被测试的容易程度。可测试性的度量有很多，有时，可测试性被用来表示一个特定测试集覆盖产品的充分程度，有时用它来表示工具被检验和修复的容易程度，可测试性软件包括可操作性、可观察性、可控制性、可分解性、简单性、稳定性和易理解性等特征，每个特征展开后都有很多内容。

关于测试本身，Kaner、Falk 和 Nguyen 给出了良好测试的 4 个属性。

1）一个好的测试发现错误的可能性很高。为此，测试者要理解软件，并尝试设想如何才能让软件失败，理想情况下，应该能检测出错误的类别。例如，在 GUI（图形用户界面）中可能有一种错误，不能正确识别鼠标的位置。应该设计一个测试集来验证鼠标位置识别的错误。

2）一个好的测试不冗余。每一个测试都应有不同的用途，哪怕是细微的差异。例如，某软件系统中有一个模块是用于识别用户密码以决定是否启动系统，为了测试密码输入的错误，测试者设计了一系列的输入密码进行测试。在不同的测试中输入 4 个数字构成有效和无效的密码，但是，每一个有效或无效的密码将只检测一种不同错误模式，例如，系统将“8080”作为有效密码，如果输入的非法密码“1234”被接收了，则出现了错误，但是若另一个测试输入“1235”，则与“1234”的测试意图相同，因此是冗余的。然而，若输入“8081”或“8180”则就有细微的差异了，因为这两个测试虽然与有效密码相近但并不相同，所以并不冗余。

3）一个好的测试应该是“最佳品种”。在一组目的相似的测试中，时间和资源的限制可能只影响这些测试中某个子集的执行，此时，应该使用最可能找到所有错误的测试。

4）一个好的测试既不太简单，也不太复杂。每一个测试都应该独立执行，如果将一组测试组合到一个测试用例中，可能会屏蔽掉某些错误。

5.1.3 软件测试的步骤和策略

1．软件测试过程与开发过程的对应关系

软件开发过程与测试过程是对应的，开发过程的每一步都有相应的测试活动来检测开发过程的质量。软件开发过程是一个自顶向下、逐步细化的过程，而测试过程则是自底向上，逐步集成的过程，如图 5-1 所示。软件测试实际上是顺序实现的 4 个步骤的序列，最初对每

个程序模块（构件）进行单元测试以清除程序模块内部在逻辑上和功能上的错误和缺陷，然后将模块装配并对照设计说明进行集成测试，检测和排除子系统及系统结构上的错误，之后再对照需求说明书进行确认测试，检测软件系统是否满足预期要求，最后将软件纳入到实际的运行环境中与其他系统元素组合在一起进行系统测试，检验所有的系统元素是否协调一致地工作以及整个系统的性能和功能是否达到。

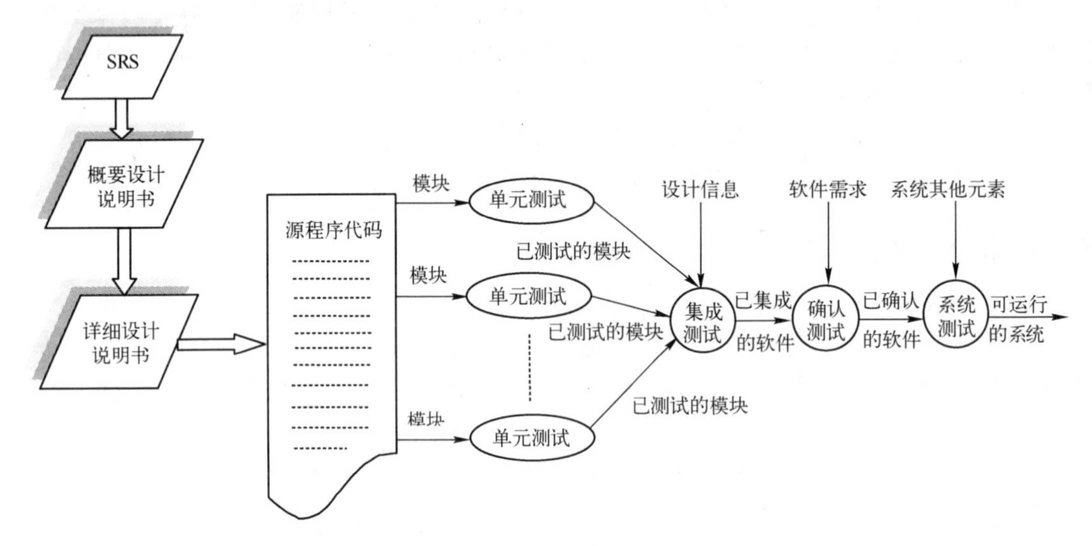

图 5-1　软件测试与开发过程的对应关系

2．测试信息流

软件测试信息流如图 5-2 所示，测试过程需要 3 类输入：软件配置、测试配置和测试工具。

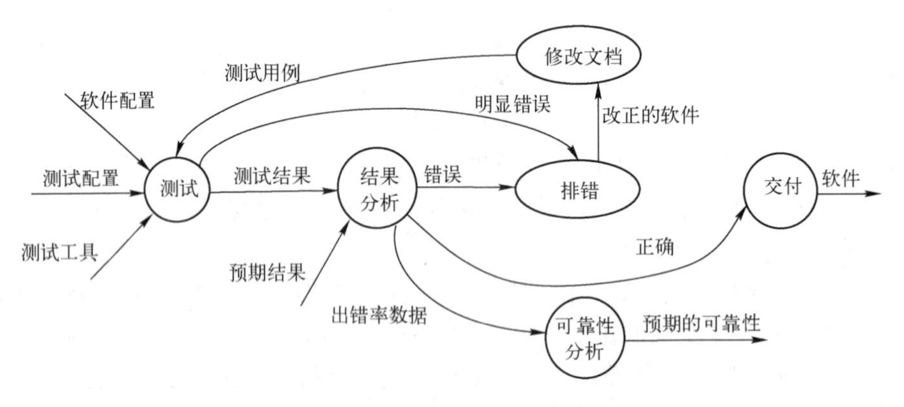

图 5-2　测试信息流

1）软件配置，包括软件需求规格说明、软件设计说明、源代码等。

2）测试配置，包括测试计划、测试用例、测试驱动程序等。

3）测试工具，测试工具为测试的实施提供某种服务。例如，测试数据自动生成程序、静态分析程序、动态分析程序、测试结果分析程序等。

测试之后，用实测结果与预期结果进行比较，若发现出错数据，就要进行调试。对已经发现的错误进行错误定位和确定出错性质，并纠正这些错误，同时修改相关文档。修正文档后要再次测试。

通过收集和分析测试结果数据，对软件建立可靠性模型。如果测试发现不了错误，则说明测试配置考虑得不够细致充分，错误仍然潜伏在软件中。

3．单元测试

单元测试又称为模块测试，目的在于发现各模块（构件）内部可能存在的差错，单元测试要从程序的内部结构出发设计测试用例，多个模块可独立地进行单元测试。

（1）单元测试的内容

1）模块接口测试。对通过被测模块的数据流进行测试。为此，对模块接口，包括各参数表、调用子模块的参数、全程数据、文件输入和输出操作都必须进行检查。

2）局部数据结构测试。设计测试用例来检查数据类型说明、初始化、默认值等方面的问题，并检查全程数据对模块的影响。

3）路径测试。选择适当的测试用例，对模块中重要的执行路径进行测试。对基本执行路径和循环进行测试可以发现大量的路径错误。

4）错误处理测试。检查模块的错误处理功能是否包含有错误或缺陷。例如，是否拒绝不合理的输入，出错的描述是否难以理解、是否对错误定位有误、是否出错原因报告有误、是否对错误条件的处理不正确、在对错误处理之前错误条件是否已经引起系统的干预，等等。

5）边界测试。要特别注意数据流、控制流中正好等于、大于或小于确定的比较值时出错的可能性。对这些地方要仔细选择测试用例，认真测试。

此外，如果对模块运行时间有要求的话，还要专门进行关键路径测试，以确定最坏情况下和平均意义下影响模块运行时间的因素。这类信息对性能评价是十分有用的。

（2）单元测试环境

由于模块（单元）不是独立的程序，因此在进行单元测试时，要考虑模块与外界的联系，用一些辅助模块去模拟与被测模块相联系的其他模块，辅助模块包括驱动模块和桩模块。

1）驱动模块，相当于被测模块的主程序，它接受测试数据，把它们传送到被测模块，最后输出实测结果。

2）桩模块，用于代替被测模块所调用的子模块。桩模块可以做少量的数据操作，不需要将子模块的所有功能都包括进去，但不允许什么事情也不做。

被测模块、与被测模块相关的驱动模块和桩模块共同构成一个“测试环境”，如图 5-3 所示。

4．集成测试

集成测试是将经过单元测试的各模块进行组装的一个系统化技术，这时要根据概要设计说明书对各模块进行测试，以发现与接口有关的错误，集成测试的目标是将经过单元测试的模块构成一个设计所要求的软件结构。

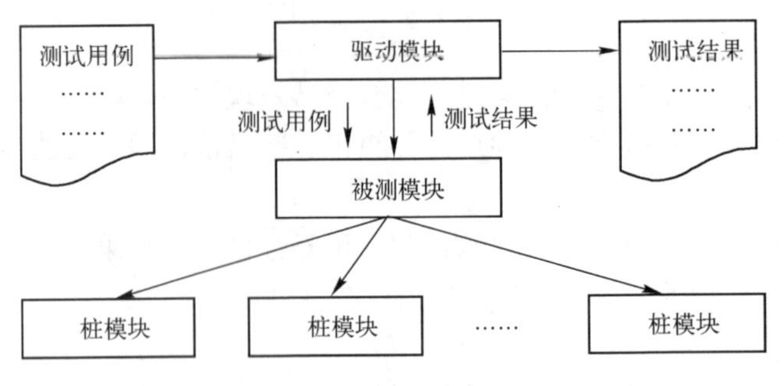

图 5-3　单元测试的测试环境

集成测试分为增殖和非增殖两种方式，不同的方式对模块测试用例的形式、所用测试用例的类型、模块测试的次序、生成测试用例的费用和调试的费用有不同的影响。

（1）非增殖方式

这是一次性的整体集成测试方式，首先将系统中各个模块逐个单独进行测试，然后一次集成，这种方式允许多个测试人员同时工作，但是由于必须为每个模块设计相应的驱动模块（系统主模块除外）和桩模块（结构中最底层的叶子模块除外），因此测试成本较高。另外，如果集成后的系统中包含多种错误，而这些错误又是由错综复杂的原因造成的，则难以对错误定位和纠正。就像大合唱，一个人跑调容易被发现和确定，但是若有很多人跑调并且跑的不一致，这时就很难发现是谁的错了。

由于程序中不可避免地存在涉及模块间接口、全局数据结构等方面的问题，因而一次试运行成功的可能性很小，所以，更多的是采用增殖方式来进行集成测试。

（2）增殖方式

这种方式是逐次将一个个未曾测试的模块与已测试的模块（或子系统）组成程序包，将这个程序包作为一个整体进行测试，通过增殖逐步集成。由于一次只增加一个模块，所以，错误容易发现和定位。就像排练大合唱，每次增加一位歌手，跑调的人很容易定位并纠正。根据集成过程可将增殖测试方式分为自顶向下、自底向上和混合增殖 3 种方式。

● 自顶向下增殖方式

这种方式是从主控模块开始沿系统的控制层次自顶向下一次一个模块地集成，以先深度或先宽度的方式将属于和最终属于主控模块的模块逐个纳入软件结构中。

具体测试步骤如下。

第一步，用主控模块作为驱动程序，直接下属模块用桩模块代替，对主控模块进行测试。

第二步，根据所选择的测试方法（即先深度或先宽度），用实际模块逐个替代下属的桩模块，每替换一个模块（若该模块还有下属模块则仍用桩模块代替）都进行一次测试。

第三步，全部或部分地重复以前做过的测试（称为回归测试），以避免在集成过程中引入新的错误。

第四步，从第二步开始重复该过程，直到构成整个软件结构。

图 5-4 为一软件结构图，用自顶向下的方式对该结构进行测试，首先测试主控模块 M1，其直接下属用 S2，S3 和 S4 代替，如图 5-5a 所示，测试完后接着将 S2 用实际模块 M2 代替，M2 的直接下属用桩模块 S5 和 S6 代替，进行第二步测试，如图 5-5b 所示。若选择的

是先深度测试方式则下一步可用 M5 代替 S5 进行测试，如图 5-5c 所示，若选用先宽度则可用 M3 替换掉 S3 进行测试，如图 5-5d 所示。因此若用先深度的测试策略，则可能的一种测试顺序是:

M1→M2→M5→M8→M6→M3→M7→M4

若采用先宽度的测试策略则可能的一种测试顺序是:

M1→M2→M3→M4→M5→M6→M7→M8

从测试步骤可以看出，即使确定了测试策略（先深度或先宽度），测试顺序也并不唯一。

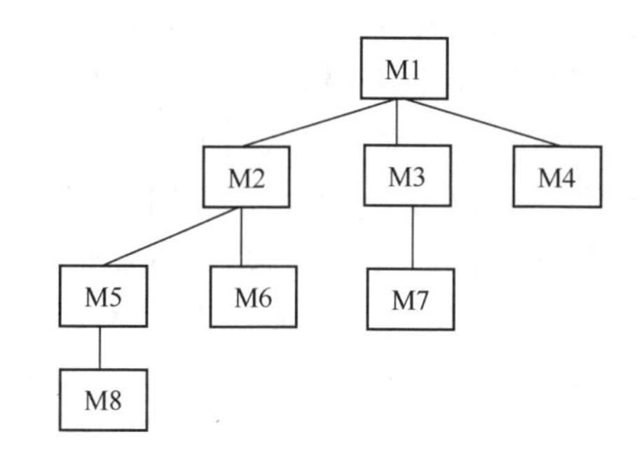

图 5-4　待测试的软件结构图

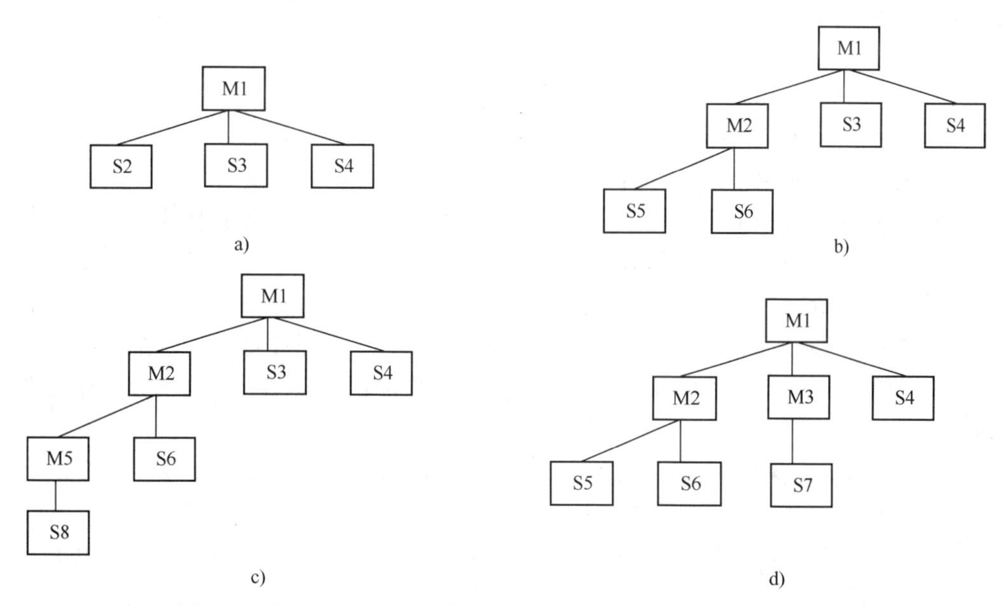

图 5-5　对图 5-4 的软件结构进行自顶向下集成测试的前三步测试

a) 测试主控模块 M1　b) 测试模块 M2　c) 若采用先深度方式策略，则第三步可测试 M5

d) 若采用先宽度策略，则第三步可测试 M3

- 自底向上增殖方式

这种方式是从软件结构中的最底层模块（即叶子模块）开始进行组装并测试，虽然这种测试方式不需要设计桩模块，但是需要设计很多驱动模块。

具体测试步骤如下。

第一步，为每个底层模块书写一个驱动模块进行测试。

第二步，用实际模块替换驱动模块，加入已测试过的直接下属模块构成子系统。

第三步，为每一子系统书写驱动模块，进行新的测试。

第四步，从第二步开始重复该过程，直至达到根结点模块。

同样，自底向上的集成测试顺序也不是唯一的，对于图 5-4 所示的软件结构，一种可能的测试顺序是:

M8→M5→M6→M7→M2→M3→M4→M1

● 混合增殖方式

自顶向下的增殖和自底向上增殖方式各有优缺点。自顶向下增殖方式的优点是在系统开始时就能测试主要界面，能够尽早发现并纠正错误，用户在早期看到系统的概貌，可以边实现边测试，逐步进展，找错也相对容易。对于自底向上的增殖方式，通常编写驱动模块比桩模块容易，而且一个驱动模块有可能为几个子模块所共用，需要量比桩模块少得多。另外，在程序中的关键部件和包含新算法且容易出错的模块通常处于底层，这就有利于并行测试，降低了问题的复杂性，从而可提高测试速度。再者，由于驱动模块直接处于被测模块之上，不存在由于其他模块的介入而引起测试用例设计的困难以及测试结果不能判定的问题。

自顶向下增殖方式的缺点是需要建立桩模块，要使桩模块模拟实际子模块的功能是很困难的，同时，涉及复杂算法和输入/输出的模块一般在底层，它们是最容易出问题的模块，到集成测试的后期才遇到这些模块，一旦发现问题，导致过多的回归测试。自底向上增殖方式的缺点是程序一直未能作为一个实体存在，对主要控制直到最后才能看到。

根据自顶向下和自底向上增殖方式的各自优缺点，人们又提出了一些混合增殖策略。

1）衍变的自顶向下增殖方式。其原理是强化对输入、输出和引入新算法模块的测试，并自底向上集成为功能完整且相对独立的子系统，然后由根结点出发自顶向下增殖和测试。

2）自顶向下-自底向上增殖测试。如果软件结构中有一个以上关键模块，则以关键模块为中心，采用由两端向中间测试的方式，关键模块采用自底向上的方法测试，Myers 把这种方式称为“三明治测试”。

3）自底向上-自顶向下增殖测试。首先对含读操作的子系统由底向上直至根结点模块进行集成测试，然后对含写操作的子系统作自顶向下集成测试，Myers 把这种方式称为“衍变的三明治方式”。

4）回归测试。在集成测试时加进新模块时或在测试过程中发现了错误进行纠正以后，软件会发生变化，可能会出现新的输入、输出操作，也可能会激活新的控制逻辑，这些改变可能会引发新的错误。回归测试就是对某些已经进行过的测试再重新进行，以避免由于程序的改变而带来的副作用。

在集成测试过程中，回归测试可能会变得非常庞大。因此，回归测试集（要进行测试的子集）应当设计为只包括那些涉及在主要的软件功能中出现的一个或多个错误类的那些测试。

通常，进行回归测试时可从前面一级测试中复用最重要的测试实例，回归测试集可包括以下 3 种不同类型的测试用例。

a）能够测试软件的所有功能的代表性测试用例。

b）专门针对可能会被修改影响的软件功能的附加测试。

c）针对修改过的软件成分的测试。

5）莽撞测试。指未经认真准备，无一定计划和不受任何限制的简单测试，莽撞测试的主要优点是它能使软件的大部分模块很快地结合起来，这比逐步地、每次结合一个模块要快得多。但要注意，对在莽撞测试中已成功运行的测试用例在正式的集成测试时还要重新运行。

（3）变异测试

● 变异测试基本思想

变异测试是针对集成测试中的问题而研究的一种错误驱动测试方法，该方法是为了查找某类特定程序错误，它通过一些微小的语法变化产生一个类似于被测 P 的变异体 M，这些变异体是由变异算子决定的，而每一个变异算子就是一种错误类型，属于黑盒测试方法的一种。

假设 P 在测试集 T 上是正确的，可以找出 P 的变异体的某一集合：

$$M=\{M（P）|M（P）是P的变异体\}$$

若变异体 M 中每一个元素在 T 上都存在错误，则可以认为原程序 P 的正确程度较高；否则若 M 中某些元素在 T 上不存在错误，则可能存在以下 3 种情况。

1）这些变异体与原程序 P 在功能上是等价的。

2）现有的测试数据不足以找出原程序 P 与其变异体的差别。

3）原程序 P 可能含有错误，而某些变异体却可能是正确的。

变异测试方法的理论基础来源于两个基本假设：其一是程序员的能力假设，即假设被测程序是由具有足够程序设计能力的程序员编写的，因此它所编写的程序是接近正确的；其二是组合效应假设，它假设简单的程序设计错误和复杂的程序设计错误之间具有组合效应，即一个测试数据如果能够发现简单的错误，则也可以发现复杂的错误。正是这两个基本假设才确定了变异测试的基本特征：通过变异算子对程序做一个较小的语法上的变动来产生一个变异体。

● 变异测试步骤

给定一个程序 P 和一个测试集 T，其测试过程由下列步骤组成。

第一步，产生被测程序 P 的一组变异体，即将程序 P 的代码中的一处做合乎语法的变更，所产生的程序就是程序 P 的一个变异体。

第二步，对原程序和它的变异体都使用测试数据进行测试运行，并纪录它们在每一个输入值上的输出结果。如果一个变异体在某个输入上与原程序产生不同的输出值，则称该变异体被输入数据杀死了，即为死去的变异体；若一个变异体在所有的测试数据上都与原程序产生相同的输出，则称其为活的变异体。

第三步，对活的变异体进行分析，检查其是否等价于原程序（标记等价变异体的过程也是变异测试中较为关键的一步）。

第四步，对于不等价于原程序的变异体进行进一步的测试，直至充分性度量达到满意的程度为止，其中变异体充分性度量为下式计算：

$$变异体充分度=\frac{D}{M-E}$$

其中：D 为死的变异体个数，M 为变异体总数，E 为与原程序等价的变异体个数。

变异测试的关键是如何产生变异体。一般的方法是通过对原来的被测程序作用变异算子来产生变异体。一个变异算子是一个程序转换规则，它把一种语法结构改变成另一种语法结构，保证转换后程序的语法正确，但不保持语义的一致。变异算子可以针对不同的语法成分来进行，诸如关系运算符、语句、谓词、算术表达式等系统设计变异算子，并把它们按照其所能完成的对软件的分析分成一系列层次。

● 接口变异集成测试方法

接口变异（Interface Mutation，IM）是用来评价那些已经经过测试的各个单元之间的相互作用，它是变异测试的扩展，并被设计用于由相互作用的各个单元所组成的软件系统。为了减少变异体数目、节省软件测试成本，并且保证其错误发现率在一个可接受的范围内，许多研究人员做了不懈努力，比如：Haley 和 Zweben、Harrold 和 Soffa、Jin 和 Offut 等，并提出了一些方法，但是接口变异相对于这些方法来说，不需要估计程序间的连接和所覆盖的路径，避免了需要处理变量匿名问题的复杂性，具有其他方法不可替代的优点。接口变异的集成测试方法从以下 3 个方面节省了软件测试成本。

1）限制典型的集成测试错误的变异算子。

2）每次只是分别地测试两个单元之间的连接。

3）只在与单元接口有关的部分应用变异算子，比如函数调用、参数或全局变量等。

实践证明，接口变异的集成测试方法不但极大地减少了执行变异体的数量，节省了软件测试成本，而且其错误发现率也绝不逊于传统的变异测试方法。

接口变异算子的定义主要取决于所使用的编程语言，不同的语言其接口变异算子会有一些差别，这主要是由于不同的编程语言所规定的语法不同，继而使得常见的错误形式不同，而变异测试本身就是一种错误驱动测试。

当一个函数 F 调用另一个函数 G 时，在调用与被调用的函数之间可定义如下的 4 种数据传输方法。

1）通过输入数值参数将数据传给函数 G。

2）通过输入/输出参数将数据传给函数 G，或者返回给函数 F。

3）通过全局变量将数据传给函数 G，或者返回给函数 F。

4）通过返回值将数据返回给函数 F。

以上 4 种数据传输类型并不是相互排斥的。为了使用接口变异去评估测试用例集，首先应对原程序做微小的语法变化，以生成变异体。不像传统的变异测试，这些语法变化只作用在与两个单元的接口和连接相关的部位，而与以上 4 种数据传输类型相关的变量或表达式正是进行变异的最佳选择。每一个变异体都是由变异算子作用而得的，而将一个变异算子作用于原程序可能会产生 0 个或多个变异体。当变异体生成后，其余各个步骤与传统的变异测试方法基本相同。

5. 确认测试

确认测试又称有效性测试，它的任务是验证软件的功能、性能以及其他特性是否与用户的要求一致。在软件需求规格说明书中描述了全部用户可见的软件属性，其中有一节叫做有效性准则，它包含的信息就是软件确认测试的基础。

确认测试阶段的主要工作如图 5-6 所示。首先，进行有效性测试和软件配置复查，然后进行验收测试和安装测试。

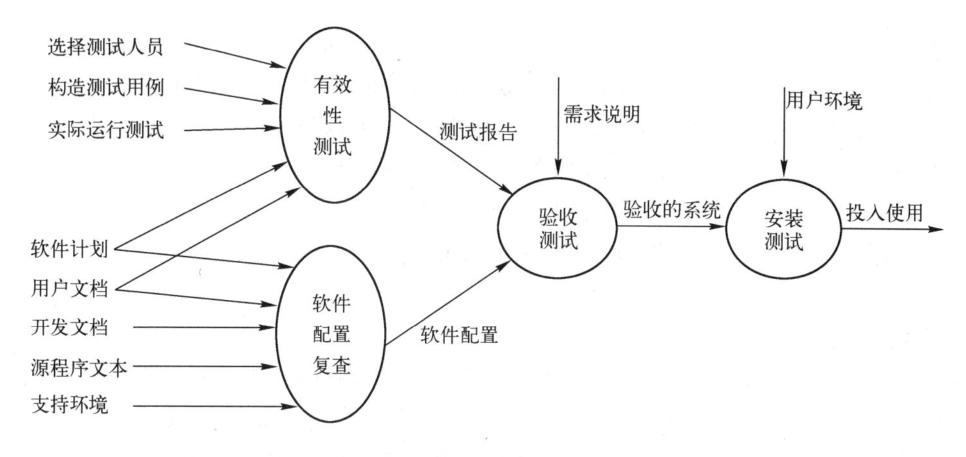

图 5-6　确认测试的主要工作

（1）有效性测试

有效性测试是在模拟的环境下，运用黑盒测试的方法，验证被测软件是否满足需求规格说明书列出的需求。通过实施预定的测试计划和测试步骤，确定软件的特性是否与需求相符，确保所有的软件功能需求都能得到满足，所有的软件性能需求都能达到，所有的文档都是正确的且便于使用。

（2）软件配置复查

软件配置复查的目的是保证软件配置的所有成分都齐全，各方面的质量都符合要求。除了由人工审查软件配置之外，在确认测试的过程中，应当严格遵守用户手册和操作手册中规定的使用步骤，以便检查这些文档资料的完整性和正确性。

（3）验收测试

验收测试是以用户为主的测试。软件开发人员和质量保证（Quality Assurance，QA）人员也应参加，由用户参加设计测试用例，使用用户界面输入测试数据，并分析测试的输出结果。一般使用生产中的实际数据进行测试。在测试过程中，除了考虑软件的功能和性能外，还应对软件的可移植性、兼容性、可维护性、错误的恢复功能等进行确认。

（4）安装测试

安装测试的目的不是找出软件错误，而是要找出安装错误，所以它并不是一般的测试，它不与软件开发过程的某一特定阶段相对应。一个软件系统在实际使用之前，用户可能会有多种安装选择，不但要安装软件系统和程序库，还要与相关的软件联系起来，配置好适用的硬件，安装测试的目的就是找出在这些安装过程中出现的错误。

安装测试应作为软件测试过程中的一项工作来安排，一般由生产该系统的软件组织负责进行，在系统安装之后进行测试。除此之外，测试情况还可以用来检验用户选择的一套任选方案是否相容，系统的每一部分是否都齐全，所有的文件是否已产生并且确有所需要的内容，硬件的配置是否合理。

（5）α 测试和 β 测试

在软件交付使用后，用户将如何使用，开发人员可能无法预测。因为用户在使用过程中常常会对使用方法出现误解或出现异常的数据组合，有时会产生对某些用户来说是清晰的但对另一些用户来说却难以理解的输出等。

如果软件产品是为很多用户开发的，如果让每个用户都进行正式的验收测试是不切实际的，这时可采用 α 测试和 β 测试方法，以发现可能只有最终用户才能发现的错误。

α 测试是由一个用户在开发环境下进行的测试，也可以是公司内部的用户在模拟实际操作环境下进行的测试。这是在受控制的环境下进行的测试。

β 测试是由软件的多个用户在一个或多个用户的实际使用环境下进行的测试。与 α 测试不同的是，开发者通常不在测试现场。因而 β 测试是在开发者无法控制的环境下进行的软件现场应用。

6. 系统测试

系统测试是将通过确认测试的软件作为整个计算机系统的一个元素，与其他的系统元素（如硬件、信息等）结合在一起进行的测试，目的是通过与系统需求定义的比较，发现软件与定义不符合或与之矛盾的地方。系统测试实际上是针对系统中各个组成部分进行的综合性检验，它已超出了软件工程的范围。

系统测试的种类有很多，主要可进行下列 4 个方面的测试。

（1）恢复测试

恢复测试是通过各种手段，让软件强制性地发生故障，然后来验证系统恢复是否能正常进行的一种系统化测试方法。如果恢复是自动的（由系统本身来进行的），则重新初始化，并对检查点设置、数据恢复和重启动都要进行正确性验证；如果恢复是需要人工干预的，则要估算修复的平均时间是否在可以接受的范围之内。

（2）安全测试

安全测试是用来验证集成在系统内的保护机制是否能够在实际中保护系统不受到非法侵入，在安全测试过程中，测试者扮演着一个试图攻击系统的角色。测试者可以尝试通过外部手段来获取系统的密码，通过使用可以瓦解任何具有防御性的系统软件来攻击系统；可以把系统“制服”，使别人无法访问；可以有意引发系统错误，在系统恢复过程中侵入系统；可以通过浏览非保密的数据，从中找到进入系统的钥匙，等等。

只要有足够的时间和资源，好的安全测试就一定能够最终侵入一个系统。系统设计者的任务就是要把系统设计成为想要攻破系统而付出的代价大于攻破系统之后得到的信息的价值。

（3）压力测试

压力测试是在一种需要在反常数量、频率或资源的方式下执行系统。例如，把输入数据的量提高一个数量级来测试输入功能会如何响应。压力测试就是要检验将系统折腾到什么程度才能使它出错，本质上说，是想破坏系统。例如，一个网上订票系统，其实就是测试软件能够承受的用户访问量，测试多少用户同时订票才能使系统瘫痪，因而至少应按照正常业务压力估算值的 1～10 倍来进行压力测试。

（4）性能测试

性能测试主要是检测系统的响应时间及处理速度等特性，性能测试可以发生在测试过程的所有步骤中，但是，只有当整个系统的所有成分都集成到一起之后，才能检查一个系统的真正性能。性能测试一般和压力测试同时进行，通过性能测试，可以发现导致效率降低和系统故障的情况。

软件压力测试和软件性能测试既有联系又有区别，软件压力测试是为了发现系统能支持的最大负载，其前提是要求系统性能处在可以接受的范围内，比如经常规定的页面 3 秒钟内响应。而软件性能测试则是为了检查系统的反映，运行速度等性能指标，其前提是要求在一定负载下，如检查一个网站在 100 人同时在线的情况下的性能指标，每个用户是否都还可以正常地完成操作等。软件压力测试是为了得到性能指标最小时候最大的压力数，而软件性能测试是为了得到确定压力数下的性能指标。

5.2 测试用例设计

软件测试大致可分为人工测试和基于计算机的测试，基于计算机的测试主要有白盒测试和黑盒测试。

5.2.1 白盒测试

白盒测试是根据软件的内部工作过程，设计测试用例，检查每种操作是否符合要求。白盒测试把测试对象看作是一个透明的玻璃盒子，测试人员利用程序内部的逻辑结构及条件，设计并选择测试用例，对程序的所有逻辑路径及条件进行测试。通过在不同点检查程序的状态，确定实际的状态是否与预期的状态一致。

理论上说，通过白盒测试可以对程序进行彻底完全的测试，只要把所有逻辑路径都确定并为每一条逻辑路径都设计一个测试用例即可，但实际上这种穷举测试是不可能的，即使是很小的程序，其逻辑路径可能也会很复杂。例如，图 5-7 为一个小程序的流程图，其中包括了一个执行 20 次的循环，那么它所执行的不同路径数为 5^{20} 条，假定每一条路径进行测试需 1 毫秒，1 秒钟测 1000 次，一天工作 24 小时，一年 365 天，则把该程序的所有路径都测试完需要 3024 年。

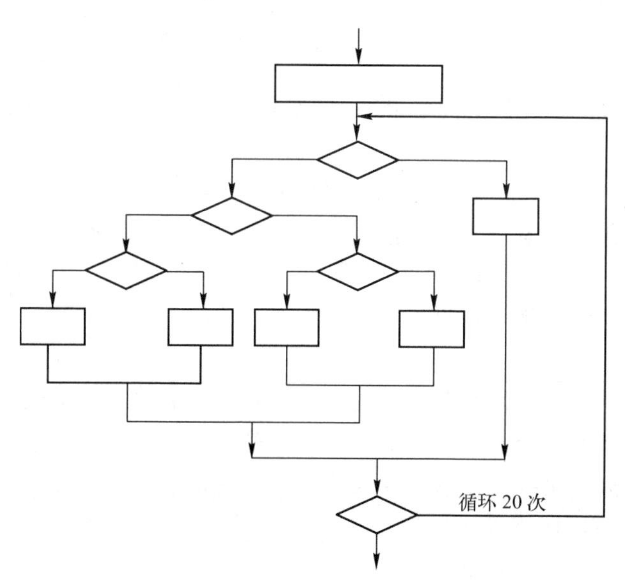

图 5-7　一个待测试的程序内部流程

由此可见，有选择地执行程序中最有代表性的测试用例是代替穷举测试的唯一可行的方法，其中逻辑覆盖就是有效的白盒测试方法，该方法要求测试人员对程序的逻辑结构有清楚的了解，甚至要能掌握源程序的所有细节。由于覆盖测试的目标不同，所以又可分为不同的覆盖标准。

1. 语句覆盖

语句覆盖是指设计足够的测试用例，使程序中的每个语句至少执行一次。

【例 5-1】 以下是一段 C 语言程序，其流程图如图 5-8 所示。

```
if(A>1 && B= =0)
    x=x/a;
if(A= =2 || X>1)
    X=X+1;
```

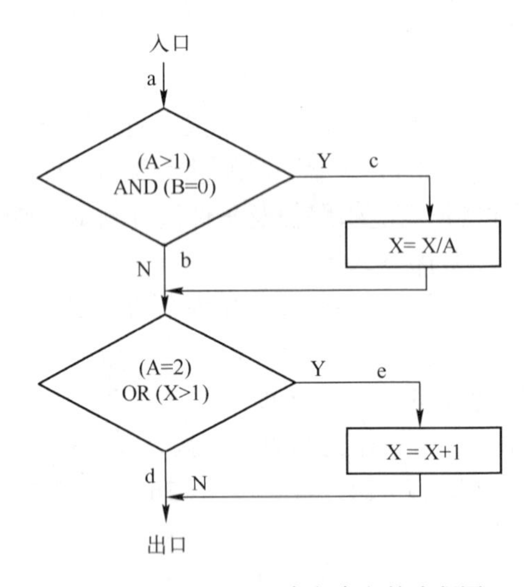

图 5-8　被测试 C 语言程序段的流程图

只要所设计的测试用例能按照 ace 的路径执行就可满足语句覆盖标准，为此只需输入如下一组测试数据即可：

A=2，B=0，X=4

这组测试数据只测试了条件为真的情况，如果条件为假时处理有错误，显然不能发现，例如若把第一个逻辑表达式中的“&&”写成“‖”，或把第二个逻辑表达式中的条件“x>1”写成“x<1”，用这组测试数据均不能查出这些错误。

2. 分支覆盖

比语句覆盖稍强的覆盖标准是分支覆盖，也叫判定覆盖，其含义是不仅每个语句至少执行一次，而且每个判定的每个分支也都至少执行一次。

对于例 5-1 可选如下两组测试数据使其满足分支覆盖标准。

1）A=1.5，B=0，X=1 (覆盖 acd)。

2）A=1，B=1，X=1　(覆盖 abe)。

例 5-1 中共有 4 条路径 abd、abe、acd 和 ace，但上面的测试数据只覆盖了一半，因而覆盖程度仍然不高。

3. 条件覆盖

比分支覆盖强的覆盖标准是条件覆盖，它要求判定表达式中的每个条件都取到各种可能的结果。

例 5-1 的程序中共有 4 个条件：

$$A>1，B=0，A=2，X>1$$

为满足条件覆盖标准，可设计测试用例，使 a 点出现结果：

$$A>1，A\leqslant1，B=0，B\neq0$$

使 b 点出现结果：

$$A=2，A\neq2，X>1，X\leqslant1$$

为满足上述要求，可选择下列两组测试数据。

1）A=2，B=0，X=4 (覆盖 ace)。

2）A=1，B=1，X=1 (覆盖 abd)。

虽然同样是两组测试数据，但条件覆盖更为有效，因为它使各分支中的每个条件都取到了两种不同的结果。不过有时也并非如此，如要测试下面的语句

```
if (a && b)
    S;
```

时，一般可设计以下两组测试用例。

1）a 为 true，b 为 false。

2）a 为 false，b 为 true。

虽然它们满足了条件覆盖的要求，但是这两组测试用例都不能使 if 语句中的子句 S 得到执行。上面所选择的两组测试数据，在满足条件覆盖的同时也满足了分支覆盖，然而这只是一个巧合，如果另外选择以下两组测试用例。

1）A=1，B=0，X=3。

2）A=2，B=1，X=1。

它们虽然满足了条件覆盖，但不能满足分支覆盖，因为这两组测试数据都通过路径 abe，不能使第一个分支为 true，第二个分支为 false。

4. 分支/条件覆盖

这是同时满足分支覆盖和条件覆盖的标准，其要求是设计足够的测试用例，使分支中的每个条件的所有可能结果至少出现一次，同时使各分支本身的所有可能结果也至少出现一次。

对于例 5-1，选择下列两组测试数据，可满足分支/条件覆盖标准。

1）A=2，B=0，X=4。

2）A=1，B=1，X=1。

但是，这两组数据也就是为满足条件覆盖标准所设计的两组测试数据，因而，有时分支/条件覆盖也并不比条件覆盖更强。

5. 条件组合覆盖

条件组合覆盖是更强的逻辑覆盖标准，它要求选取足够的测试用例，使得每个判定表达式中条件的所有可能组合都至少出现一次。

对于例 5-1，共有如下 8 种可能的条件组合。

1）A>1，B=0。

2）A>1，B≠0。

3）A≤1，B=0。

4）A≤1，B≠0。

5）A=2，X>1。

6）A=2，X≤1。

7）A≠2，X>1。

8）A≠2，X≤1。

上述的第 5～8 种组合涉及第二个 if 语句，其中的 X 值在该 if 语句之前已经过计算，所以必须根据程序的逻辑关系，算出在该语句入口处相应的输入值 X。

可选下列 4 组测试数据，使上述 8 种组合每组都能出现。

1）A=2，B=0，X=4 (覆盖 1、5，覆盖路径 ace)。

2）A=2，B=1，X=1 (覆盖 2、6，覆盖路径 abe)。

3）A=1，B=0，X=2 (覆盖 3、7，覆盖路径 abe)。

4）A=1，B=1，X=1 (覆盖 4、8，覆盖路径 abd)。

显然，满足条件组合覆盖标准的测试数据，也一定满足分支覆盖、条件覆盖和分支/条件覆盖标准。因此，条件组合覆盖是前述几种覆盖标准中最强的。但是满足条件组合覆盖标准的测试数据并不一定能使程序中的每条路径都执行到。例如，上述 4 组测试数据都没有测试到路径 acd。

6. 路径覆盖

这种覆盖标准要求选取足够的测试用例，使程序中的每条可能的路径都至少执行一次。

例 5-1 中共有 4 条可能的执行路径：abd、abe、acd 和 ace。为满足路径覆盖标准，可选择下列 4 组测试数据。

1）A=1，B=1，X=1 (执行路径 abd)。

2）A=1，B=1，X=2 (执行路径 abe)。

3）A=3，B=0，X=1 (执行路径 acd)。

4）A=2，B=0，X=4 (执行路径 ace)。

路径覆盖是很强的逻辑覆盖标准，它保证程序中的每条可能的路径都至少执行一次，因此这样的测试数据更有代表性，暴露错误的能力也比较强。但是该标准只考虑了每个判定表达式的取值，并没有检验表达式中条件的各种可能的组合。如果把路径覆盖和条件组合覆盖结合起来，可以设计出检错能力更强的测试数据。对于例 5-1，只要把路径覆盖的第 3 组测试数据和前面给出的条件组合覆盖的 4 组测试数据联合起来，共有 5 组测试数据，就可以做到既满足路径覆盖标准又满足条件组合覆盖标准。

7. 循环覆盖

循环是实现软件过程算法的主要方法之一，绝大多数程序设计语言都提供了循环语句，对循环的测试也是白盒测试的重要内容。程序中用到的循环可以分为 4 类：简单循环、嵌套循环、串联循环和非结构化循环，如图 5-9 所示。

（1）简单循环

简单循环的结构如图 5-9a，对简单循环的测试，在设计测试用例时应满足下列条件。

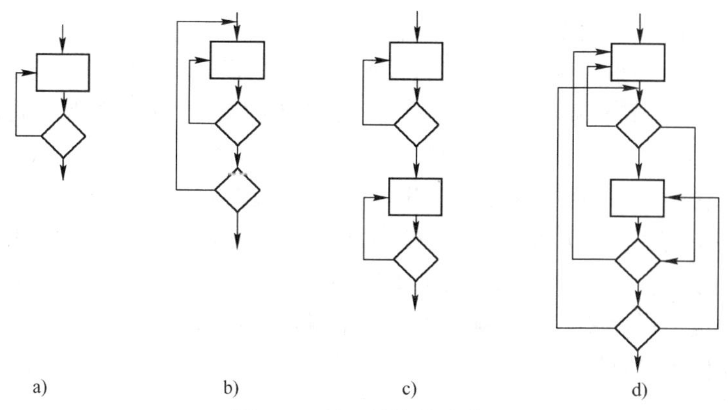

图 5-9　循环结构的分类

a) 简单循环结构　b) 嵌套循环结构　c) 串联循环结构　d) 非结构化循环结构

1）设计测试用例，让程序运行时跳过循环。

2）设计测试用例，让程序只执行 1 次循环。

3）设计测试用例，让程序通过 2 次循环。

4）设计测试用例，让程序执行 m 次循环，其中 m<n。

5）设计测试用例，分别让程序执行 n-1 次、n 次和 n+1 次。

此处的 n 是允许的最大循环次数。

（2）嵌套循环

嵌套循环的结构如图 5-9b，对于嵌套循环，可采用如下步骤进行测试。

1）从最内层的循环开始测试，其他外层循环均设为允许循环次数的最小值。

2）对于最内层循环，设计测试用例，分别取循环的“最小值+1”、“典型值”、“最大值-1”及“最大值”进行测试，其他外层循环保持各自循环次数最小值不变。

3）从里向外进行下一层循环的测试，方法与 2）相同，外层循环保持各自循环次数最小值不变，已测试过的内层取一般值。

4）重复 3)，直至达到循环的最外层。

（3）串联循环

由两个及以上的简单循环彼此相邻构成的结构称为串联循环，如图 5-9c 所示。串联循环中如果每个循环都彼此独立，则可按简单循环的测试方式设计测试用例，对每个循环进行测试。如果循环之间有联系，例如循环 1 的计数器的最终值是循环 2 的初始值，这时可将串联循环看作嵌套循环，采用嵌套循环的步骤进行测试。

（4）非结构化循环

非结构化循环是一种不好的设计，如图 5-9d 所示，遇到这种情况应该对其改造，使它转换成前三种结构。

5.2.2　黑盒测试

黑盒测试是根据软件的功能说明，设计测试用例，检查每个已经实现的功能是否符合要求。黑盒测试把待测试对象看作是一个黑盒子，测试人员完全不考虑程序内部的逻辑结构和内部特性，因此，黑盒测试是在软件的接口上进行测试，如检查输入数据能否被正确地接收并产生出正确的结果。

如果要进行彻底的黑盒测试，则必须用全部可能的输入数据来检查，看程序是否都产生正确的输出，但这种穷举测试也是不可能的。例如有一个极简单的程序，它输入 X、Y，输出 Z，假定这个程序在32位计算机上运行，且X、Y均为整数，则输入数据的可能组合数为：

$$2^{32} \times 2^{32} = 2^{64}$$

假定程序每执行一次需1毫秒，那么把所有这些数据测试一遍将要用5.8亿年时间。

由此可见采用彻底的黑盒测试方法进行穷举测试也是不现实的，因为时间和经济条件有限，所以必须从数量极大的可用测试用例中精心挑选少量的测试数据，使得通过这些测试用例尽可能多地发现错误。要特别注意，因为穷举测试不可能，所以无论采用何种方式进行测试，都不能保证程序没有错误。

1. 等价类划分

前面讨论过，穷尽的黑盒测试是不可能的，因而，只能选取最有代表性的输入数据，用最小的代价尽可能多地暴露程序中的错误。如果把所有可能的（有效的和无效的）输入数据划分成若干个等价类，并合理地假定：每类中的一个典型值在测试中的作用与这一类中所有其他值的作用相同，这样就可以从每个等价类中只取一组数据作为测试数据，既具有代表性，又可能发现程序中的错误。

使用等价类划分方法设计测试用例首先要划分输入数据的等价类，为此需要研究程序的功能说明，从而确定输入数据的有效等价类和无效等价类。在确定输入数据的等价类时还需要分析输出数据的等价类，以便根据输出数据的等价类导出对应的输入数据等价类。

以下是有助于等价类划分的启发式规则。

1）如果规定了输入值的范围，则可划分出一个有效的等价类（输入值在此范围内）和两个无效的等价类（输入值小于最小值或大于最大值）。

2）如果规定了输入数据的个数，则类似地也可以划分出一个有效的等价类和两个无效的等价类。

3）如果规定了输入数据的一组值，而且程序对不同输入值做不同处理，则每个允许的输入值是一个有效的等价类，此外还有一个无效的等价类（任意一个不允许的输入值）。

4）如果规定了输入数据必须遵循的规则，则可以划分出一个有效的等价类（符合规则）和若干个无效的等价类（从各种不同角度违反规则）。

5）如果规定了输入数据为整型，则可以划分出正整数、零和负整数3个有效类。

6）如果程序的处理对象是表格，则应该使用空表，以及含一项或多项的表。

以上规则虽然都是针对输入数据的，但大多数也同样适用于输出数据。

划分出等价类以后，根据等价类设计测试用例时主要使用下面两个步骤。

1）设计一个新的测试用例以尽可能多地覆盖尚未被覆盖的有效等价类，重复这一步骤直到所有有效等价类都被覆盖为止。

2）设计一个新的测试用例，使它覆盖一个而且只覆盖一个尚未被覆盖的无效等价类，重复这一步骤直到所有无效等价类都被覆盖为止。

注意，通常程序发现一类错误后就不再检查是否有其他错误，因此，应该使每个测试方案只覆盖一个无效的等价类。

2. 边界值分析

经验表明，大量的错误是发生在输入或输出范围的边界上，而不是在内部。因此针对各种边界情况设计测试用例，可以查出更多的错误。

使用边界值分析法设计测试用例，首先应确定边界情况。通常输入等价类与输出等价类的边界，就是应着重测试的边界情况。应当选取正好等于，刚刚大于和刚刚小于边界的值作为测试数据，而不是在等价类中选取典型值或任意值作为测试数据。

3. 划分测试与随机测试

划分测试属于黑盒测试，也可用于面向对象软件的测试，主要特点是程序的输入域被划分成多个子集，测试时从每个子集中选择一个或多个数据元素进行测试。在划分时可以把输入域分成互不覆盖或互相覆盖的子域。但在实际测试中经常把输入域划分成互相不覆盖的子域，这样做的目的是使测试者能在基于子域上选择测试用例，它的结果集应是关于整体域上的最好的代表。理想化的划分是将输入域划分成具有下列性质的子域，在每个子域中对每个元素，程序要么产生正确的结果要么产生错误的结果，这样的子域叫做同种的子域。如果子域是同种的，则在测试过程中可从每个子域中选择一个元素并运行程序以监测程序错误。随机测试可看成是划分测试的一种特殊情况。在这种情况下的划分只有一个即整个输入域，是退化了的划分测试。这样随机测试就不用承担划分和跟踪每个子域是否被测试的花费。因此，划分测试时一般假定它的子域的数量至少为 2 个。

在确定失败率的假设下，随机测试优于划分测试，特别是当一个划分包含很少大的子域和许多小的子域时更为突出，而在不确定模型的假设下，划分测试则优于随机测试。

4. 错误推测法

错误推测法是根据人的经验和直觉推测程序中可能存在的各种错误，从而有针对性地编写检查这些错误的例子。

错误推测法的基本思想是：列举出程序中所有可能的错误和容易发生错误的特殊情况，根据它们选择测试用例。例如，输入数据为 0，或输出数据为 0 是容易发生错误的情形，因此可选择输入数据为 0，或使输出数据为 0 的例子作为测试用例。又例如，输入表格为空或输入表格只有一行，也是容易发生错误的情况，可选择表示这种情况的例子作为测试用例。再例如，可以针对一个排序程序，输入空的值（没有数据）、输入一个数据，让所有的输入数据都相等、让所有输入数据有序排列、让所有输入数据逆序排列等，进行错误推测。

5. 因果图法

等价类划分方法和边界值分析方法都是着重考虑输入条件，而未考虑输入情况的各种组合。因果图的基本原理是通过画因果图，把用自然语言描述的功能说明转换为判定表，最后为判定表的每一列设计一个测试用例，其具体步骤如下。

1）列出一个模块的原因（输入条件）和效果（动作），并给每个原因和效果赋予一个标识符。

2）画出因果图。

3）把因果图转换成判定表。

4）按判定表规则设计测试用例。

5.2.3 人工测试

人工测试一般是不使用计算机所进行的测试，主要方法有桌面检查、代码会审和走查。经验表明，人工测试方法能有效地发现 30%到 70%的逻辑设计和编码错误。

1. 桌面检查

桌面检查（Desk Checking），顾名思义，由程序员坐在桌前，对放在桌面的源程序进行分析、检验，并补充相关文档，目的是发现程序中的错误。主要内容可包括：变量的交叉引用表检查，标号的交叉引用表检查，子程序、宏、函数的检查，等价变量的类型的一致性检查，常量检查，标准检查，程序设计风格检查，程序员所设计的控制流图与实际程序生成的控制流图的检查，实际控制流中路径的选择和激活，实际代码与程序的规格说明的比较。

2. 代码会审

代码会审（Code Inspections）是由若干程序员和测试员组成一个会审小组，通过开会的方式对程序进行检查。

代码会审分两步，第一步，会审小组负责人提前几天把程序及相关文档（如设计规格说明书、控制流程图、规范等）分发给会审小组成员，要求他们在正式开会之前熟悉这些材料。第二步，召开审查会。在会上，由程序员逐句讲解程序的逻辑，在讲解过程中，大家可以随时提出问题，展开讨论，审查错误是否存在。实践表明，程序员在讲解过程中能发现许多原来没有发现的错误，而讨论和争论则促进了问题的暴露。

在会前，应当给会审小组每个成员准备一份常见错误的清单，把以往所有可能发生的常见错误罗列出来，供与会者对照检查，以提高会审的实效。这个常见错误清单也叫做检查表，它把程序中可能发生的各种错误进行分类，对每一类列举出尽可能多的典型错误，然后把它们制成表格，供会审时使用。

代码会审以 3 至 5 人为宜，每次开会应不超过 2 小时。

3. 走查

走查（Walkthroughs）也叫人工运行，与代码会审类似，也是 3 至 5 人的会议，其过程分为两步。第一步，也把材料先发给走查小组每个成员，让他们认真研究程序，然后再开会，开会的程序与代码会审不同，不是简单的读程序和对照错误检查表进行检查，而是让与会者“充当”计算机，即首先由测试组成员为被测程序准备一批有代表性的测试用例，提交给走查小组。走查小组开会，集体扮演计算机角色，让测试用例沿程序的逻辑运行一遍，随时记录程序的踪迹，供分析和讨论用。

5.2.4 调试

软件调试也叫排错（Debug），是在进行了成功的测试之后开始的工作，它与软件测试不同，软件测试的目的是尽可能多地发现软件中的错误，而调试的任务则是进一步诊断和改正程序中潜在的错误。

调试活动由以下两部分组成。

1）确定程序中可疑错误的确切性质和位置。

2）对程序（设计、编码）进行修改，排除这个错误。

1. 调试的步骤

1）从错误的外部表现形式入手，确定程序中出错位置。

2）研究有关部分的程序，找出错误的内在原因。

3）修改设计和代码，以排除这个错误。

4）重复进行暴露了这个错误的原始测试或某些有关测试，以确认该错误是否被排除，是否引起了新的错误。

5）如果所做的修改无效，则撤销这次改动，重复上述过程，直到找到一个有效的解决办法为止。

2. 主要的调试方法

（1）强力法排错

这是目前使用较多，效率较低的调试方法，它不需要过多的思考，比较省脑筋，方法如下。

1）通过打印全部内存来排错。

2）在程序特定部位设置打印语句。

3）使用自动调试工具。

自动调试工具的功能是设置断点，当程序执行到某个特定的语句或某个特定的变量值改变时，程序暂停执行，程序员可在计算机屏幕上观察此时的状态。

应用以上任一种方法之前，都应当对错误的征兆进行全面彻底的分析，得出对出错位置及错误性质的推测，再使用一种适当的排错方法来检验推测的正确性。

（2）回溯法排错

这是在小程序中常用的一种有效的排错方法，一旦发现了错误，人们先分析错误征兆，确定最先发现“症状”的位置，然后，人工沿程序的控制流程，向回追踪源程序代码，直到找到错误根源或确定错误产生的范围。

回溯法对小程序很有效，往往能把错误范围缩小到程序中的一小段代码，仔细分析这段代码不难确定出错的准确位置，但对于大程序，由于回溯的路径数目较多，回溯会变得很困难。

（3）归纳法排错

归纳法是一种从特殊推断一般的系统化思考方法，归纳法排错的基本思想是从一些线索（错误征兆）着手，通过分析它们之间的关系来找出错误。

归纳法排错步骤大致分为收集有关的数据、组织数据、提出假设和证明假设 4 步。

（4）演绎法排错

演绎法是一种从一般原理或前提出发，经过排除和精化的过程来推导出结论的思考方法。演绎法排错是测试人员首先根据已有的测试用例，设想及枚举出所有可能出错的原因作为假设，然后再用原始测试数据或新的测试，从中逐个排除不可能正确的假设，最后再用测试数据验证余下的假设确定出错的原因。

演绎法主要有以下 4 个步骤。

1）列举所有可能出错原因的假设。

2）利用已有的测试数据，排除不正确的假设。

3）改进余下的假设。

4）证明余下的假设。

3. 调试原则

在调试方面，许多原则本质上是心理学方面的问题，因为调试由两部分组成，所以调试原则也分成两组。

（1）确定错误的性质和位置的原则

1）分析思考与错误征兆有关的信息。

2）如果程序调试员无法解决当前问题，可留到第二天再去考虑，或者向其他人讲解这个问题。经验表明，向一个好的听众简单地描述这个问题时，不需要任何听讲者的提示，自己会突然发现问题的所在。

3）只把调试工具当做辅助手段来使用。实验表明，即使是对一个不熟悉的程序进行调试时，不用工具的人往往比使用工具的人更容易成功。

4）避免用试探法，只能把它当做最后手段。

（2）修改错误的原则

1）出现错误越多的地方，存在错误的可能性就越多，应重点检查。

2）如果提出的修改不能解释与这个错误有关的全部线索，那就表明只修改了错误的一部分，应当继续追踪和检查。

3）在修改了错误之后，必须进行回归测试，以确认是否引进了新的错误。

4）修改错误的过程将迫使人们暂时回到程序设计阶段，修改错误也是程序设计的一种形式，在程序设计阶段所使用的任何方法都可以应用到错误修正的过程中来。

5）修改源代码程序，不要改变目标代码。

5.3 面向对象的测试

面向对象测试的主要目标也是用最小的投入，最大限度地发现存在的错误。但由于OO软件的特殊性质，使得OO软件系统需要比传统软件系统进行更多的测试。首先，OO软件中的类/对象在OOA阶段就开始定义了，如果在某一个类中多定义了一个无关的属性，该属性又多定义了两个操作，则在OOD与随后的OOP中均将导致多余的代码，从而增加测试的工作量。所以，OO测试应扩大到包括对OOA和OOD模型的复审，以便极早地发现错误。其次，OO软件是基于类/对象的，而传统软件是基于模块的，这一差异，使对OO软件的测试策略及测试用例的设计都发生了变化，并增加了测试的复杂性。

5.3.1 测试策略

1. 单元测试（类测试）

对 OO 软件的类测试等价于传统软件的单元测试，两者区别在于，传统的单元测试中，单元指的是程序的函数、过程或完成某一特定功能的程序块，对于 OO 软件而言，单元则是封装的类和对象。传统软件的单元测试往往关注模块的算法细节和模块接口间流动的数据，而 OO 软件的类测试是由封装在类中的操作和类的状态行为所驱动的，它并不是孤立地测试单个操作，而是把所有操作都看成是类的一部分，整体上全面地测试类和对象，类和对象所封装的属性以及操纵这些属性的操作只是类测试的一部分。具体地说，在 OO 单元测试中不仅要发现类的所有操作中存在的问题，还要考察一个类与其他类协同工作时可能出现的错误。

2. 集成测试

由于面向对象的程序没有层次控制结构，因而传统的集成测试方法不再适用。此外，面向对象程序具有动态性，程序的控制流往往无法确定，因此只能做基于黑盒方法的集成测试。

OO 的集成测试主要关注于系统的结构和内部的相互作用，以便发现仅当各类相互作用时才会产生的错误。有两种 OO 软件的集成测试策略：基于线程的测试（Thread-Based

Testing）和基于使用（Use-Based）的测试。基于线程的测试用于集成系统中指对一个输入或事件做出回应的一组类，多少个线程就对应多少个类组，每个线程被集成并分别测试；基于使用的测试是从相对独立的类开始构造系统，然后集成并测试调用该独立类的类，一直持续到构造成完整的系统。

在进行集成测试时，将类关系图或实体关系图作为参考，确定不需要被重复测试的部分，从而优化测试用例，减少测试工作量，使得进行的测试能够达到一定覆盖标准。测试所要达到的覆盖标准可以是：达到类所有的服务要求或服务提供的一定覆盖率；依据类间传递的消息，达到对所有执行线程的一定覆盖率；达到类的所有状态的一定覆盖率等。同时也可以考虑使用现有的一些测试工具来得到程序代码执行的覆盖率。

3. 确认测试和系统测试

OO 的确认测试与系统测试忽略类连接的细节，主要采用传统的黑盒法对 OOA 用例所描述的用户交互进行测试。同时，OOA 阶段的对象-行为模型、事件流图等都可以用于导出 OO 系统测试的测试用例。

系统测试应该尽量搭建与用户实际使用环境相同的测试平台，应该保证被测系统的完整性，对临时没有的系统设备部件也应有相应的模拟手段。系统测试时，应该参考 OOA 结果对应描述的对象、属性和各种服务，检测软件是否能够完全“再现”问题空间。系统测试不仅是检测软件的整体行为表现，从另一侧面看，也是对软件开发设计的再确认。

5.3.2 类测试方法

面向对象软件测试的关键是类测试。类不再是一个完成特定功能的功能模块。每个对象都有自己的生存周期和状态。面向对象程序中相互调用的功能散布在程序的不同类中，类通过消息相互作用申请和提供服务。类作为基本程序单元，可以应用于许多不同应用软件中作为独立的部件，其复用程度高，要求不需要了解任何实现细节就能重用。因此，对类的测试要求尽可能独立于具体环境。

1. 基于状态的测试

类测试主要考察封装在类中的方法和属性的相互作用。对象具有自己的状态，对象的操作既与对象的状态有关，也可能改变对象的状态，因此，类测试时要把对象与其状态结合起来进行对象状态行为的测试。

（1）可行性

测试一个面向对象应用的基础单元是类，并且对类的测试工作主要集中在功能测试。如果对象具有重要的事件——命令的动作，那么，状态转换图可以用来为这个单独的类对象建模。经过一系列方法，对象所能达到的最终状态被验证，从而面向对象的类适合于基于状态的测试。

（2）测试过程

● 类内测试

类内测试是对封装在类中的方法和操作的测试，对类中的各个方法作为单独的函数进行测试，主要内容如下。

1）测试方法的正确性。

2）测试方法功能的完备性。

3）选择合适的测试用例，确保覆盖方法中所有代码。

● 状态测试

包括类实例化测试和对象状态的测试。

1）类是属性和方法的封装体，是一个抽象定义的概念，只有经过实例化才能使用。对象是类的实例化，这一过程是通过类的构造函数和析构函数来完成的。类的实例化测试要完成的就是对构造函数和析构函数的测试。

2）基于对象状态的测试是考察类的实例在生命期各个状态下的情况。完成类的实例化后，开始对对象可能的状态进行测试，即对象在其生命周期各个状态下的情况，以外界向对象发送特定消息序列的方法来测试对象的响应状态。进行对象状态测试要模拟所需的环境，可以通过预置条件和预处理过程实现，这是本阶段的难点。

基于对象状态行为的类测试技术常用的有两种，一是基于规约的测试，即通过分析软件的需求和功能规约来选择和产生测试数据，重点测试一个作用于被测类的对象的消息序列是否将该对象置于正确的状态。另一种是基于程序的测试，它通过对对象的分析来产生和选择测试数据，根据被测类的实例变量的假定值来安排各个状态。

基于状态的类测试方法的优势是可以充分借鉴成熟的有限状态机理论，但执行起来还很难。使用基于状态的测试，主要检查行为和状态的改变，而不是内在逻辑，因此可能遗漏数据错误，尤其是没有定义对象状态的数据成员容易被忽略。

2. 数据流测试

数据流测试使用程序中数据流图关系来指导测试用例的选择，测试用例结构是从类状态转换图中可行性转换描述的结果中变化而来的。由于数据流异常会破坏作为数据流测试用例基础的定义-使用对，所以在类级别上的数据流测试应该完成以下两个阶段。

第一阶段，检测和去除信息结果中的数据流异常。

第二阶段，从规则信息结果中产生类测试用例。

（1）测试标准

数据流覆盖模型是基于计算实例变量上的动作序列。如果在这样一个序列上有错误且这个序列没有执行的话，测试就没有机会发现这个错误。一个访问路径由控制路径限制，数据流测试模型就是标识和检测这种序列。

（2）数据流异常检测

数据异常并不意味着程序执行后一定会产生错误的结果，它仅仅表示这些输入数据可能会导致产生错误结果，或者虽然程序执行后不会产生错误结果，但这些数据是不可信的。

如果一个被测试类按照它的状态转换图来实现，则图中的转换路径将显示它的成员函数的可行性结果。因此，数据流测试用例能基于传统的定义-使用对，从它的成员函数的结果中选择。然而，一旦数据成员的函数结果中存在任何数据异常，该测试用例将不能被选择。

（3）产生数据流测试用例

数据流异常检测是数据流测试的关键，当类中不存在数据流异常时，可以直接产生数据流测试用例。

数据流测试技术是基于数据流分析和请求测试来运用所有独立的数据定义和关系，因此数据流测试能用来发现在基于状态测试中无法考虑进去的数据成员错误，但在类级别上选择测试用例比较困难，且花费代价较高。

3. 继承层次的测试

继承是一种类层次的对象之间的转移关系，它简化了面向对象的程序设计。一些系统只允许子类有一个继承其属性和方法的父类，而有的系统却允许一个子类有多个父类，后者更接近于实际情况，但祖先类的属性可以通过层次结构中多条路径被其后代所继承，这样，情况就更加复杂。复杂继承在程序设计和实现阶段容易引起多种错误，若一个子类是父类提炼后得到的，此时人们可能会认为父类已经经过测试，继承其属性的子类就不需要再测试了，其实这种直觉是错误的。

（1）继承图

继承图是一种描述重复继承的单向无环图，在继承图中类用节点表示，用 V 来标识，继承图中的边表示继承关系，用一对顶点来标识，如（V_1，V_2），V_1 表示起始节点，V_2 表示终止节点，一系列顶点序列表示一条非空路径。继承图中没有边指向它的节点为根节点，没有从该节点出发的边的节点为叶节点。图是不循环的，也就是说不存在含有同一节点两次或多次的路径。

当图中的一个节点可以通过多条路径从它的一个祖先节点到达自身，则意味着重复继承发生了。

（2）测试方法

由于继承满足转移性属性，祖先类中的错误可能会很自然地传输到后代类中，所以当测试处于继承层次中的这些类时，拓扑顺序应保存下来。此外，在测试所有子类之前还应将其父类测试。

测试层次被分为 N 层，用 ILT（1），…，ILT（N）来标志，N 是继承图中最长的继承路径的长度加 1。N 值越大，继承层次出错的可能性就越大。N 层测试定义如下。

ILT（0）：一个继承图中的每个类至少要测试一次。

ILT（1）：两个相关类的每个序列（即继承路径为 1）需至少测试一次。

ILT（2）：三个相关类的每一序列（即继承路径为 2）和这一层的所有继承序列需至少测试一次。

ILT（N）：这一测试层标识 ILT 层次已被完全测试。

以下解释怎样使用这些继承层次测试一个继承关系中所有的继承路径。首先用广度优先搜索算法遍历所有的根类（即没有进入该节点的边，并用序列 ROOT 来标识），然后构造一个关于继承关系的邻接矩阵并检查所有非零入口以保证类间关系的正确性。ILT（I）是基于“第 I 区域”这一思想的。用 ILT（N）表示的层次原型的测试描述如下。

ILT（0）：这是面向对象软件的对象测试，将要被测试的对象序列应满足一些特定的序列。因为继承具有转移性属性，所以父对象的错误应尽可能地被测试，显然，被测试的对象序列是呈现一种拓扑顺序的，通过这个拓扑顺序算法，可得优先序列如图 5-10 所示。根据这个序列，ILT（0）应该被正确地做出。优先顺序序列={(1，2，3，4，5)，(1，2，4，3，5)，(1，3，2，4，5)，(1，3，4，2，5)，(1，4，2，3，5)，(1，4，3，2，5)}。

ILT（1）：给定一个包含 N 个类 C_1，C_2，…，C_n 的继承关系 Q，表示 N 个类 C_1，C_2，…，C_n 之间继承关系的邻接矩阵描述如下：

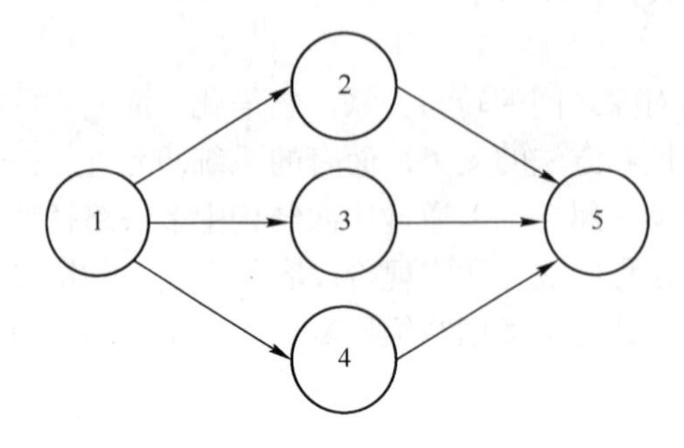

图 5-10　ILT（0）测试层

$$Q=\left[a_{ij}\right]_{n\times n}=\begin{cases}a_{ij}=1\text{，若从}V_i\text{到}V_j\text{存在一条直接的边，且}i\neq j\\a_{ij}=0\text{，其它}\end{cases}$$

为了保证 Is-a 关系是正确的，每一个“$a_{ij}=1$”至少需要被测试一次。

ILT（2）：所有的长度为 2 的继承路径至少测试一次。用 Q_2 表示“$Q*Q$”，当且仅当从类 a_i 到类 a_j 有 K 条不同长度为 2 的路径时，Q_2 的入口被定义为“$a_{ij}=K$”，其它情况“$a_{ij}=0$”。

$$Q_2=\left[\alpha_{ij}\right]_{n\times n}=\begin{cases}\alpha_{ij}=K\text{，存在}K\text{条长度为2的不同路径}\\\alpha_{ij}=0,\quad\text{其它}\end{cases}$$

每个 a_{ij} 需至少测试一次，这样就能测试所有 3 个类之间的关系了。如果“$a_{ij}=K>1$”，从 K 条不同路径中重组 2 条，3 条，…，K 条，以形成一些重复继承（其中 i 属于 ROOT）。另外，如果 a_{ij} 不等于零且在 ILT（1）中相关入口 a_{ij} 也不为零，也把 ILT（1）和 ILT（2）的路径重组以得到另外一些重复继承，把这些重复继承分解成重复继承单元（URI）可以帮助检测这一层的所有名字冲突。

ILT（i）：所有长度为 i 的继承路径应该被至少测试一次。这些长度为 i 的路径被保存在 Q_i 中。其定义如下：

$$Q_i=\left[\alpha_{ij}\right]_{n\times n}=\begin{cases}\alpha_{ij}=K,\qquad\text{存在长度为}i\text{的}K\text{条不同路径}\\\alpha_{ij}=0,\qquad\text{其他}\end{cases}$$

每一个 a_{ij} 不等于 0 至少需测试一次，这样就可以测试所有 i 个类之间的关系。

ILT（n）：给定一个矩阵 $Q_n(Q_{n-1}*Q)$，如果 $Q_n([a_{ij}]_{n\times n})$ 中所有元素均为零，那么 ILT 测试就结束了。

ILT 方法是一种对类的多重继承性进行测试的简单易行的方法，并且可以防止一些层次的测试遗漏，它的算法可以通过 Z 规格说明语言来描述。但 ILT 方法的一个明显不足就是对类要进行多次测试，这不仅增加了软件人员的工作量，而且增加了工程的代价。

4. 自动测试方法

面向对象程序中的类经常要经过多次测试，这么多的测试如果都要测试者大量参与，代价就过高了，因此，采用自动测试方法是更方便有效的方法。

要对一个面向对象软件进行自动测试，首先要做以下 3 方面的工作。

（1）做出测试图（Test Graph），测试图中的节点和弧分别代表被测试类（Class Under Test，CUT）的状态和转换关系。

（2）设计一个 Oracle 类。这个类必须提供与被测试类相同的操作，但只支持测试图中的状态和转换关系，因此执行 Oracle 类要比执行测试类代价低得多，而且还相当可靠。Oracle 的成员函数为了输出检测而多次被调用。

（3）设计一个 Driver 类，这个类包括 Cut 和 Oracle 的事例 cut 和 orc，Driver 同时提供 3 个成员函数：reset 将 cut 和 orc 初始化；orc 在测试图弧被遍历时在 cut 和 orc 中生成转换关系；node 检查每个节点的 cut 和 orc 是否一致。

实践证明，用 Oracle 类的方法测试面向对象程序中的类是非常有效的，Oracle 类为检测类 Cut 提供了一种系统的方法并简化了 Driver 的实现。

类的自动测试方法既简化了测试人员的工作，也降低了系统的代价。它采用面向对象程序设计语言编写测试类的方法易于测试人员学习，且用此方法来实现算法较使用 Z 规格说明语言简单，同时因考虑了程序的可测试性，测试较容易实现。但在描述状态模式和转移关系时，不如 Z 规格说明语言形象、易理解。

5.4 软件维护的基本原理

工业产品经过严格测试，投放市场后，只要配件及保养跟得上，开发者就可以长长地松一口气，并可以投入更大的精力去开发新产品。软件产品却不是这样，软件投入使用后，需要软件人员做出比开发更多的工作，软件维护也比工业产品的维护复杂得多，软件维护是软件生命周期中消耗时间最长、最费精力、费用最高的一个阶段。如何提高可维护性、减少维护的工作量和费用是软件工程的一个重要任务。

5.4.1 软件维护的分类

在软件系统交付使用后改变系统的任何工作，都被认为是维护。

软件系统都会发生变化，一般说来，一个系统越需要依赖于真实世界，就越可能发生变化。根据变化的不同，可将现实世界的系统分为 S-系统、P-系统以及 E-系统 3 类。如图 5-11 所示，S-系统解决的问题与真实世界有关，而真实世界又屈从于变化。这样的系统是静态的（static），不容易包容问题中产生的变化；P-系统是基于问题（problem）的一个可行的抽象，如图 5-12 所示，P-系统比 S-系统更加动态。解决方案产生的信息与问题进行比较，如果信息的某方面不合适，则要改动问题抽象，并修改需求，从而尽力使产生的解决方案更加接近实际情况；E-系统是一个嵌入（embedded）在真实世界中的系统，当真实世界发生变化时，它也随之改变。解决方案是基于涉及的抽象过程的一个模型。因此，该系统是它建模的世界的一个组成部分。图 5-13 说明了 E-系统的变化性，以及它与真实世界环境的相关性。

软件维护取决于系统的性质，S-系统几乎没有变动，P-系统将有一些变化，而 E-系统很可能持续地变动。因而很多软件工程的维护阶段也可以看作是演化阶段（evolutionary phase）。

典型的软件开发项目耗时 1～2 年，而其维护时间需要 5～6 年。据统计，软件工程中平均 39%的工作量花在开发上，61%花在维护上，许多开发人员用二八规则来计算：工作量的 20%是开发，而 80%是维护。

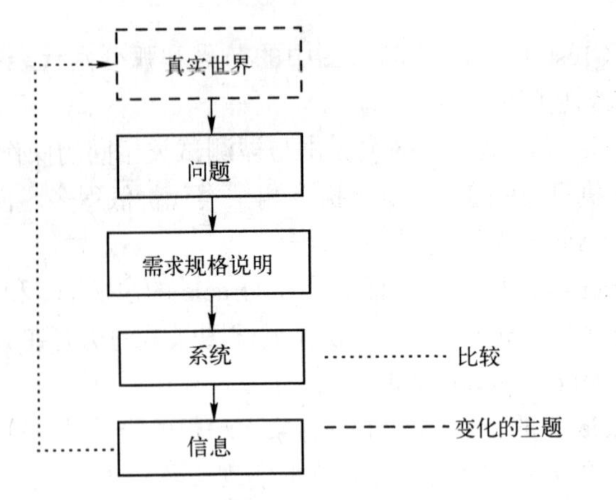

图 5-11　S-系统

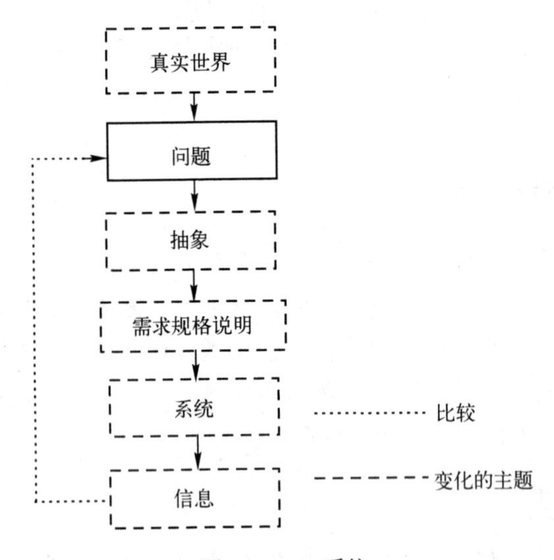

图 5-12　P-系统

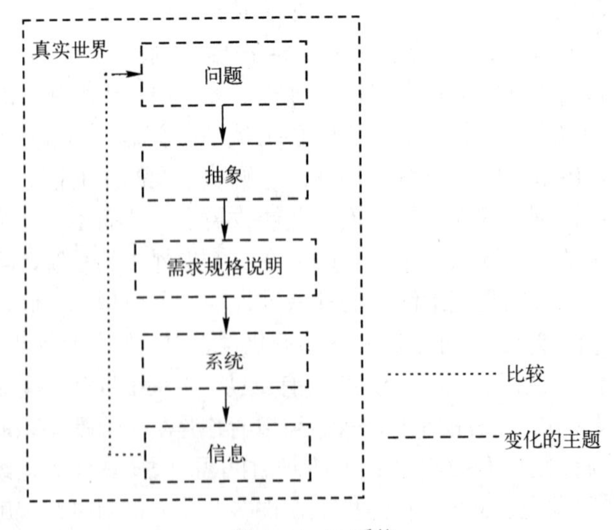

图 5-13　E-系统

软件维护的最终目的是满足用户对已开发软件性能和运行环境不断提高的需要，进而达到延长软件的寿命。软件维护并不仅仅是修正错误，按维护性质不同，软件维护可分为改正性维护、适应性维护、完善性维护和预防性维护 4 类。

1. 改正性维护

由于软件测试的不彻底性，使得软件在交付使用后，仍然会有一些隐藏的错误被带到运行阶段，这些错误在某些特定的使用环境下会暴露出来。为了识别和纠正这些错误、改正软件性能上的缺陷、排除实施中的误使用，需要做诊断和改正工作，这个过程就称为改正性维护，改正性维护约占总维护工作量的 21%。

2. 适应性维护

由于硬件的更新和发展速度很快，新的操作系统或操作系统版本也在不断推出，为了使开发出的软件适应它们，需要对软件进行相应的修改，或者将应用软件移植到新的环境中运行也需要对软件进行修改，这些活动称为适应性维护，适应性维护约占整个维护工作量的 25%。

3. 完善性维护

软件投入使用后，用户还要不断提出功能或性能要求，为满足用户日益增长的需求，需对软件进行相应的修改，这种修改称为完善性维护，它是所有维护中工作量最大的维护，约占 50%。

4. 预防性维护

预防性维护是指为了改进软件未来的可维护性或可靠性，或者为了给未来的改进奠定更好的基础而对软件进行的修改过程，这类维护约占整个维护工作的 4%。

5.4.2 影响软件可维护性的特性

软件的可维护性是指当对软件系统出现的故障和缺陷进行纠正时，或为了满足新的要求对软件进行修改、扩充或压缩时，或进行其他维护性活动时是否相对容易进行的一种度量，软件的可维护性是软件开发阶段各个时期的关键目标。

衡量可维护性的特性主要有 7 个，它们是可理解性、可测试性、可修改性、可靠性、可移植性、可使用性和效率，度量这 7 个特性常用的手段有质量检查表、质量测试和质量标准。

质量检查表是用于测试程序中某些质量特性是否存在的一个问题清单，评价者针对检查表上的每个问题，依据自己的定性判断，回答“是”或者“否”。质量测试与质量标准则用于定量分析和评价程序的质量。但要注意许多质量特性是彼此矛盾的，不能同时满足。例如，高效率的获得可能要牺牲可理解性和可移植性。

1. 可理解性

可理解性是人们通过阅读源代码和相关文档，了解程序功能及其如何运行的容易程度的一种度量。一个可理解的程序应该具备的特性是：模块结构良好、功能完整而简明，代码风格及设计风格一致，不使用令人捉摸不定或含糊不清的代码，使用有意义的数据名和过程名，对输入数据进行完整性检查，等等。

对于可理解性，可以使用一种叫作“90-10 测试”的方法来衡量。该方法是把一个被测试模块的源程序清单拿给一位熟练的程序员阅读 10 分钟，然后把源程序拿开，让这位程序员凭自己的理解和记忆写出来，如果这位程序员能写出程序的 90%，则认为这个程序具有可理解性，否则要重新编写。若把“90-10 测试”用于程序中的所有模块既不实际，也无必要。要评价整个程序的可理解性，只要抽样测试少数有代表性的模块就可以了。

2. 可测试性

维护离不开测试，源代码修改后，必须通过测试来检验是否正确，可测试性是表示一个软件容易被测试的程度。一个可测试性高的程序应当是可理解的、可靠的和简单的，同时要求有齐全的测试文档。

对于程序模块，可用程序复杂度来度量可测试性，当模块的环行复杂度 V（G）超过 10 时，程序的可测试性就会大大降低。

3. 可修改性

可修改性是程序是否容易被修改的一种定量度量，在对软件进行维护过程中，要对源代码和有关文档进行修改，但也有可能在维护时把程序和文档改错，可修改性好的程序，在修改时出错的概率也会小。一个可修改性高的软件应当是可理解的、通用的、灵活的和简单的。其中，通用性是指软件适用于各种功能变化而无须修改，灵活性是指能够容易地对软件进行修改。一般地说，模块设计中的内聚、耦合、作用范围和控制范围等因素都会影响软件的可修改性。模块的独立性越高，在开发时对上述的设计指导原则遵守得越好，则修改中出错的机会也就越少。

度量可修改性的定量方法是进行修改测试。方法是通过做一些简单的修改来评价修改的难度，设 N 是程序中模块总数，n 是必须修改的模块数，C_i 是第 i 个模块的复杂性，A_j 是第 j 个必须修改的模块的复杂性，程序中各个模块的平均复杂性为：

$$C = \frac{\sum_{i=1}^{N} C_i}{N}$$

必须修改的模块的平均复杂性为：

$$A = \frac{\sum_{j=1}^{n} A_j}{n}$$

则修改的难度（即程序的可修改性）D 可由下式计算：

$$D = A / C$$

对于简单的修改，若 $D>1$，说明该程序修改困难，可修改性较低。若 $D<1$，则程序的可修改性较高。D 越小可修改性越高。A 和 C 可用任何一种度量程序复杂性的方法进行计算。

4. 可靠性

可靠性是一个程序按照用户的要求和设计目标，在给定的一段时间内正确执行的概率。例如，某程序运行了 100 次，每次运行 8 小时，这 100 次中无故障运行的次数是 96 次，则其可靠性为 0.96。

软件可靠性是由测试结果所计算出来的故障率所反映的，软件故障率是指在单位时间内软件发生失效的机会。根据软件故障可能造成的损失大小，IEC（国际电工委员会）国际标准 SC65A-123 把软件危险程度分成 4 个层次。如果一个以计算机为基础的系统的失败会造成大量人员丧失生命，生产设备或交通设施的完全摧毁和造成巨大的经济损失，那么其危险程度是灾难性的。如果事故会造成人员丧失生命或伤亡，部分生产设备的严重损坏且造成大量的经济损失，那么危险程度是重大的。如果错误会造成人员受伤以及一定限度内的能够盈利的生产设备和交通设施的损失，那么其危险程度是较大的。如果系统不涉及安全问题，那么其危险程度是较小的。IECSC65A-123 要求一定危险程度的软件达到一定的可靠性，见表 5-1。

表 5-1　IECSC65A-123 对软件可靠性的要求

危险程度	连续控制系统	保护系统
	每小时发生危险故障的次数	请求调用时发生故障的概率
灾难性	10^{-9}～10^{-8}	10^{-5}～10^{-4}
重大	10^{-8}～10^{-7}	10^{-4}～10^{-3}
较大	10^{-7}～10^{-6}	10^{-3}～10^{-2}
较小	10^{-6}～10^{-5}	10^{-2}～10^{-1}

软件的可靠性和可用性之间有一定的联系，它们又都与软件的平均失败间隔时间（Mean Time Between Failures，MTBF）、平均失败时间（Mean Time To Failures，MTTF）及平均修复时间（Mean Time To Repair，MTTR）相关。

假定正在获取软件失败数据，在 N 种不同的环境下对软件系统进行测试，其失败间隔时间或失败等待时间为$t_1,\cdots,t_n$,这些数值的平均值即为平均失败时间 MTTF，即：

$$MTTF=\frac{1}{n}\sum_{i=1}^{n}t_i$$

一旦发现一次失败，就需要耗费一段额外的时间来查找引发失败的错误并修正它。平均修复时间 MTTR 是指修复一个有错误的软件成分所需要花费的平均时间，把它和 MTTF 结合起来，可反映系统不可用状态将持续多少时间，由此可得出平均失败间隔时间 MTBF 的计算公式：

$$MTBF=MTTF+MTTR$$

当系统越来越可靠时，它的 MTTF 应该增加。

当 MTTF 较小时，软件可靠性的值接近于 0。当 MTTF 越来越大时，它的值越来越接近于 1，由此可定义系统的可靠性度量为：

$$R=\frac{MTTF}{1+MTTF}$$

除此以外，还可以用程序复杂性来度量软件可靠性，前提条件是可靠性与复杂性有关。因此，可用复杂性预测出错率。程序复杂性度量标准可用于预测哪些模块最可能发生错误以及可能出现的错误类型。了解了错误类型及它们在哪里可能出现，就能更快地查出和纠正更多的错误，从而提高可靠性。

5. 可移植性

可移植性是指一个软件系统是否可以容易地、有效地从一个环境中转移到另外一个环境中运行的度量。一个可移植性好的系统应具有良好、灵活的结构，并且不依赖于某一具体计算机或操作系统的性能。

6. 可使用性

可使用性指的是一个软件系统方便、实用和易于使用的程度。一个可使用性好的系统不但易于使用，而且能允许用户出错和改变，并尽可能不使用户陷入混乱状态。

7. 效率

效率是指一个程序能执行预定功能而又不浪费机器资源的程度。机器资源包括内存容量、外存容量、通道容量和执行时间。

5.4.3 提高软件可维护性的方法

如果在软件开发的各个阶段都注意软件的可维护性，那么当软件投入运行以后的维护工作量就会大大减少。为了提高软件的可维护性，在软件开发过程中可从以下 6 方面去努力。

1. 提供完整和一致的文档

软件的文档化对提高软件的可维护性非常重要，图 5-14 所示为有文档和无文档时进行软件维护的对比，图中左侧是有文档的情况，右侧是无文档的情况。有文档时，首先阅读和修改的是较易读懂的设计文档。如果只有源程序，而且程序内部也缺乏足够的注释，则不仅不易读懂，而且在诸如总体结构、内外接口、全程数据结构等涉及全局的问题上，常常会引起误解，使得软件不可维护。

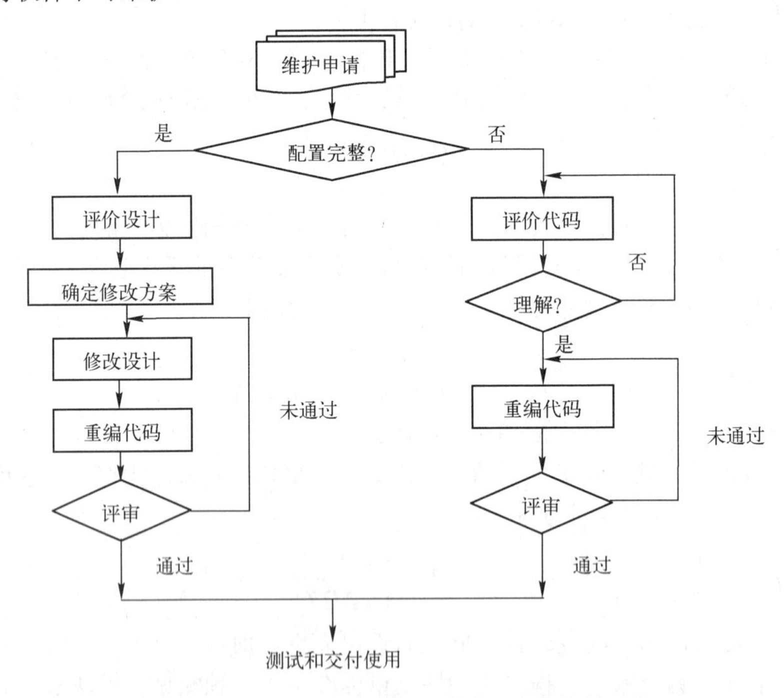

图 5-14　有文档和无文档时对软件进行维护的对比

有了完整和一致的文档还可以方便对维护软件的测试。有人主张，每一个交付使用的软件都应配置一个“测试用例文件”，记录开发时期对软件进行综合测试和确认测试的测试用例及测试结果。当软件在维护中被修改以后，应增加一些测试用例来检验被修改的代码，同时把原有的测试用例全部重测一遍，以检查在修改中是否产生意外的副作用。

另外，在软件维护阶段，利用历史文档，可以大大简化维护工作，历史文档有系统开发日志、错误记载和系统维护日志 3 种。

2. 建立明确的软件质量目标和优先级

一个可维护性高的软件应当是可理解的、可测试的、可修改的、可靠的、可移植的、可使用的，并且是效率高的。但要实现这些目标，需要付出很大的代价，有时可能难以达到。虽然有些特性可以互相促进，如可理解性和可测试性、可理解性和可修改性等，但有些特性是互相抵触的，如效率和可移植性、效率和可修改性等。

尽管可维护性要求每种质量特性都要得到满足，但它们的相对重要性应随程序的用途及计算环境的不同而不同。对软件的质量特性，在提出目标的同时还必须规定它们的优先级，这样有助于提高软件的质量。

3. 使用现代化的开发技术和工具

是否使用现代化的开发方法是影响软件可维护性的一个重要因素。在分析阶段，应确定开发时采用的各种标准和指导原则，提出软件质量保证的要求。在设计阶段，应坚持模块化和结构化原则，把模块的清晰性、独立性和易修改性放在第一位。设计文档中，除采用标准的表达工具来描述算法、数据结构和接口外，尤其要说明各个子程序使用的全程变量、公用数据区等与外部的联系，并建立调用图、交叉引用表等文档，帮助维护人员了解修改一个子程序时会对哪些其他子程序产生影响。在编码阶段，要遵守单入口和单出口的原则，提倡简约的编码风格，编码中加注释。采用数据封装技术（例如 Ada 语言中的程序包），用符号来表示常数使其参数化（例如 Fortran 77 的 PARAMETER 语句和 Pascal 语言中的常量说明 CONST），都会给程序的修改带来方便。

4. 进行明确的质量保证审查

质量保证审查是获得高质量软件的一个实用技术，审查除了保证软件得到适当的质量外，还可以用来检测软件在开发和维护阶段所发生的质量变化。一旦检测出问题，就可以采取措施来纠正，以控制不断增长的软件维护成本，延长软件系统的有效生命期。为了提高软件的可维护性，可以采用 4 种类型的软件审查。

（1）在检查点进行审查

保证软件质量的有效方法是在软件开发的最初就把质量要求考虑进去，并在软件开发过程中每一阶段的终点设置检查点进行审查。就像上大学，为了保证对学生的培养质量，4 年的教学安排不是连续进行的，而是将其分成 8 个学期，甚至更多，每学期期末都要进行课程结束后的考试。如果大学课程连续安排，中间不考试，只在毕业时进行集中考试，势必有大批学生被称为高校的“不合格产品”，对人才的培养质量难以保证。同样的，软件开发过程中设置检查点的目的就是为了保证软件符合标准，满足规定的质量要求。如图 5-15 所示，在软件开发中的不同的检查点，审查的重点有所不同，如在分析检查点重点审查可靠性和可适用性，在设计检查点重点审查可理解性、可修改性和可测试性，在编码检查点重点审查可理解性、可修改性、可移植性和有效性，而在测试检查点可重点审查可靠性及有效性。

（2）验收检查

验收检查也是一个检查点的审查，是所开发的软件投入运行之前提高可维护性的最后一次审查。它实际上是验收测试的一部分，只不过它是从维护的角度提出验收的条件和标准。

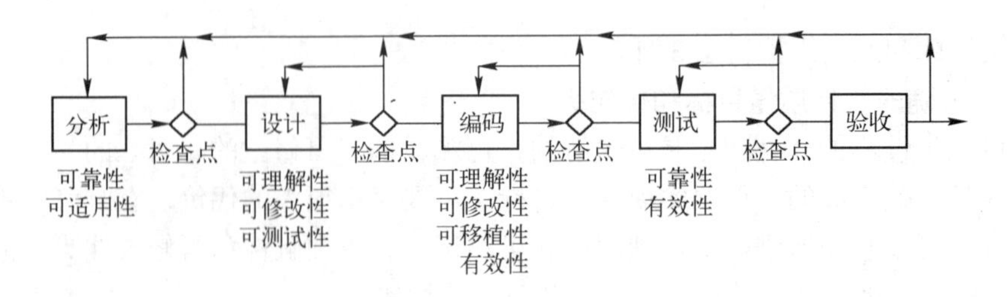

图 5-15 软件开发过程中的检查点及审查内容

（3）周期性维护审查

就像对硬件进行定期检查一样，对软件也要做周期性维护审查，以跟踪软件质量变化。周期性维护审查实际上是开发阶段检查点审查的继续，所采用的方法、检查内容都是相同的。为了便于用户进行运行管理，适时提供维护工具以及有关信息是很重要的。

维护审查的结果可以同以前维护审查的结果、以及以前的验收检查结果和检查点审查结果相比较，任何一种改变都表明在软件质量上或其他类型的问题上可能起了变化。对于改变的原因应该进行分析。

（4）对软件包进行检查

软件包是标准化了的，可为不同单位、不同用户使用的软件。使用软件包的维护人员首先要仔细分析、研究卖方提供的用户手册、操作手册、培训教程、新版本说明、计算机环境要求书、未来特性表，以及卖方提供的验收测试报告等。在此基础上，深入了解使用者的希望和要求，编写检验程序。检验程序要检查软件包所执行的功能是否与用户的要求和条件相一致。为了建立这个程序，维护人员既可以利用卖方提供的验收测试实例，也可以重新设计新的测试实例。根据测试结果，检查和验证软件包的参数或控制结构，以完成软件包的维护。

5. 选择可维护性好的程序设计语言

程序设计语言的选择，对程序的可维护性影响很大。一般来说，机器语言和汇编语言很难维护，高级语言容易理解也容易维护，但不同的高级语言，可理解的难易程度是不一样的。从维护角度看，第四代语言比其他语言更容易维护。

6. 采用软件维护的新方法

软件工程是一门快速发展的学科，不同软件系统具有不同的体系结构，特别是随着互联网技术的发展，新型体系结构也在不断诞生，这就要求对不同的系统结构、不同的过程和不同的开发方法采用不同的软件维护方法，以适应技术进步和发展。

（1）客户机/服务器结构的软件系统的维护

对客户机/服务器这种两层结构的应用软件维护方法是，将客户机和服务器上的两部分软件分开维护。客户机上的软件修改后，制作成自动安装的光盘，传递给用户自己安装，以替换原来的旧软件。服务器上的软件由维护人员直接在服务器上修改、测试、安装和运行。

（2）客户机/应用服务器/数据库服务器结构的软件系统的维护

客户机/应用服务器/数据库服务器的软件结构是目前应用较多的应用软件结构。在这种3 层结构中，大部分对象分布在应用服务器上。在数据库服务器上，只有数据对象；在客户机上，只有网页对象。客户机上的软件维护，不需到用户现场去，只需在系统后台服务器上借助网络的运行，使得软件的安装与升级变成了一个完全透明的过程，这是网络革命带来的软件维护革命，使用户能享受简单、方便、全面、及时的维护与升级服务，常见的杀病毒工具的升级办法，就是这种维护。

（3）基于3种软件开发方法的维护

面向过程、面向数据和面向对象是目前较成熟的3种软件开发方法，针对不同的软件开发方法应采用不同的软件维护方法。

面向过程开发方法对应面向过程的维护方法，就是结构化维护方法。面向数据开发方法对应面向数据的维护方法，就是从数据库表的结构入手，运用视图技术、事务处理技术、分布式数据库技术、数据复制技术、数据发布和订阅技术，来维护数据库服务器上数据的完整性和一致性。面向对象开发方法对应面向对象的维护方法，就是利用对象“继承”的特性，从维护类库、构件库、组件库、中间件库入手，来达到维护应用软件的目的。

（4）基于“5个面向理论”的软件维护

它是指站在“面向流程分析、面向数据设计、面向对象实现、面向功能测试及面向过程管理”的角度来划分软件维护的方法。即对需求分析的维护，要采用面向业务流程的方法。对设计的维护，要采取面向数据的方法。对实现的维护，要采取面向对象的方法。对测试的维护，要采取面向功能的维护。对管理的维护，要采取面向过程管理的方法。

5.5 软件再工程

一个硬件产品使用一定时间后会逐渐老化，经常出故障，当修复它所花的时间和经费超出我们的忍耐时，可考虑购买一款新的。对于软件来说，则行不通，需要重新建造，使它具有更多的功能、更好的性能、更高的可靠性及更好的可维护性，这就是软件再工程。

软件再工程不同于一般的（改正性、适应性和完善性）软件维护，它是运用逆向工程、重构等技术，在充分理解原有软件的基础上，进行分解、综合，并重新构建软件，用以提高软件的可理解性、可维护性、可复用性或演化性，软件再工程也可以看作是预防性维护的任务。

5.5.1 业务过程再工程模型

企业为了增强竞争能力需要对业务过程进行再工程，因为软件通常是业务规则的实现，当管理者为了获得更高的效率和竞争力而修改业务规则时，软件也必须保持同步，因而，软件再工程和业务过程再工程有密切的联系。

一个业务过程再工程（Business Process Reengineering，BPR）包括6项活动：业务定义、过程识别、过程评估、过程规格说明和设计、原型开发以及求精和实例化，如图5-16所示。

一个业务过程是“通过执行一组逻辑相关的任务得出定义的业务结果”，在业务过程中，将人、设备、材料资源以及业务规程综合在一起产生特定的结果。业务过程的例子有：设计新产品，购买服务和支持，雇佣新员工，以及向供应商付费。每种业务过程都需要一组任务，而且要在业务中利用不同的资源。

每个业务过程有一个指定的客户——即接收过程结果（例如，一个想法、一个报告、一个设计、一个产品）的个人或小组。此外，业务过程一般会跨越组织边界，需要来自不同组织的小组共同参与定义过程的“逻辑相关的任务”。

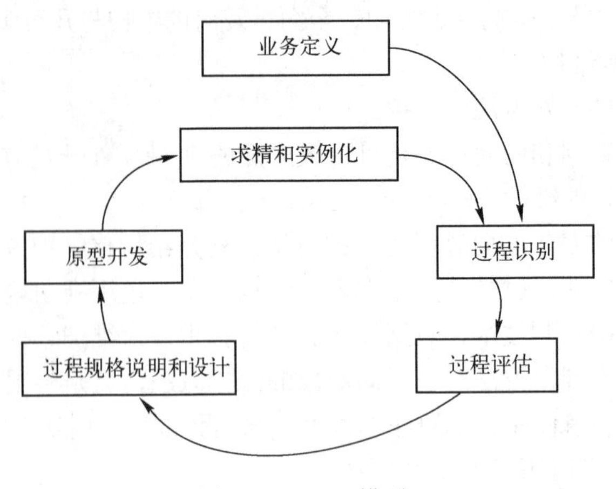

图 5-16　BPR 模型

每一个系统实际上是由子系统构成的层次结构。业务也不例外，每一个业务系统都是由一个或多个业务过程组成，而每个业务过程又可定义为一组子过程。

BPR 可以应用于层次结构的任意级别，但是，随着 BPR 范围的扩大，与 BPR 关联的风险将急剧增长。正因为如此，大多数 BPR 工作只着重于个体过程或子过程。

BPR 已超出了软件工程的范畴。和大多数工程活动一样，BPR 是迭代的。由于业务目标及达到目标的过程必须适应不断变化的业务环境，因而 BPR 是一个演化的过程，没有开始和结束。

5.5.2　软件再工程过程模型

一个软件再工程过程模型如图 5-17 所示，该模型是根据 Pressman 提出的循环模型绘制的，该模型将软件再工程定义为顺序发生的 6 项活动，这些活动可能重复进行形成一个循环过程，整个过程可以在任意一项活动之后结束。

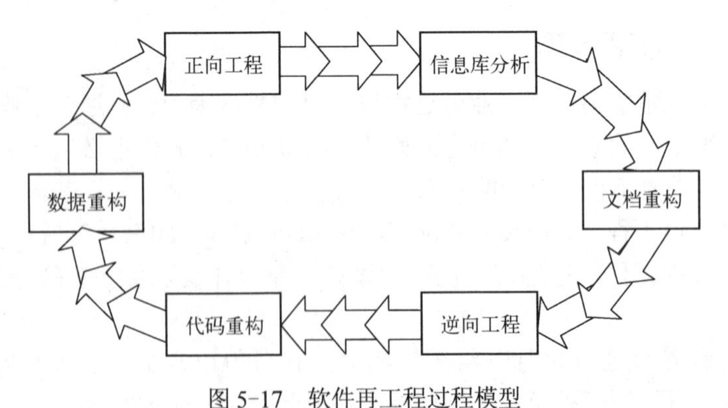

图 5-17　软件再工程过程模型

1. 信息库分析

信息库中保存了由软件公司维护的所有应用软件的基本信息，包括应用软件的设计、开发及维护方面的数据，例如最初构建时间、以往维护情况、访问的数据库、接口情况、文档数量与质量、对象与关系、代码复杂性等。在确定对一个软件实施再工程之前，首先要收集上述这些数据，然后根据业务重要程度、寿命、当前维护情况等对应用软件进行分析。

2. 文档重构

对于文档重构，可做如下 3 个方面的选择。

1）因为建立文档非常耗费时间，因而如果系统能正常运行，则文档可保持现状。

2）文档必须更新，但是因为资源有限，所以采用涉及哪部分就做哪部分的文档的办法，不需重构全部文档，只是对系统中正在改变的部分建立完整文档。

3）如果系统应用于关键业务活动中，而且必须完全重构文档，在这种情况下，也要设法将文档工作量减少到必需的最小量。

3. 逆向工程

硬件领域的逆向工程是通过检查产品的实际样本导出一个或多个关于产品的设计和制造规约。软件的逆向工程很类似，软件的逆向工程是分析程序，以便在比源代码更高的抽象层次上创建程序的某种表示。逆向工程是一个设计恢复过程，通过分析现存的程序，从中抽取出数据、体系结构和过程设计的信息。

4. 代码重构

代码重构是在保持系统完整的体系结构基础上，对应用系统中难于理解、测试和维护的模块重新进行编码，同时更新文档。为了完成该活动，可使用重构工具去分析源代码，生成的重构代码要进行评审和测试以保证没有引入异常和错误。

5. 数据重构

数据体系结构差的程序是难于进行适应性修改和增强的。事实上，对很多应用来说，数据体系结构对程序的长期生存的影响比源代码要大。当数据结构较差时，要对数据再工程。

大多数情况下，数据重构从逆向工程活动开始，当前的数据体系结构被分割开，在必要时，要定义数据模型（ERD、数据对象表、DFD 等），标识数据对象和属性，并从质量的角度评审现存的数据结构。

因为数据体系结构对程序体系结构及其中的算法有很强的影响，所以对数据的改变总会导致体系结构或代码层的改变。

6. 正向工程

正向工程也称为革新或改造，是从现存软件恢复设计信息，并使用该信息去改变或重构现存系统，以改善软件的整体质量。多数情况下，被再工程的软件要重新实现现存系统的功能，并且加入新功能和改善整体性能。

理想情况下，可以用“再工程引擎”来重建应用系统，只要将旧程序输入到“引擎”中，经过分析、重构就可以生成高质量的软件形式。但是，目前高质量的符合人们要求的“引擎”还没有，有一些 CASE 工具是针对特定领域或特定应用的。

从以上的 6 个阶段的工作叙述及图 5-18 可以看出，软件再工程过程的工作量很大，如果时间上难以承受，则可以将 Pareto 原理应用于软件再工程，也就是说，将再工程过程应用到存在 80%问题的 20%的软件中。

5.5.3 软件的逆向工程

逆向工程过程如图 5-18 所示，在逆向工程活动最初面对的是无结构的源代码，经重构后使得它仅包含结构化程序设计的构成元素，这就便于人们阅读并为后续的逆向工程活动奠定了基础。逆向工程的核心活动是抽取抽象，此时软件工程师必须评价旧程序，并从源代码中抽取出完整的处理、程序的用户界面以及程序所使用的数据结构或数据库结构，最后编写出最终的设计说明文档。

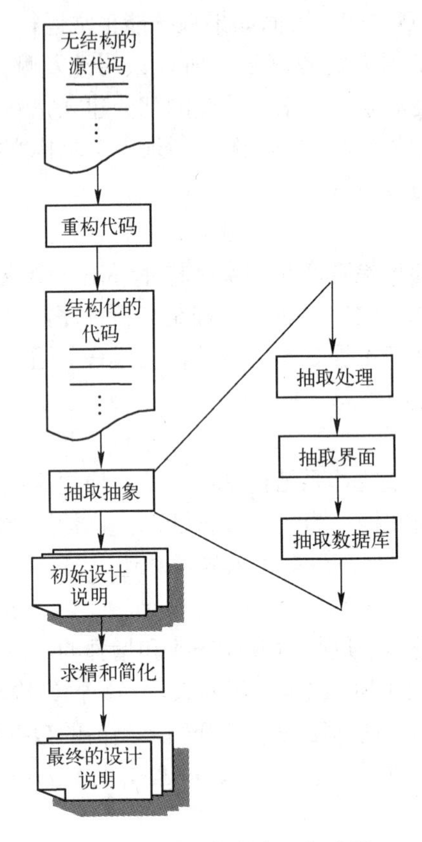

图 5-18　软件的逆向工程过程

1. 逆向工程的三个问题

（1）抽象层次

抽象层次是指可从源代码中抽取出来的设计信息的精密程度。理想状态下，抽象层次应该尽可能高，也就是说，逆向工程过程应该能够导出过程的设计表示——一种低层的抽象、程序和数据结构信息——稍高层次的抽象、数据和控制流模型——相对高层的抽象以及实体-关系模型——高层抽象。当抽象层次增高时，软件工程师可以获得更有助于理解程序的信息。

（2）完备性

完备性是指在某抽象层次提供的细节程度。在大多数情况下，当抽象层次增高时，完备性就降低。例如，给定源代码列表，得到一个完备的过程设计表示是相对容易的，简单的数据流表示也可以导出，但是，要得到数据流图或实体-关系模型的完备集合却困难得多。

（3）方向性

如果逆向工程过程的方向性是单向的，则所有从源程序中抽取的信息被提供给软件工程师，然后他们就可以在任何维护活动中使用这些信息。如果方向是双向的，则信息被输入到再工程工具，该工具试图重构或重新生成旧程序。

2. 处理的逆向工程

第一个真正的逆向工程活动从试图理解然后抽取源代码所表示的过程抽象开始。为了理解过程抽象，必须在不同的抽象层次对代码进行分析：系统、程序、构件、模式和语句。

对大型系统，通常用半自动方法来完成逆向工程。如用 CASE 工具来解析现存代码的语义，其输出被传送给重构工具和正向工程工具以完成再工程过程。

3. 数据的逆向工程

数据的逆向工程发生在不同的抽象层次。在程序层，要将内部的程序数据结构作为整体再工程工作的一部分进行逆向工程。在系统层，经常要将全局数据结构（如文件、数据库）进行再工程以便符合新的数据库管理范型（如从平面文件移向关系数据库系统或面向对象数据库系统），全局数据结构的逆向工程将为引入新系统的数据库建立很好的基础。

4. 用户界面的逆向工程

用户界面的重新开发是最常见的再工程活动，在用户界面被重建以前，应该有一个逆向工程活动。

为了完全理解某现存的用户界面（UI），必须要刻画界面的结构和行为。在 UI 的逆向工程开始前要回答 3 个基本问题：什么是界面必须处理的基本动作（例如，击键和按鼠标）？什么是系统对这些动作的行为响应的简洁描述？和这些相关界面等价的概念是什么？

5.5.4 软件重构

软件重构是修改源代码和数据以使它适应未来的变化，所以软件重构又分为代码重构和数据重构。代码重构的目标是生成可提供相同功能但产生比原程序更高质量的程序的设计。代码重构技术用布尔代数对程序逻辑进行建模，然后应用一系列变换规则来重构逻辑，目标是导出结构化的过程设计。数据重构必须先进行源代码分析的逆向工程活动，评估所有的程序设计语言语句，目的是抽取数据项和对象，获取关于数据流的信息以及理解现存实现的数据结构，然后进行数据重新设计。

软件重构的目的是应用最新的设计和实现技术对老系统的源代码和数据进行修改，以达到提高可维护性，适应未来变化的目的。重构一般不改变系统整体的体系结构，如果重构工作超出了模块的边界并涉及软件的体系结构，则重构就变成正向工程了。

5.5.5 软件的正向工程

正向工程过程是应用软件工程的原理、概念和方法来重建现有的应用。

1．C/S 体系结构的正向工程

从大型机到客户/服务器（Client/Server，C/S）计算模式的迁移需要同时进行业务再工程和软件再工程，还应该建立企业网络基础设施。针对 C/S 应用系统的再工程一般是从对业务环境（包括现有的大型机环境）的彻底分析开始的。可以确定 3 个抽象层，如图 5-19 所示。数据库层是客户/服务器体系结构的基础，并且管理来自客户应用的事务和查询，而这些事务和查询必须被控制在一组业务规则范围内。客户应用系统提供面向用户的目标功能；业务规则层表示同时驻留在客户端和服务器端的软件，该软件执行控制和协调任务，以保证在客户应用和数据库间的事务和查询符合已建立的业务过程；客户应用层实现特定的最终用户群所需要的业务功能。

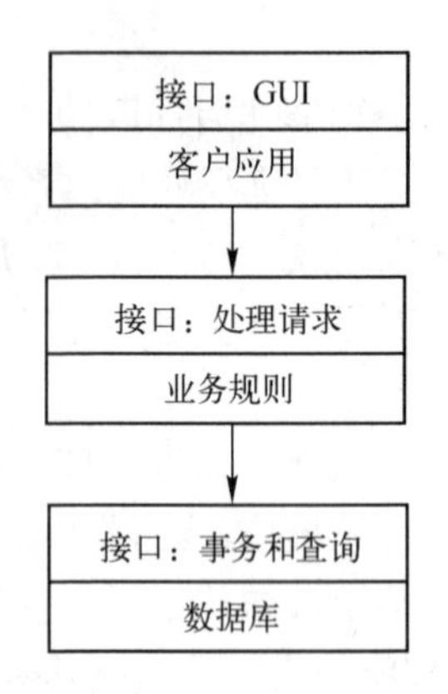

图 5-19　将主机型应用再工程为客户/服务器结构

2．OO 体系结构的正向工程

首先，要将现有的软件进行逆向工程，以便建立适当的数据、功能和行为模型。如果实施再工程的系统扩展了原应用系统的功能或行为，则还要创建相应的用例。然后，联合使用在逆向工程中创建的数据模型与 CRC 建模技术，以奠定类定义的基础。最后，定义类层次、对象-关系模型、对象-行为模型以及子系统，并开始面向对象的设计。随着面向对象的正向工程从分析进展到设计，可启用 CBSE 过程模型。如果旧的应用系统所在的领域已经存在很多面向对象的应用，则很可能已存在一个健壮的构件库，可以在正向工程中使用它们。

3．用户界面的正向工程

从大型机到客户/服务器计算模式的变迁中，所有工作量中的很大一部分是花费在客户应用系统的用户界面的再工程上面。用户界面再工程可分 4 步进行：理解原界面及其和应用系统的其余部分间交换的数据、将现有界面蕴含的行为重新建模为在 GUI 环境内的一系列有意义的抽象、引入使交互模式更有效的改进、构造并集成新的 GUI。

5.5.6　软件再工程的成本-效益分析

软件再工程对时间、成本、工作量都有很大的消耗，即使条件具备了，也要三思而后行。因而，在对现有应用系统实施再工程之前，应该进行成本-效益分析。Sneed 在 1995 年提出了再工程的成本-效益分析模型，其中定义了如下 9 个参数。

P_1=系统的当前年度维护成本

P_2=系统的当前年度运行成本

P_3=系统的当前年度业务价值

P_4=再工程后系统的预期年度维护成本

P_5=再工程后系统的预期年度运行成本

P_6=再工程后系统的预期年度业务价值

P_7=软件再工程的估算成本

P_8=进行软件再工程所花费的估算时间

P_9=再工程风险因子（$P9$=1.0 为额定值）

P_1、P_2和 P_3是再工程前的参数，设 L 表示期望的系统寿命，则一个系统未执行再工程的持续维护相关的成本可以定义为：

$$C_{maint}=[P_3-(P_1+P_2)]\times L$$

与再工程相关的成本定义为：

$$C_{reeng}=[P_6-(P_4+P_5)]\times(L-P_8)-(P_7\times P_9)$$

再工程的整体效益为：

$$B=C_{reeng}-C_{maint}$$

可以对所有在信息库分析中标识的高优先级应用系统进行上述表示的成本-效益分析，那些显示最高成本-效益的应用系统可以作为再工程对象，而其他应用系统的再工程可以推迟到有足够资源时再进行。

5.6　案例：微软公司的软件测试

微软公司（Microsoft Corporation）由比尔·盖茨（Bill Gates，见图 5-20）等人于 1975 年创立，是目前全球最大的电脑软件提供商，Windows 操作系统是微软公司最著名的产品，它占据了全世界几乎所有个人计算机的桌面。

图 5-20　微软创始人比尔·盖茨

微软的软件开发人员由项目管理、软件开发和软件测试团队 3 部分组成。为了保证软件产品的质量，测试团队人数通常要大于等于前两个团队人数之和。在人员的组织上，每个团队再分成许多小团队，每个小团队又细分为多个小小团队。三类人员在软件开发过程中，各行其职，互相支持，互相制约，以保证一个好的产品问世。

5.6.1　软件测试人员的组成及任务

软件测试是软件产品开发中的一个重要部分，越是大公司对软件测试越重视，微软之所以越做越大、越做越强也是和他们重视软件产品的测试分不开的，正是由于微软清晰地认识到了软件测试的重要性，所以他们产品的发布速度越来越快，产品质量也越来越高。微软早期的产品有时会发生崩溃、死机等现象，而现在的产品比过去的产品规格更大、更完善，产品的性能却稳定得多。这是因为微软公司的测试工作越做越好，测试人员越来越多，越来越有经验的缘故。微软公司曾算过一笔账。最初，微软公司与一般人的认识一样，认为测试不重要，重要的是开发人员，通常一个团队中有几百个开发人员，但只有几个测试人员。并且，开发人员的工资比测试人员高很多。经过多年实践后，微软公司发现，为修复出现问题的产品所花的钱要比多雇用几个测试人员的费用多很多！所以，公司认为需要更多的测试人员。现在，测试人员的工资越来越高，水平也越来越高，找到 bug 的时间越来越早。

1．软件测试人员的组成

微软的软件测试人员分为两类。

第一类称为测试工具软件开发工程师（Software Development Engineer in Test，SDE/T），他们负责编写测试工具代码，并利用测试工具对软件进行测试，或开发测试工具为软件测试工程师服务。

第二类称为软件测试工程师（Software Test Engineer，STE），他们的任务是负责理解产品的功能要求，然后对其进行测试，以检查软件有无 bug，决定软件是否具有稳定性，并写出相应的测试规范和测试用例。

在一个软件产品研发和销售过程中，微软还配备了下列 4 类人员。

1）负责给产品打补丁（Service Pack）的快速修复工程师（Quick Fix Engineer），通常由 SDE 来担任。

2）通过电话方式向用户提供售后技术支持的支持工程师（Support Engineer）。

3）销售和市场人员（Sales and Marketing）。

4）研究员和研究工程师（Researchers and Research SDE）。

产品开发主要是由项目经理、开发人员和测试人员组成的开发团队来进行的。在微软内部，软件测试人员与软件开发人员的比率一般为 1.5～2.5，表 5-2 所示为开发 Exchange 2000 和 Windows 2000 的各类人员数及测试人员与开发人员的比率。

表 5-2　微软软件产品 Exchange 2000 和 Windows 2000 的各类人员数及比率

人员 软件	Exchange 2000	Windows 2000
项目经理	25 人	250 人
开发人员	140 人	1700 人
测试人员	350 人	3200 人
测试人员/开发人员	2.5	1.9

2．软件测试人员的任务

软件测试人员的任务是从用户的角度出发，通过不断地使用和攻击刚开发出来的软件产品，尽量多地找出产品中存在的问题，也就是所说的 bug。找 bug 是一件非常重要的工作。因为任何一个产品开发出来以后，都会存在许多大大小小的 bug，轻者影响用户的正常使用，重者导致系统崩溃。测试人员的职责就是找出 bug，并告知开发人员。开发人员修改，调试好程序，再交给测试人员测试，以发现新的 bug。经过这样一个反复过程，一个软件才能趋于完善和稳定。最后，交付用户。

5.6.2 软件测试应考虑的问题

微软的软件测试主要考虑 5 个方面的问题。

1．考虑软件出错的各种可能性

测试最重要的是考虑到所有的出错可能性。同时，还要做一些非常规的测试，就像黑客（hacker）攻击过程一样，专门从软件的漏洞破坏软件，以达到找到并修复漏洞的目的。

2．考虑性能问题

除了漏洞之外，还应考虑性能问题。一定要保证软件运行好、非常快、没有内存泄漏，也不会出现越来越慢的情况。

3．考虑软件产品的兼容性

一个软件一般是由许多小构件构成，如果其中一个小构件与它的前一个版本不兼容，那么这个软件就会出现错误，这种错误需要通过测试来发现和解决。

4．测试人员不应是代码编写者

编写程序的人不应测试自己的程序，这是 Myers 曾提出的软件测试的一条原则，微软不但考虑了而且很好地执行了这一原则。

5．找出并定位 bug

软件测试人员不仅要找出 bug，还应定位引起此 bug 的代码行。这样就加快了开发人员的修复速度，大大缩短了产品的开发周期，从而加快新版本的发布。

5.6.3 对软件中 bug 的处理

1．什么是软件的 bug？

在软件使用过程中所出现的任何一个可疑的问题，或导致软件不能符合设计要求，或不能满足用户需要的都是 bug。有时候，bug 并不是程序错误，如软件没有按照一般用户的使用习惯来运行。此时，也可以把这个问题看成是该软件的一个 bug。

2．对 bug 的跟踪过程

（1）测试人员根据测试结果报告发现的所有 bug。微软在正式发布一个软件之前，经常要依次发布 Alpha 和 Beta 测试版，让用户使用，以便用户能够反馈相关的 bug 信息。

（2）开发经理根据这些 bug 的危害性，对它们进行排序，以确定 bug 的优先级，并安排给相关的开发工程师。

（3）开发人员根据 bug 的轻重缓急依次修复各个 bug。

（4）测试人员再对开发人员已经修复的 bug 进行验证，确认 bug 是否已经被彻底更正。

开发一个产品经常会遇到几十万个 bug。可以说，没有任何一个软件产品没有 bug，也永远不可能找出并修复所有的 bug。旧的 bug 修复了，又会产生新的 bug。微软的经验是：每修复 3～4 个 bug，会产生一个新的 bug。

3．bug 修复后的状态

bug 经开发人员修复再回到测试人员手中时，会被分为几类，见表 5-3。

表 5-3　微软所确定的 bug 修复的状态

分类标示	说　明
Fixed	表示 bug 已被修复改正了
Duplicated	表示测试人员所找到的某个 bug 已被其他人找出了
Postponed	表示这个 bug 不是很重要，或要改正这个 bug 风险太大，而 bug 本身不会造成很大的影响，可以暂时不去管它
By design	测试人员认为是 bug，因为不符合用户要求，也不符合逻辑。但开发人员认为这是按照项目经理的设计做的
Not repro	以前出现的某个 bug 已自动消失了。可能修复其他 bug 时，一并被处理了
Won't fix	这是一个 bug，但完全可以忽略不计

5.6.4　采用的软件测试方法及测试工具

有了 bug 类型定义之后，下面的工作就是怎样去找出这些 bug。这就需要采用好的测试方法和好的辅助工具。

1．软件测试方法

微软主要采用了 6 种系统的测试方法。

（1）覆盖测试（Coverage Testing）

这是按照代码内部的特性进行的软件测试，有 5 项测试。

1）单元测试（Unit Testing）。按代码单元组成，逐个测试。

2）功能或特性测试（Function or Feature Testing）。如 Exchange 中，发送和接收就是两个功能和特性。

3）提交测试（Check-in Testing）。在开发人员修复了代码中的某个 bug 时，需要重新提交。为保险起见，开发人员找测试人员帮着测试。这种情况称作伙伴测试（Buddy Test）。

4）基于验证的测试（Build Verification Testing，BVT)。对完成代码进行编译和连接，产生一个构造，以检查程序的主要功能是否像预期一样。

5）回归测试（Regression Testing）。对以前修复过的 bug 重新测试，查看该 bug 是否会重新出现。

（2）使用测试（Usage Testing）

这是从系统外部站在用户的角度进行的软件测试，有 6 项测试。

1）配置测试（Configuration Testing）。这项测试保证软件在不同版本的视窗操作系统下都能正常运行。

2）兼容性测试（Compatibility Testing）。对一个产品不同版本（如 Office 2000 与 XP)、一个产品不同厂家（如 IE 与 Netscape）和不同类型软件（如 IE 和 Office）之间相互是否兼容进行的测试。

3）强度测试（Stress Testing）。在各种极限情况下对产品进行测试（如多人同时或反复运行）。

4）性能测试（Performance Testing）。主要是指时空效率测试。如在测试中发现性能问题，修复很困难。因为通常它反映在算法和结构上，所以在产品开发的初始阶段，就要考虑软件的性能问题。

5）文档和帮助文档测试（Documentation and Help File Testing）。检查文档是否齐全，文档是否与软件不一致等，如果它们存在错误，将导致无法使用产品。

6）Alpha/Beta 测试。该项测试有时进行几个月甚至 1 年，以保证产品投放市场后保持稳定的质量。

（3）白盒测试（Glass Box Testing）

在软件编码阶段，开发人员根据自己对代码的理解所进行的软件测试叫作白盒测试。这一阶段的测试以开发人员为主。有时，SDE/T 也会辅助开发人员进行测试。

（4）黑盒测试（Black-Box Testing）

黑盒测试包含 7 项。

1）验收测试（Acceptance Testing）。类似于 BVT 测试。

2）Alpha/Beta 测试。在此阶段产品特性不断被修改。

3）菜单/帮助测试（Menu/Help Testing）。在产品开发的最后阶段，文档里发现的问题往往是最多的。因为软件的所有功能和特性都不是固定不变的，都会进行调整。所以直到软件正式发布时才编写软件的帮助文档，这样才能保证它的内容与软件的功能相符。

4）发布测试（Release Testing）。在正式发布前，产品要经过非常仔细的测试。除了专门的测试人员外，还需要几千个，甚至几十万个其他用户与合作者，通过亲自使用产品来进行测试。然后把错误信息反馈到公司。到了这一步，如果出现非改不可的 bug，就必须推迟产品的发布，有时重新对产品进行全面的测试需要几个月，这需要耗费大量的时间、人力和物力。

5）回归测试。它的目的是保证以前经修复的 bug 在软件发布前不会再出现。实际上，许多 bug 都是在回归测试中发现的。因为已经更正的 bug 有可能又回来了，有的 bug 经过修改之后，可能又产生了新的 bug。所以回归测试可以保证已更正的 bug 不再重现，且不产生新的 bug。

6）RMT 测试（Release to Manufacture Testing）。为产品真正的发布做好准备所进行的测试，在此阶段，对每一个 bug 都需要谨慎地修复。因为这时修改非常容易产生其他错误。只有那些非改不可的 bug 才会允许修改。

7）功能和系统测试（Function and System Testing）。对功能测试和系统测试包括下述内容。

- 规范验证（Specification Verification）。
- 正确性（Correctness）。
- 可用性（Usability）。
- 边界条件（Boundary Condition）。
- 性能（Performance）。
- 强度（Stress）。
- 错误恢复（Error Recovery）。
- 安全性（Security）。
- 兼容性（Compatibility）。
- 软件配置（Configuration）。

● 软件安装（Installation）。

（5）手工测试（Manual Testing）

靠人力查找 bug。

（6）自动测试（Automation Testing）

编写一些测试工具，由它们自动查找 bug。自动测试的优点是快，可以很广泛地查找 bug。其缺点是，它们只能检查一些最主要的问题，如死机、崩溃等，但却无法发现一些一般的日常错误。这些错误由人工很容易找到。另外，自动测试编写测试工具的工作量很大。所以在实际测试中，采用人工与自动测试相结合的方法。下面是微软的两个测试例子。

【例 5-2】 对交换服务器进行压力测试。

这需要几万个、甚至几十万个用户同时发送 E-mail 到服务器，以测试服务器会不会出现死机或崩溃的现象。可是几万人同时发送 E-mail，这在现实生活中是很难做到的。但利用测试工具却能很容易办到。测试工具可以自动生成几万个账号，并且让它们在同一时间从不同机器上同时发送 E-mail 信息。

【例 5-3】 对 Web 应用软件进行测试，要求 50000 个用户同时浏览一个 Web 页面，以保证网站的服务器不会死机。

要找到 50000 个用户同时打开一个网页是不现实的。就算能够找到 50000 个测试者，成本也非常高。但是通过测试工具就很容易做到。而且测试工具还可以自动判断浏览结果是否正确。

2．辅助工具

微软除了采用上述的测试方法以外，还有高效和好用的辅助工具，这些工具包括：计算机、优秀的办公处理软件（如用以编写测试计划和测试规范的字处理和表格软件）、视频设备、秒表（计算程序运算时间，测试产品性能）、错误跟踪系统、产生自动化脚本的自动测试工具、软件测试分析工具、好的操作系统（Windows NT/2000，其中有很多有用工具如文件比较器、文件浏览器、文件转换器、内存监视器等）和多样化的平台。

5.6.5 主要的软件测试文档

软件测试文档主要包括 5 类。

1．测试计划

测试计划包括的内容见表 5-4。

表 5-4 微软测试计划内容列表

项　　目	说　　明
概述（Overview）	说明该测试是做什么用的
测试目标和发布准则（Test Goals and Release Criteria）	说明该测试达到的目的是什么，同时还要明确定义发布的标准
计划测试领域（Planned Test Areas）	要明确给出将要测试的功能和特性领域
测试方法描述（Testing Approach Description）	从总体角度定义产品的测试方法
测试进度表（Testing Schedule）	必须与项目经理的要求和产品的开发进度相一致
测试资源（Testing Resource）	定义参与的测试人员和每个测试人员负责的测试领域
配置范围和测试工具（Configuration Coverage and Test Tools）	必须给出测试所需机器平台、相关硬件配置和测试工具

2．测试规范

测试规范（Test Specification）是描述测试计划中每一个确定的产品领域测试需求的文档，包含的内容见表 5-5。

表 5-5　微软测试规范内容列表

项　　目	说　　明
背景信息（Background Information）	给出项目经理编写的产品规范、负责产品的人员和产品修改记录
被测试的特性（Features to Be Tested）	包括单个特性、一个领域内的组合特性、与其他领域中的特性相集成的特性，以及没有覆盖到的特性
功能考虑（Function Considerations）	应提供详细的功能描述，包括菜单、热键、对话框、错误信息和帮助文档
测试考虑（Test Considerations）	一般要有测试假设。包括项目经理编写的规范、各种边界情况、不同语言使用的符号和系统测试等
测试脚本（Test Scenarios）	测试规范最重要的内容就是阐述具体的测试方法，对每一个特性或功能给定一些测试脚本。这样就可很容易地产生测试用例

3．测试用例

在开发测试用例之前，必须具备一份正确的项目经理定义的规范和一份详细的测试规范。最初的用例一般是根据规范中的定义开发的。在运行过程中，根据测试反馈信息，可能会发现未考虑到的新问题，这就需要不断地增加新用例。如果发现新 bug，也可能需要添加新的测试用例。这样可以大大减少回归测试。用例没有固定格式，只要能清楚表明步骤和需要验证的事实，使任何一位工程师或用户能按测试用例的描述完成测试即可。

4．测试报告

通常，测试管理人员以测试报告的形式向整个产品开发部门报告测试结果和发现的 bug，其目的是使开发部门能了解产品的进展情况，并使 bug 能迅速得到修复。测试报告的格式不完全相同，只要所写报告能够完整和清楚地反映当前测试进展情况即可。测试报告中最重要的是清楚、易懂。

5．Bug 报告

Bug 报告（Bug Report）的主要内容见表 5-6。

表 5-6　Bug 报告内容列表

项　　目	说　　明
Bug 名称（Bug Subject/Title）	简单描述 bug 的主要问题并给出使用的机器、操作系统和软件平台
被测试软件的版本（Software Version）	这样可使开发人员在纠错时有针对性
优先级和严重性（Priority and Severity）	优先级是项目经理定义的特性，严重性是指对用户来说的 bug 的严重性
报告测试步骤（Report Steps of Test）	说明 bug 是在什么操作步骤之后产生的
Bug 造成的后果（Result）	说明在实际操作时，该 bug 所造成的后果
期望的结果（Expect Result）	给出测试人员认为应该出现的结果
其他信息（Other Information）	上述中没有包括的需要说明的信息

5.7　小结

软件测试是保证软件质量的重要活动，也是软件开发过程中占有最大百分比的技术工作。软件测试的目的是为了发现错误，为此，需要进行一系列的测试活动：单元测试、集成测试、确认测试和系统测试。单元测试是检查每个程序模块是否正确地实现了规定的功能；集成测试是将经过单元测试的模块组装起来进行测试；确认测试是检查软件是否满足 SRS 中确定的各种需求以及软件配置是否完整、正确；系统测试则是把软件纳入实际运行环境中，与其他系统元素一起进行测试。

由于软件各个开发阶段的任务不同，因而所采用的测试方法和策略也不同。集成测试可分为增殖测试、非增殖测试和混合增殖测试，增殖方式又可分为自顶向下以及自底向上增殖方式。确认测试包括有效性测试、软件配置审查、验收测试、安装测试以及 α 测试和 β 测试。

软件测试的种类大致可分为人工测试和基于计算机的测试，基于计算机的测试又可分为白盒测试和黑盒测试。白盒测试是结构测试，它以程序的逻辑为基础设计测试用例，基本思想是选择测试数据使其满足一定的逻辑覆盖。逻辑覆盖可分为语句覆盖、分支覆盖、条件覆盖、分支/条件覆盖、多重条件覆盖、路径覆盖以及循环覆盖 7 种。黑盒测试是功能测试，它不考虑程序的内部结构，是根据程序的规格说明来设计测试用例，主要方法有等价类划分法、边界值分析法、错误推测法和因果图法。

人工测试主要有桌面检查、代码会审和走查。

测试工作结束后要进行软件调试。调试与测试不同，软件测试的目的是要尽可能多地发现软件中的错误，而调试是要进一步诊断和改正程序中潜在的错误，调试的方法主要有强力法排错、回溯法排错、归纳法排错和演绎法排错。

面向对象测试的整体目标和传统软件测试的目标是一致的，但是OO 测试的策略和战术有较大不同，测试的视角扩大到包括分析和设计模型的评审，测试的焦点从过程构件（模块）移向了类，集成测试可使用基于线程或基于使用的策略来完成。

软件在经过一系列系统的测试交付使用之后还有工作要做，软件在运行过程中要不断地进行维护，软件维护是软件生命周期的最后一个阶段，也是占用工作量和费用最多的阶段，系统规模越大、越复杂则相应的维护工作也越多。按照不同的目标，维护活动可以分为 4 类：以纠正软件错误为目的的纠错性维护，为适应运行环境变化而进行的适应性维护，以增强软件功能为目标的完善性维护，以及为了改善未来软件的可靠性和可维护性所进行的预防性维护，这 4 种维护分别占总维护工作量的 21%、25%、50%和 4%。

软件可维护性是软件开发各个阶段的关键目标之一，为使软件具有较高的可维护性，在软件开发过程中，要使软件尽可能地具有较高的可理解性、可测试性、可修改性、可靠性、可移植性、可使用性和高的运行效率。

为提高软件的可维护性，在软件开发过程中要提供完整和一致的文档、进行严格的测试和阶段审查、建立明确的软件质量目标和优先级、使用现代化的开发技术和工具，并选用可维护性好的程序设计语言。

随着软件技术的飞速发展，软件维护也随之发展，对于新软件体系结构应采用新的软件维护方法。

软件再工程是一种新的预防性维护方法，它通过逆向工程和软件重构等技术，来有效地提高现有软件的可理解性、可维护性和复用性。对现有应用系统实施再工程之前，应使用 Sneed 模型进行成本-效益分析，有价值的系统才适宜进行软件再工程。对于多个欲将再工程的应用系统应按照成本-效益分析的优先级进行排序，先对再工程整体效益高的应用系统实施软件再工程。

5.8 习题

1．简述 Myers 提出的软件测试目标。

2．简述 Davis 提出的软件测试原则。

3．什么是软件的可测试性，良好的可测试性软件应包括哪些特征？

4．简述良好软件测试的 4 个属性。

5．简述或用图示的方式给出软件测试与开发过程的对应关系。

6．软件单元测试包含哪些内容，什么是单元测试环境，为什么要构建单元测试环境？

7．什么是软件集成测试的增殖方式和非增殖方式？

8．简述采用自顶向下和自底向上增殖方式进行软件集成测试的步骤，为什么要进行回归测试？

9．什么是 α 测试和 β 测试，它们有什么区别？

10．软件确认测试主要包括哪些工作？

11．什么是系统测试，主要有哪些方面？

12．软件压力测试和软件性能测试的区别是什么？

13．安装测试的目的是什么，它对应软件开发的哪个阶段？

14．图 5-21 是某软件结构图，已经过模块测试，现进行整体测试，试分别写出用自顶向下和自底向上的整体测试方法进行测试的增殖次序。

15．若已开发出一个某项大型活动网上售票系统，说明如何进行压力测试。

16．为什么说软件的穷举测试是不可能的？举例说明。

17．软件的白盒测试和黑盒测试有什么不同？

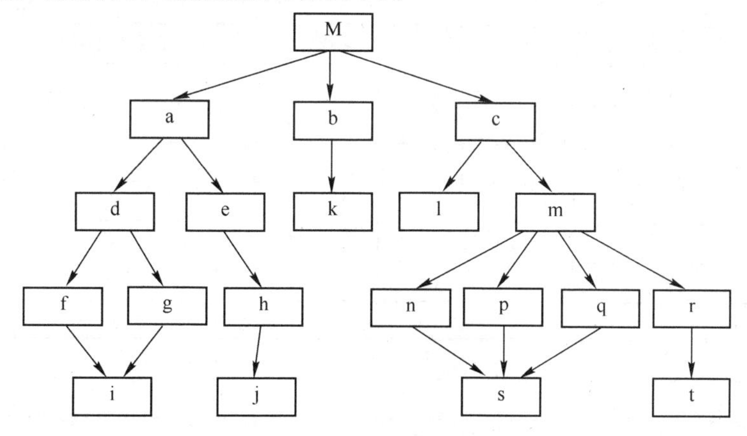

图 5-21　题 12 的软件结构图

18．简述软件白盒测试中除循环以外的 6 种覆盖标准，针对一个具体程序，设计测试用例，使其分别满足这 6 种覆盖标准。

19．针对 3 种循环结构，简述循环覆盖的测试方法。

20．简述软件划分测试与随机测试方法。

21．简述软件错误推测法的基本思想。

22．等价类划分是软件白盒测试方法还是黑盒测试方法？简述使用等价类划分方法设计测试用例的依据。

23．简述在使用等价类划分方法设计软件测试用例时，有助于等价类划分的启发式规则。

24．简述因果图法设计软件测试用例的具体步骤。

25．人工测试程序主要有哪些方法？

26．软件调试与软件测试有什么不同？简述软件调试的步骤。

27．主要的软件调试方法有哪些？

28．简述程序调试原则。

29．简述面向对象的软件测试策略，每一步的测试重点是什么？

30．在进行 OO 集成测试时，测试所要达到的覆盖标准主要有哪些？

31．简述基于状态的面向对象类测试方法。

32．简述基于数据流的面向对象类测试方法。

33．简述继承层次的面向对象类测试方法。

34．软件维护可分为几种？用图示的方式给出各种维护的工作量分布。

35．根据变化的不同，可将现实世界的系统分为 S-系统、P-系统和 E-系统 3 类，它们各有什么特点？

36．衡量软件可维护性的特性主要有哪些？

37．简述软件的“90-10 测试”方法。

38．简述软件可修改性的定量度量方法。

某系统 HS 有 27 个模块，已对各模块的复杂性进行了计算，详细数据如表 5-7 所示，试根据该表判断系统 HS 的可修改性如何。

表 5-7　系统 HS 的可修改性数据

模块编号	是否必须修改	复杂性 V(G)	模块编号	是否必须修改	复杂性 V(G)
1	N	6	15	N	7
2	N	10	16	Y	4
3	N	4	17	N	5
4	N	5	18	Y	4
5	N	5	19	N	4
6	Y	5	20	Y	3
7	Y	4	21	Y	2
8	N	7	22	Y	4
9	N	6	23	N	7
10	Y	3	24	N	3
11	Y	5	25	Y	2
12	Y	3	26	Y	2
13	Y	2	27	N	4
14	Y	6			

39．IEC（国际电工委员会）国际标准 SC65A-123 是如何对软件危险程度进行划分的？简述 IECSC65A-123 对软件可靠性的要求。

40．软件系统 A 的 MTTF 为两周，软件系统 B 的 MTTF 为半年，哪个系统的可靠性更高，为什么？

41．为什么说软件的文档化对提高软件的可维护性非常重要？

42．为什么要建立软件质量特性的优先级？

43．为了提高软件的可维护性，可以采用哪些类型的软件审查？

44．用图示的方式描述软件开发过程中不同的检查点及审查的重点。

45．简述客户机/应用服务器/数据库服务器结构的软件系统的维护方法。

46．什么是软件再工程，软件再工程过程主要包括哪些活动？

47．软件的逆向工程要得到什么，正向工程要得到什么？

48．用图示方式给出软件的逆向工程过程。

49．软件重构的目的是什么，如果重构工作是为了改变软件的体系结构，则重构是逆向工程还是正向工程？

50．简述用户界面再工程的 4 个步骤。

51．简述 Sneed 提出的软件再工程成本-效益分析模型，给出各参数的意义。

52．某企业现有 3 个应用软件系统 X、Y 和 Z，欲对它们进行软件再工程，以使其适应公司业务的变动，经估算和分析，得参数如下：

系统 X 的参数：P_1=10 万元/年，P_2=24 万元/年，P_3=1200 万元/年，P_4=5 万元/年，P_5=12 万元/年，P_6=1800 万元/年，P_7=60 万元，P_8=1 年，P_9=1.25，L=10 年。

系统 Y 的参数：P_1=6 万元/年，P_2=10 万元/年，P_3=800 万元/年，P_4=3 万元/年，P_5=5 万元/年，P_6=1000 万元/年，P_7=46 万元，P_8=1 年，P_9=1.25，L=8 年。

系统 Z 的参数：P_1=1 万元/年，P_2=1 万元/年，P_3=75 万元/年，P_4=2 万元/年，P_5=2 万元/年，P_6=100 万元/年，P_7=38 万元，P_8=0.5 年，P_9=1.2，L=10 年。

试根据 Sneed 模型对这 3 个应用系统进行成本–效益分析，给出它们的再工程次序。

53．现有两个欲再工程的应用软件系统 Halpha 和 Hbeta，经分析和估算得出如下数据：

系统 Halpha 的参数：P_1=3 万元/年，P_2=3 万元/年，P_3=10 万元/年，P_4=2 万元/年，P_5=2 万元/年，P_6=15 万元/年，P_7=10 万元，P_8=2 年，P_9=1.1，L=10 年。

系统 Hbeta 的参数：P_1=5 万元/年，P_2=3 万元/年，P_3=12 万元/年，P_4=1 万元/年，P_5=2 万元/年，P_6=15 万元/年，P_7=16 万元，P_8=1.5 年，P_9=1.2，L=10 年。

问 Halpha 和 Hbeta 哪个系统应首先作为再工程对象，为什么？

第6章　软件项目管理

如果你是管理者，你要承担一项公路工程或者别的什么工程，你首先考虑的是什么？你不可避免地会想到：我要干的是什么，我能不能干得了，这项工程的任务有多大，需要的技术和人员是否具备，工具是否具备，费用是多少，需要多少人员来完成，多长时间能完成。作为软件项目的管理者也像其他工程一样，也应该在软件项目开始时考虑这些问题。软件项目管理的内容有很多，本章主要讲述如何制定软件计划，在软件生命周期中的第一项工作就是制定软件计划，计划的目标是制定一个框架，使得项目管理者能够对软件开发资源、成本及进度进行合理的估算，这些工作既需要对开发项目有深入的理解，也需要历史数据和经验，主观性和不确定性很大，还有多种风险，现代软件工程方法如演化模型及螺旋模型等迭代的特性使得我们可以在项目的进展中不断修改估算结果和更有效地控制并降低风险。

软件计划阶段的主要工作包括定义软件范围、确定资源、估算成本及安排进度。

6.1　软件范围的确定

软件项目计划的第一项工作是确定软件范围，简单地说就是明确将要开发的软件能“干什么”，它是计划阶段其他工作的基础，其文档依据主要是系统规格说明书。此时，开发者与客户要进行充分交流，要用无二义性、大家都能理解的语言来描述软件范围。

6.1.1　获取确定软件范围所需的信息

为了获取确定软件范围所需的信息，软件计划的制定者、软件技术人员、现场用户以及最终用户都应该尽可能参与软件计划的制定，开发方与提出要求的客户之间要进行充分的沟通、交流，最初可通过会议的形式互相认识，客户应有专门人员配合开发人员的工作，最好成立一个协调小组，处理、安排、协商双方的事宜。获取信息是非常重要的，它是后续工作的基础，必须安排足够的时间以保障工作的有效进行。

正式启动软件项目实施会议之后，双方应以非业务的方式开展交流，可安排一些联谊等活动增加彼此的了解和信任，为后续工作打下基础，这些看似与确定软件范围无关的举措将会加速后续工作的开展。

之后，计划制定者要详细了解客户的工作，时间可长可短，工间休息时、用餐时、等车时、喝茶时等都可以，以不影响客户的正常工作并不给客户造成负担为前提，由于双方有了前期的感情铺垫，彼此的熟悉程度和信任度都会增加，因而获取确定软件范围所需信息的难度也会降低。对每次非正式交流所获得的信息都要做笔记并进行整理，这些基本素材也是进行软件需求分析的重要材料。

在获取了足够的信息并进行整理后可召开正式会议，讨论确定软件的范围，对于不明确的、有二义性的、边界不清楚的、不一致的甚至矛盾的信息，开发者和客户要进行充分的沟通，必须达成一致。必要时，可延长计划阶段的时间，安排一段时间进行信息的收集，然后再召开会议，直到明确地描述出软件范围并且各方都无异议为止。

6.1.2 软件范围的具体内容及描述要求

软件范围主要描述将被处理的数据和控制、功能、性能、约束、接口及可靠性。功能的描述应尽可能精细，因为功能对于成本和进度的估算影响很大，所以对功能的描述越细越好；性能方面主要包括处理及响应时间的要求；约束方面是标识出外部硬件，可用内存或其他已有系统等对软件进行的限制。功能、性能和约束必须同时考虑，因为在相同的功能条件下，不同的性能或约束在成本及工作量的估算上可能会有很大的甚至是数量级上的差别；接口是指硬件、软件、人和过程 4 个方面，要确定出它们对资源、成本及进度的影响。硬件是指运行所开发的软件的硬件及由该软件所间接控制的设备。软件是指已存在的并且必须与新软件所连接的软件，如数据库、可复用软件构件、操作系统等。人是指通过键盘、鼠标、语音或其他输入/输出设备使用该软件的人。过程则是指运行该软件的操作顺序，包括运行该软件之前和之后的操作；软件范围最不精确的描述是关于软件可靠性的陈述，虽然软件可靠性测度已经存在，但它们很少应用于计划阶段，典型的硬件可靠性特性如平均故障间隔时间难以转换到软件领域，虽不能精确量化软件可靠性，但可利用项目的性质来辅助描述，如涉及人的生命安全的航空控制系统要求可靠性极高，否则后果不堪设想，而一个库存管理系统或字处理软件虽然也希望有高的可靠性，但是即使失败，影响也小得多。

6.2 软件资源的考虑

制定软件计划的第二项重要任务是考虑开发软件所需要的资源。对资源的要求可以表示成一个金字塔的形式，如图 6-1 所示，位于金字塔顶端的是人员，是主要资源。底部是硬件和软件工具，它们是支持软件开发的基础。中间是可复用软件构件，对降低软件开发成本，缩短开发时间具有非常重要的作用。每一类资源都可以用 4 个特征进行说明，即对资源的描述、可用性的说明、需要该资源的时间及该资源被使用的持续时间。后两个特征可看作是时间窗口，对于给定的窗口，其资源的可用性必须在开发初期就建立起来。

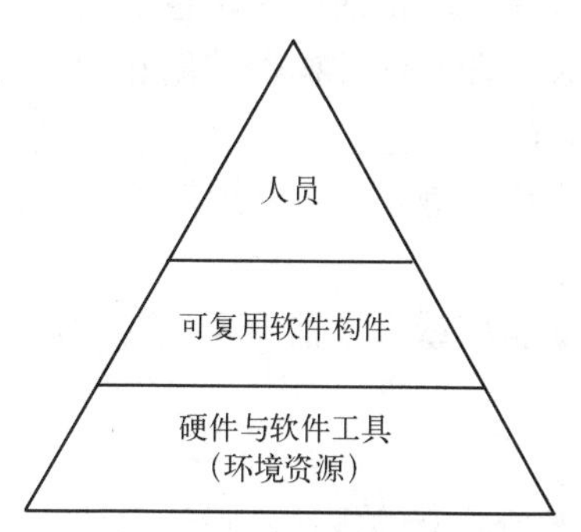

图 6-1　开发软件所需的资源

6.2.1 人力资源

一座楼房刚刚设计完毕就招收了大量施工人员，在地基还没有开挖时又招收了很多室内装修人员，这显然都是不合理的。同样原理适用于软件的开发，软件产品是知识和技术高度密集的产品，软件企业是知识型企业，知识型企业的核心是人，而不是技术。人力资源是软件开发中最重要的资源，现代软件工程把人力资源视作人件（peopleware），也就是说人也是系统的一部分。软件危机中所出现的很多问题都可以归结为缺少有能力的人力资源，对于大型软件项目来说，必须要考虑并重视人员配置，才能有效地利用人力资源，配置主要应从人员的技术水平、专业、数量以及这些量在时间轴上的分布 4 个方面来考虑，也就是说在软件生命周期的不同阶段，所需人员的技术水平、专业知识和数量是不一样的，图 6-2 可以作为人力资源安排的参考。由图 6-2 可见，高级技术人员和管理人员在软件开发的初期和后期参与程度相对较高，而初级技术人员在编码和单元测试中参与的程度相对较高，一个软件项目所需的人员数目可在完成了开发工作量的估算之后来确定，这样会更合理。

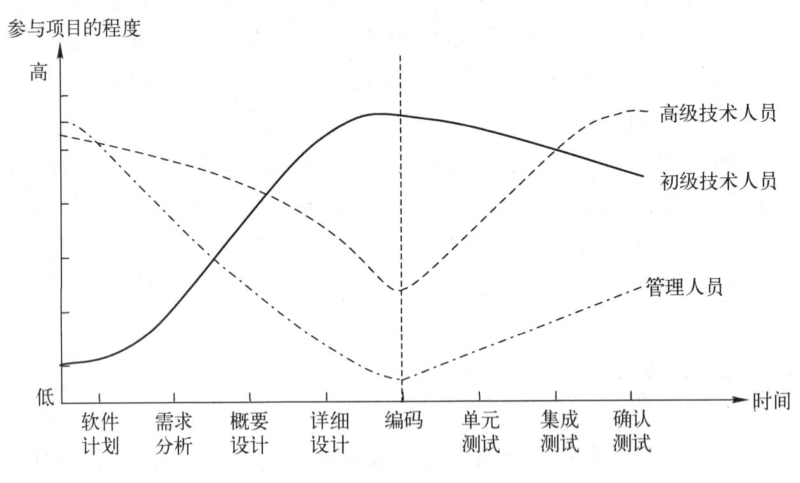

图 6-2　软件生命周期中各阶段人员的参与情况

6.2.2 可复用软件资源

利用已有的软件成分构造新软件对于提高软件质量、缩短开发时间、降低开发工作量和成本是非常重要的，它可以达到事半功倍的效果，也是基于构件的软件工程的基本要求。基于构件的软件工程强调可复用性，即对软件构件的创建和复用，对这些构件要进行分类、标准化并确认，以便引用、集成和确认。

Bennatan 建议在软件计划中应考虑 4 类可复用软件资源。

1. 成品构件

是指已有的、可从其他厂家获取或在以前开发过的构件，这些构件已经经过了验证和确认，可以直接使用。

2. 具有完全经验的构件

是指已有的为以前软件开发所建立的规约、设计、代码或测试数据，与当前所开发的软件类似，开发人员对这类构件所代表的应用领域具有丰富的经验，对这些构件进行修改的风险相对较小。

3. 具有部分经验的构件

这类构件与当前开发的软件相关，但需做实质性的修改，开发人员对这类构件代表的应用领域经验有限，所需修改的风险程度较大。

4. 新构件

为满足当前软件开发的需要而必须开发的构件称为新构件。

如果有现成的软件成品构件，应该去利用，因为它们已经经过了测试和确认，只需将重点放在与系统其他成分的集成测试中即可。对于第二类和第三类构件，当把它们作为资源考虑的时候必须进行认真、细致、合理的分析和论证，特别对于第三类构件，修改和集成的工作量及成本可能会大于开发新构件的成本，所以要小心对待。

6.2.3 环境资源

环境资源包括硬件和软件。支持软件项目开发的环境通常称为软件工程环境（Software Engineering Environment，SEE），它提供了一个包含大量软件工具的平台，平台的使用可加速软件最终产品的交付时间，平台中的工具不但方便了软件生产中各工作产品的开发，而且可极大地提升所开发软件的质量，是软件工程化生产中必不可少的资源，由于软件组织中可能有多个小组需要使用 SEE，因此，在软件项目的计划阶段必须规定硬件和软件所需的时间窗口，并验证这些资源是可用的。

从资源的角度看，硬件也是软件资源的一部分，开发软件系统通常涉及 3 类硬件资源：开发系统、目标机器以及其他相关硬件。软件开发阶段使用的环境称为开发系统，最终要在目标机器上运行，这二者可能一致，也可能不一致。当要开发一个与特殊硬件相关的系统时，软件开发人员可能要用到其他硬件成分。例如，要开发一个在某种数控机床上使用的数控软件，在测试阶段的确认测试、系统测试、安装测试等工作中可能都需要这种数控机床来测试软件。再如，若开发一个高级排版软件系统可能在开发过程中的某个阶段需要用到照相制版系统。在制定软件项目计划时，对每一个用到的硬件成分都要进行说明。

6.3 软件成本的估算

软件成本的估算是软件计划阶段的一项重要工作，但其被重视并得到发展的时间相对较晚，究其原因，和软件的发展密切相关。20 世纪 50 年代，由于硬件非常昂贵，软件虽然发展很快，出现了一批著名的高级语言，如 Fortran、Algol60、Cobol、Lisp 等，但是人们仍然偏重计算机硬件，而对软件认识不足。20 世纪 60 年代，软件作为计算机系统的一部分出售，其开发费用只占整个计算机系统开发费用的一小部分，对整个计算机系统的开发成本影响很小，这一时期，软件的地位虽然大大提高，受到人们的重视，但软件还没有走向工程化时代，因此软件成本估算的研究和发展甚小。20 世纪 70 年代，随着微电子技术的迅速发展，硬件成本骤降，软件走向商品化，软件工程作为一门学科已经兴起，软件开发费用在整个计算机系统的开发中所占的比例上升很快，但其成本估算很不准确。据调查，软件项目失败的原因 60%是由于软件成本估算不准确引起的。由于成本估算失误，往往造成软件开发过程中的成本超支过大，使软件项目的开发不得不中途停顿，有的软件虽最终开发出来，但实际成本往往比预计成本高几倍甚至十几倍，因此，也就促进了软件成本估算的研究。20 世纪 70 年代后期到 80 年代，软件在计算机系统的开发中已经变成最主要的成本因素，软件成本估算引起计算机界较大的关注。它作为软件工程的一个研究领域得到发展，但距离人们的要求还有差距，在成本估算中主要的困难是如何定量地度量软件、如何确定软件生产率以及如何确定影响软件生产率的因素。

6.3.1 软件估算模型

很多学者都对软件估算技术进行了深入研究，并试图找到一种理想的模型来估算软件，但至今为止完全如意的并满足计划阶段需要的理想模型还极为少见。目前，软件估算模型有几十种，每种模型都有一定的侧重，下面介绍几种具有代表性的模型。

1．Halstead 理论模型

该模型是美国普渡大学（Purdue University）已故教授 M.H.Halstead 于 1977 年提出的，它主要依据如下的 4 个基本量。

$n1$：一个程序中不同的运算符个数

$n2$：一个程序中不同的运算对象个数

$N1$：一个程序中运算符出现的总次数

$N2$：一个程序中运算对象出现的总次数

在此基础上，定义：

$n = n1 + n2$ 为程序的词汇表大小

$N = N1 + N2$ 为程序中词汇总数，它与程序的长度（行数）P 存在近似关系，对于 Fortran 程序，其近似关系为：

$$N_F = 7.5\ P_F$$

对于 Pascal 程序，根据统计分析，其近似关系为：

$$N_P = 4.1\ P_P$$

对于 C 语言程序，根据统计分析，其近似关系为：

$$N_C = 8.5\ P_C$$

以下 5 个式子是 Halstead 提出的估算公式。

（1）程序长度

$$N = n1 log_2 n1 + n2 log_2 n2$$

（2）程序量

$$V = N log_2 n$$

（3）程序级别

$$L = \frac{2}{n1} \cdot \frac{n2}{N2}$$

（4）设计程序所花费的精力

$$E = \frac{V}{L}$$

（5）设计程序所花费的时间

$$T=\frac{E}{S}\text{（单位：秒）}$$

其中，$10 \leqslant S \leqslant 18$，为程序员在 1 秒钟内的思维鉴别率数目，对于经过严格训练的、有经验的、且对所使语言相当熟练的程序员，S 可取上限值 18。

通常一年为 52 周，我国标准工作时间为一年 50 周，每周 5 天，若按每天 8 小时计，则一人年为 2000 小时，扣除非生产性时间，标准工作时间为每人月 150 小时，由此可得出设计软件的成本预算公式为：

$$C=\frac{E}{S}\cdot\frac{1}{60}\cdot\frac{1}{60}\cdot\frac{1}{150}\cdot W \approx 2\times 10^{-6}\frac{EW}{S}=10^{-6}\frac{n1\cdot W}{n2\cdot S}\cdot N2\cdot N\cdot \log_2 n\text{（元）}$$

其中 W 为程序员的劳动代价（包括工资及其他间接费用，单位为元/人月）。

以上成本不包括需求分析、设计、测试及编写文档等成本。一般地，编码工作占软件开发总工作量的 20%左右，若将其近似看作劳动代价之百分比，则有：

$$C=0.2C_{总}\text{（元）}$$

由此可估算软件开发成本为：

$$C_{总}=5C=5\times 10^{-6}\frac{n1\cdot W}{n2\cdot S}\cdot N2\cdot N\cdot \log_2 n\text{（元）}$$

由于在编程序之前难以预知 4 个基本量，因此用该模型虽然可以进行准确的计算，但不实用。

2．Walston 与 Felix 模型

该模型是 Walston 与 Felix 从 1973 年至 1977 年，花了近 5 年时间对 IBM 的 FSD（Federal System Division）的 60 个软件系统的数据进行收集和分析后得到的，这些软件系统是用 28 种不同的程序设计语言所实现的，程序规模在 4000 行至 467000 行，开发工作量在 12 人月至 11758 人月之间。经过分析，他们找出了 29 种影响软件生产率的因素以及每种因素的影响程度，以这些数据为基础，用最小二乘法通过参数估计得出模型如下：

$$E=5.2L^{0.91}$$

其中，E 为工作量，单位：人月，L 为源程序行数，单位：千行，由此可预算软件成本为：

$$C=E\overline{W}\text{（元）}$$

$\overline{W}$ 为软件人员工资收入及其它间接费用的平均值，单位：元/人月。从图 6-2 可以看出，在需求分析、初步设计和最后测试阶段高级技术人员参与较多，而在详细设计、编码和早期测试中，初级技术人员参与较多，其他费用在软件生存期的各阶段亦有所不同，因此 $\overline{W}$ 是一个平均值。

3．Esterling 模型

该模型是由 Esterling 于 1980 年提出的，其基本公式为：

$$W_e=\frac{1}{8}\left[8-8a+g-\frac{4r}{60}-\frac{p(t+r)}{60}-\frac{k(n-1)(t+r)}{60}\right]$$

其中：a 为平均每个工作日中花在管理或其它非直接工作上的百分数，$0 \leqslant a \leqslant 0.5$；$g$ 为平均每日的加班小时数；t 和 r 分别表示每次中断的平均持续时间及平均恢复时间，均以分计，$1 \leqslant t \leqslant 20$，$0.5 \leqslant r \leqslant 10$；$k$ 是开发项目人员每日的中断次数，$1 \leqslant k \leqslant 10$；$p$ 是由于其它原因引起的每日中断次数，$1 \leqslant p \leqslant 10$，$n$ 为项目开发人数，$1 \leqslant n \leqslant 20$；$W_e$ 为每人每日有效工作的时间的百分比（以每日 8 小时为标准），显然 $W_e > 0$。

由此得出每人日的项目价格计算式为：

$$Ce = \frac{S_e\left[gd + 8(1+i)\right]}{W_e} \quad (\text{元/人日})$$

其中：S_e 是每小时的平均基本工资；d 是工资中每小时加班费与基本工资的比，$1 \leqslant d \leqslant 2$；$i$ 是工资中每小时杂项开支（包括工龄津贴、房补、车补、水电费、洗理费等）与基本工资的比，$0.2 \leqslant i \leqslant 3$。

我国一般按月发放工资，考虑到我国现状、开发经验及 Esterling 给出的典型参数值，若将公式中各参数分别取值为：

$$g=3,\ d=1,\ i=0.5,\ a=0.1,\ t=5,\ r=2,\ p=4,\ k=3$$

每月按 20 个工作日、150 小时计，可得出软件开发成本的初步估算式为

$$C' = \frac{320\overline{W} \cdot E}{199\text{-}7n} \quad (\text{元})$$

公式中 $\overline{W}$ 为开发人员的平均基本工资水平，单位：元/人月，E 为估计的开发工作量，单位：人月。根据“40－20－40”的人力配置原则并设编码之前的平均工资水平为 30000 元/人月，编码之后的平均工资水平为 25000 元/人月，编码及单元测试为 18000 元/人月则

$$\overline{W} = \frac{40 \times 30000 + 20 \times 18000 + 40 \times 25000}{100} = 25600 \quad (\text{元/人月})$$

由此可得出软件项目的估价式为：

$$C = \frac{1.2 \times 10^6}{28\text{-}n} E \quad (\text{元})$$

该模型参数较多，每个参数的变化都会对成本造成影响，但公式简单，只要估计出开发工作量 E，再根据开发软件项目的人数 n 就可估算出软件开发成本。

4．Aron 模型

这是由 J.D.Aron 根据大型软件项目的生产率数据提出的，用该模型估算软件成本分 4 步进行。

第 1 步，估算系统规模。推导公式为：

提交的指令数 = 模块数 × 平均的模块规模。

上式中“模块数”中的每一个都是完成单一功能的模块，对于汇编指令，每个模块的规模约在 400～1000 条指令。

第 2 步，估算难度。这一步是 Aron 模型的核心问题，该模型将开发软件按难易程度分为 3 类：容易的、中等的和困难的。普通应用软件可算作“容易的”，操作系统、监控系统等可认为是“困难的”，介于它们之间的就是“中等的”，如编译系统、文件系统等。难度可以用生产效率来衡量，表 6-1 是 Aron 给出的生产效率取值，生产效率用每个人每月完成的指令数来表示。从表中可以看出，开发软件的难度越低生产效率越高，单位内完成的指令数就越多；难度越高效率越低，单位内完成的指令数就越少。

表 6-1　Aron 的生产效率表（假定每月 20 个工作日，每年 250 个工作日）

软件难度	项目开发时间（月）			解　　释
	6～12	12～24	24 以上	
容易的	20	500（25/日）	10000（40/日）	与其他系统元素相互作用小
中等的	10	250（12.5/日）	5000（20/日）	中等程度的相互作用
困难的	5	125（6.25/日）	1500（6/日）	与其他系统元素有很多相互作用
单位	指令/人日	指令/人月	指令/人年	

第 3 步，计算工作量（单位人月）。算式为：

$$E' = \frac{\text{提交的指令数}}{\text{生产效率}}$$

对上式的 E' 要根据使用的程序设计语言来调整，调整后的工作量为 E，若采用高级程序设计语言，生产效率提高的指数可以取 2.0 以上。

第 4 步，估算软件成本。公式为：

$$C = E\overline{W}\ \text{（元）}$$

公式中 $\overline{W}$ 为软件开发人员生产成本的平均值，包括平均基本工资及其他间接费用，单位：元/人月。

Aron 模型属于古典模型，用该模型估算软件成本需满足以下 4 个条件：

1）程序员人数在 25 人以上。

2）系统规模在 3 万条指令以上。

3）系统开发时间在 6 个月以上。

4）系统管理阶层有 2 层以上。

由于软件工程技术和计算机技术的飞速发展，使软件生产率有了大幅度的提高，表 6-1 中的数据会有较大的变化，对于不同的设计方法和不同的语言来说模块的规模也有很大的不同，使用中若能结合历史和当前实际，做出合适的生产效率指数表，就能使 Aron 模型成为一个实用模型。

5．Doty 模型

该模型是 Doty Associates 从收集的 411 件软件系统数据中的 129 件，进行整理分析后得出的，这些数据取自美国有关的管理软件、科学计算软件、事务数据处理类软件以及一般的应用软件。该模型具有一定的实用性，基本公式为：

$$E = aL^b\ \text{（单位：人月）}$$

其中 a，b 为常数，L 为程序长度，单位：千行。表 6-2 是该模型的简要算法，在对所开发软件的类别把握不准时可以用表中的第一个公式来计算。在计划阶段根据此式可预算出所需工作量，当进入具体的开发阶段即系统设计阶段时，与开发有关的各环境因素开始明确，这时要对基本公式加一修正系数，成为：

$$E_{\text{总}} = KE = KaL^b$$

其中，$K = \prod_{i=1}^{14} f_i$，f_i 是环境因素，涉及到硬件、软件及开发方式等。软件估算公式为：

$$C = E_{\text{总}}\overline{W}\ \text{（元）}$$

公式中$\overline{W}$为软件开发人员的平均基本工资水平及其他间接费用，单位：元/人月，在环境因素影响下 Doty 模型的 a，b 取值也都发生了变化，此处不再展开。

表 6-2　Doty 模型的工作量简要算法（单位：人月）

软件分类	估算公式
综合类	$E=5.288L^{1.047}$
命令和控制类	$E=4.089L^{1.263}$
科学计算类	$E=7.054L^{1.019}$
商务类	$E=4.495L^{0.781}$
公用类	$E=10.078L^{0.811}$

6．COCOMO 模型

构造性成本模型（Constructive Cost Model，COCOMO）是由 Barry Boehm（见图 1-9）分析了 63 个软件开发项目的生产率数据后于 1981 年提出的，近年来又进行了进一步的研究和充实，影响较大的是 COCOMO II。COCOMO 模型是层次模型，分为基本 COCOMO、中级 COCOMO 及详细 COCOMO。基本 COCOMO 模型能对软件项目做出快速、早期、数量级较粗的估算，其误差较大。中级 COCOMO 模型从产品属性、计算机属性、人员属性以及对现代化工具及技术的应用等 4 大方面共 15 个因素来考虑对开发工作量的影响，其准确度大大提高。详细 COCOMO 模型则进一步细致到按软件的模块级、子系统级及系统级 3 个不同层次进行估算，其影响因素考虑得更细，因而准确性进一步提高。

COCOMO 模型把软件项目分为 3 种类型，组织型（Organic）、半独立型（Semi-detached）和嵌入型（Embedded）。对于组织型软件要求开发人员经验丰富且对软件使用环境很熟悉，程序规模小于 5 万行代码。嵌入型软件需要在很强的约束条件下运行，通常和某些硬设备紧密相关（如空中交通管理软件），对这类软件系统的要求通常十分苛刻。对半独立型软件的要求则介于上述两种类型之间，但这类软件的规模一般都较大，代码可达 30 万行。

（1）基本 COCOMO 模型

基本 COCOMO 模型的工作量及进度公式如表 6-3 所示，表中工作量 MM 的单位为人月，进度 TDEV 的单位为月，KDSI 表示千行源代码。

表 6-3　基本 COCOMO 模型的工作量和进度公式

软件类型	工作量	进度
组织型	$MM = 2.4 \times (KDSI)^{1.05}$	$TDEV = 2.5 \times (MM)^{0.38}$
半独立型	$MM = 3.0 \times (KDSI)^{1.12}$	$TDEV = 2.5 \times (MM)^{0.35}$
嵌入型	$MM = 3.6 \times (KDSI)^{1.20}$	$TDEV = 2.5 \times (MM)^{0.32}$

【例 6-1】 大型化工产品 Du Bridge 公司计划开发一个用以跟踪原材料使用情况的软件，该软件将由一个内部的程序员和分析员组成的团队负责开发，他们已经有多年的开发经验。因此，这是一个组织型模式的软件项目。经讨论和分析估算程序的规模大约是 32000 条交付的源指令。由表 6-3 的基本公式，能估算出项目的如下特征：

工作量：$MM=2.4(32)^{1.05}=91$（人月）

生产率：$\dfrac{32000DSI}{91MM}=352\dfrac{DSI}{MM}$

进　度：$\mathrm{TDEV}=2.5(91)^{0.38}=14$（月）

平均人员配备：$\frac{91}{14}=6.5$（人）

基本 COCOMO 模型提供了一种简单的方法来估算软件项目的进度和所需要的人员数目，仅仅从软件规模一个变量来判断的结果是粗略的，比如微软的操作系统 Vista 有约 50000 KLOC，根据 COCOMO 模型估算需要约 435275 个人月的工作量，需要 347 个月（约 29 年）的开发时间。为了提高评估过程的准确性，Boehm 提出了微调的方式，即引入其他的成本驱动因子来修正评估结果。

（2）中级 COCOMO 模型

中级 COCOMO 模型是对基本 COCOMO 模型的扩充，它具有较大的精确性和细致性，该模型引入了 15 个影响软件成本的变化因素，称为驱动因子，这 15 个因子被分为 4 类：软件产品属性、计算机属性、人员属性和项目属性。

产品属性包括要求的软件可靠性（RELY）、数据库规模（DATA）及软件产品复杂性（CPLX）3 项属性。计算机属性包括执行时间约束（TIME）、主存储器约束（STOR）、虚拟机的易变性（VIRT）及计算机周转时间（TURN）4 项属性。人员属性包括系统分析员能力（ACAP）、分析员经验（AEXP）、程序员能力（PCAP）、虚拟机经验（VEXP）及编程语言经验（LEXP）5 项属性。项目属性包括现代编程实践（MODP）、软件工具的使用（TOOL）及要求的开发进度（SCED）3 项属性，括号中大写字母是为了列表方便而给出的每个因子的缩写词。表 6-4 给出了各因子不同级别的取值，表 6-5 是中级 COCOMO 模型的计算公式。

表 6-4　中级 COCOMO 模型成本驱动因子取值表

i	f_i	等级					
		很低	低	正常	高	很高	极高
1	RELY	0.75	0.88	1.00	1.15	1.40	
2	DATA		0.94	1.00	1.08	1.16	
3	CPLX	0.70	0.85	1.00	1.15	1.30	1.65
4	TIME			1.00	1.11	1.30	1.66
5	STOR			1.00	1.06	1.21	1.56
6	VIRT		0.87	1.00	1.15	1.30	
7	TURN		0.87	1.00	1.07	1.15	
8	ACAP	1.46	1.19	1.00	0.86	0.71	
9	AEXP	1.29	1.13	1.00	0.91	0.82	
10	PCAP	1.42	1.17	1.00	0.86	0.70	
11	VEXP	1.21	1.10	1.00	0.90		
12	LEXP	1.14	1.07	1.00	0.95		
13	MODP	1.24	1.10	1.00	0.91	0.82	
14	TOOL	1.24	1.10	1.00	0.91	0.83	
15	SCED	1.23	1.08	1.00	1.04	1.10	

表 6-5　中级 COCOMO 模型的工作量和进度公式

软件类型	工作量	进度
组织型	$MM = 3.2 \times (KDSI)^{1.05} \times \prod_{i=1}^{15} f_i$	$TDEV = 2.5 \times (MM)^{0.38}$
半独立型	$MM = 3.0 \times (KDSI)^{1.12} \times \prod_{i=1}^{15} f_i$	$TDEV = 2.5 \times (MM)^{0.35}$
嵌入型	$MM = 2.8 \times (KDSI)^{1.20} \times \prod_{i=1}^{15} f_i$	$TDEV = 2.5 \times (MM)^{0.32}$

（3）详细 COCOMO 模型

中级 COCOMO 模型对于大多数软件成本估算来说是有效的模型，但是，它有两方面的缺陷，特别是在大型软件项目的估算中表现突出：一是工作量按阶段的估算分布是不准确的，二是该模型不便于具有很多组件的产品的估算。

针对中级 COCOMO 模型的两点局限，详细 COCOMO 模型提供了两大功能。一是针对不同阶段设置了不同的工作量因子，二是提供了三级产品层次，它们是：系统级、子系统级和模块级。关于详细 COCOMO 模型，可参见 Boehm 的《软件工程经济学》一书。

（4）COCOMO Ⅱ模型

COCOMO Ⅱ模型是原 COCOMO 模型的修订和扩展，体现了现代软件工程的要求，它可以更好的评估面向对象软件、通过螺旋或者渐进模型创建的软件、以及购买的组件软件产品等。

COCOMO Ⅱ模型要求，软件项目必须适合特定的软件过程驱动因素的需要，满足软件重用、用户需求理解层次、市场和进度限制、可靠性要求。它将软件市场划分为基础软件、系统集成、程序自动化生成、应用集成、最终用户编程 5 个部分。COCOMO Ⅱ模型通过 3 个生命周期模型，即应用构造、早期设计和后体系结构的螺旋式的模型结构，支持上述 5 部分的软件项目。应用构造是指通过原型来解决人机交互、系统接口、技术成熟度等具有潜在高风险的内容，通过计算屏幕、报表、第 3 代语言模块的对象点数来估算成本；早期设计模型用于支持确立软件体系结构的生命周期阶段，包括使用功能点和 5 个成本驱动因子。后体系结构模型是指在项目确定开发之后，对软件功能已有基本了解的基础上，通过源代码行数或功能点数来计算软件工作量和进度，COCOMO Ⅱ模型使用 5 个规模度量因子和 17 个成本驱动因子调整计算公式。

在此模型中，工作量的估算公式为：

$$MM = 2.94 \times (\mathrm{KDSI})^{B} \times \prod_{i=1}^{17} f_i$$

式中：B 为表示项目规模经济性的幂指数，当它大于 1 时所需工作量的增加速度大于软件规模的增加速度，体现出规模非经济性；当它小于 1 时则体现出规模经济性。B 的大小取决于 5 个规模度因子 W_i，这 5 个规模度因子根据其重要性和价值，在 6 个等级上取值，从很低到极高，具体取值见表 6-6。

指数 B 的计算公式为：

$$B = 0.91 + 0.01\sum_{i=1}^{5} W_i$$

表 6-6　COCOMO Ⅱ模型的规模度因子取值

i	W_i	说　　明	等　　级					
			很低	低	正常	高	很高	极高
1	PREC	开发过类似软件	4.05	3.24	2.43	1.62	0.81	0.00
2	FLEX	开发灵活性	6.07	4.86	3.64	2.43	1.21	0.00
3	RESL	系统结构和风险控制	4.22	3.38	2.53	1.69	0.84	0.00
4	TEAM	项目组成员合作程度	4.94	3.95	2.97	1.98	0.99	0.00
5	PMAT	过程成熟度	4.54	3.64	2.73	1.82	0.91	0.00

对于成本驱动因子 f_i，在不同的生命周期阶段模型中是不同的。早期设计模型通常比较简单，作为成本初步估算，只使用了 7 个驱动因子（PCPX——可靠性与复杂程度、RUSE——可再用性要求、PDIF——计算机开发硬件限制、PERS——个人能力、PREX——个人经验、FCIL——开发工具和外部环境、SCED——进度要求）；后体系结构模型要求对项目的功能和结构详细划分，制定工作任务单元，对各个功能模块有更深的认识，并且使用 17 个详细的驱动因子，这 17 个因子分为产品、计算机、人员和项目属性 4 类，取值见表 6-7 所示，表中，1～5 为产品属性、6～11 为人员属性、12～14 为计算机属性、15～17 为项目属性。

表 6-7　COCOMO Ⅱ后体系结构模型的成本驱动因子取值

i	等　　级							
	f_i	含义	很低	低	正常	高	很高	极高
1	RELY	要求的软件可靠性	0.75	0.88	1.00	1.15	1.39	
2	DATA	数据库大小		0.93	1.00	1.09	1.19	
3	DOCU	文档要求	0.89	0.95	1.00	1.06	1.13	
4	CPLX	系统模块的复杂度		0.88	1.00	1.15	1.30	1.66
5	RUSE	可再用性	0.75	0.91	1.00	1.14	1.29	1.49
6	ACAP	分析员能力	1.50	1.22	1.00	0.83	0.67	
7	AEXP	应用经验	1.22	1.10	1.00	0.89	0.81	
8	PCAP	程序员能力	1.37	1.16	1.00	0.87	0.74	
9	PEXP	计算机平台经验	1.25	1.12	1.00	0.88	0.81	
10	LTEX	语言和工具经验	1.22	1.10	1.00	0.91	0.84	
11	PCON	人员稳定性	1.24	1.10	1.00	0.92	0.84	
12	TIME	执行时间限制			1.00	1.11	1.31	1.67
13	STOR	存储限制			1.00	1.06	1.21	1.57
14	PVOL	平台兼容性		0.87	1.00	1.15	1.30	
15	TOOL	软件工具的使用	1.24	1.12	1.00	0.86	0.72	
16	SCED	进度要求	1.29	1.10	1.00	1.00	1.00	
17	SITE	多地点开发程度及网站通信质量	1.25	1.10	1.00	0.92	0.84	0.78

软件项目的进度计算为：

$$TDEV = [3.67 \times (MM)^{(0.28+0.2\times(B-0.91))}] \times (SCED\%)/100$$

式中 $SCED\%$反映项目面临的进度压力，即计划软件产品提前或推后的百分比。

软件项目的成本计算为：

$$C=\overline{W} \times MM \text{（元）}$$

7. Putnam 模型

Putnam 模型又叫软件方程式，是一个动态多变量模型，该模型最初由 Fitzsimmons 根据 Rayleigh-Norden 曲线于 1978 年导出，Rayleigh-Norden 曲线是根据工作量在 30 人年以上的大型软件项目做出的软件项目按生存期的工作量分布曲线，该模型的基本公式为：

$$L = \mathrm{C_K} K^{\frac{1}{3}} t_d^{\frac{4}{3}}$$

其中 L 是交付的源代码行数，C_K 是技术状态常数，它是软件生产环境的体现，一种简单的取法是当软件开发环境很差时 C_K=2000，当软件开发环境较好时 C_K=8000，当软件开发环境极好时 C_K=11000，随着软件技术的进步 C_K 会发生变化，软件组织可根据已有项目进行提炼，造出适合以后使用的表，并不断地更新和补充。K 是开发总工作量，单位：人年。t_d 是开发总时间，单位：年。将公式变形，可得：

$$K = L^3 \mathrm{C_K}^{-3} t_d^{-4}$$

将 K 乘软件生产代价（包括软件人员的工资及其他费用，单位：元/人年）就可估算出软件成本。1981 年，Banker Trust Co.的小组收集了 30 件开发系统的数据，通过递归分析发现 Putnam 模型与实际估算的差距，以下是他们的研究结果。

与 Rayleigh-Norden 曲线十分一致的占 46%；

不一致，但能说明的占 27%；

说明是困难的占 27%；

1992 年 Putnam 和 Myers 从 4000 多个现代软件项目中收集的生产率数据重新导出该模型，估算模型如下：

$$E = [LOC \times B^{0.333} / P]^3 \times (1/t^4)$$

式中：E 为以人月或人年为单位的工作量；t 为以月或年表示的项目开发时间；B 为“特殊技术因子”，它随着“对集成、测试、质量保证、文档及管理技术需求的增长”而缓慢增加。对于较小的程序（$KLOC$ =5 到 15），B =0.16。对于超过 70 $KLOC$ 的较大程序，B=0.39；P 为“生产率参数”，它反映了如下内容。

1）总体的过程成熟度及管理经验。

2）良好的软件工程实践被使用的程度。

3）使用的程序设计语言的级别。

4）软件环境的状态。

5）软件项目组的技术及经验。

6）应用的复杂性。

对于实时嵌入式软件的开发，典型值 P=2000。对于电信及系统软件，P=10000。对于科学计算软件，P=12000，而对于商业系统应用软件，P=28000。当前项目的生产率参数可以通过从以前的开发工作中收集到的历史数据中导出。

为了简化估算过程并将该模型表示成更为通用的形式，Putnam 和 Myers 又提出了一组方程式，它们均从软件方程式导出，最小开发时间定义为：

$t_{min}=8.14（LOC/P）^{0.43}$　　　　（单位：月，且 $t_{min}>6$ 个月）

$E=180\,B\,t^3$　　　　（E：人月，t：年；且 $E\geqslant20$ 人月）

【例 6-2】 开发一个科学计算类的软件，经过技术人员分析，程序规模约为 5.5 万行，则

$$t_{min}=8.14\times（55000/12000）^{0.43}=15.7（月）$$

$$t=15.7/12=1.3\quad（年）$$

$$E=180\times0.28\times（1.3）^3=111（人月）$$

该模型在近 10 余年又得到了进一步的发展和演化。

8．SDC 模型

该模型是由美国系统开发公司（System Development Corp. ）根据 74 个软件项目收集到的数据经过回归分析于 1967 年提出的，其公式为：

$$\log_{10}E=0.9\log_{10}L-1.97$$

其中 E 为所需工作量，单位：人月，L 为估计的指令数。将 E 乘以软件生产代价（包括软件人员的工资及其他费用，单位：元/人月），即可预算出软件成本。

该模型比较简单，但由于当时的软件生产相对落后，软件生产率较低，得出的模型有局限性，用于估算软件时可作为其他模型的补充和参考，不能只用这一个模型来估算软件成本。

9．功能点模型

该模型是建立在系统的功能基础之上的。面向功能的度量最早由 Albrecht 在 1979 年提出。1983 年 Albrecht 和 Gaffney 提出了功能点模型（Function Point Model，FPM），其基本公式为：

$$FPS=T\cdot(0.65+0.01\cdot\sum_{i=1}^{14}F_i)$$

其中 T 为功能点总数，可由表 6-8 得出，F_i 是 Arthur 在 1985 年给出的系统复杂性对功能点的修正值，见表 6-9。

表 6-8　软件功能点的计算

项目	数量	权因子			功能点数（=数量×权因子）
		简单	平均	复杂	
外部输入数		3	4	6	
外部输出数		4	5	7	
外部查询数		3	4	6	
内部逻辑文件数		7	10	15	
外部接口文件数		5	7	10	
总数（T）					

表 6-9　系统复杂性对功能点的影响

每个因子取值(0～5) 0—无要求 1—偶然 2—中等 3—平均 4—显著 5—必需
1. 系统是否要求可靠的备份和恢复？
2. 是否要求数据通信？
3. 是否有分布式处理功能？
4. 性能是关键的吗？
5. 系统是否将在现有的使用环境下运行？
6. 系统是否要求联机输入数据项？
7. 联机数据项是否要求输入事务建立在多屏幕或多操作之上？
8. 逻辑主文件是否联机更新？
9. 输入、输出、文件或查询是否复杂？
10. 内部处理是否复杂？
11. 代码是否设计成可再用的？
12. 设计中是否包含转换和安装？
13. 系统是否被设计成可在不同的组织中多次安装？
14. 是否将该应用软件设计成能让用户方便修改和使用的形式？

每个功能点的成本可根据历史数据得到，由于不同的功能点具有不同的取值，因此，可计算出各功能点的平均取值$\overline{C}$，软件开发项目的总成本估算式为：

$$C = \overline{C} \cdot FPS = \overline{C} \cdot \mathrm{T}(0.65 + 0.01 \cdot \sum_{i=1}^{14} F_i) \qquad (单位：元)$$

Jones 在 1991 年给出了功能点的扩充，称为 3D 功能点，并在 1998 年给出了不同程序中建造一个功能点所需的平均代码行数，即 LOC/FP 数，如 C++为 64，Visual Basic 为 32，SQL 为 12。

用 FPS 乘以相应的 LOC/FP 数，即可得出系统总代码行数，因此，功能点模型不但可以在开发软件时较早地估算出软件开发成本，同时，亦可对系统的总代码行数做出估算。

由于产生各种模型的方法不同、数据来源不同、软件环境不同、适用范围不同，用不同的模型对同一软件进行成本估算时可能会得出不同的结果，甚至相差较大。因此，在开发软件时，可以采用多种模型对同一软件进行成本估算，并对得出的结果要进行分析，注意模型的适用范围，以便使估算出的结果尽可能接近实际，指导实际。

6.3.2　软件估算方法

整体上看，对软件成本的估算有采用自顶向下的方式或自底向上的方式，也有采用二者结合的方式，自顶向下的估算是从宏观上对软件进行估算，如 Putnam 模型就是一种自顶向下的宏观模型，使用宏观模型时，先进行系统的整体估计，再估计每个部分。自底向上的方式则是通过软件较小的部分、它们之间的作用以及其他相关的影响来估算软件，最后对软件系统进行整体估计，如 COCOMO 模型就是自底向上方式的代表，这种模型也叫微观模型。使用微观模型估算时，要处理大量数据，估算时间较长。

1. 基于代码行数的方法（LOC 估算）

这是自底向上的估算方式，是一种简单定量的估计方法，其基本思想是：将一个软件系统按照功能分解成若干子系统，由高级技术人员组成一个估算小组，根据历史数据和过去开发软件的经验给出每一个子系统的可能的最小行数 a_i，可能的最大行数 b_i，最可能的行数 m_i，最佳期望行数为：

$$L_i = \frac{a_i + 4m_i + b_i}{6}$$

行数的总误差为：

$$L_d = \pm \sqrt{\sum_{i=1}^{n}\left(\frac{b_i - a_i}{6}\right)^2}$$

其中 n 为所划分的子系统数。一旦估算出每一子系统的源代码行数后，用每行代码的平均成本乘以行数就可以估算出子系统的成本，累加后可得软件开发总成本。

迄今提出的各种软件估算模型大多属于 LOC（Line of Code）方法，LOC 方法的关键是估算源代码行数，一旦估算出源代码行数，就可使用估算模型预算出软件开发成本。

【例 6-3】 开发一个计算机辅助设计（CAD）应用软件，经分析确定出该软件包括如下功能。

1）用户界面及控制功能（UICF）。

2）二维几何分析功能（2DGA）。

3）三维几何分析功能（3DGA）。

4）数据库管理功能（DBM）。

5）计算机图形显示功能（CGDF）。

6）外设控制功能（PCF）。

7）设计分析功能（DAM）。

对每个功能给出 LOC 的估计值，如表 6-10 的第 2～4 列，第 5 列为计算出的期望值，第 6 列和第 7 列可根据劳动力价格及历史数据得到，由该表可知，该 CAD 软件的开发费用估算值为 43.3 万元，工作量为 54 人月，代码行数的总误差为：

$$L_d = \pm \sqrt{\sum_{i=1}^{7}\left(\frac{b_i - a_i}{6}\right)^2} = \pm 1100 \text{ 行}$$

即估计该软件系统的代码行数约为 32100～34300。需要注意，在软件成本估算中，成本单位一般取到千元即可，且以进位为主，即有数就进。

表 6-10　用 LOC 方法估算 CAD 软件的例子

功能	a_i	m_i	b_i	L_i	每行成本（元/行）	生产率（行/人月）	成本（万元）	工作量（人月）
UICF	1750	2400	2500	2300	10	950	2.3	2.4
2DGA	3900	5200	7100	5300	13	600	6.9	8.8
3DGA	4600	6900	8600	6800	13	600	8.9	11.3
DBM	2900	3400	3600	3350	12	660	4.1	5.1
CGDF	4000	4900	6100	4950	14	500	7.0	9.9
PCF	1900	2100	2300	2100	19	350	4.0	6.0
DAM	6600	8500	9800	8400	12	800	10.1	10.5
总计				33200			43.3	54

2. 任务分解方法（FP 估算）

这也是自底向上的估算方式，这种方法的基本思想是：首先将软件开发任务按软件开发阶段分成若干子任务，若每个子任务还能分解，则最好将其分解成更小的子任务，直到能估算出完成每一子任务所需工作量为止。将工作量（通常是“人月”）乘以劳动力代价就可以得出每一任务的成本，累加起来后可得软件总成本。

当然在估算每一子任务的工作量时也需要软件历史数据和开发人员的经验，在工作量的分配中，可参考“40－20－40”规则，该规则指出，在软件开发过程中，编码前期工作约占软件开发总工作量的 40%左右，编码工作量可占总工作量的 20%左右，编码后期的工作约占总工作量的 40%左右，表 6-11 是更细的工作量分配比例参考，这只是指导性原则，对于可靠性要求高的系统，出入较大，如某航天系统软件，80%的工作量用于软件测试。

表 6-11　软件开发工作量的分配比例

软件开发的阶段任务	占总工作量的比（%）
制定软件项目计划	5
进行软件需求分析	10～25
进行软件设计	25
进行软件编码和单元测试	10～20
进行软件集成及其他测试	30～50
总计	100

【例 6-4】 仍以【例 6-3】所讨论的 CAD 软件为例，经开发团队分析得出估算结果如表 6-12 所示。

表 6-12　用任务分解方法估算 CAD 软件的例子

软件任务 / 工作量（人月） / 功能	与用户交流	计划	风险分析	需求分析	设计	编码	测试	客户评价	总计
UICF				0.50	2.50	0.40	5.00		8.40
2DGA				0.75	4.00	0.60	2.00		7.35
3DGA				0.50	4.00	1.00	3.00		8.50
DBM				0.50	3.00	0.75	1.50		5.75
CGDF				0.50	3.00	1.00	1.50		6.00
PCF				0.25	2.00	0.50	1.50		4.25
DAM				0.50	2.00	0.50	2.00		5.00
总计	0.25	0.50	0.25	3.50	20.50	4.75	16.50	0.50	47（人月）
工作量百分比（%）	1	1	1	8	44	10.	35	1	
劳动力代价（万元/人月）	1.00	1.20	1.00	0.95	0.82	0.70	0.76	0.30	
成本（万元）	0.3	0.6	0.3	3.4	16.9	3.4	12.6	0.2	37.7（万元）

用不同的方法估算出的软件开发工作量及成本不一致是正常的，因为估算中人的主观因素较多，经验原始数据本身就有差异，不同的原始经验数据造成了不同的结果。若用不同方

法估算出的结果相差小于 20%则估算就比较成功，从【例 6-4】与【例 6-3】估算结果来看，成本相差：

$$43.3-37.7 = 5.6\text{（万元）}$$

$$5.6 / 37.7 = 14.9\%$$

工作量相差：

$$54-47 = 7\text{（人月）}$$

$$7 / 47 = 14.9\%$$

这说明估算比较成功。

3. 自动成本估算

就是采用软件系统或软件工具来估算软件，这是软件估算的发展方向。使用软件系统或软件工具来估算软件成本不但可以减轻人的劳动，而且可以使估计的结果更客观，有些软件估算工具还可以协助用户安排软件开发进度、自动生成软件计划说明书、软件合同等，有的软件估算工具可以给出不同的计划策略供用户选择。但是，采用自动估算方法必须以长期搜集的大量历史数据为基础，而且需要良好的数据库系统支持。如果模型本身误差大，则相应的软件工具并不能提高估算结果的准确度。

4. 特殊估算方法

（1）敏捷项目的估算

由于敏捷项目的需求被定义为一组用户场景，所以，在项目计划阶段为每个软件增量开发一个非正式的、严谨并有意义的估算方法是可能的。

对敏捷项目的估算使用分解的方法，步骤如下。

1）分别考虑每个用户场景，在项目初期，每个用户场景等价于一个小的用例。

2）将场景分解成一组功能，确定为实现这些功能需要完成的一组软件工程任务。

3）分别估算每一项任务。可以根据历史数据、经验模型或“经验”进行估算，也可以利用 LOC、FP 或其他软件估算模型来估算场景的“规模”。

4）对各项任务的估算结果求和，就得到了对整个场景的估算值。或者使用历史数据，将场景规模的估算值转换成工作量。

5）将实现给定软件增量的所有场景的工作量估算值求和，就得到了该增量的工作量估算。

由于软件增量开发所需的项目时间非常短（一般是 3～6 周），所以该估算方法用于两个目的：一是确保增量中将要包含的场景数与可用的资源匹配；二是在开发增量时，为工作量分配提供依据。

（2）Web 工程项目的估算

Web 工程项目常常采用敏捷过程模型，利用经过修改的功能点测量，通过敏捷项目估算方法的 5 个步骤，就可以进行 Web 应用软件（简写成 WebApp）的估算。

当把功能点用于 WebApp 的估算时，Roetzheim 于 2000 年给出了输入、输出、表、界面及查询 5 方面信息域的值。

1）输入总数。每个输入屏幕或表单（如 CGI 或 Java），每个维护屏幕，每一个标签页（无论在什么地方使用带有标签页的编辑框时）都是输入。

2）输出总数。每个静态 Web 页，每个动态 Web 页脚本（如，ASP、ISAPI 或其他

DHTML 脚本）和每个报表（无论是基于 Web 的，还是管理的）都是输出。

3）表总数。一个表是指数据库中的一个逻辑表，如果使用 XML 来存储文件中的数据，则一个表指的是一个 XML 对象（或 XML 属性集）。

4）界面总数。一个界面是指进入系统外部边界的一个逻辑文件（例如，独特的记录格式）。

5）查询总数。每一个查询都是对外发布的界面，或者使用面向消息的界面。典型的例子如 DCOM 或 COM 的外部引用都是查询。

对于 WebApp 而言，使用上述的 5 个信息域值进行计算的功能点是一个合理的规模指标。

Mendes 等人在 2001 年提出：最好通过收集与应用（如，页数、媒体数、功能数）相关的测量（称为“预测变量”）、其 Web 页特性（如，页复杂性、链接复杂性、图复杂性）、媒体特性（如，媒体持续时间）以及功能特性（如，代码长度、复用的代码长度）来确定 WebApp 的规模。可以利用这些测量建立经验估算模型，用以估算项目的总工作量、网页创作的工作量、媒体创作的工作量和编写脚本的工作量。不过，前期还需要做很多工作，才能放心使用这些模型。

6.3.3 面向对象软件项目的估算

Lorenz 和 Kidd 在 1994 年给出了面向对象软件项目的估算方法，它是对传统的软件成本估算方法的补充，可按下面 6 步来进行。

1）使用工作量分解、FP 分析和任何其他适用于传统应用的方法进行估算。

2）使用面向对象的分析模型建立用例并确定用例数，但要认识到随着项目的进展，用例数可能会改变。

3）由分析模型确定关键类（也称为分析类）的数量。

4）对应用的界面类型进行归类，确定支持类的乘数，具体数值见表 6-13。用 3）步所确定的关键类的数量乘上乘数就得到了支持类数量的估算值。

表 6-13　支持类的乘数表

界面类型	乘数
没有图形用户界面（No GUI）	2.0
基于文本的用户界面（Text-based user interface）	2.25
图形用户界面（GUI）	2.5
复杂的图形用户界面（Complex GUI）	3.0

5）将类的总数（关键类和支持类）乘以每个类的平均工作单元数。Lorenz 和 Kidd 建议每个类的平均工作单元数是 15～20 人日。

6）将用例数乘以每个用例的平均工作单元数，对基于类的估算做交叉检查。

以上方法计算出的工作量是人日，转换成人月可除以 21，然后再乘以开发人员的平均工资水平 $\overline{W}$（元/人月）即可得出成本。

6.3.4 软件自行开发或购买的决策

在实施软件工程过程中，软件工程管理者常常要进行决策，简单地说，就是在购买、让别人开发、部分自行开发还是完全自行开发中做出选择。在许多应用领域中，购买软件可能比自行开发的成本要低得多，软件工程管理者面临着以下 3 种选择。

1）购买成品构件，或取得使用许可。

2）购买“具有完全经验”或“具有部分经验”的软件构件，并进行修改和集成，以满足特定的需求。

3）由外面的软件承包商根据软件规格说明定制开发。

软件工程管理者可根据所实现软件的迫切程度及最终费用来确定采用上述哪种策略。不管采用上述何种策略，在最后的分析中，都应该考虑并回答以下 3 个问题。

1）选择的策略能否使软件产品的交付日期加快？

2）购买的成本加上定制的成本是否比内部自行开发该软件的成本低？

3）承包出去后，将来外部承包商必须按照合同对软件进行维护和升级，其成本是否比内部自己进行维护和升级的成本少？

根据对这 3 个问题的回答，就可以在软件计划阶段做出战略决策。

1．决策树分析方法

可以使用统计技术对上述的决策问题进行扩充，如 Boehm 在 1989 年提出的决策树分析方法，图 6-3 描述了某软件系统 X 的决策树。在这个例子中，软件工程组织面临的选择如下。

1）从头开始构造系统 X。

2）通过复用已有的“具有部分经验”的构件来构造系统。

3）购买现成的软件产品，并进行修改以满足当前项目的需要。

4）将软件开发承包给外面的软件开发商。

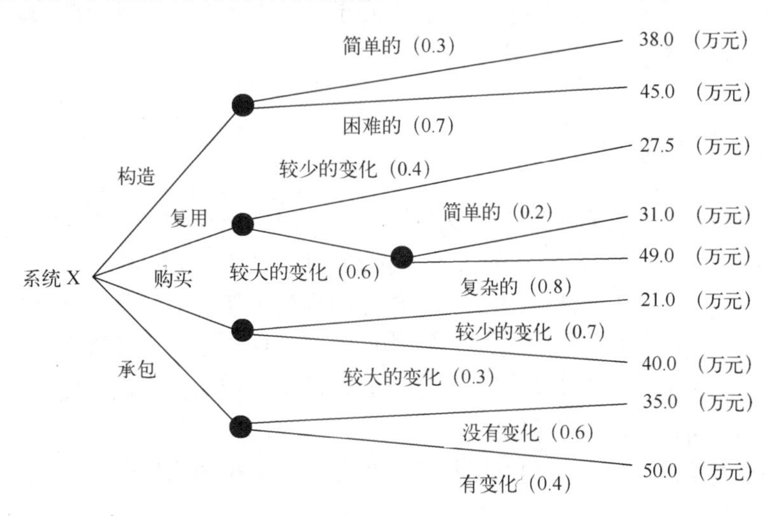

图 6-3 某软件系统 X 的决策树

如果从头开始构造系统，那么这项工作难度较大的概率是 70%。项目计划人员使用本章所讨论的估算技术预计：一项难度较大的开发工作将需要 45 万元的成本，而一项

“简单的”开发工作估计需要 38 万元。沿决策树的任一分支进行计算，得到成本的预期值如下：

$$C=\sum P_i \times C_i$$

式中，i 是决策树的某条路径，P_i 是路径 i 的概率，C_i 是估算的路径 i 的成本，对于“构造系统”这条路径：

$$C_{\text{build}} = 0.3\times38.0 + 0.7\times45.0 = 42.9\text{（万元）}$$

沿着决策树的其他路径，可以计算出在“复用”、“购买”和“承包”方式的情况下，项目预期成本分别是：

$$C_{\text{reuse}} = 0.4\times27.5 + 0.6\times[\,0.2\times31.0 + 0.8\times49.0\,] = 38.2\text{（万元）}$$

$$C_{\text{buy}} = 0.7\times21.0 + 0.3\times40.0 = 26.7\text{（万元）}$$

$$C_{\text{contract}} = 0.6\times35.0 + 0.4\times50.0 = 41.0\text{（万元）}$$

根据图 6-3 给出的路径概率及估算成本，可以看出“购买”方式具有最低的预期成本。

不过，应该注意到，在决策过程中除成本外还有许多其他因素必须加以考虑。在最终决定是采用构造、复用、购买还是承包方式时，可用性，开发者、厂家、承包商的经验，与需求的一致性，当前项目的“策略”及变更的可能性等，这些都可能是影响决策的因素。

2. 外包的抉择

外包就是将软件工程活动承包给第三方厂商，他们能够以较低的成本并有希望以较高的质量来完成软件工程工作。公司内部需要做的软件工作已经降至仅仅是合同管理。

做软件工程外包决策时要从战略上或战术上考虑。在战略层上，业务管理人员要考虑大部分软件工作是否可以承包给其他厂商。在战术层上，项目经理要确定通过外包部分软件工作是否能够最好地完成项目的部分或全部。

在做出外包决策时，利弊都要事先考虑到，哪个更重要应心中有数。从好的方面来看，由于减少了软件人员及相应设备，通常能够节约成本。从反面来看，公司失去了对其所需软件的部分控制权。因为软件是一种技术，它不同于公司的系统、服务及产品。公司会冒着将其命运交到第三方手中的风险。

6.4 开发进度的安排

将军指挥战役时，哪支部队担任什么任务，什么时间应该到达什么位置，对全局会造成什么影响，要心中有数，某支部队如果不能按预定时间到达预定地点就可能会造成全局失利。软件开发进度的安排与此类似，某一项任务的拖延可能会造成整个软件项目的拖延，哪些工作在软件工程过程中必须按时完成，哪些可以有弹性，这是软件管理者应该清楚的。软件开发进度安排也类似于列车时刻表的编制，编好后就应依此执行，特别是关键性的时间决不能变动，否则就可能带来风险和损失。

安排软件开发进度一般使用图形工具，主要有甘特图和 PERT 图。

6.4.1 使用甘特图安排软件工程项目进度

甘特图又叫横道图、条状图（Bar Chart），它是在第一次世界大战期间由美国人甘特（见图 6-4）发明的一种工具，为管理学界所熟知。甘特图内在思想简单，它以图示的方式通过活动列表和时间刻度形象地表示出任何特定项目的活动序列与持续时间，这种图发展为一种实用价值较高的管理工具。由于甘特的突出贡献，他获得了美国联邦政府的服务优异奖章。

图 6–4　甘特图的发明人亨利·劳伦斯·甘特（Henry Laurence Gantt，1861-1919）

简单地说，甘特图是一个平面坐标系统，横轴表示时间，纵轴表示任务，用水平粗线段表示工程任务，线段的起点和终点分别表示任务的开始和结束时间，线段的长度表示完成这项任务所需的时间。甘特图直观地表明了任务计划在什么时候进行及实际进展与计划要求的对比，管理者由此可便利地弄清一项任务还剩下哪些工作要做并可评估工作进度。因此，甘特图可作为软件项目开发时安排工程进度的一种工具。

【例 6–5】 图 6–5 为用甘特图描述的某软件项目的开发进度安排。其中横轴是以周为单位的开发时间，纵轴是软件工程过程的任务，从图上可以看出一项任务从什么时间开始，什么时间结束，以及该项任务的持续时间。

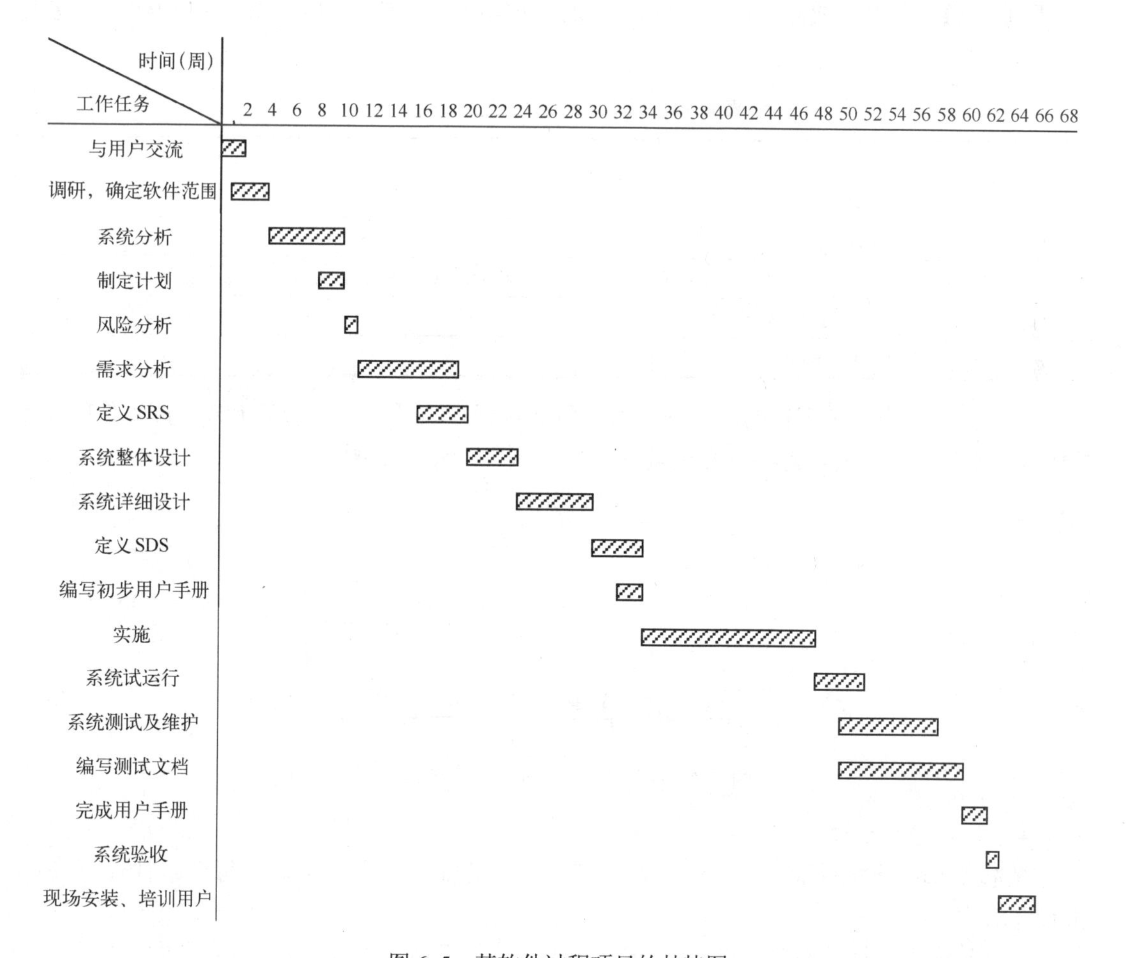

图 6–5　某软件过程项目的甘特图

6.4.2 使用PERT图安排软件工程项目进度

PERT（Program Evaluation and Review Technique）意为“计划评审技术”，是 20 世纪 60 年代管理学科使用的一种工具，PERT 图源于 1958 年美国军队的北极星火箭系统计划，主要目的是针对不确定性较高的工作项目，以网络图的方式来规划整个实施专案，以排定期望的专案时程。

PERT 图也称工程网络图，该图用圆圈表示事件，圆圈也是一项任务的开始和结束的时间点，用箭头表示子任务，箭头上面的数字表示任务持续的时间。图的左边部分中数字表示事件号，右上部分中的数字表示前一子任务结束或后一子任务开始的最早时刻，用 EET 表示。右下部分的数字表示前一子任务结束或后一子任务开始的最迟时刻，用 LET 表示。如图 6-6 所示。PERT 图只有一个开始点和结束点，开始点没有流入箭头，结束点没有流出箭头。中间的圆圈表示在它之前的子任务已经完成，在它之后的子任务可以开始。用 PERT 图安排软件开发进度通常分三步进行，首先画出工程网络图，然后估算进度，最后确定关键路径。

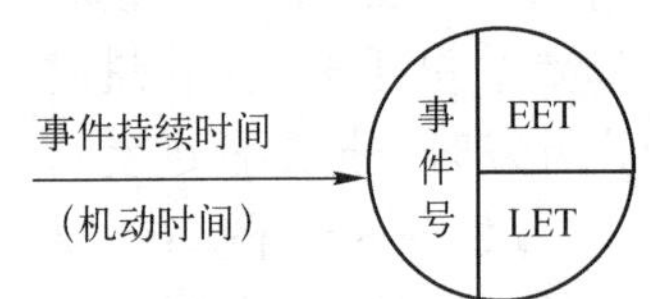

图 6-6　PERT 图的符号表示

【例 6-6】 开发某软件项目，各项任务进度所需时间如表 6-14 所示，用 PERT 方法安排进度。

表 6-14　某软件项目各任务所需时间

任　务	时间（周）
A	A1:3　A2:6　A3:2
B	B1:4　B2:3　B3:2　B4:8
C	C1:5　C2:3　C3:1　C4:4（限制：D 完成后才能开始）C5:3（限制：E 完成后才能开始）
D	3（限制：B2 完成后才能开始）
E	2（限制：A3、B3 均完成后才能开始）

第 1 步，画出该项工程的网络图，将任务名称标在表示任务的箭头上方，按事件的先后顺序为各事件编号，并注意各任务的前后依赖关系，如图 6-7 所示。

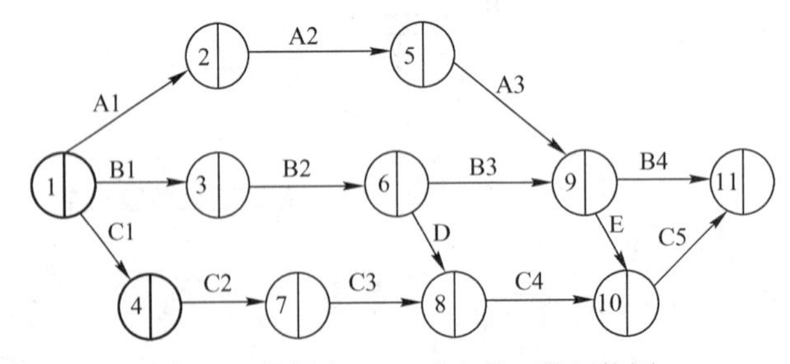

图 6-7　根据表 6-14 确定的工程网络图

第 2 步，估算进度。

首先将每项任务所需的时间标在表示该项任务的箭头上方，然后为每个事件计算 EET 和 LET。

第一个事件（即开始点）的 EET 定义为 0，其他事件的 EET 按 PERT 图中事件发生的顺序从左到右进行，计算 EET 时可使用下述 3 条规则。

1）考虑进入该事件的所有子任务。

2）对每个子任务都计算它的持续时间与起始事件的 EET 之和。

3）选取上述和数中最大值作为当前事件的 EET。

最后一个事件（即结束点）的 LET 等于 EET，其他事件的 LET 按 PERT 图中的事件序号的逆方向由右到左进行，计算 LET 时可使用如下 3 条规则。

1）考虑离开该事件的所有子任务。

2）从每个子任务的结束事件的最迟时刻中减去该子任务的持续时间。

3）选取上述差数中的最小值作为该事件的 LET。

第 2 步结束后如图 6-8 所示。

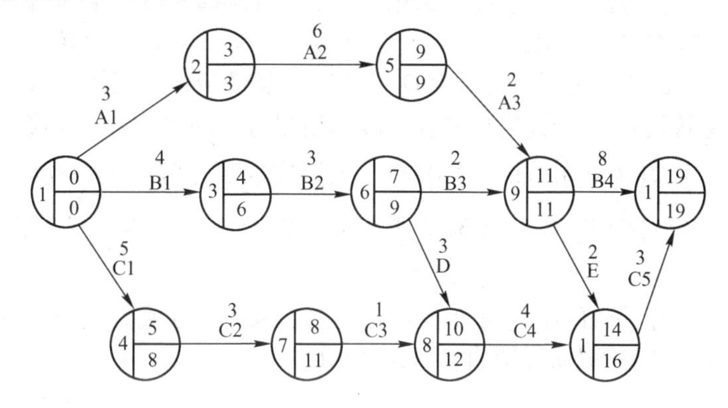

图 6-8　估算进度后的 PERT 图

第 3 步，确定关键路径。

在图 6-8 中有些事件的 EET 和 LET 相同，将这些事件从开始点到结束点连起来就构成关键路径，位于关键路径上的任务必须按时完成，整个工程才能按时完成，若要想使工程提前完工，则只有在关键路径上投入才有成效。

位于非关键路径上的任务均有一定的机动时间，其计算公式为：

$$T_{slack} = LET_{end} - EET_{start} - T_{real}$$

式中 LET_{end} 表示一项任务结束事件的最迟时刻，EET_{start} 表示该任务开始事件的最早时刻，T_{real} 表示该任务的持续时间。将机动时间写在表示任务箭头的下方，用括号括起来，图 6-9 为最终完成的 PERT 图，图中的粗线段箭头表示关键路径。

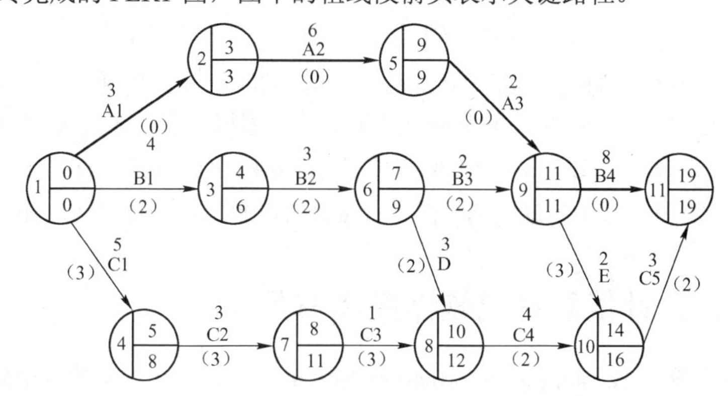

图 6-9　用 PERT 图表示的某软件工程项目的进度安排

6.4.3 两种图相结合安排软件工程项目进度

甘特图可以表示出开发任务中各项工作的起讫时刻及持续时间，使用简单，其缺点是不能清晰地反映出各子任务之间在进度上的依赖关系。PERT 图既能反映任务分解情况及子任务的起讫时刻，还能反映出各子任务在进度上的依赖关系，因此它比甘特图表达能力更强。但是当软件开发项目较大时，其 PERT 图非常庞大、复杂，需分层来画。若把这两种图结合起来，就可集中他们各自的优点，克服他们各自的不足。

图 6-10 为某个具有三个子任务 A、B 和 C 的改进甘特图（每个子任务又被分成四个更小的子任务，即 $A=A_1+A_2+A_3+A_4$， $B=B_1+B_2+B_3+B_4$， $C=C_1+C_2+C_3+C_4$），粗线段的两端分别表示子任务的起讫时刻，线段的长度（可从横坐标直接读出）表示子任务的持续时间，线段上方标有子任务名，两个互相依赖的子任务（称其为关联）之间用箭头连接，两个关联的线段 a、b 之间的距离定义为 $D(a,b)$ 它可从横坐标上直接读出，这样，一个子任务的机动时间就是该线段与其后关联的各线段的横坐标距离的最小值。例如，B_1 关联 B_2 和 C_1，$\min\{D(B_1,B_2),D(B_1,C_1)\}=\min\{1,1\}=1$，所以完成子任务 B_1 的机动时间是 1 周。再如 B_2 关联 B_3 和 C_2，$\min\{D(B_2,B_3),D(B_2,C_2)\}=\min\{0,1\}=0$，所以完成子任务 B_2 的机动时间是 0。

从起点开始将相互关联的距离为 0 的线段连接起来一直连到终点即构成一条开发任务的关键路径，如图 6-10 的关键路径即为 $A_1A_2B_2B_3B_4C_4$。

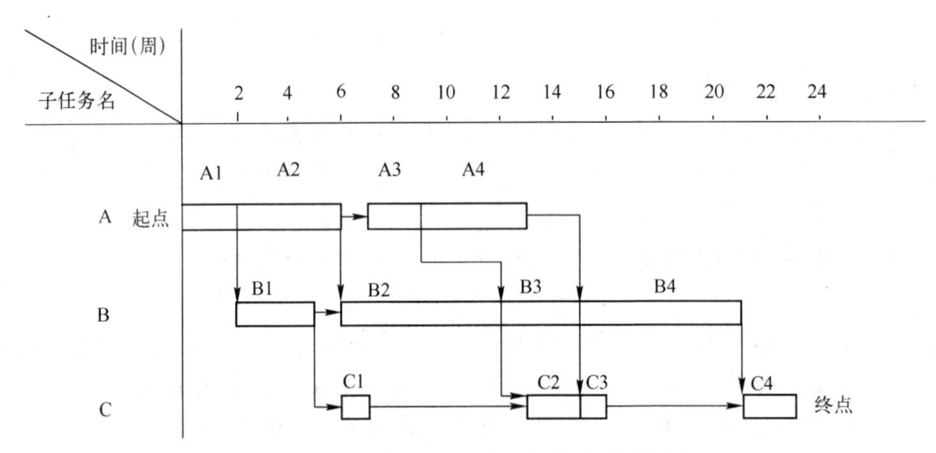

图 6-10 安排软件开发进度的改进甘特图

处于非关键路径上的具有关联的线段之间其机动时间具有传递性，即后一子任务的机动时间可传递到前一子任务，如 C_3 的机动时间是 5 周，$D(C_2,C_3)=0$，C_2 亦有 5 周的最大机动时间，$D(C_1,C_2)=6$，所以 C_1 的最大机动时间是“$0+5+6=11$”，即若 C_1 拖延 11 周也不会引起整个项目的拖延。最大机动时间从图中直接就可以看出，一目了然，并不需要专门计算。

6.5 案例：会计信息系统软件成本估算

会计信息系统（Accounting Information System，AIS）是常见的应用软件，其功能、规模及复杂度不尽相同，本节案例属于中型规模的软件。

6.5.1 根据已知条件选择估算方法或模型

某公司承担了一个会计信息系统 AIS 软件开发任务，根据客户需求确定 AIS 系统主要由如下的 4 部分组成。

1）工资核算（GZ）。

2）账务处理（ZW）。

3）销售核算（XS）。

4）成本核算（CB）。

根据历史数据和经验数据对这 4 部分分别进行了估算，所得结果如表 6-15，可选择基于代码行数的方法并结合 COCOMO 模型来估算 AIS 系统的成本。

表 6-15 AIS 系统各子系统估计规模

功　能	最好的情况	最可能的情况	最差的情况
CZ	1750	2400	2650
ZW	4100	5200	7400
XS	2000	2100	2450
CB	2950	3400	3600
总计			

6.5.2 根据选定的方法或模型进行计算

根据公式

$$L_i = \frac{a_i + 4m_i + b_i}{6}$$

可算出每个子系统 LOC 的期望值，见表 6-16 第 5 列，行数的总误差为：

$$L_d = \pm\sqrt{\sum_{i=1}^{4}\left(\frac{b_i - a_i}{6}\right)^2} = \pm 590$$

可得 AIS 系统的规模约为 12620～13800（LOC）。

表 6-16 用 LOC 方法估算 AIS 系统的成本

功　能	a_i	m_i	b_i	L_i
GZ	1750	2400	2650	2330
ZW	4100	5200	7400	5380
XS	2000	2100	2450	2140
CB	2950	3400	3600	3360
总计				13210

用基本 COCOMO 模型的组织型公式可算出开发 AIS 系统的工作量为：

$$MM=2.4\times 13.21^{1.05}=36.1\text{（人月）}$$

生产率：

$$\frac{13210}{36.1}=366\text{（LOC/人月）}$$

进度：

$$TDEV=2.5\times36.1^{0.38}=9.8\text{（月）}$$

平均人员配备：

$$\frac{36.1}{9.8}=4\text{（人）}$$

若人力平均成本为 2.2 万元/人月，则 AIS 系统的开发成本为：

$$36.1\times2.2=79.5\text{（万元）}$$

6.5.3 使用其他方法或模型进行交叉检验

为避免软件开发成本估计误差太大，不能只用一种方法或模型，至少应使用两种以上，在使用模型或方法时一定要注意它的使用条件和要求。对上述 AIS 系统估算后还应再选一个合适的方法或模型进行检验，如果不同估算方法得出的结果差别较大，则要认真分析，找出原因，再用别的模型继续检验。本例中对 AIS 系统用任务分解方法按软件工程主要的 4 个阶段（分析、设计、编码、测试）分别对 4 个子系统 GZ、ZW、XS 及 CB 进行工作量的估算，得出表 6-17 中 2～5 列的估计值，第 7 行根据实际水平给出，第 6 列、第 6 行及第 8 行为计算值，计算后得总成本为 71.2 万元，与用 LOC 方法及 COCOMO 模型估算的结果相比较，结果相近，可初步确定 AIS 系统的开发成本为 79.5 万元。

表 6-17 用任务分解方法重新估算 AIS 系统的成本及计算结果

功能（子系统）	系统分析	系统设计	编码实现	软件测试	总计（人月）
GZ	0.8	1.5	1.0	1.2	4.5
ZW	2.0	4.2	2.5	4.0	12.7
XS	0.8	2.4	1.2	2.2	6.6
CB	1.4	2.8	1.8	2.4	8.4
总计（月）	5.0	10.9	6.5	9.8	32.2
工作量成本（元/人月）	26000	21000	18000	24000	
总计（元）	130000	228900	117000	235200	711100

6.6 小结

软件管理是软件工程学科的重要研究方向，软件项目计划是软件管理的重要内容之一，涉及实施软件项目的各个环节，计划的合理性和准确性直接关系到项目的成败，无论是软件开发人员还是管理人员都应当给予重视。

软件计划阶段的最初任务是确定软件范围，主要内容包括软件中处理的数据及控制，软件的功能、性能、约束、接口及可靠性。对它们的描述要尽可能细致，因为它们对计划阶段其他工作影响较大。第二项工作是确定开发软件项目的资源需求。包括人力资源、可复用软件资源及环境资源，资源对软件开发成本、工作量及进度影响较大。第三项工作是对软件进行估算，主要有成本、工作量、进度等的估算，对软件的估算已发展成为一门学科——软件工程经济学。软件估算技术可分为基于代码行的技术、任务分解技术及自动估算技术。软件估算模型目前有几十种，但大多属于经验模型，不同的模型估算结果可能会有较大差异，使用时要注意它们的适用范围。软件计划阶段最后一项工作是对项目进度进行安排，可用甘特图或 PERT 图，也可将二者结合起来。以上四项工作是软件计划阶段的基本工作，除此之外，还有软件开发风险分析、成本-效益分析、软件项目的组织等，这些也是软件管理的重要内容，可作为高级软件工程的课题学习和研究。

6.7 习题

1. 如何获取确定软件范围所需的信息？

2. 图 6-11 表示开发软件的资源三角形，请在每层填上合适的资源名称。

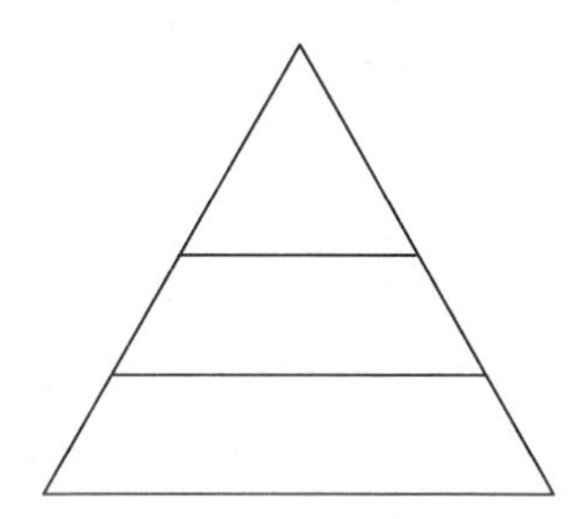

图 6-11 习题 2 的资源三角形

3. 软件计划的任务主要有哪些？

4. 在软件计划阶段应该考虑哪三类资源，对软件开发中的每一类资源可以用哪些特征来描述，什么是时间窗口，可再用软件资源主要有几种？给出名称及简单解释。

5. 软件生命周期中各阶段人力资源如何安排才合理？

6. Halstead 理论模型的主要依据有哪些？给出用 Halstead 理论模型估算成本的公式以及公式的推导过程，说出各个量的取值依据。

7. 估计某 Java 语言程序中 $n1$=70，$n2$=60，$N1$=500，$N2$=300，取 S=12，W=20000，估算开发该软件的总成本。

8. 估计一个 C 语言程序系统大约 10000 行，$\overline{W}$ 取 30000 元，估算开发该系统的成本。（提示：首先要选择合适的估算模型，然后再估算开发成本）。

9. 估计一个 C 语言程序系统大约 10000 行，用 Doty 模型估算开发该系统的工作量，并与题 8 的工作量估算结果进行比较。

（提示：此题中没有给出所开发软件的类别，因而应选“综合类”估算模型来计算）。

10. 开发某软件系统 S，估计工作量 E 为 48 人月，根据 Esterling 模型估算当团队人数 n 为 8 时系统 S 的成本，若 n 为 12 时，S 系统的成本又当如何？

11. 什么是 40-20-40 规则？

12. 某大公司第二开发部所属的第二软件工程项目部开发一个航天监控系统软件，程序用汇编语言实现，共有 120 个模块，平均的模块规模为 500 句指令/模块，计划用 20 个月完成，$\overline{W}$ 取 5 万元，试用 Aron 模型估算成本和工作量。

13. 某软件企业的第三技术开发部有 32 人，计划用 8 个月为某大型企业开发业务管理系统 Y，经分析软件系统 Y 有 140 个模块，设模块规模为 200～300 条语句，采用以 C#语言为主的多种高级语言混合编程，并在 SQLServer 2012 数据平台上进行开发，试用 Aron 模型估算开发 Y 系统所需的工作量。若软件人员的平均生产成本为 3.5 万元/人月，计算开发 Y 系统所需的成本。设生产率指数提高 2.8 倍。

14．开发一个 Organic 类型的软件，经分析有 45000 行源代码，试用基本 COCOMO 模型估算所需工作量、生产率、开发时间及投入该项目的最佳人员数。

15．开发一个 semi-detached 类型软件，若源代码行数为 260000 行，各成本驱动因素的等级如表 6-18 所示，试用中级 COCOMO 模型估算开发工作量和进度。

表 6-18　题 15 的某软件成本驱动因子等级

f_i	成本驱动因子	等　级
1	RELY	高
2	DATA	高
3	CPLX	高
4	TIME	高
5	STOR	正常
6	VIRT	高
7	TURN	正常
8	ACAP	低
9	AEXP	低
10	PCAP	低
11	VEXP	低
12	LEXP	很低
13	MODP	高
14	TOOL	低
15	SCED	高

16．用 3 年的时间开发一个应用软件系统，估计代码行数为 20 万行，C_k 取 12000，试计算所需工作量。若时间调整为 2.5 年，工作量为多少？若时间仍为 3 年，但减少次要功能，使代码行为 16 万行，工作量又如何？

17．开发一个商业系统应用软件，估计程序规模 32 万行，试用 Putnam 模型计算最小开发时间并估算开发工作量。

18．开发一个科学计算类的软件，经过技术人员分析，程序规模约为 8.5 万行，B 取 0.4，试用软件方程式的导出式计算最小开发时间及开发工作量。

19．什么是软件方程？写出每个量的意义。

20．开发一个应用软件系统，通过对 SRS 的分析和讨论，得出各软件功能项目的数量及权因子等级如表 6-19 所示，对功能点的影响程度的回答如表 6-20 所示，要求如下。

1）试根据表 6-19 计算出该系统的功能点数 T。

2）根据表 6-20 对功能点的影响程度将合适的取值填入表中。

3）根据功能点模型计算出功能点数 FPS。

4）若用 C++实现该软件，试估算出该软件的规模（即 LOC 数）。

表 6-19　某软件功能点的值

项　　目	数　　量	权因子等级
外部输入数	42	简单
外部输出数	18	平均
外部查询数	28	复杂
内部逻辑文件数	28	平均
外部接口文件数	16	简单

表 6-20　系统复杂性对功能点的影响

序　　号	描述	影响程度	取值
1	系统是否要求可靠的备份和恢复？	必需	
2	是否要求数据通信？	平均	
3	是否有分布式处理功能？	无要求	
4	性能是关键的吗？	显著	
5	系统是否将在现有的使用环境下运行？	必需	
6	系统是否要求联机输入数据项？	偶然	
7	联机数据项是否要求输入事务建立在多屏幕或多操作之上？	偶然	
8	逻辑主文件是否联机更新？	必需	
9	输入、输出、文件或查询是否复杂？	平均	
10	内部处理是否复杂？	平均	
11	代码是否设计成可再用的？	偶然	
12	设计中是否包含转换和安装？	平均	
13	系统是否被设计成可在不同的组织中多次安装？	必需	
14	是否将该应用软件设计成能让用户方便修改和使用的形式？	中等	

21．简述代码行技术的基本思想。

22．指出下列公式中每个量的含义。

$$L_d = \pm\sqrt{\sum_{i=1}^{n}\left(\frac{b_i - a_i}{6}\right)^2}$$

23．简述任务分解技术的基本思想。

24．表 6-21 是软件开发工作量的分配比例表，试将合适的数值填入表中。

表 6-21　软件开发工作量的分配比例

软件开发的阶段任务	占总工作量的比（%）
制定软件项目计划	
进行软件需求分析	
进行软件设计	
进行软件编码和单元测试	
进行软件集成及其他测试	
总计	100

25. 试用代码行技术完成表 6-22，并计算代码行总误差 L_d。

表 6-22　题 25 中已知表项

功能	a	m	b	L	每行成本（元/行）	生产率（行/人月）	成本（万元）	工作量（人月）
A	2000	2400	2650		15	200		
B	2400	3000	3300		25	350		
C	3560	4000	4250		25	340		
D	1900	2000	2100		30	300		
E	2120	2200	2300		18	280		
F	1890	2100	2400		20	300		
总计								

26. 表 6-23 是某软件成本估算表，试将其完成。

表 6-23　题 26 中已知表项

功能	估计行数（行）	每行成本（元/行）	生产率（行/人月）	总成本（万元）	总工作量（人月）
A	3500	30	140		
B	5200	16	260		
C	2000	40	100		
D	9300	14	300		
E	3600	20	260		
F	2400	18	240		
G	6000	15	200		
总计					

27. 根据表 6-24 计算软件开发成本及工作量。

表 6-24　题 27 中已知表项

功　能	需求分析（人月）	设计（人月）	编码（人月）	测试（人月）	总计（人月）
A	3.5	8	1	6	
B	3.5	7	2	6	
C	5	12	2.5	9	
D	4	7	2	5	
E	3	6.5	1	4	
F	6	10	2.5	7	
总计					
工资率（元/人月）	15000	12000	8000	11000	
总计（万元）					

28. 当采用敏捷开发过程时，如何进行项目估算？

29. 如何对 Web 工程项目进行估算？

30. 开发某系统 X，使用面向对象的分析模型建立并确定的用例数为 18 个，由分析模型确定的关键类数为 41 个，界面类型为 GUI，试确定支持类及类的总数估算值。设每个类的平均工作单元数是 15 人日，每个用例的平均工作单元数为 105 人日，工资水平 $\overline{W}$ 为 2.4 万元/人月，试估算开发 X 软件系统的成本。

31. 在实施软件工程过程中，管理者常常要在购买、让别人开发、部分自行开发还是完全自行开发中做出决策，在针对上述选择做出决策时，应该考虑并回答哪些问题？

32. 开发某软件系统 RS 有 3 种选择策略：完全自行开发、购买成品软件、承包给软件公司开发，以下是经分析后的结果。

若完全自行开发则困难的概率为 0.6，经估算成本为 158 万元。在简单的情况下，估算成本为 112 万元。

若购买成品软件，则较少修改的概率为 0.8，估算费用为 92 万元；在较大修改的情况下复杂的概率为 0.7，估算费用为 108 万元，简单的情况下估算费用为 88 万元。

若承包给外部软件公司开发，则没有变化的概率为 0.7，估算费用为 110 万元，在有变化的情况下，估算费用为 140 万元。

利用决策树计算并给出结论，开发 RS 系统采用哪种方式具有最低的成本？

33. 参看【例 6-5】中图 6-5 的甘特图描述，回答下列问题。

1）该项工程正常完工需要多长时间？

2）软件编码从什么时候开始，什么时候结束，计划用多少周？

34. 某软件工程项目由 A、B、C 三项子工程组成，其中 A 包括 A1、A2、A3 三项顺序工作，所用时间分别为 2、3、4 个月，B 包括 B1、B2、B3、B4 四项顺序工作，所用时间分别为 2、2、2、4 个月，C 包括 C1、C2、C3 三项顺序工作，所用时间分别为 4、3、4 个月，要求 A1 必须完成后才能开始子工程 B，A3 完成后才能开始进行 B2，B2 完成后才能开始 C1，B3 完成后才能开始 C2，C3、B4 均完成后工程才能算结束，试分别用甘特图和 PERT 图描述该工程进度安排，给出关键路径，标出各任务的机动时间。

35. 图 6-12 是一个软件开发项目的 PERT 图，图上每条边上的数字表示完成这条边所代表的任务所需周数，对于每项任务请计算出最早时刻 EET、最迟时刻 LET 及机动时间 T_{slack}，最后确定关键路径。

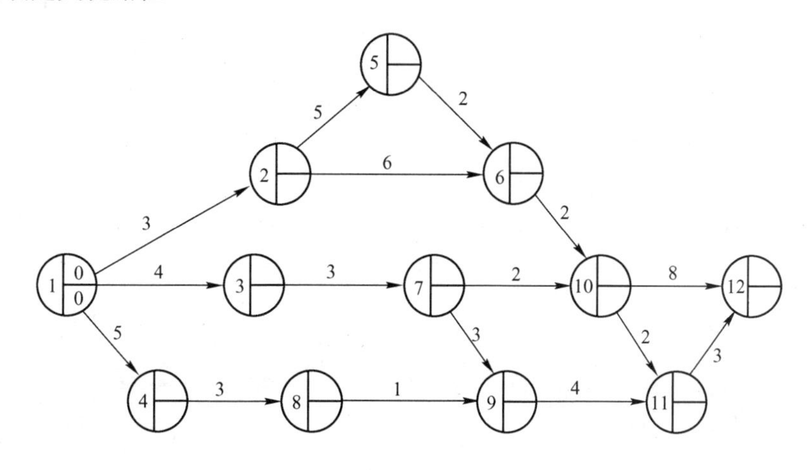

图 6-12　习题 35 需完成的 PERT 图

36. 某公司开发一个软件系统，该系统包括 X1、X2、X3、X4 四个子系统，每个子系统均包含下列工作：

需求分析（A）→概要设计（P）→详细设计（D）→编码（C）→测试（T），其中“需求分析”主要由市场部及工程部完成，“概要设计”及“详细设计”主要由软件部完成，“编码”主要由程序设计部完成，“测试”主要由质监部完成，各项工作所需时间如表 6-25，试分别用甘特图和 PERT 图描述该工程进度安排，给出关键路径。

表 6-25　题 36 中各项工作所需时间（单位：人月）

子系统 \ 任务	需求分析（A）	概要设计（P）	详细设计（D）	编码（C）	测试（T）
X1	2	1	2	2	5
X2	3	2	4	4	7
X3	2	1	2	3	5
X4	1	1	1	1	3

37. 用 C++语言实现某软件系统，设 $\overline{C}$=0.18 万元/功能点，试根据表 6-26 计算开发成本（F_i 均取中等）。

表 6-26　某软件系统功能点统计

项目	数量	统计值	功能点数
外部输入数	24	简单：10 个；平均：4 个；复杂：10 个	
外部输出数	22	简单：20 个；平均:2 个	
外部查询数	18	平均：10 个；复杂:8 个	
内部逻辑文件数	20	平均:18 个；复杂：2 个	
外部接口文件数	36	简单：8 个；平均：16 个；复杂：12 个	
总数 T			

第 7 章　软件工程项目案例

一段美妙的音乐可以给人带来愉悦和快乐，软件也是如此，成功的案例可以给我们带来启发、甚至灵感。本章选择了有影响的、有启发性的典型案例，这些案例将从开发过程的选择、软件需求分析、软件架构设计、软件测试的实施、软件质量保证、软件工具和环境的选择等不同侧面给我们以启迪，体现了现代软件工程的特征。这些资料来自公开媒体，让我们通过这些案例的实施过程以及成功的关键因素来体会他们的经验，以增强实施软件工程成功的信心。

7.1　美国航空航天局的太空机器人系统

北京时间 2011 年 2 月 25 日 5 时 53 分，美国“发现号”航天飞机顺利升空，此次“发现号”的一个重要的任务是携带人类首个太空机器人“Robonaut 2”进入空间站。

“Robonaut 2”机器人，简称 R2，是一个人形机器人，是美国航空航天局（NASA）与通用公司设计制造的仿真机器人，重量为 149.6 公斤，从腰部至头部高 1.01 米。如图 7-1 所示。也是美国为空间站建造的第一款机器人，该款机器人最大的特点就是拥有类似人类的灵巧手指，可以帮助人类完成枯燥、重复或者危险的任务。

图 7-1　“Robonaut 2”机器人

此案例的目标是在地面或空间站中控制机器人的行动并能在电脑屏幕上显示机器人动作的逼真场景。

7.1.1　以用户为中心的迭代设计过程

该项目的研制团队采用以用户为中心的设计（UCD），直接将用户的经验和专业知识用于软件设计中。解决每个问题的一般过程中，一开始都需要在用户需求方面花费时间，进入实地并且在自然环境中与用户们共同进行考察。对于该案例，将意味着应该与地质学家进行实地考察，并观察他们如何工作。利用第一手经验和采访，研发团队编制出一个设计方案，并且设计出低分辨率的原型。这些原型通常情况下几乎没有任何互动，虽然它们有时是以数字化的方式设计出来的，但通常还是在纸上设计出来。这种方法可以用最少的投资快速迭代地设计，同时尽早发现问题，问题发现得越早项目成本增加得越少。

7.1.2 面对的技术挑战

与地面系统不同，太空机器人系统的控制有其特殊性。面对的第一个技术挑战是机器人的延时操作。操作宇宙飞船往往需要提前去思考和计划，因为从地球上与机器人通话需要几分钟到几小时的延时。例如，最远的太空探测器需要大约 15 分钟才能与“火星”对话以及大约 30 个小时与“航行者”对话。为了在长延时的情况下操作宇宙飞船，项目团队通常每天或每周都做计划，并且每天或每周与他们通话。针对几秒钟（例如从地球到月球）的更短的延迟时间，采用的一般操作策略是“颠簸和等待”之一。基本上，系统发送一个命令，等待看它是否正确执行，然后才发送下一个。研究着眼于系统能否充分利用命令执行完成的等待时间。

该项目应用原型化设计理念，确定了一些可视化的策略，允许操作者提前设定机器人适时所处的地点。系统允许用户设置一系列操控机器人的预定动作地点，并且可以用不确定数据来补充界面。界面中出现的是由于机械和环境误差，导致机器人在任何指定时间可能结束的潜在区域。此外，系统设定了一个机器人稳定状态，并在界面上将机器人的这个状态显示出来。如果用户在给出延时的规定时间发出新命令，该稳定状态就是机器人的位置。这样一来，只要用户在稳定状态之前进行操作，用户就能根据机器人实时更新数据来对机器人下一步的计划进行更改。

现在，系统有了一个工作界面，以用户为中心设计进程的下一个步骤就是通过实验运行该界面。现在的问题是拥有所有附加功能的界面可以改进机器人延时操作的计划时间吗？为了回答这个问题，开发人员设计了一个利用盒子的测试操控过程，并且利用视差修改了商业机器人，以作为系统的测试探测器使用。通过初步测试，获得了不同的结果，项目组意识到控制箱界面的用户可控制性不够理想，调整过少，并没有获得预期的结果。同时，开发人员还在继续接收有关环境可视化和计划工具的正面反馈。最后，项目组决定停止测试，并返回进程的设计阶段以进行更多的研究。

第二个技术挑战是如何在屏幕上反映一个远程环境中的沉浸效果。当科学家研究一个从遥远的星球返回的数据结果时，他们常常要在计算机屏幕上来观察。但是屏幕上可能提供的视野有限而且场景可能有误差。当科学家们聚在一起谈论他们对环境不同的不完整的版本时，问题变得更加恶化。对于这个技术挑战，开发人员增加了一些设置，包括投影学、屏幕阵列以及头戴式显示器（HMD）。最后，决定使用 Oculus 公司开发的 Rift HMD，用于定位跟踪的转动头部跟踪和 VICON 动作跟踪系统。方法是从火星探测器现场拍摄全景二维图像，从探测器上的导航摄影机收集三维影像，再将二者融合。这样的设置允许用户在屏幕上观看火星实地的虚拟环境以及机器人的动作。

7.1.3 太空机器人系统的测试

太空机器人系统不能像普通的控制系统那样可以到现场进行测试，可行的方式是采用仿真系统。对于该系统的用户测试，开发人员采用通过告诉用户绘制一张如他们想象的自上而下的现场地图，来评估火星场景的初步认识。让用户轮流在开发的仿真环境中、在计算机屏幕上探索二维全景，这是科学家访问这些场景的现有方法。基本上，在系统的设置中，科学家们能够更好地把握火星场景中指定目标的距离和方向。有意思的是，在二维控制阶段，误差值不仅在用户之间不同，而且他们在不同的方向和路径上也不同。在系统仿真环境中，无论技术水平如何，科学家们都执行了相对类似的方法。此外，一半的参与者实际上相信真实系统和仿真系统表现得同样出色。系统的定性数据同样显示，他们喜欢仿真系统，并且都表示在将来会再次使用该系统。

这个案例的成功经验说明应该以用户为中心设计软件系统，充分地进行需求分析非常值得，在迭代式开发中发现的问题越早项目成本增加得越少。系统开发完成后，软件系统作为完整系统的一部分即使不能进入真实环境进行测试，软件测试也是必不可少的，而且还应加强。

7.2 乐视网 TV 大数据平台

软件开发和使用中必须面对的是数据，数据已成为最有用的信息，人类正在进入大数据时代，目前，数据挖掘和用户行为分析成为研究热点，乐视网 TV 大数据平台的构建为我们提供了很好的借鉴。乐视网 TV 大数据平台的搭建过程分为 4 个阶段，不同的阶段选择了不同的方案，该平台的构建是数据挖掘方面的很好实践。

7.2.1 问题的提出

传统电视行业中没有用户数据，因为电视台不知道坐在电视机前的人是谁，是男是女、是老是少，更不用说节目观看频次、开机时间这些更精确的用户数据。而互联网公司却能将用户数据全部都掌握在自己手中，因而，用互联网的方式来推动电视业的变革是乐视这样的互联网公司正在致力改变的事情。乐视的理念是电视最终会和手机一样，硬件不赚钱，软件和服务才是最终的利润来源。

在乐视超级电视正式发售之前，乐视的技术团队在探索过程中逐渐积累了用户数据挖掘和分析的技能和方法。当终端销售量越来越大，用户越来越多，业务也越来越复杂，数据分析和用户行为分析越来越精细化的时候，如何才能保证技术能够跟随需求变化而变化呢？以下数据分析软件平台搭建过程可以对乐视的技术团队的开发工作有所了解。

7.2.2 平台构建过程及采用的工具

乐视网 TV 大数据平台的构建过程分为 4 个阶段，这 4 个阶段的工作目标和任务不同，图 7-2 是该数据平台构建过程的简略描述。

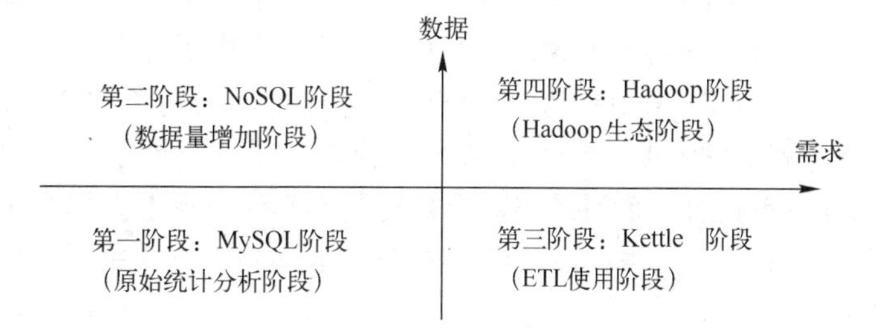

图 7-2 乐视网 TV 大数据平台构建过程

1．原始统计分析阶段

这个阶段的数据量比较小，业务需求相对不复杂，主要是一些数据统计的功能，包括设备的生产入库数据、设备激活数据、开机在线时长等简单的统计报表。核心是分析设备从生产到用户手中的一些设备行为，每天的数据量约有几十万行，这个阶段的架构以 MySQL 为主，通过每天晚上定时执行 SQL 脚本来进行统计，该阶段的特点如表 7-1 第 2 列所示。这个架构下对数据的统计分析主要依靠 MySQL，好处是能够快速实现对数据的统计分析，并且在 SQL 的支持下能够较快地完成。

表 7-1　平台构建过程各个阶段的特点

阶段划分	第一阶段	第二阶段	第三阶段	第四阶段
阶段名称	MySQL 阶段	NoSQL 阶段	Kettle 阶段	Hadoop 阶段
主要工作	统计分析原始数据	增加数据量	使用 ETL	使用 Hadoop
数据量	小	大	增加不大	爆炸式增加
业务需求	简单	相对不大	快速增长	大
特点	① 存储靠 MySQL ② 任务靠 CronJob ③ 统计靠手写 SQL ④ 展现基本很简单	① 存储靠 Cassandra ② 任务采用 Hadoop ③ 计算使用 M/R 程序 ④ 需求基本很简单	① 大量中间数据采用 MySQL 集群 ② 使用 Kettle 对数据进行抽取加工	① 用 Hadoop 生态进行离线计算 ② 用 Kafka 进行数据收集 ③ 用 Storm 进行实时计算 ④ 用 Hadoop 周边小工具实现其他功能

架构选型决策：通过搭建主从 MySQL 数据库，将业务数据写在主库之上，业务访问数据通过从库来读取，使得可以通过数据库访问来进行读写分析。同时，为数据分析搭建单独的 MySQL 从库，终端设备通过日志上报接口，经过业务服务器简单处理之后写入 MySQL 数据库中。日志分析服务通过使用 CronJob 的方式在 MySQL 从服务器对数据进行分析并通过报表服务器展现给分析人员，分析人员的临时需求可以通过实时查询 MySQL 从库进行数据查询。

2．数据量增加阶段

随着终端硬件的销售量增长，每天上报的数据量急剧增长，统计脚本运行越来越耗费时间，在对数据库和脚本运行数次优化之后效果改进也不是很大。MySQL 中存储的数据记录数已超过十亿行，每次 CronJob 脚本运行时间高达半小时以上。如表 7-1 第 3 列所示，该阶段数据量增加，实时查询耗时也十分漫长，这越来越接近对需求实现的极限。

为了能够扩展数据存储容量和提高分析的速度，经过对 NoSQL 及分布式数据存储分析后，开发团队搭建了基于 NoSQL 的 Hadoop 计算框架对数据平台进行了重构。

这个架构下的存储问题得到了很大缓解，Cassandra 提供了分布式存储的方案，通过列存储的方式结合了 Google BigTable 基于列族的数据模型，采用了 P2P 去中心化的存储。Cassandra 的主要特点就是它不是一个数据库，而是由一堆数据库节点共同构成的一个分布式网络服务，对 Cassandra 的一个写操作，会被复制到其他节点上去，对 Cassandra 的读操作，也会被路由到某个节点上面去读取。对于一个 Cassandra 群集来说，扩展性能是比较简单的事情，只需在群集里面添加节点就可以了。

解决了存储和查询问题，接下来需要解决如何应对需求和分析的问题，这个阶段虽然需求不是很多，但是越来越趋向终端设备行为分析，为了能够实现并发性的快速处理，开发团队采用 Hadoop 对业务需求进行开发。用户可以在不了解分布式底层细节的情况下，开发分布式程序。使用 Hadoop 从 Cassandra 读取数据然后进行分布式计算，可以把得出一次分析报告的时间从半小时缩短到不到 5 分钟。

这个架构采用的方式是业务服务器将收集到的数据经过处理之后，写入 Cassandra 之中，Cassandra 在这个阶段部署了 4 个节点，Hadoop 也部署了 4 个节点，Hadoop 处理完成之后数据写回 MySQL，使处理效率大大提高。

3．ETL 使用阶段

随着业务量的增加，这个架构逐渐无法满足快速响应的需求，即使在数据量增加不大的情况下，由于业务需求的快速增加，对需求的响应也会越来越慢。

为了能够更好地响应业务需求，开发团队通过采取 MySQL 集群和 Cassandra 结合存储中间数据的方式，通过使用 ETL 工具抽取 MySQL 数据和 Cassandra 数据进行完成业务需求的实现，参见表 7-1 第 4 列。在这个架构下 ETL 工具采用的是 Kettle，它是一款开源的 ETL 工具，以其高效性和可扩展性而闻名于业内，其高效的一个重要原因就是其多线程和集群功能。通过 Kettle 可以将 MySQL 和 Cassandra 的数据进行抽取整合，整合之后再写入 MySQL 集群，使处理需求变更的效率大大提升。

4．Hadoop 生态阶段

ETL 阶段数据量已经达到每日 1GB 多，需求也已有上百个分析点，各种报表也逐渐地增加起来，数据变得越来越重要，已经从之前的仅仅提供一些设备的基本行为逐渐演变成为多种行为整合的业务。

基于这种考虑，开发团队重构了数据平台，引入 Hadoop 生态，如表 7-1 第 5 列所示。在这个阶段，研发团队组建了数据分析团队，以保证能够快速响应需求并且为决策提供基础。该阶段加入了数据核查等功能，以减小数据错误和异常造成的大偏差等情况出现。通过研发团队在数据平台搭建和优化过程中的一些体验，对数据收集、分析、加工、存储、查询等多个环节进行了细致的讨论和优化。

在数据收集方面，开发团队通过对多个组件的考察，选用了 Kafka 作为前端数据收集的缓冲和路由系统。Kafka 是一种高吞吐量的分布式发布订阅消息系统，它的结构对于即使数以 TB 的消息存储也能够保持长时间的稳定性能，它支持通过 Kafka 服务器和消费机集群来分区消息，支持 Hadoop 并行数据加载。

Storm 在这个架构体系中的角色是实时数据整理和计算，它在数据平台中主要负责实时数据计算的模块，从 Kafka 过来的随机消息，经过 Storm 的加工处理之后再组合计算，将结果写入到 Cbase（Cbase 是乐视网内部类 Memecached 的一个组件，提供了持久化的功能）。之后，通过读取 Cbase 的数据进行实时展现，展现的数据包括实时激活数据、激活率、设备上线的数据以及按地区分布的上线数据等。

Hadoop 生态中的其他几个组件如下。

（1）Hadoop

Hadoop 是一个分布式系统基础架构，由 Apache 基金会开发。用户可以在不了解分布式底层细节的情况下，开发分布式程序，这种架构充分利用集群的特性进行高速运算和存储。Hadoop 实现了一个分布式文件系统，简称 HDFS。它提供高传输率来访问应用程序的数据，适合那些有着大数据集的应用程序。HDFS 可以以流的形式来访问文件系统中的数据。

Hadoop 作为分布式计算框架，基本每一个和大数据相关的项目都会有所接触和使用。该项目中主要与 Storm 的实时计算相对应，它主要负责数据离线处理和挖掘工作。

（2）Oozie

Oozie 是一个开源工作流和协作服务引擎，它运行在 Hadoop 平台上，是可扩展的、可伸缩的面向数据的服务，Oozie 包括一个离线的 Hadoop 处理的工作流解决方案，以及一个查询处理 API。

Oozie 在该项目平台中主要负责 Hadoop 任务的调度和工作流的组合，通过工作流的方式进行数据清洗和加工，保证了数据分析工作能够按照既定任务的方式进行下去。

（3）Sqoop

Sqoop 是一个用来将 Hadoop 和关系型数据库中的数据相互转移的工具，可以将一个关系型数据库（例如 MySQL、Oracle 等）中的数据导入到 Hadoop 的 HDFS 中，也可以将 HDFS 的数据导入到关系型数据库中。在该项目平台中，主要完成对异构的关系数据库中的数据进行互相导入和导出的功能，这是能够快速解决遗留问题的方式，避免了因为重构引起的遗留系统无人维护和无法维持的问题。

（4）Hive

Hive 是一个基于 Hadoop 的数据仓库平台。通过 Hive，可以方便地进行 ETL 的工作。Hive 定义了一个类似于 SQL 的查询语言：HQL，它能够将用户编写的 QL 转化为相应的 M/R（MapReduce：并行编程模型）程序并基于 Hadoop 来执行。

这部分是该项目数据分析人员使用频率最高的一个模块，对于临时的数据分析需求来说，Hive 可以降低他们操作 Hadoop 的难度，而不用去写 M/R 程序。

（5）Hbase

Hbase（Hadoop Database），是一个高可靠性、高性能、面向列、可伸缩的分布式存储系统，Hbase 利用 Hadoop HDFS 作为其文件存储系统；Google 运行 MapReduce 来处理 Bigtable 中的海量数据，Hbase 同样利用 Hadoop MapReduce 来处理 Hbase 中的海量数据；Google Bigtable 利用 Chubby 作为协同服务，Hbase 利用 ZooKeeper 作为对应。

在该数据平台中 Hbase 主要用来存储对原始数据进行粗加工之后的中间数据，对历史数据的分析也会使用到 Hbase 的存储数据。

（6）Hue

Hue 是运营和开发 Hadoop 应用的图形化用户界面。Hue 程序被整合到一个类似桌面的环境，以 Web 程序的形式发布，对于单独的用户来说不需要额外的安装。

该平台使用 Hue 组件主要在运维阶段对 Hadoop 集群进行图形化监控和管理。

（7）ZooKeeper

ZooKeeper 是 Hadoop 的正式子项目，它是一个针对大型分布式系统的可靠协调系统，提供的功能包括：配置维护、名字服务、分布式同步、组服务等。ZooKeeper 的目标就是封装好复杂易出错的关键服务，将简单易用的接口和性能高效、功能稳定的系统提供给用户。

ZooKeeper 在平台中使用广泛，在整个数据平台集群中的几乎任何一台服务器之上都有 ZooKeeper 的身影，它作为基础任务调度组件，为 Hadoop、Storm、Kafka 等组件提供基础服务。

这个案例给我们的启发是，市场调研、需求分析非常重要，它是软件产品开发成败的关键要素，实践过程中应认真分析不同阶段的不同特点，不同阶段应选择不同的最合适的方案，为了提升软件系统的数据处理能力以适应快速增长的数据量，应使用更强的软件工具和服务。

7.3 有道云笔记云端架构

有道云笔记是网易旗下的有道公司推出的在线资料库，无论是 PC、iPhone、Android 还是 Web 端平台都可轻松使用，它为用户提供了高达 3GB 的初始免费存储空间。并且随着在线时间的增长，登录账号所对应的储存空间也同步增长，且无限量增长。有道云笔记支持多种附件类型，包括图片、PDF、Word、Excel、PowerPoint 等。同时上线的还包括网页剪报功能，即通过收藏夹里的一段 JavaScript 代码将网页里的信息一键抓取保存至有道笔记里，并可对保存的网页进行二次编辑。

可通过手机随时查看记录过的重要事项与内容，还可通过 PC 端传输至多个设备终端。

有道云笔记上市 3 年后，用户数就已超过 2500 万，用户数量增加的同时，数据量和访问量都在增大，服务器经受住了考验。有道云笔记云端技术架构提供了宝贵的经验和借鉴，以下就有道云笔记的数据结构的设计、服务框架的设计以及架构的重构和升级三个方面进行介绍。

7.3.1 数据结构的设计

数据结构的设计是信息系统设计和实现中必不可少的环节，是软件设计的重要内容之一，云端架构设计的第一要务就是数据结构的设计，在云端服务数据结构设计方面，需要考虑功能需求和性能需求两个方面，至于如何设计并实现代码，则是在完成设计之后才考虑。

1. 从功能需求的角度考虑

所谓功能需求，是一个将服务或者功能抽象化的过程，设计出一组不同的数据类型，互相配合可以实现功能逻辑。对于有道云笔记而言，为了实现一个带多级笔记本、增量同步、支持标签、可插入附件等功能的一个云端服务，他们将数据结构设计成有目录条目、笔记元数据信息、文件数据三种主要数据类型。为了实现文件 diff（文件 diff 作用是实现 diff 命令，该命令用于比较文本文件或者目录内容），又将文件数据切块存放，衍生出了文件 chunk 类型（即块类型）。

2. 从性能需求的角度考虑

从性能需求的角度，数据结构的设计又可以分为两个要点。

（1）存放服务的选择

当设计好的数据结构满足了功能需求之后，要考虑什么样的数据该使用什么样的存储方式，数据库该用 MySQL、HBase 还是 MongoDB，文件系统选择 HDFS 还是 TFS。不同的存储服务都有其最合适的使用场景，因此需要结合数据结构的访问需求去选择最合适的存储服务。

（2）优化数据结构设计

最常访问的数据类型，比如笔记的目录，要尽可能地小，可以比较轻易地放到内存 Cache 里面，从而防止大量请求落到后端存储服务上，给磁盘和 I/O 造成压力；对于大数据，比如几 MB 甚至 GB 的文件，访问频度要尽可能地小，并且要在磁盘上尽可能地连续存放，请求时也是流式读取，从而避免读取时不断地做磁盘寻道；而介于两者之间的数据，往往访问频度比较大，放到内存又不能完全放得下，需要做 LRU Cache，此时可以考虑使用 SSD 固态硬盘做此类数据的 Cache，效果相对较好。

7.3.2 服务框架的设计

代码、框架都是为数据结构服务的，好的服务框架，能够更好地去表达数据结构，更完整、安全、快速地存取和处理数据，更高效地完成数据业务逻辑，为客户端提供更易用的数据接口。

有道云笔记云端架构的底层是有道公司自有的云平台，它提供分布式数据库、文件系统等服务。通过数据冗余、数据加密等策略保证数据的可靠性和安全性。云平台之上是存储逻辑模块、分布式 RPC 中间件以及在中间件之上的 API 接口模块。

1．存储逻辑模块

存储逻辑模块主要实现了数据结构设计中定义的各种数据结构、相关的存储逻辑以及与云平台的接口模块。存储逻辑模块是无状态的，可以非常方便地水平扩展，从而实现了服务的可扩展性。按照笔记的需求，数据存储有原子性、一致性等需求，需要有事物的支持；而在底层云平台的分布式数据库上实现事务，逻辑复杂脆弱，性能不理想。因此，研发团队在存储逻辑模块上实现了事务的支持，原理是，通过 ZooKeeper 来管理存储逻辑模块，生成针对用户的一致性散列表（hash），从而将同一用户的请求分发到同一个存储逻辑模块上，以实现针对用户有效的内存锁。然后，基于版本号与预写标记，实现了数据的事务支持。而在这个过程中，用户请求的分发借助了他们团队的 RPC 中间件。

2．分布式 RPC 中间件

分布式 RPC 中间件主要实现了对服务模块的 RPC 服务封装，屏蔽了服务模块的分布式细节，提供了统一的 RPC 服务供上层调用。开发者可以自定义 RPC 调用的分发机制，如轮转调度、错误轮转重试、请求多发、基于 ZooKeeper 和一致性 hash 的用户请求分发机制等调度机制。分布式 RPC 中间件的存在，大大简化了分布式服务的设计与实现；开发者只需要定义好自己的服务和 RPC 调度机制，就可以实现一个可水平扩展的分布式 RPC 服务，且使用简单，使用者无须关注底层分布式的细节。

3．API 接口模块

因为有数据、认证、Push 等一系列的 API 服务，不同的客户端针对数据视图有不同的需求，因此他们的 API 接口模块包括针对 PC 客户端的重量级 API，以及针对 Web、Mobile 的轻量级 API，还有用户认证、OpenAPI、PushServer 等一系列的 API。因为有分布式 RPC 中间件的帮助，各个 API 模块主要负责接口封装发布，且只需要通过分布式 RPC 中间件与存储逻辑模块进行交互，并无横向逻辑调用，所以逻辑简单，易于维护，开发变得敏捷迅速。

7.3.3 架构的重构和升级

随着技术、环境以及用户要求的改变，软件也会不断地演化，软件的重构和升级是软件演化过程中必须经历的过程，有道云笔记软件系统从推出到现在也发生了很大的变化，以下简述有道云笔记软件系统的重构和升级的过程及具体内容。

1．架构重构

在 3 年多的有道云笔记软件系统开发中，他们总共经历了两次规模比较大的重构工作。对于软件而言，局部代码、甚至是整体架构重构，都是不可避免的，甚至是不可或缺的。进行重构主要是以下两方面的原因。

1）随着需求更改、功能扩展、压力增大，原来的代码或者框架已经不能胜任它的工作。

2）之前的设计可能存在某些问题，随着开发进程的推进，这个问题的负面影响越来越严重，需要通过重构为之前的错误买单。

2．框架升级

在有道云笔记最早的版本里面，没有分布式 RPC 中间件，自然也没有独立的存储逻辑模块。存储逻辑模块是一个公共的代码，因此 API 模块需要考虑分布式相关细节，处理用户数据一致性等问题。为此，项目团队实现了分布式同步锁、全局异步任务等模块间协调模块，来保证数据的正确性。但随着用户量的增大，协调模块的压力越来越大，逻辑也越来越脆弱。从而促使了开发团队改进设计，引入 RPC 中间件，将逻辑和 API 分层。这一方面使得代码逻辑简单，层次清晰，鲁棒性好；另一方面，很大地提升了服务的承压能力。

3．为设计错误买单

在前文叙述数据结构设计的时候，我们提到将文件切块，实现文件 diff 的事情。而后来经过统计发现，文件切块 diff 带来的收益是极其微小的。而且，切块后的文件存在于类 bigtable 的分布式数据库上，破坏了文件存储的整体性，使得上传下载文件时，都需要切块与拼接，从而导致性能的下降。直接瓶颈出现在数据上传时分布式数据库的写流量的放大，导致网络 I/O 的压力变大。因此，他们重构了这块的代码。将文件整体存储在分布式文件系统上，取消了切块逻辑。这次重构虽然阐述起来简单，但是很大的精力被耗费在 API 兼容上——他们依然需要为旧版的客户端提供基于切块的 API 支持，使得它们依然可以使用云笔记服务。

有道云笔记云端架构案例告诉我们，软件产品正式投放市场后，仍然要持续的演化，一成不变的软件是没有生命力的，只有不断地适应市场、不断地满足用户持续增长的要求、不断地提供更高质量的服务，软件产品才会长盛不衰。

7.4 网易广告投放系统

网易广告投放系统是由网易技术专家团队开发的高质量的软件系统，该研发团队规模为 300 人，承担了整个公司的部分研发任务。网易广告投放系统最初采用了 Google 的 double click 系统，稳定运行了若干年，由于公司广告业务的需求越来越多，且越来越复杂，double click 系统已无法满足要求，为解决该问题，网易决定自主研发广告投放系统，不仅要满足新的需求，而且要做到上线零失误。为了实现这个目标，他们在网易的广告投放系统开发过程中，充分利用了线上流量，加速了开发流程，避免了线上的几乎所有问题，在架构异步改造过程中发挥了决定性作用。也正因为如此，投入到广告投放系统的开发人员和成本相对较少。本案例讲述他们的开发过程以及如何做到无差错地替换 double click 系统。

7.4.1 系统设计目标

Google 的 double click 广告投放系统，是一个通用性的广告投放系统，在网易初期发展过程中发挥了重要的作用。但由于其通用性，double click 在面对公司的新业务需求时显得无力。而且由于 double click 采用了同步架构，导致它在受到 DDoS 攻击时表现不力（注：DDoS 是英文 Distributed Denial of Service 的缩写，意为“分布式拒绝服务”，凡是能导致合法用户不能够访问正常网络服务的行为都算是拒绝服务，DDoS 攻击是黑客最常用的攻击手段）。为了解决上述问题，需要开发出一套新的适合于网易的广告投放系统。总体来说，需要实现如下目标。

1）满足日益增长的广告业务需求。

2）替换过程中不能出大问题。

3）节省服务器资源。

4）更能抵御 DDoS 攻击。

5）投入少。

为了完成上述目标，他们进行了大胆尝试和创新，这些尝试和创新为后面的网易广告投放系统开发提供了根本保障。

7.4.2 迭代开发过程

为避免上线失误，常规做法是记录日志（log）或者录制，通过回放线上请求，以暴露线上问题。例如，oracle database replay 采用 log 的方式来回放 SQL 请求，loadrunner 采用录制的方式来进行 Web 请求回放。

请求回放，可以分为离线回放和实时回放。离线回放利用离线的数据来回放线上请求，应用最广泛。这种方式的优点是实现起来比较简单，但对于网络环境异常复杂的外网应用，离线回放往往无法暴露线上问题。广告投放系统属于外网应用，采用 log 的方式离线回放并不适用，因为网络条件很难构造，并发性也很难控制。基于录制的离线回放同样不适用于广告投放系统，例如 loadrunner 仅能构造有限数量的请求，无法与线上的种类繁多的请求相匹配。实时回放利用实时数据进行回放，可以更好地暴露在线的各种问题，但可用的实时回放工具往往在应用层复制请求（如 Nginx 的请求复制工具），不仅很难模拟网络条件，而且应用层的这种操作会影响线上请求的处理响应时间，从而影响最早用户的体验。

经过研究和探索，网易研发团队认为基于底层的流量复制方法来模拟线上的压力环境可以更好地进行实时回放，并开发了 tcpcopy 支持引流测试。最终广告投放系统采用了图 7-3 所示的迭代开发过程，目的是能够支持系统采用流水线方式持续改进，并且上线过程中不出大的差错。

该开发过程与常用开发过程的主要不同在于，引入了引流测试这一环节，对于快速开发和上线部署提供了重要保障。一般情况下，由于测试环境和线上环境严重不匹配，新系统在上线后，往往不可避免地会出现各种类型的 bug。只有采用跟线上环境类似的测试环境，才能把线上问题提前暴露出来。理论上，测试环境和线上环境越接近，测试效果越佳。但是，直接可用的具有在线测试效果的回放工具少之又少，这可能是由于网络的复杂性导致在线回放难于实现。

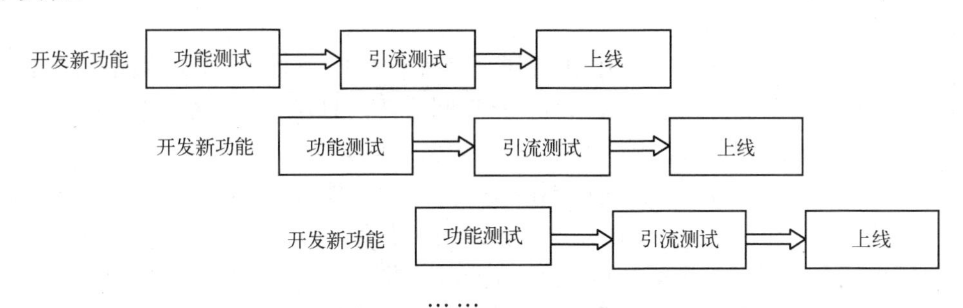

图 7-3　网易广告投放系统所采用的迭代开发过程

为实现在线回放，他们结合广告投放系统的特点，先初步实现了一个专用的引流工具，之后扩展实现了一个通用的引流工具——tcpcopy。tcpcopy 是一个底层流量复制工具，它成为新广告投放系统开发、试验和部署的关键，是实现比 Google double click 更强大、更稳定的广告投放系统的基础。

初步实现的 tcpcopy 架构如图 7-4 所示。

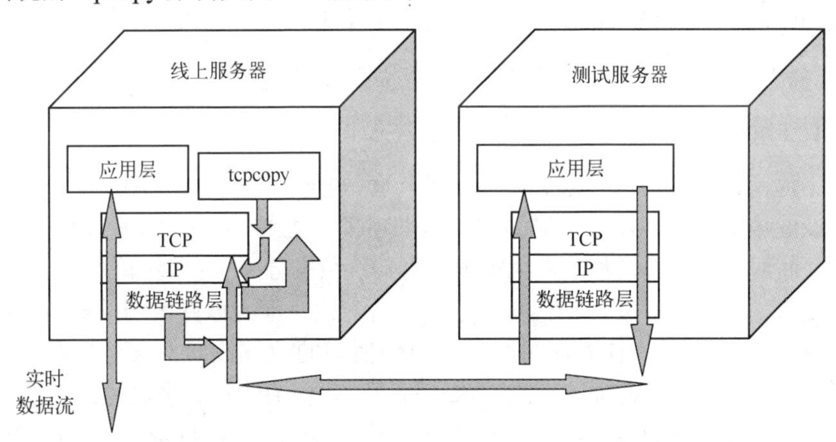

图 7-4　通用引流工具——tcpcopy 架构

用户从线上服务器上面运行 tcpcopy 程序，从线上服务器的数据链路层捕获线上请求数据包，并实施转发给测试服务器，由于转发是基于包的转发，既可以保持线上的网络延迟，丢包等底层特性，又可以把绝大部分线上请求导入到测试服务器，因此测试服务器承受的压力可以接近于线上服务器所承受的压力。

7.4.3　实现细节考虑

为了把线上请求导入到测试服务器中去，必须要解决若干难题，如尽量降低对线上系统性能方面的影响，不能影响线上系统的正常运行，等等。

1．尽量降低对线上系统性能方面的影响

首先从底层来复制流量，可以使被复制的请求经历的过程尽可能地短，这样系统资源也会消耗的少；其次，由于逻辑部分非常简单，复制过程非常快；最后，内存和 CPU 消耗非常少，对于当今服务器的配置，几乎没有影响。

2．不能影响线上系统的运行

首先，由于复制的数据包的源 IP 地址还是客户端的 IP 地址，复制的数据包发送给测试服务器后，测试服务器会回复这些数据包并且返回给真正的客户端，为了不影响客户端的运行，需要采用 iptables 黑洞掉测试服务器的响应包；其次，由于是从底层复制线上请求，并没有和上层的应用程序进行交互，所以不需要中断线上的处理；最后，测试系统的部署只要和线上系统没有业务往来，即测试的系统是独立的，那么就不会影响线上的业务。

本案例通过开发底层的流量复制工具 tcpcopy，并引入到广告投放系统中去，成功避免了线上的各种复杂的问题，为实现新广告投放系统的所有目标打下了坚实基础。基于底层的流量实时复制方法，可以最大限度发挥服务器端流量的作用，让宝贵的流量资源为各种测试和开发服务。本案例的具体过程和方法对于软件更替、稳定性测试、性能测试、压力测试等都有参考价值。

7.5　富士通的基于 ZooKeeper 和 Storm 的车载流式计算框架

本案例介绍基于 ZooKeeper 和 Storm 的车载流式计算框架，利用 NoSQL 数据库 MongoDB 作为基本的数据存储平台，完全改造原来架构的过程。

7.5.1　项目背景介绍

南京富士通南大软件技术有限公司开发了一套数据分析平台，使用的是单进程、单数据库模式。随着业务的扩大，连接终端的数量越来越多，达到 10 万级别。原来的计算模型已经不能满足互联网时代不断增长的数据需求，对传统数据分析平台架构的改造势在必行。

因为涉及大数据、高并发，他们将自己的业务对比主流互联网公司的业务，向主流的互联网公司借鉴大数据、高并发处理的经验。由于他们的业务数据量大，具有源源不断的特征，且需要对数据进行持续的加工，因而这一特征可以用流式计算来表达。

在流式计算方面，开源流式计算框架 Storm 符合他们的业务场景，具有很好的扩展性以及高可用性，处理性能较高，因而成为他们项目的选择。

在数据存储方面，需要较强的扩展性和高可用性，而对于数据的存储结构比较简单，所以选择了 NoSQL。

在集群协调与监控方面，选择了业务使用最广泛的 ZooKeeper，用于监控集群中节点的状态以及保存全局配置信息。

7.5.2　软件设计策略

1．方案整体概览

该计算框架分为事件层、消息层、处理层、持久层和应用层，在它们之上就是 ZooKeeper 平台。

（1）事件层

终端通过前端附载均衡连接到转发服务器，转发服务器将终端事件产生的数据发送给消息中间件。

（2）消息层

该层存储终端产生的实时数据，采用“MQ+DB”（MQ：消息队列；DB：数据库）的方式保证数据的高可用及备份，其中MQ起到通信转发和数据分析的解耦作用。

（3）处理层

该层接受来自MQ的实时消息数据，并在流式计算框架中进行计算，不同数据可能有不同处置过程，通过设置流式计算中不同节点的计算过程，可以很好地解决这个问题。

（4）持久层

该层存储流式计算平台计算后的结果，并将计算结果存储在数据库中，供上层应用层展现。

（5）应用层

该层将经过计算平台计算后的数据进行展示。

2．类比借鉴——流式计算

来自终端的数据量很大，并具有源源不断的特性，数据在流通的过程中会经过很多环节处理，这样的处理过程跟微博有一定程度的相似，所以，来自Twitter的Storm框架进入研究人员的视野，这个框架的好处是，它可以帮助完成在不同节点间数据传输以及任务协调上的诸多工作。

一开始，开发人员按照自己的需求设计了一套能够胜任数据处理的系统，但是经过不断对工作的细化之后，他们发现自己要控制的东西越来越多，以至于到最后，基本的分布式锁都要反复验证正确性。当工作进行到越来越庞大的时候，他们开始怀疑“我们是不是在重复造轮子呢”？于是开始了解能够完成需求的开源框架—Storm。

Storm这个计算框架的选择使得开发人员可以专注于业务，而不用太关注底层的消息传输以及任务协调上的细节，对Storm的开发框架了解之后，类似在Hadoop上运用M/R模型写程序一样，开发者只需要设计自己的Bolt即可。（注：Bolt是迅雷公司从2009年开始开发的第四代界面库）

3．大数据——NoSQL集群

传统关系数据库由于对数据存储格式的严格限制，以及对事物的控制，以至于性能上不够理想，而NoSQL型数据库松散的存储结构，对数据的一致性要求不高，因而在性能上能提高很多。同时，NoSQL的扩展性也很好，非常适合分布式环境。在众多的NoSQL产品中，他们选择了MongoDB，这主要是从文档丰富程度、社区活跃度、使用者数、稳定性、扩展性5个方面进行考量的，而MongoDB这款考量结果最好的NoSQL成为他们的选择。

4．集群协调与监控

在Hadoop中有一个很重要的组件——ZooKeeper，它作为Hadoop集群中的协调者在其中扮演的角色很重要，它是高可用的。因此，一些高可用的重要数据最好存储在ZooKeeper上，并且，ZooKeeper还可以作为集群节点运行状态的监控平台。

7.5.3 案例成功要点

1．对既存系统充分理解与吸收，掌握现存系统的业务流程

如果对现存系统的业务不了解，不知道现存系统的瓶颈所在，是无法做针对性的改造的；如果没有挖掘出更深层次的业务逻辑，而一味地去往时髦的技术上靠，也会出问题。

2．对开源软件框架深入调查，对各种开源软件框架进行有效整合

使用开源软件有利有弊，遇到问题需要自己解决，但同时也提高了他们团队的技术能力。他们在整合开源软件的过程中收获良多，同时，成功的对开源系统进行整合，也是成功的很重要的因素。

3．团队合作

没有一个执行力超级好的团队，是很难在短时间内把这么多开源系统吃透然后去做测试的，所以团队合作也是本案例成功的一大重要因素。

4．有效选择了 MongoDB

以下是开发人员选择 MongoDB 的一些经验教训。

首先，MongoDB 不支持外键，所以如果业务对关联性要求很高，最好不要用。

其次，MongoDB 不支持事务，所以如果业务对事务性要求比较高，最好不要用。

最后，MongoDB 的查询功能并没有宣称的那么强大，很多复杂的查询改造起来会很困难，所以如果要选择 MongoDB，要先要对自己的业务做梳理，确保自己的业务不会因为使用 MongoDB 而要在应用层做十分复杂的数据操作工作。

关于 MongoDB，它最大的优点就是具有优秀的可扩展性，所谓的 sharding 分片功能不仅解决了在传统关系型数据库里复杂的水平或垂直切分上面临的问题，也为数据插入、查询性能的提高做了很好的规划。其次，它的 Replicate Set（集群复制）为其高可用性提供了坚实的保障。

该案例说明在现代软件开发中，虽然可利用的资源很多，特别是开源框架，它们确实有很多优秀特性，但并不是都需要，适合自己的才是最好的。在架构软件过程中，不但要借鉴开源框架，而且要在理解消化的基础上改造开源框架，这样才能取得更大的成功。

7.6 支付宝无线统一测试平台

支付宝无线统一测试平台承载着整个支付宝无线应用研发的质量控制体系，它提供了字节码测试、monkey 测试、遍历测试、用户接口自动化测试、适配测试、设备管理、真机访问、性能监测、安全扫描等。由支付宝质量部测试工具团队开发而成。在支付宝无线统一测试平台建设中，提出了适合支付宝测试工具研发团队的垂直化团队协作研发新模式，有效地提升了支付宝无线统一测试平台建设的步伐，通过该平台的开发提升了测试工具团队组员的独当一面的能力以及整体把控软件开发过程的能力，开发人员不但有效地掌控了从需求分析、软件设计、软件实现、软件测试到产品支付的过程，同时也提升了整个测试工具研发团队的技术沉淀与研发能力。该案例既是他们团队开发实践的总结，同时也可作为学习软件工程、进行实践的典范。

7.6.1 研发模式及实践经验

我国有几个亿的手机用户，中青年人占主体，无线支付已经成为重要的支付方式，而无线测试质量保障体系的建立尤为重要，在这样的背景下，结合支付宝无线应用的特性，开发团队定制并开发了综合实用的统一无线测试平台。该平台实现了 monkey 测试、遍历测试、用户接口自动化测试、适配测试、设备管理、真机访问、性能监测、安全扫描等功能，研发中开发团队秉承高内聚、低耦合的软件工程开发理念，强化进度层层把关与同行评审机制相结合，坚守产品第一、质量第一，极大地保障并提升了整个平台的开发效率。项目实施中采取了专人、专责、专职的“One Rule”的项目控制模式，在开发效率提升的同时，这种垂直化研发模式也有效地提升了整个平台的可扩展性、可维护性等，开发实践要素如下。

1．统一化

在开发模式、URL 组织、静态资源、编码规范、数据库设计规范、工程结构等方面都高度统一，确保团队成员对其他模块的快速掌控能力，有效地降低了人才流失的风险，此外，也提升了整个团队的技术体系的培养和专业技能的沉淀。

2．One Rule

采取专人、专责、专职、专事的垂直化协作研发模式，也即 One Solution、One App、One Project、One DB、One Owner 原则，同时强化 Peer Review（同行评审）机制，协助不同方案的 Owner 业务与技术的不断成长。

3．快速原型验证

进行快速的 POC（观点提供证据：Proof Of Concept）原型验证和方案确认，加快特定方案的可行性研究步伐，有效地降低了资源的浪费和风险。

4．螺旋式迭代

本项目采用螺旋式的迭代研发模式，确保了项目的快速迭代交付周期。

5．线上与线下部署

本项目采取统一的发布与部署流程，进行每日构建，分为线上和线下两套环境，线上提供给用户进行使用或试用，线下则提供给研发人员进行验收测试。

6．源码控制

本项目采取了主干和分支管理，强化模块级别的同行评审，在部分编码技能稍弱的同事中，通过采取结对编程的方式，协助同事提升编码能力。

7．架构和数据库设计

本项目由技术架构师统一负责模块解耦设计以及数据库设计，并强化组员评审与方案解读，以确保整个方案的正确性。

8．研发资源共享

系统开发方面，采取了统一的三层架构研发模式与标准的模板工程，强化基础组件（如 grid 控件、user 组件等）的研发，提升了整个系统研发层面的组件复用力度，从而有效地节省了资源。

7.6.2 测试平台的模块结构介绍

鉴于本平台的自身特点，在模块化设计方面，他们对本平台进行模块解耦设计，主要分为基础组件（如用户管理、权限管理、任务调度等）、统一控制中心与移动设备交互层、应用提测、设备管控、应用评价中心、自动化测试等模块；同时鉴于集团共建，本平台建设主要采用开源的技术体系 Spring MVC、MyBatis、Velocity、MYSQL，测试平台的结构框架如图 7-5 所示。

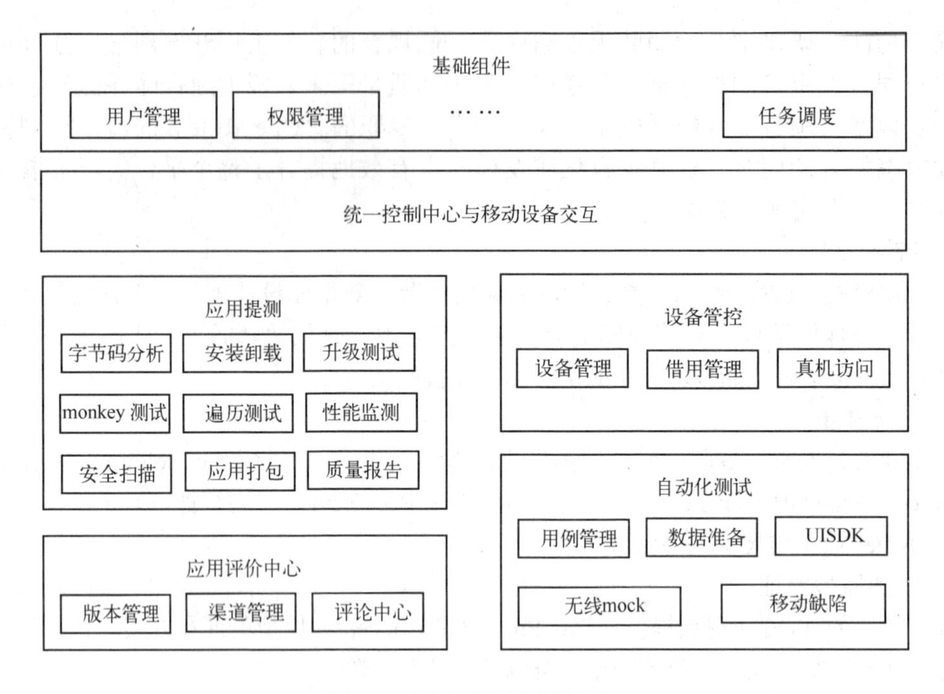

图 7-5　测试平台的结构框架

7.6.3　核心模块的功能描述

支付宝无线统一测试平台包含的功能模块如图 7-5 所示，现对核心模块功能描述如下。

1．字节码测试

团队通过对 findbugs 进行拓展开发，提供一体化的字节码测试解决方案，填补了支付宝在字节码扫描领域的空白，这里的扩展开发主要包括 findbugs 的缺陷的关键字过滤、缺陷的规则扩展、缺陷的翻译等。（注：findbugs 是一个静态分析工具，它可以在不实际运行程序的情况下对软件进行分析）

2．安装、启动、卸载、升级测试

主要是对应用在不同型号的手机上进行安装、启动、卸载测试的相关数据指标的获取以及分析；同时，鉴于支付宝应用发布的高频率情况，整个无线平台提供了应用升级测试方案，支持从低版本到高版本的升级测试相关数据指标的获取与分析，其业务流程如图 7-6 所示，其特色是适合多款移动设备、可精确到毫秒级、能与移动质量体系集成，并可进行多角度的分析。

3．性能监测

该模块监测的性能指标有内存、流量、CPU、电量操作、响应时间、网络响应速度以及客户端 Crash 率，与该模块相关的模块有设备管控、应用管控、采集引擎、用户场景管控、嵌入式性能 SDK 以及性能代码扫描 6 个功能模块。结合支付宝无线自动化解决方案，收集在特定的场景（即测试计划）运行与底层框架函数埋点的情况下，透明化该特定场景下的移动设备的流量、耗电量、CPU、内存等数据指标，并提供基于特定性能基线的移动应用性能评测中心。

4．设备管控

主要是提供一体化的移动设备管理模块，支持设备管理、借用管理、真机访问等，设备管理包括设备入库、设备查询、OpenAPI 及设备盘点，借用管理包括设备申请、设备借用审批、设备归还、设备催还及借用报告管理功能。

5．真机访问

本模块主要实现了将实时获取到手机当前屏幕截图以及可以将浏览器上的鼠标或键盘事件回传到手机上并得以执行的功能，工作流程如图 7-7 所示。

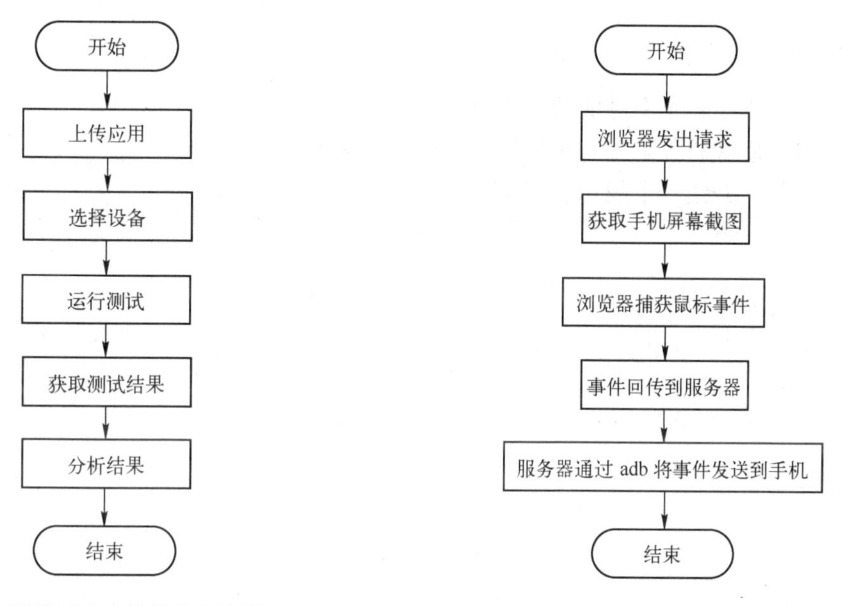

图 7-6　无线平台支持的业务流程

图 7-7　真机访问工作流程

关于实时获取当前手机屏幕截图，有两种使用较多的方案：一是使用 adb 本身提供的截图命令 screencap，二是使用开源的 C 程序 gsnap 生成截图。方案一简单，但效率低，大概每秒只能截图 1 张，不能满足实时性要求。方案二要将此 C 程序编译并放到手机上，同时，手机需要被 root，因为此程序读取/dev/graphics/fb0 设备生成图片时需要 root 权限。

关于鼠标或键盘事件回传到手机并得以执行，首先需要开发一个 Android 手机上运行的控制台程序（此程序要能构造 Android 平台的 MouseEvent 对象并且发送给系统执行），打成 jar 包，预先放置在手机的某个目录中，当浏览器中捕获到某个事件时，传送回服务器，服务器使用 adb 向手机发送一个命令及参数，执行之前准备好的命令行程序，之后命令被换成 Android 平台的事件并分发执行。

6．自动化测试

该模块将自动化测试纳入到整个支付宝无线研发的流程体系中去，它包括提供用例的同步与管理、测试工程的管理、测试计划管理以及测试数据管理等模块。与自动化测试相关的模块包括文件服务、测试工程、用例管理、设备管理、配置管理、数据准备、计划管理、调度管理、CQ 集成、报表管理以及 OpenAPI。

7．应用评价中心

该功能模块可以将不同的应用发布渠道的热点评价同步到无线平台，再进一步分门别类地去进行分析。

8. 其他

这个无线测试平台还支持 monkey 测试、遍历测试、基于代码级的安全扫描、应用自动打包、一体化的质量报告体系等。

该案例是软件质量保证及软件测试方面的很好的典范，无论是对开发的软件产品进行有效的测试方面，还是对提高软件产品的质量方面都具有很好的借鉴作用。

7.7 习题

1. 总结一下本章各个案例成功的经验。
2. 分组讨论现代软件工程和传统软件工程有什么不同。
3. 查阅资料，介绍一个成功的案例。

第8章　软件工程课程设计

为了对软件工程内容有全面的了解和体会，最好的方法是进行软件工程实践，软件工程课程设计的目的是将离散的知识系统化，通过课程设计的实践更好地树立工程化的意识，用工程化的思想武装头脑，得到工程化的训练。尽管是课程设计，但也应该按实际项目去要求，这样才能达到教学的目的和要求。

8.1　基本要求及考核标准

部队进行军事演示是为了实战的需要，软件工程课程设计就是软件工程“实战”的“军演”，只有按严格的工程方法去开发软件系统，才能得到真正的工程化训练。

软件工程是针对解决大型软件开发和维护中出现的问题而发展起来的一门科学，只有开发大型软件项目才能真正体会出工程化的优越性。在学习本课程期间的几周或几个月之内做一个大型项目是十分困难的，也是不现实的。要想在短时间内得到工程化的训练，首先要规范工作，不能用学习一门程序设计语言时所用的编写小程序的方式来开发软件。用工程化的方法开发软件，要重视开发过程管理，需要编写一系列的文档，要有一系列的工作产品。

学生应根据软件开发的步骤、目标、基本方法及软件工程学科的主要内容，选定题目后，以软件工程各个阶段的主要工作产品为目标开展课程设计。以下列出的软件工程实践题目均具有实用意义，是从实际课题中精选的，不同的题目涉及不同的应用领域或专业知识，每个题目只给出了功能要求或简单的性能指标，学生在选择并完成某课题时，还要做很多工作，应该上网去收集与课题相关的资料，对课题作深入的调查研究、分析，查阅相关资料，学习相关知识，必要时还应到相关现场参观、走访用户、深入了解课题内容，按要求认真完成软件计划、需求分析、软件设计、软件编码及软件测试。

8.1.1　课程设计的内容

以下题目的设计内容、功能及要求绝大部分是从实际课题中提炼的，读者可根据自己的兴趣及对课题领域的熟悉程度进行选择。

1．火车订票管理系统

该系统应该具有身份核实；网上订票；退票；查询车次，发、到站时间，票价，票源情况；打印等功能。票的种类包括高铁商务座、特等座、一等座、二等座，动车一等座、二等座，普通列车包厢软卧、软卧、包厢硬卧、硬卧、软席、硬席、加快票（直达特别加快、特别加快、普通加快）、站台票等，还要区分全价票、学生票、儿童票、革命伤残军人票、附加票、铁路职工和会员等不同乘客的情况以及节假日某些车次的票价上调、淡季的下调等。根据调研的实际情况，可增加票的种类以及系统的功能。

全价票即不进行任何优惠的火车票，票面价格是经过“铁路旅客票价计算方法”计算出来的铁路旅客票；儿童票是身高在 1.1 米至 1.4 米之间的儿童所应购买的火车票，可享受半价客票、加快票和空调票；每位成年旅客可携带一名身高在 1.1 米以下的儿童，无须购买火车票，如果所携带的儿童数超过一名时，按照人数购买儿童票；学生票是指在普通大、专院校，军事院校，中、小学和中等专业学校、技工学校就读，没有工资收入的学生、研究生，家庭居住地和学校不在同一城市时，可购买的火车票，可享受每年四次的家庭至院校（实习地点）之间的半价硬座客票、加快票和空调票，新生凭入学通知书、毕业生凭学校书面证明可买一次学生票；革命伤残军人票是指中国人民解放军和中国人民武装警察部队因伤致残的军人所能购买的火车票种类，革命伤残军人凭“革命伤残军人证”享受半价的软座、硬座客票和附加票。附加票是客票的补充部分，除儿童外，不能单独使用。

2．飞机订票管理系统

参照题目 1 的要求，飞机订票涉及航班、航线、机型，票的种类包括头等票、商务票、经济票、旅游机票、团体机票以及包机机票，同时要考虑到飞机订票的特殊要求，如票价可浮动，暑期教师优惠等。

3．人事管理系统

针对一个实际单位的情况开发一个具体的人事管理系统，也可开发一个通用的系统，主要功能包括人员变动（增加、删除、修改），干部任、免、升、降，各类人员统计，机构变动（新增、合并、改名、取消），职称变动（评、聘、升、退）等。

4．人事档案管理系统

参照题目 3 的要求，在对档案进行增加、删除、修改时要考虑权限。

5．工资管理系统

开发一个通用的工资管理系统，要考虑到不同单位工资项目、类别的不同，可多可少，能随意调整。工资要随人员变动（参看题目 3）而发生变化，能适合时、周、月、季、年的发放，可按全单位发放，也可按部门发放，有查询、统计、排序、打印功能，适应性要强。工资总额由计时工资、计件工资、计件超额工资、奖金、津贴和补贴、加班加点工资、特殊情况下支付的工资、代扣代缴的各种税（费）、各种社会保险费用、公积金组成，要区分税前工资和实发工资。

6．基于指纹识别技术的机房上机自动登记系统*

指纹识别技术是通过计算机实现的身份识别手段，也是当今应用最为广泛的生物特征识别技术。设计一个响应速度快、界面美观、功能完善的指纹识别上机系统，以提高上机管理的效率。该系统应包括学生信息管理模块、教师管理模块、学生指纹识别自动上机模块三部分。其中，学生指纹识别自动上机模块是系统的重点和难点，要实现通过指纹采集器将指纹输入到数据库相关表中，并记录当前时间。学生信息管理模块要实现管理员对学生信息的基本操作以及管理。教师管理模块实现教师设置上机任务，并对学生上机情况进行管理等功能。

7．指纹识别考勤系统*

设计一个基于指纹识别技术的考勤系统，指纹识别部分，可购买指纹采集器，后台数据库系统可选用 Microsoft SQL Server 2008 或 2012。系统具有指纹采集、教学基本信息录入、考勤信息设置、考勤记录生成、考勤记录查询打印、消息收发和通知发布等功能。为了提高系统的数据传输效率和安全性，应采用数据压缩、数据加密、Windows 身份识别、菜单权限和操作权限设置等技术。系统应该运行稳定、界面友好、操作简便、安全可靠。

8．教室人脸检测系统

设计并实现一个教室人脸检测系统，该系统通过对装设在教室中的摄像头采集来的图像进行分析处理，能够识别出图像中的人脸个数，从而确定教室内的人员数量，为到课考勤工作提供真实数据。系统的核心技术是基于视频图像的人脸检测算法。

9．静态人脸识别系统

由于生物特征是人的内在属性，具有很强的自身稳定性和个体差异性，因此是身份验证的理想依据。相比其他生物特征，利用人脸特征是最自然直接的识别手段，易于为用户接受。设计并实现一个静态图像人脸识别系统，该系统的主要功能包括打开、显示和保存常见格式的人脸图像，浏览库中的人脸图像，对给定的人脸图像进行归一化并提取其特征，对指定的人脸图像根据最近邻算法较准确的找出库中与之最相似的人脸。

10．实时人脸识别系统*

由于信息技术的快速发展使得图像处理技术在许多领域得到了广泛的应用，人脸识别成为模式识别和人工智能领域的一个研究热点。用软件工程的方法开发一个人脸识别系统，该系统能实时检测摄像头当前画面中的人脸并且能对检测到的人脸进行实时的识别。该系统包括的主要模块有：人脸检测模块、人脸预处理模块、人脸收集模块、人脸特征提取模块和人脸识别模块。人脸识别是通过对人的脸部特征信息进行身份识别的一种识别技术，目前已有多种方法，在开发该系统时，应首先对人脸识别方法进行系统学习和研究，然后再进行软件的开发。

11．基于云存储的健身运动处方管理系统

针对健身俱乐部开发一个基于云存储技术的运动处方管理系统，该系统分别运行在 PC 端和移动端。建议采用 PC 机搭建自身云平台，使用 J2EE 技术、JSP 技术、XML 技术，设计和开发用于完成定制运动处方系统的 PC 客户端，以及用于显示处方的移动终端。系统应实现的主要功能包括基本信息管理，身体健康状况评估与运动处方管理，学员对运动处方的查询、下载、打印等。系统应具有以下特点：查询网络化、数据隐秘化、管理信息化。查询网络化应满足用户随时随地获取运动处方的需求，数据隐秘化则保证了用户信息的安全性，管理信息化要求实现的系统能提高健身俱乐部的工作效率和管理效率，另外系统应该具有良好的可扩展性。

12．网络云盘系统

近年来，由于信息技术的快速发展，全球的数据量出现指数型增长，大数据存储需求发生巨大变化，数据量的大小也从 TB 增长到了 PB。然而，数据的存取受限于存储介质，这使得数据存储成为制约信息技术发展的主要瓶颈。随着社会的发展，各领域急剧增长的数据量不断向存储系统发出挑战，而当前云计算技术的恰逢时机的兴起与发展使得云存储技术得以实现，云盘是互联网云新兴技术的结晶，它通过互联网为企业和个人提供文件的存储、下载以及一些相应的服务，具有安全稳定、存储大的特点。开发一个基于 B/S（即浏览器/服务器）模式的云盘系统，该系统主要包括：审核管理模块、云盘备份管理模块、用户的注册和管理模块、用户文件管理模块，这些模块结合在一起，实现用户和管理员在云盘系统方面的需求。开发工具可选 MyEclipse，并通过 ODBC 与后端数据库 MySQL 相连，来实现云盘系统。也可以运用阿里云提供的 API 等开放资源在 Windows 环境下通过 Eclipse 搭建基于阿里云的云盘系统。

13．基于云平台的多商户电子商务系统*

开发一个基于云平台的多商户电子商务系统，该系统使具有需求的用户足不出户就可以通过互联网轻松地买到自己想要的商品，既省时又省力。对于有意向开店的用户还可以开自己的店铺，为没有实际店铺而又想开店的人们带来方便，这就是多商户。

该系统在实现的过程中需采用多种技术，主要包括云平台、JSP、Nginx、JDBC、JavaScript、OpenStack、MVC 等，系统以 JSP 页面展示在浏览器上，实现会员注册、登陆、商品的预览、商品搜索、对商品的购买。后台管理方面实现对店铺的管理，包括店铺的注册、开店、添加自己店铺的商品、管理自己店铺的会员、管理订单的功能。在设计方面，该系统可采用 B/S 三层结构、Struts 框架，从系统的安全性和代码的可重用性方面考虑，运用 JavaBean 对程序的关键代码进行封装。后台数据库可选用免费的 MySQL 数据库，云平台的搭建可选用开源的 OpenStack。

14．基于云计算的用户推荐系统

开发一个基于云计算的用户推荐系统，通过收集上网用户的行为模式信息，如浏览、单击、收藏等行为，进行相似度的分析和规律上的整合，得出一个推荐结果，然后将这个基于内容的推荐结果推荐给用户，这就是推荐思想。在实际的推荐中，比如说图书推荐系统，首先通过用户对图书类型的喜好、作者、借还时间等收集到的信息进行分析，然后推荐出相似度高的图书给用户。开发该系统的重点一是要学习云计算基础知识，二是学习并设计推荐算法。

15．基于 ASP.NET 的信息发布与管理系统

开发一个网上信息发布与管理系统，以能源行业招聘信息发布系统为对象，使求职学生能够快速地查到能源行业的招聘信息。系统采用 B/S 体系结构，建议主要使用“ASP.NET+SQL2008”。该系统主要分为前台界面和后台数据库管理。前台功能包括：信息发布的展示、用户登录、站内信息搜索、站点访问信息统计等，要求界面简洁，操作简单。后台的主要功能是对信息的分类浏览、搜索、添加、修改和删除等。

16．基于 B/S 的火电厂燃料管理信息系统*

开发一个采用 B/S 模式的火电厂燃料管理信息系统，系统主要功能包括计划管理、采购管理、调运管理、数量验收、质量验收、结算管理、数字煤场、智能掺烧以及系统管理。

（1）计划管理

该模块下面又包含以下部分：电量计划模块（分为年度计划、月度计划、周计划、日计划以及检修计划）、标煤计划模块、耗用计划模块、存储计划模块、采购计划模块以及供应商配额模块。

各计划都应具备查询、增加、修改、保存、删除、传递审批和流程跟踪等功能。依据矿别、时间、计划量等信息，系统可以按照任务进度、时间进度等进行组合查询，找到该计划的兑现情况。此外系统还支持计划数据的同比和环比功能，形成分析图表。按照管理的要求，计划生效一般要设置为经上级审核批准后才可以。

（2）采购管理

此模块主要包括合同管理、煤炭合同、运输合同、合同审核以及合同兑现等子模块。合同管理模块包括合同起草、审批、上报、下达、执行监督、统计分析等管理功能。合同可以用手工填写生成，也可以通过模块自动生成，还可以从已有的合同库中导入以前生成的合同来生成新合同，并且系统能自动为合同编号，实现合同管理的统一性。

合同管理具备增加、删除、修改、审批传递、流程跟踪、退回、打印、按不同属性和时段、字段查询等功能。合同管理中的查询功能有多种方式，比如说可以按照企业名、供应商、合同编号、合同类别、合同签订时间段、合同状态等等属性。查询出所需合同后可以打印《合同统计表》。还可以查询关联合同，即主合同和相关合同可以通过连接相互找到，这样实现了合同的验收、结算等相关信息的相互查询。

（3）调运管理

该模块主要包含以下几个部分：调运计划、补充计划、调运监控、在运地图、调度日志、操作日志、调运路线、车站信息、来煤信息、发车对比情况。

该模块可以由企业进行选择制定，可以依据管理的需要和运输方式例如铁路、汽车、皮带等来进行设置。

系统可以动态显示该厂年度或者月度合同量，还可以显示相应的到货量、兑换率等信息。系统也可以按照合同的约定，自动计算入厂的标煤单价，可以选择设置入厂标煤单价等指标是升序还是降序。全程是以燃料的经济性作为指导来调运工作的。

系统能够根据各环节，动态确认来煤信息，同步显示批车、装车、在途、入厂等状态。调运模块同样有增、删、改、查的功能。

（4）数量验收

该模块主要有：运单管理、车号核对、数据修改、来煤台账、汽车煤分摊等子模块。

本系统通过数据接口从入厂验收系统采集来煤信息，并对数据进行审批、分析。生成来煤报表。数据主要包括了车皮数、供煤单位、发货日期、分矿、煤种、发站、车号、过衡日期（计量日期）、来煤批次号、扣矸、盈亏吨、矿发量、运损、毛重、皮重、净重、汇总、验收人等信息。

对于原始数据而言，系统具有严格的管理措施，系统会记录修订数据。该系统还提供用户补录功能，而且每次的补录都有相应的日志进行记录，修订过得数据与其他数据要进行区分，使用户可以很容易将二者分开。

（5）质量验收

该模块主要完成翻车机号维护、采样单生成、采样条码打印、采样送样管理功能。

1）翻车机号维护：火车翻车前，根据过衡时间为该列车分配翻车机号，发给自动封装系统，自动封装系统接收到过衡信息之后，对采样机进行派位，进行自动化采样封包过程。

2）采样单生成：当自动封装系统出现故障，系统自动匹配过衡信息与运单信息，生成带有二维条码的采样单。

3）采样条码打印：根据相应的采样单采取煤样，然后由采样单上的二维条码得到采样条码（内外码），且采样条码贴到对应的采样桶上（内外桶上）。支持采样条码重打功能。

采样班分批次送样到制样班。

（6）结算管理

结算管理功能主要是为了规范厂内结算流程，减少或避免人工对结算工作的干预，提高工作效率，使结算流程智能化流转，实现电子化流程审核。该模块主要包括：煤款结算、运费结算、结算台账、财务支付结算4个子模块。

（7）数字煤场

实现实时采集轨道衡系统车号识别的车号。轨道衡数据接口实时将过衡车辆的车号采集进入燃料管控系统。可以采集轨道衡系统的车重。轨道衡数据接口实时将过衡车辆的皮重、毛重、净重采集进入燃料管控系统。还主要实现运单管理、数量审核、车号核对三部分功能。建议该模块主要包括车号识别、自动称重、运单录合、扣吨管理、防作弊监督等子模块。

（8）智能掺烧

根据机组负荷和磨煤机是否检修工况，计算满足当前燃烧方式的掺烧方案，指导燃料采购计划的制定，为数字煤场提供煤仓分仓掺烧上煤目标热值。

在同一计划发电量的情况下，通过各种掺烧方案的计算模型，可计算出对应掺烧方案下的入炉煤的综合标煤单价，给出推荐最佳掺烧方案，为燃煤掺烧方案的确定和燃煤采购计划制定提供数据支撑。

掺配方案确定后，设置走审批手续流程，审批手续流程走完后，完成掺配方案下达。

（9）系统管理

该模块下应设置如下子模块：组织机构管理、系统参数管理、基础信息管理、安全访问管理、在线用户管理、登录日志管理、操作日志管理以及电子签章人员管理。

17．面向移动终端的基层党组织展示网站

开发一个用于智能手机的基层党组织展示网站，要考虑到展示效果在手机上与在电脑上的不同，该网站主要实现的功能有党组织新闻和人员展示，管理员可以通过后台管理展示党组织进行的活动、发布新闻、并上传必要文档以供下载等。同时，网站访问人员可以看到组织活动、组织成员等，管理员可以通过后台添加组织成员，成员在登录后可以看到更加详细的信息。

系统首页主要包括前台显示和后台管理，当一个用户访问网站时即可进入前台页面进行相关查阅，后台页面则需要登录才能进行访问。前台的设计主要应包括：组织成员、新闻中心、个人中心及联系我们 4 个子模块。后台的设计主要应包括个人信息、人员管理、新闻管理、文档管理及图片管理 5 个子模块。

18．基层党组织考核评价系统

建立基层党组织考评体系，是新形势下加强和改进基层党组织建设的一项重要工作，也是从制度上保证基层党组织建设各项工作落到实处的根本措施。而考评体系是否科学合理，是基层党组织建设是否得到有效落实的关键所在。因此，如何建立一套对基层党组织科学有效的考评体系，并进行客观的评价是非常有意义的党建课题。

根据党建要求开发一个实用的高校基层党组织考核评价系统，该系统除具有评价功能外，还应能指导党员的学习，具体任务如下。

1）根据高校基层党组织的特点，以党的十八届三中全会和第二十二次全国高校党建工作会议精神为指导，紧密结合学校建设高水平大学对党建工作的要求，以基层党支部为研究切入点，考虑到教师、学生、教辅、机关等高校基层党支部的构成、工作目标，构建基层党组织多级考核评价体系，研究并给出评价依据及权重。

2）开发的系统应能实现基层党支部考核情况的统计、评比以及党员对党的理论知识的学习。

3）构建数学模型，采用先进技术开发实用软件，编程实现《高校基层党组织考核评价系统》，以科学、客观地评价高校基层党组织。

19．旅游推荐网站

基于 B/S 结构和 Web2.0 的思想，建设一个用户分享、信息聚合、以兴趣为聚焦点、以客观公正为原则的旅游推荐网站。每个景点的评价可基于模糊综合评价法，科学的给出每个景点的评价因素和相应权值，对旅游景点做出客观科学的评价，把定性评价转化为定量评价，得出量化评分，实现科学客观准确的旅游推荐。

在需求分析阶段要收集和建立完整齐全的旅游景点库，收集大量游客对相应景点的反馈，并用科学可靠的算法对以上大数据进行分类、统计、评价。设计系统时要通过发掘用户的表层和潜在的对旅游景点的期望和要求，对庞大旅游景点库进行筛选，以便根据旅客的要求能做出有参考价值的推荐和排序。在此基础上，完成旅游推荐网站的开发。

网站可分为注册登录模块、景点数据库模块、景点评价模块、上传模块和景点搜索模块等，景点信息中应有景点图片显示、景点地图、景点特色等。网站应易于维护。核心算法采用模糊综合评价算法。

20．城市配电网管理系统

配电网在保证城市电力稳定和电力系统正常运行等诸多方面起着至关重要的作用。简单地说，配电网就是由发电厂及输电线路产生和输送的电，通过配电器械分配或者按照电压的等级依次分配给所需用户的电力网络结构。它主要由电缆、架空线路、杆塔、隔离开关、配电变压器、无功补偿电容以及一些附属设施组成，它在整个电力运行过程中起到给用户分配电能的作用。

开发一个配电网管理系统，利用 Web 技术和 J2EE 技术，将配电网信息整体组合起来，作用是给各个配电站供给电源，并对配网的资源和数据进行分配管理。主要功能有：配网资源管理，包括设备检修情况、缺陷评价、更换记录等。票证管理，包括工作票和操作票的下发以及查询。系统维护，包括系统巡视信息的处理等。管理员通过下发工作票指挥工人巡视设备并作记录，提交数据到系统，判断分析数据后对毁坏故障设备下发操作票，工人整修完毕后将缺陷信息提交并保存到系统。

21．服装企业网站

服装企业网站具有企业网站的典型性，通常以产品和用户为中心，以企业文化、背景等等来衬托，形成企业网站外观。针对特定服装企业开发一个网站，主要实现的功能包括企业产品展示、企业文化介绍、企业新闻展示、用户订单提交与处理、用户留言与评价、用户登录与注册。

22．基于 B/S 的毕业设计管理系统

高校毕业设计是检验学生四年来学习成绩的重要综合性教学环节，是对学生知识、能力和素质的全面检查，也是教学质量的直接反映。开发一个基于 B/S 模式的毕业设计管理系统。该系统能实现教师毕业课题申报和课题审批管理、学生选题管理、网上答疑管理、学生资料上传和查看、网上评阅、群发消息，以及后台管理员使用的院系管理、人员管理和数据库管理等功能。

23．高校自动排考系统

高校考试编排工作是高等院校教学管理工作中一项重要环节，监考安排是考试编排工作的重要组成部分，是否规范合理地安排考试直接影响考务管理工作的质量和水平。为了提高考试安排的工作效率、减轻教务人员的工作负担，使监考安排更规范化和标准化，通过对排考算法进行分析，根据实际排考工作的特点和约束条件，在此基础上开发一个基于 B/S 架构的自动安排监考系统。该系统的主要功能模块包括用户管理模块、教师课程信息管理模块、教务处安排监考数据管理模块、排课管理模块、综合查询模块、报表生成和打印模块等。

在设计时要考虑以下约束条件。

1）依据教务处给的监考安排表进行教师排考。

2）一个教师在一段时间内只能监考一门课程。

3）一个教师在一段时间内只能成为一个监考角色，即只能是主考教师或者监考教师。

4）如果有教师上课的课表，监考时间不能与上课时间冲突。

5）按照教师职称安排监考次数，同一个职称教师监考总次数尽量相同。系统要允许对自动安排的结果进行调整，可选择课程，调整监考教师。

24．学籍管理系统

主要功能有学生注册（根据学费交纳情况进行）、注销、休学、退学，成绩录入、修改、打印、查询，专业调整，学分统计，评优，奖学金评定，可按专业或班级排名，既可按单科成绩排名，也可综合排名（不同的课要设不同的权重，可根据课程类别及学分情况设置），辅修专业、学位情况等。

25．特定课程试题库管理系统

针对某门具体课程，可实现对试题的录入、编辑、修改、删除、打印，根据不同的难易要求、时间要求或章节要求随机从库中选题，自动出卷，能对卷中的试题进行调整，能支持图形编辑功能，具有特殊的工程符号，能进行特殊的数学运算。

26．试卷库管理系统

可实现对试卷的编辑、录入、修改、归类、查询、统计、根据不同要求随机出试卷、打印等功能。

27．特定课程计算机辅助教学系统*

针对某门课程设计一个计算机辅助教学系统，使初学者能够在计算机上按照系统指导逐步掌握该课程的基本内容和要求，并能通过循序渐进的练习和测验，确定继续学习的进度。对于具有一定基础的同学可通过该系统复习、巩固所学内容，由系统提纲挈领式地总结出要点、难点，系统具有自动出卷、阅卷功能（参看 25 题、26 题的要求）。整个系统是会话式的，具有灵活的人机界面，系统还应有一定的查错能力。

28．大学排课系统**

设计一个排课系统。对算法要精心设计，要考虑各种因素的约束，如专业、课程类别（必修、限选、任选）、时间、教师（同一教师在同一时间不能上两门课，同一教师的某门课程在两次上课之间要相隔一定的时间）、教室（容量、地点）等，能容许人工干预和调整，以表格形式打印出某专业、某教师及全校课程表。

29．科技档案管理系统

设计一个科技档案管理系统，对科研项目、论文、著作、专利、产品、成果实施登记、查询、提醒、分类检查，并形成统计报表输出。

30．科研管理系统*

设计一个科研管理系统，可辅助科研项目的立项，专利的申报，论文、著作、产品、成果的鉴定、评审、认定、审定，可自动生成某些标准表格（如项目申请表、审批表、合同书、评审表等）。系统中应有各领域专家库详细资料，可随机抽取某一领域的合乎要求的专家供选用，此外，还应有 29 题的功能。

31．研究生学籍管理系统*

根据对不同层次研究生（硕士、博士、博士后）的不同要求（学分、年限、研究方向、开题报告、学术报告、论文、实践环节等），参照 24 题设计一个研究生学籍管理系统，对同一层次的研究生还要区分类别，如国家计划内/外、进修、省内分配、工程硕士/博士、同等学历、全日制/半脱产、论文硕士/博士等，分别处理。

32．医院病房及病员管理系统

设计一个医院病房及病员管理系统，对不同科病人分病区进行管理，包括入院、转院、出院、结账。对住院病人情况要建历史数据库，可对以往病史进行查询，可对突发性重大流行疾病（如 SARS）患者及疑似患者进行追踪、统计、生成各种报表。可对某类住院病人或某种病情住院病人人数进行统计，以图形方式按季节、年龄、性别、职业、住院持续时间等输出统计分析结果，还可查询病房床位情况。也可根据需要，打印各种数据。

33．医院药品管理系统

设计一个医院药品管理系统。主要功能有药品验收、入库、出库、分类统计、查询、报表打印等。查询可按药品名称、出厂年月、批号、生产厂家、有效期等进行，也可按类别实现模糊查询。当某种药品数量不足某一数值时，给出缺药预警，提示尽快进货，当某种疾病流行，相应药品使用较多，出库频率较高时，也要给出提前进药的预警。当某种药品积压、超过有效期时，要进行报废处理。

34．药房管理系统

参照 33 题设计一个药房管理系统，除具有 33 题的类似功能外，还要增加财务、账目结算、工资管理、税收、发票管理等功能，例如“药品零售价=药品进价×（1＋具体百分数）”。

35．图书馆信息管理系统**

设计一个图书馆信息管理系统，该系统具有采购、编目、流通、连续出版物管理、编制索引以及文献检索六大功能。采购包括资料的选择、计算费用、订购、编制新到资料的馆藏目录等。编目包括编制和维护馆藏细目等功能。流通包括借还书（资料、期刊等）管理、过期发催还通知单、罚款、预约借书等功能。连续出版物管理指的是对定期或连续出版的资料，如杂志、会议录、年刊或通报，需要以不同于只出版一次的资料的方式处理。要求以多种排列方式来编制图书馆所藏连续出版物的目录，由系统控制预订和新到的期次。编制索引要根据《中国图书分类法》按照一定规则产生。文献检索要能满足多种要求。

36．医院综合管理信息系统*

设计一个医院综合管理信息系统，主要功能有挂号管理、病历管理、病房及病员管理、药品管理、救护器械及车辆管理、医患纠纷及医疗事故鉴定管理、医院内部人事管理、实习及培训管理、工资管理、公文管理、图书资料管理。参照 3、4、5、32、33、35 题的功能要求。

37．电路辅助设计及分析系统*

设计一个电路辅助设计及分析系统，系统应提供绘制电路图的功能，基本的元器件可包括电阻、电容、电感、互感、变压器、独立电压源、非独立电源、交流电源、脉冲电源和二极管、双极型三极管、MOS 场效应管等半导体器件。系统应对以下几种电路进行分析：直流线性及非线性分析、交流小讯号线性分析、瞬态线性及非线性分析、直流灵敏度分析、交流灵敏度分析、快速傅立叶分析、直流电路的不同温度分析等。

38．源程序静态分析系统

设计一个某种编程语言（如汇编语言、Pascal 语言、Fortran 语言、C 语言等）的静态分析系统，系统可将可读性较差的源程序转换成格式规范的、可读性良好的程序，并在源程序中增加适当的注释，能输出源程序的结构化流程图或 N-S 图。

39．小型运动会管理系统

设计一个小型运动会（如校运会）管理系统。主要功能有报名、运动员编号、安排比赛日程和场地、打印秩序册、登记成绩、公布成绩、计算个人及团体积分、历届运动会查询等。系统要有良好的人机界面，在设计算法时要考虑处理速度、报名限制、比赛规则、项目冲突等。

40．库存管理系统

设计一个库存管理系统。主要功能包括物资的入库、出库，对库存物资分别进行分类统计，对各种原始数据、库存情况、入/出库情况、账目等的查询，修改有关内容、打印统计报表（月入库/出库表、挂账表、领料人员表、物资库存表、日材料入库/出库单、费用报销表等）。

41．财务管理系统*

针对某个单位设计一个财务管理系统。主要功能有记账、结账、查账、银行对账、预算经费的计算与控制、报销查询、借款报销管理、年底结转建新账以及工资管理等，系统应能产生并输出各种账簿、日报、月报、季报、年报、借款单、报销单、查询单、工资报表/工资单等。

42．大型百货商场（超市）管理系统*

设计一个大型百货商场（或超市）信息管理系统。主要功能有商品管理、员工管理、工资管理、财务管理、库存管理、市场预测等，参照 3、4、5、40 及 41 题的要求。

43．旅店客房管理系统

设计一个旅店客房管理系统。主要功能有租房、换房、加房、加床，找空房或空床，预定房/床，查询房源及承办旅游、会议情况，按国名、团体名、会议名、人名或房号查询找人，输出各种报表（日、月住房情况，旅客到达、离开情况），飞机、火车、汽车、轮船的班/车/航次时刻表查询，旅游路线查询等。

44．大学报刊订阅管理系统

设计一个大学报刊订阅管理系统，实现报刊的预订和发放管理。主要功能：按类别、出版地检索全国各种报刊的名称、刊号、发行周期及定价，可按单位、班级或个人预定、收款，订阅后可按单位、班级或刊物名称汇总并输出统计报表。发放管理主要包括刊物及重要报纸的发放登记，可随时查询历史发放情况（如是否有未发、漏发或未到等）。

45．研究生招生管理系统*

设计一个研究生招生管理系统，可实现各种数据、报表（如考生登记表、报名表、体检表、政审表、考试成绩等）的录入、查询、统计及输出功能，系统在输入原始数据并建立数据库后，可按需要打印出以下各种报表。

各系、各学科专业名称表；各系、各学科计划招生人数、报名人数、考生平均年龄、党团员数、女考生数、考生来源、不同学历、外语语种统计表等；各省、市报名人数统计表；各系、各学科及全校考生按年龄人数统计表；各考生考试成绩通知单；应届毕业生及分科平均成绩统计表；考生平均成绩比较表；各系、各学科考生成绩统计表（按考生的平均成绩高低排序，并按不同录取标准打印出标记）；全校、各系、各学科考生平均年龄、已婚考生、五门课（或四门、三门）平均成绩及过线人数统计表；全校、各系、各学科各科成绩按分数线和分数段统计表；各语种外语成绩按分数线和分数段统计表；全校考生按平均成绩排序表；参加复试名单表；各系、各学科计划招生人数、报名人数和实际录取人数一览表；新生一览表（包括学号、姓名、性别、专业、导师、政治面目、婚否、培养方式、来源、委培定向单位、备注等）。

46．实例化教学辅助系统

开发一个基于 Web 的实例化辅助教学系统，该系统支持学生、教师、管理员 3 种人员的登录，人员注册、管理等。同时支持平台必需的公告、留言板、教学视频下载等功能。然后针对特定的实例化教学系统，建立程序实例资源库。为了更好地支持实例化教学，应该将实例与课程知识挂钩，并提供测试，用于在自学中提供实例推荐。

47．精品课程评估系统

精品课程建设是高校质量工程的重要内容，设计并实现一个精品课程评估系统，该系统可帮助用户根据各级指标体系评出分数，依据总分计算方法算出课程总分以判断所评课程是否达到精品课标准。系统应具有国家级、省市级、校级精品课程指标体系查询，申报条件查询，申报限额查询，申报办法查询，评审指标查询，客观评审，主观评审，得分范围（主观评审分别取最低值和最高值）提示，相关文件管理（各级精品课程管理办法、相关网站的链接等）以及自评报告辅助生成等功能，对于达不到的指标给出排序后的改进建议。

48．科技论文标准格式检查系统

设计并实现一个科技论文标准格式检查系统，该系统也可用于毕业设计论文或学位论文的格式检查，检查内容包括是否有缺漏项，页面设置是否符合要求，行距、字距是否符合要求，各级标题字数、字体、字型是否符合要求，公式、图、表的尺寸、格式及引用是否符合要求，各章节所占比例是否合理，参考文献的格式及引用是否规范等，用户可增加检查项目。

49．高校教师绩效考核管理系统

绩效管理是人力资源管理体系中的重要组成部分，是管理信息系统的典型应用。绩效评估是指组织定期对个人或群体小组的工作行为及业绩进行考察、评估及测度的一种正式制度。绩效考核是指考核主体对照工作目标或绩效标准，采用科学的考评方法，评定员工工作任务完成情况、员工工作职责履行程度和员工的发展情况。

高校教师绩效管理是教师管理的重要组成部分，它是组织和教师之间的一种互动关系，指的是管理者根据设计好的教师绩效考核指标，在收集有关教师教学和科研方面的工作行为和工作成果信息的基础上，分析和评价教师工作完成情况的过程，目的是为了促进考核公平公正，促进教师工作质量提高。

开发一个高校教师绩效管理系统，在对高校教师绩效的现状进行充分的需求分析之后，对系统的体系架构、网络架构及数据库进行具体的设计。系统可基于 B/S 模式架构，主要通过数据流图、用例图、活动图、类图方式对系统的教师信息、考勤管理、绩效管理、查询管理、报表管理、系统管理进行功能设计和具体实现，开发平台可采用.NET。

50．基于移动通信平台的商场打折信息发布系统

设计并实现一个基于移动通信平台的商场打折信息发布系统，系统主要功能包括：短信查询和发布打折信息，用户和商家交互，商品成本核算，商品比较和查询。

51．在线考试系统

采用 UML 建模，设计实现一个在线考试系统。将试题和答案均放到服务器上，学生通过注册和登录取得考试资格，学生可选择自己的考试，进行抽卷答题，并实现自动计时功能，到时交卷，由系统评分。

52．电力调度指挥管理系统*

电力调度指挥管理系统是基于信息管理系统附加短信收发模块功能的系统，是一个 C/S 结构的信息管理系统。主要包括后台数据库的建立和维护以及客户端、服务器端应用程序的开发。对于前者要求数据一致性和完整性强，数据安全性好。对于客户端程序开发只要做好对数据库信息的维护。对于服务器端则要分析数据库中的信息，把符合条件的信息编码以短消息的形式发送出去，并定时接收短信息。系统可将调度自动化系统采集的各种事故信号以短信的方式发送到指定的手机，第一时间将故障情况通知到相关负责人，实现自动报警提醒。设计并实现一个电力调度指挥管理系统，系统中包括信息接收处理、信息自动通知、任务下达管理、信息查询功能，并应具有电网调度安全运行管理中的用户登录注册、系统更改密码等功能。

53．基于传输控制协议的数据传输系统*

随着计算机网络技术的不断发展，网络数据传输作为一种重要的信息交流和通讯方式，受到越来越多网民的青睐，并成为人们日常生活中不可或缺的一部分。设计并实现一个基于传输控制协议的数据传输系统，该系统主要包括数据传输服务器程序和数据传输客户程序两个部分，服务器能读取、转发客户端发来的信息和文件，客户端通过与服务器建立连接，进行客户端与客户端之间的信息发送和文件传输。该系统应具有文字聊天、文件传输、语音聊天等功能，应能适合企业、公司内部网络使用，应具有人性化的发送和接收界面，允许发送和接收随时中断并进行断点续传。

54．基于 XML 的电子商务系统*

近年来，随着互联网技术的发展，电子商务也得以迅速地发展起来。网上购物因不受时间、空间的限制，品种丰富，价格与实体店相比更加合理，深受网民欢迎。随着电子商务的发展，商务系统需要互相整合的能力，XML 因其内容与形式的分离及良好的可扩展性，在电子商务应用中具有极强的优势，是一种很有前途的技术规范。运用 XML、Web 等相关技术，设计并实现一个基于 XML 的电子商务系统，实现数据的安全高效流动。该系统能实现 XML 数据的存储与检索，能实现 XML 与数据库的转换，具有电子商务网站的功能。

55．县长办公系统**

设计一个县长办公系统，该系统应能满足县长的日常工作，主要可包括以下子系统：领导干部配备、干部名册管理子系统，乡镇村落三级管理子系统，行政区划、资源管理子系统，公文管理子系统，文件起草、发放、印刷管理子系统，大事记录、分析、提醒子系统，总体规划、决策、分析子系统，人口子系统，经济指标、社会指标预测、评价子系统，教科文卫管理子系统。

56．电量短信查询系统*

手机短信由于实时性强、成本低廉等特点，成为公众生活中不可缺少的信息传输手段。在电力客户服务中采用短信方式直接将电费、政策等信息发送给客户，对提高客服质量具有重要的现实意义。设计并实现一个电量短信查询系统，实现电费查询、意见投诉、用电申请等信息查询。针对不同的群体有选择地给用户提供日常工作、生活信息的订阅内容，包括电力单位招标、采购信息、电力政策等方面的信息订阅。要求实现系统与用户管理、电费信息管理、订阅信息管理以及短消息发送与管理等功能。

57．国际学术会议管理系统

目前，越来越多的信息在网上发布，会议信息发布是一项重要发布内容。为使用户轻松获得更新最好的信息，每天的信息发布、更新都需要投入很大的人力和物力。设计并实现一个基于 B/S 模式的国际学术会议管理系统，完成管理员、作者和评阅者等需要的各项功能。系统基本功能包括信息的分类浏览，版块管理，相关网站链接、添加、查询、修改和删除等功能。

58．火力发电厂生产日报管理系统

每个发电厂有若干发电机组，以两个机组的火力发电厂为例，其生产日报主要内容格式及每个表格数据项的简要说明如表 8-1 所示。设计一个火力发电厂生产日报管理系统，实现生产日报数据的录入、采集、修改、生产日报的查询和输出功能。

表 8-1　×××发电厂生产日报表

项目	单位	1 号机	2 号机	全厂	月累计	年累计	月计划	年计划	负荷曲线(万千瓦)
发电量	万千瓦时	底码计算	底码计算	两机之和	本月全厂之和	本年月累计和	来自本月计划表	来自本年计划表	
上网电量	万千瓦时	底码计算	底码计算	两机之和	本月全厂之和	本年月累计和	来自本月计划表	来自本年计划表	
厂用电量	万千瓦时	底码计算	底码计算	两机之和	本月全厂之和	本年月累计和	来自本月计划表	来自本年计划表	
厂用电率	%	本项厂用电量/本项发电量	算法同左	算法同左	算法同左	算法同左	来自本月计划表	来自本年计划表	
标准煤量	吨	本项煤折量+本项油折量	算法同左	算法同左	算法同左	算法同左	来自本月计划表	来自本年计划表	
煤折标煤量	吨	天然煤量*入炉煤热量/29308	算法同左	两机之和	本月全厂之和	本年月累计和	来自本月计划表	来自本年计划表	
油折标煤量	吨	(燃油量*10)/7	算法同左	两机之和	本月全厂之和	本年月累计和	来自本月计划表	来自本年计划表	
发电煤耗率	克/千瓦时	煤折标煤量/发电量	算法同左	算法同左	算法同左	算法同左	来自本月计划表	来自本年计划表	
供电煤耗率	克/千瓦时	煤折标煤量/上网电量	算法同左	算法同左	算法同左	算法同左	来自本月计划表	来自本年计划表	
天然煤量	吨	底码计算	底码计算	两机之和	本月全厂之和	本年月累计和	来自本月计划表	来自本年计划表	
天然煤耗率	%	天然煤量/发电量	算法同左	算法同左	算法同左	算法同左	来自本月计划表	来自本年计划表	
最大负荷	万千瓦	从实时数据库采集	方式同左	方式同左	本月全厂最大	本年全厂最大	来自本月计划表	来自本年计划表	
最小负荷	万千瓦	从实时数据库采集	方式同左	方式同左	本月全厂最小	本年全厂最小	来自本月计划表	来自本年计划表	
负荷率	%	平负负荷/最大负荷	算法同左	算法同左	算法同左	算法同左	来自本月计划表	来自本年计划表	
平均负荷	万千瓦	发电量/运行小时	算法同左	算法同左	算法同左	算法同左	来自本月计划表	来自本年计划表	
可调小时	小时	专工输入	专工输入	两机和之半	本月全厂之和	本年月累计和	来自本月计划表	来自本年计划表	
利用小时	小时	发电量/35	算法同左	两机之和	本月全厂之和	本年月累计和	来自本月计划表	来自本年计划表	
燃油量	吨	底码计算	底码计算	两机之和	本月全厂之和	本年月累计和	来自本月计划表	来自本年计划表	
补水率	%	底码计算	底码计算	两机之和	两机之和	两机之和	来自本月计划表	来自本年计划表	

59．发电厂综合管理系统**

设计一个发电厂综合管理系统。主要功能有月生产计划管理，年生产计划管理，年度工作计划管理，生产日报管理，生产月报管理，生产季报管理，统计年报管理，合同管理，更改工程项目申请、汇总、完成情况管理，更改材料计划管理，固定资产购置申请、汇总管理，科技进步奖金发放管理，技术改造、合理化建议奖金发放管理，计量管理，环保管理，节能管理，设备管理，缺陷管理，物资、仓库管理等。可参照30、40及58题的要求。

60．电力设备故障短信告警系统**

手机的短信服务具有方便、经济、快捷、高效、准确的优势特点，将其应用于电力设备故障短信告警系统，通过 SMI 卡接入 GSM 移动网络，按照移动公司的短消息资费标准付费，无须再对无线通信网络进行维护，这种利用网组建专网的监测方法不仅省去了铺设网络线路的麻烦，而且具有投资少、维护量小、成本低的特点。设计并实现一个电力设备故障短信告警系统，将电力系统中变压器、线路以及开关等设备的告警信息通过 GSM 短消息方式发送给工作人员，使工作人员可以及时了解设备的异常状态，以便快速地做出处理。要求实现系统账户管理、系统设置管理、通讯录管理、设备告警短信库管理、设备告警信息发布管理等功能。

61．基于 GPRS 的小区物业管理系统**

GPRS 是一项高速数据处理的技术，它在许多方面都具有显著的优势。开发一套能够为用户提供规范化的事务管理、充足的信息和快捷的查询手段的物业管理系统，系统应能在一台计算机上输入信息，在另一台计算机上显示所要查询的信息。系统可基于.NET 环境，使用面向对象的 C#语言开发，数据库使用 Access，并应用串口通信及 IP 通信技术。

62．城市集中供热热网监控中心系统**

城市集中供热的发展水平已被公认为是衡量一个城市现代化的标志，而集中供热管理水平的亟待提高将制约着集中供热技术的发展，成为集中供热事业发展的瓶颈。城市集中供热热网监控中心系统是城市集中供热热网监控系统的一部分，它与前端采集和数据传输模块合并成为完整的供热监控系统，以完成调节热网平衡，通过科学调节热源供热量，实现全网的合理供热。监控中心由服务器或工作站组成，主要完成数据采集、数据存储、运行状态显示、控制操作指令的下发、报警管理、网络发布及热网运行分析管理等功能。城市集中供热热网监控中心系统需要实现的功能有：监控中心与热力站之间的数据采集和控制指令的发送、数据库管理、人机界面交互、报警事件处理、水利工况分析、供热负荷预测、热网运行的调度、热网参数查询与显示等。

63．电力设备状态移动查询系统**

在传统的调度自动化系统下，受到运行人员和管理人员观察方式的制约，无法随时随地获取电网的实时数据与历史数据。近年来，智能手机的应用发展很快，使用智能手机可以显示表示电网运行状态的小型数据报表、电网接线示意图、负荷曲线、文字数据列表等，电力调度有关人员可以随时随地查看更多的电力调度生产管理信息。设计并实现一个基于 Windows Mobile 的电力设备状态移动查询系统，利用基于 Windows Mobile 的智能手机可以实时查询母线、线路、变压器和开关等关键电力设备的状态，以及电流、电压、有功和无功等实时数据，数据的展现方式包括表格、曲线和 SCADA 监控界面截屏，可以使监视人员获取及时的电网实时数据。

64. 基于云计算平台的变电设备综合查询系统*

变电设备状态监测查询系统对设备的健康状况进行综合评价和分析，为调整设备的运行方式和状态检修工作提供技术支撑。随着自动化程度的提高，变电设备数据量开始剧增，而传统的方案一般都采用关系型数据库，在处理大规模数据的批量任务方面效能不高而且成本很高，这导致系统难以达到电网对变电设备数据的可靠性和实时性的需求。

云计算采用分布式数据存储和并行编程等技术，能高速处理大规模数据和批量任务。这一新兴技术推动了各个产业的变革和发展，也为变电设备状态的监测与查询提供了新的思路与解决方案。综合查询统计系统将监测设备上传数据存储到数据仓库（Hive）中进行的批量处理，从而实现在线监测信息的综合查询与统计，能更快速有效地处理变电设备的批量任务。

设计一个从宏观角度实现在线监测信息的综合统计和展现的变电设备状态数据综合查询统计系统。本系统能提供在线监测详细信息的查询展示功能及统计报表输出，包括监测信息综合查询统计、变电监测装置查询统计和告警信息查询统计。在具体的实现过程中，建议先搭建 Hadoop 平台环境，然后利用 Sqoop 工具将 MySQL 中的历史数据导入到 Hive 中，进行整理和存储，利用 HiveQL 语言查询数据，最后通过 JFreechart 将查询结果以图表的形式展示出来。

65. 大学学科建设评价系统

大学学科建设体现了高等院校整体实力、学术地位以及核心竞争力。学科建设的主要内容包括学科方向、队伍建设、人才培养、科学研究、基地建设等几个方面。大学学科建设绩效评价是学科建设的重要内容，从中可分析大学学科建设中存在的问题。开发一个大学学科建设评价系统，该系统可使用 B/S 模式，主要功能包括 6 大模块。

1）学科概况模块。该模块分为学科信息和学科管理两部分。

2）学科队伍模块。该模块包含队伍信息管理和进修信息管理两个子模块。

3）科学研究模块。该模块分为 3 个子模块：科研信息管理、著作信息管理和专利信息管理。

4）人才培养模块。该模块包含 3 个功能子模块：教学信息管理、招生信息管理和大学科技园学习交流。

5）学科环境模块。该模块包含图书馆和国家重点实验室两大子模块。

6）统计评价汇总模块。该模块包含学科方向统计、学科队伍统计、科学研究统计和学科建设评价 4 个功能子模块。

66. 基于云计算平台的变电设备状态监视系统**

传统的变电设备状态监视系统采用常规的数据存储与管理方法，使得系统扩展性较差、成本较高，难以顺应智能电网对状态监视数据实时性和可靠性的要求。云计算是并行计算、分布式计算和网格计算共同发展的结果，采用虚拟技术、海量分布式数据存储技术、并行编程模型等技术，具备可靠性高、数据处理量巨大、灵活可扩展以及设备利用率高等优势。

Hadoop 是一个开源分布式计算框架，目的在于构建具备高可靠性和扩展性的分布式系统，能够高效、健壮、易扩展的方式对数据进行处理。将 Hadoop 技术引入变电设备状态监视系统，能够满足智能电网状态数据的可靠存储和快速计算的需求，其范围可覆盖整个电网，实现对全网范围内变电设备的在线监视、实时告警等信息的采集、存储、展现和分析。

设计一个基于云计算平台的变电设备状态监视系统，包括两大部分，第一部分是开发环境的搭建和 Hadoop 与 HBase 的部署，第二部分是系统的功能实现。功能要求如下。

1）提供组态图展示、统计图展示和列表展示，便于数据分析和管理。

2）系统与用户的交互界面应当具有操作简单、方便，功能一目了然的特点。

3）设备状态列表自动刷新，实时显示最新状态。

4）根据设备信息，查询设备的状态参数。运用 Hadoop 与 HBase 技术，通过查询技术手册，确定参数的合理范围，变电设备在线监视系统对监视数据进行初步判断，对变电设备状态异常进行告警。告警信息包括：告警值、告警位置、告警级别、告警设备、告警专业类型、告警时间。

5）具有控制域管理、变电站管理和一次设备管理的功能，可对变电设备进行增加、删除、查询和修改。

67．基于 Android 的学生自我管理软件

Android 是一个开源的、底层基于 Linux 的操作系统，是智能移动终端设备的常用操作系统。开发一个基于 Android 的学生自我管理工具以帮助学生更好地进行自我管理。

在分析和设计的基础上，可以用 Java 语言来实现，该软件的主要功能由三部分组成。一是日程管理，包括日历的显示，日程的增加、删除、修改和查看。二是对上课课程的管理，防止忘记上课的时间和地点。三是时间管理，定好计时，可以对在某地所待时间和某应用程序运行的时间进行设定，超出后便会提醒。还可以记录相应的时间，便于准确掌握时间的利用情况。

68．基于 Android 的节拍器软件

节拍器是音乐学习中一个辅助工具，学习者可以利用它精准的发声节拍来校对乐谱中音符发声是否正确，来达到精确演奏的目的，提高对节奏的把握。

要求运用音乐节拍、节奏的概念，与 Android 技术相结合，开发出具有实际应用意义的节拍器软件。该软件的功能主要包括节拍速度快慢的自由调节以及节拍的准确输出，并且通过用户自由调节每小节的拍数，在输出节拍时区分强拍和弱拍，在听觉上给人以不同的感受。通过移动拖动条中滑块的方式，达到用户自由调节节拍发声音量的目的。节拍器同时也具有暂停、继续和重置功能。该软件主要应在 Android 平台下，通过 Eclipse 开发环境进行编程开发。

69．基于 Android 的电子阅读器

开发一个基于 Android 的应用软件——电子阅读器，该软件的功能有图书推荐、图书分享、图书导入删除及本地图书阅读。图书推荐的功能是可预设若干图书、可查看推荐图书或删除推荐图书；图书分享包括分享选中图书及创建快捷方式；图书导入删除包括从扩展卡寻找.txt 格式的图书、批量导入图书及删除图书；本地图书阅读包括打开/关闭图书、向前翻页、向后翻页、菜单选择以及后台运行。

70．基于 Android 的音乐推荐系统

开发一个基于 Android 的音乐推荐系统，该系统通过面部表情识别，判断使用者当前的心情，然后播放器可以根据使用者当前的心情，推荐一首适合使用者心情的歌曲。整个软件的关键是表情识别，可采用散列感知算法，其主要步骤是：缩小尺寸，简化色彩，计算平均值，比较像素的灰度，计算散列值。系统的主要功能有添加表情、音乐分类、播放列表及界面记录。通过手机界面可实现歌曲切换、本地音乐自动搜索、播放进度条的显示与控制及音乐播放的控制（播放、暂停、快进、停止等）。

71．基于 Android 的移动书市系统

利用 Java 和 SQLite 开发一个基于 Android 的移动书市系统。该系统的功能模块主要分为：用户管理模块、图书维护模块、查询模块、选购模块、购物车模块、订单管理模块，通过各个功能模块实现图书的交易。系统数据库使用 Android 自带的 SQLite 数据库，同时使用 Ecilpse 和 Android SDK 作为程序的开发工具。

72．基于 Android 的二维积木游戏软件

开发一个基于 Android 平台的二维积木游戏软件，该软件包括界面设计模块（主界面，图片打开、保存界面和图形颜色选择界面），游戏设计模块（画布处理、画笔处理），文件处理模块（图片保存、打开）及游戏逻辑模块（绘图处理）4 部分。该软件同时涉及 Canvas 画布绘制、Photoshop 图片处理技术等相关内容。

73．基于 Android 的点名系统

课堂教学中的考勤和点名是一个烦琐的操作，目前主要以教师按照花名册口头呼叫学生姓名，学生应答为主。这种方式直接、简单、准确率高，但在学生人数较多的情况下，往往会占据较多的课堂时间，且容易出现学生代应答等情况。

针对传统课堂点名方式存在的问题，开发一款基于 Android 智能手机的点名系统，该系统应包括教师操作子系统和学生操作子系统。

教师操作子系统包括如下 3 项功能。

1）用户注册及登录。每个教师可以进行注册，设置自己的账号和密码，并通过注册的信息进行登录，根据提供的信息返回登录的结果。注册只需一次即可。

2）点名功能管理。教师在上课期间进行点名，和学生实时进行互动，从而完成整个点名过程。

3）通讯功能管理。教师通过学生信息以通信的形式对未到课的学生进行通知和提醒，具有警醒作用。

学生操作子系统包括如下两项功能。

1）用户注册及登录。每个学生可以进行注册，设置自己的账号和密码，并通过注册的信息进行登录，根据提供的信息返回登录的结果。注册只需一次即可。

2）点名功能管理。教师在上课期间进行点名的时候，与老师进行实时互动，从而配合完成整个点名过程。

74．基于移动平台的公交查询系统

设计一个基于移动平台的公交查询系统，该系统的主要功能分为四大模块：主页面模块、公交查询功能模块、线路查询功能模块和离线下载功能模块。系统以 Android 智能手机作为使用平台，使用流行的 Eclipse 作为开发环境，用 Java 语言来编程实现。

75．基于 Web 的城市犬籍管理系统*

随着城市宠物犬市场的逐渐扩大以及工作犬的管理逐步规范化，城市犬籍管理已成为一个城市管理不可缺少的部分，它的内容对于城市的决策者和管理者来说都至关重要，所以犬籍管理系统应该能够为用户提供充足的信息和快捷的查询手段。

该课题要求实现一个基于 Web 的犬籍管理系统，主要包括以下几部分内容。

1）犬籍信息管理。家庭爱犬的姓名、地址、类别、颜色、尺寸、性别、主人姓名、出生日期、疫苗注射或服用情况、来源、身体健康状况、病史、是否有攻击性、主要特性等。

2）犬只分布及检索管理。最好以图形方式显示城市犬只分布图，用鼠标单击时可得到某地区的犬只种类、数量等详细信息。可进行模糊检索，获取某地区的相关信息。

3）免疫追踪管理。提醒各类疫苗的注射时间，以免漏掉。

4）养犬知识、名犬介绍。介绍如何养犬，以及名犬的特性、习性等。

5）城市犬类、犬只分布。最好可以根据检索数据给出直观的统计图形表示。

76．基于 MOOC 的网络教学平台*

随着大规模开放课程（MOOC）时代的到来，传统的网络课程制作、管理方法已经不能满足个性化学习的需要，网络课程已经朝着大规模化、社会化、自组织化的方向发展。开发一个基于 MOOC 的网络教学平台系统。该系统可分为 3 个模块：超级管理员模块、教师管理模块和学生学习模块。超级管理员模块负责对教师和学生的管理。教师管理模块主要功能为教师管理课程、管理课程教学资源、管理课程作业、查询学生学习情况、修改个人信息。学生管理模块主要包括学生在线学习、在线答题、查看历史作业信息以及修改个人登录信息。在技术实现方面可采用前、后端分离的方式。建议系统采用基于三层架构的设计方式，完成数据从前端到后台的相互传递。

77．校园顺风车网站

现在城市道路交通的压力越来越大，道路拥堵现象越来越严重，各种顺风车网站应运而生。开发一个校园顺风车网站以适应师生的需求，该网站可采用 ASP.NET（C#）技术、B/S 模式、SQL Server 和三层架构技术。

网站的主要功能如下。

1）用户注册。该功能能有效区分是否是用户，以利于保障用户个人信息、账号。

2）用户发布拼车信息。该功能实现用户拼车信息在数据库的添加，其他用户可以从中查询到该信息。发布信息的内容包括：起点、目的地、出发时间、建立时间、发布人信息，而信息是否过时由发布者决定。

3）用户查询拼车信息。用户查询拼车信息时，只需要输入起点和目的地，如果数据库中存在，那么就都会显示到页面上，并且是按照信息的发布时间倒序。

4）用户删除已过时的拼车信息。用户删除已过时的拼车信息是为了不让其他用户查询到过时消息。

5）用户浏览网站新闻、活动通告等信息。该功能能让用户方便地看到网站活动通告、新闻、失物招领等最新消息。这些内容都在主页上显示。

6）用户意见反馈。用户对网站的意见和建议通过意见反馈功能反馈给管理员，管理员能看到意见内容，从而对网站做出修改。

7）后台管理。管理员对主页内容的增删改。

78．高校在线心理咨询平台**

随着社会发展的进步和社会层次化差异的加剧，高校学生的个性差异日益加大。而高校学生在适应新环境、正确认识自己、建立自信、学业受挫、情感处理等诸多问题面前容易诱发心理问题。高校在线心理咨询平台可基于高校网络设施较好、学生计算机应用能力相对较高的基本事实构建。高校在线咨询平台应具备保密性强、使用高效快捷、自动报警等特点，主要含有咨询会员管理、心理咨询师管理、在线自助测试、在线咨询、在线预约、在线查询、在线评价和反馈、案例介绍和讨论、心理测试题库管理、心理咨询档案管理等模块。咨询平台可以为单一学生服务，也可以同时为一批学生集中提供心理测试。系统达到的基本目标：符合心理咨询的保密原则；便于建立平等轻松的咨询访问关系，咨询者可以自由选择自己喜欢的咨询师；使用方便快捷；易于咨询方和心理师思考分析；易于存储和查询病历。

79．发电厂员工绩效考核后台管理系统*

发电厂机组运行状况以及运行人员的运行水平如何，需要一定的尺度进行衡量，绩效考核系统根据考核规则，对选定的重点考核指标进行评估打分，为运行人员的量化考核提供依据。系统功能包括考核指标库及成绩库管理、考核规则库管理（从相应的规则库中提取规则，调用相应的处理算法计算考核分数）、配置管理（包括倒班表的配置管理、并确定当前时间段内的当值班组）、用户分级管理、绩效成绩的评估和发布、查询及统计等部分。

80．停电短信通报系统**

利用手机方便、快捷的特点，设计并实现一个停电短信通报系统，在电网事故或异常情况下及时发送短信信息告知用户。系统可产生某日或某段时间所要停电的配变名称，提取所有停电配变下隶属的用户，利用短信平台实时或定时将停电信息发送给用户，更好地为客户提供优质服务。系统能够对发送的短信进行结果查看，还能实现群发、定制发送（按时、按组、按事件）等发送功能，并具有用户管理、停电配变管理以及短信管理等功能。

81．变电站巡检任务管理系统

为了准确掌握变电设备的运行情况，对变电站设备，特别是对无人值守变电站设备，利用高科技、自动化手段进行设备巡视，并将巡视数据作为巡检管理系统中设备状态检修、设备缺陷管理和设备性能动态分析的基础数据。设计并实现一个变电站巡检任务管理系统，它能够帮助变电站工作人员方便地管理信息记录，能及时检测出设备隐患，有效避免故障。变电站巡检任务管理系统应具有变电站巡检作业任务标准化指导，变电工作票处理、查询以及系统登录注册、系统更改密码功能。

82．基于 ASP.NET 的企业内部邮件系统*

设计并实现一个基于 ASP.NET 的局域网内部邮件系统，该内部邮件系统可采用 B/S 结构，以 Visual Studio.NET 2005 为开发工具，使用 SQL 2005 数据库，结合 HTML、ASP.NET 和 C#语言来完成系统的开发。该系统主要由管理模块和用户模块组成，其中管理模块由管理员登录模块、管理员用户管理模块、管理员系统设置模块组成。用户模块由用户注册模块、用户登录模块、用户撰写发送邮件模块、用户收件箱管理模块以及用户通信录管理模块组成。通讯录管理模块能对员工分组管理，当用户想要给对方发送邮件时可以通过该分组直接找到对方的邮箱地址，系统在实现用户间邮件的发送和接收时，同时支持附件和图片的收发，对已收到和已发送的邮件进行查阅，删除过期或废弃邮件，具有个人信息管理功能。

83．风电场运行信息管理系统

设计并实现一个基于风电场实时监控系统数据库的风电场运行信息管理系统，主要实现风电场运行实时数据的分析、对比与管理。用户可以查询风场风机的实时数据信息，也可以查看历史数据信息、故障信息等，并通过对发电量、风速等相关数据的对比，显示为二维坐标图。还可以对单台风场或单台风机形成数据报表，并可导出为 Excel 表，以便查询和保存。系统应包括的功能：风机、风场信息的录入、修改、删除，实时数据、故障信息的条件查询功能，添加、编辑、删除管理员、操作员等权限，以及显示实时数据。

84．基于 B/S 模式的文献检索系统

开发基于 B/S 模式的文献检索系统，通过网页浏览器检索和查看各种文献，减少办公室人员和图书馆的来往次数，更好地为科研人员提供各种文献信息服务，有助于科研工作的开展。该系统应实现如下功能。

1）用户登录及身份验证。

2）文献检索。能够按照题目、关键词、作者、刊名、出版社、出版年份、期卷号、分类号以及资金资助等进行单条件查询和多条件查询，能进行模糊查询。

3）文献的上传和下载。

4）后台管理。包括系统管理、用户管理、文献资料的分类管理、留言管理等，通过添加、浏览、编辑、删除、更新、备份等功能对其进行各项管理。

85．基于 Web 的用电信息查询系统*

采用 ASP.NET 技术，实现基于 Web 的用电信息查询系统，系统应实现如下功能。

1）实现对用户用电信息（电压、电流、功率、电度）等的查询和统计，查询到的数据可以分页显示，并能导入到 Excel 中。

2）实现对不同线路，用户日、月用电量的统计查询，并能够绘制其用电量的柱状图。

3）实现对用户权限分配、数据库备份等常用的系统维护功能。

86．烟气分析系统

设计并实现一个烟气分析系统，该系统可应用于工厂烟气排放实时监测，为生产运行和环保管理部门提供基础数据。系统通过现场的各种仪表实时监测采集数据，并将数据处理结果传送至管理部门。通过该系统，可以方便地对烟气中二氧化碳、氮氧化物、颗粒物等的排放量、排放率进行实时监测，显示和打印各种参数和图表，并通过设置报警信息提示管理人员进行信息的确认和故障的修复。该系统还可对数据进行趋势分析，通过这种分析能使管理人员更好地掌握生产运行情况，以便对工厂的生产状况进行运作。

87．基于 B/S 模式的风电场安全培训管理系统

风电场培训考核工作是对生产一线职工进行技能培训，预防事故发生，提高处理突发事故能力的重要手段。设计并实现一个基于 B/S 模式的风电场安全培训管理系统，该系统具有登录、系统管理、题库管理、在线培训、在线考试、统计分析、上传下载、留言等功能模块。用户登录系统后可进行风电场安全知识考试、可下载有用资料、可给管理员留言。

88．风电场运行故障警报系统**

风电场运行故障警报系统属于风电场中央监控系统的一部分，其功能的实现需建立在风电场中央监控系统采集模块基础之上。选择该题目首先要熟悉 Microsoft Visual Studio 2008 开发环境，学习 C#语言语法，掌握 C/S 模式以及多线程网络编程思想，理解多线程网络编程和 TCP/IP 通信协议，并应用 Visua1 Studio 2008 实现对 SQL Server 2005 数据库进行数据互联，在已有的风机实时数据远程采集软件的基础上，进行监控终端对风机数据的实时监控及运行故障警报系统的设计与实现。系统应能利用已有软件实现实时数据的模拟、采集、处理和存储；系统能实时地对风机数据进行分析对比，及时发现风机故障并向操作人员告警。系统包含中央服务器（Server）和客户端（Client）两大部分。中央服务器端完成将实时数据采集端采集到的数据进行分析处理、向数据库中插入实时数据、实时故障报警等功能；客户端分为系统、监控、查询与统计三大功能模块。系统模块实现风电场运行故障警报系统的初始化、系统配置、数据库配置等功能；监控模块实现风机实时监控、故障警报、故障处理以及多台风机实时数据对比等功能；查询与统计模块实现历史数据的查询和导出等功能。

89．电量缴费提醒系统*

由于短消息具有业务方便可靠的优点，因而越来越多的用户开始使用这种业务。目前，电力系统利用这一业务特性来为电费回收服务，实现自动化信息化的电量缴费提醒。电量缴费提醒系统是一个信息发送系统，要求建立起一个数据一致性和完整性强、安全性好的数据库，主要包括后台数据库的建立和维护以及前台应用程序的开发两个方面。系统前台应用软件可采用 Visual C++开发，后台采用 SQL Server 2005 数据库管理系统进行管理。实现的主要功能包括操作人员登录、用电用户信息查询、用电用户信息添加、催费短信息发送和短信息管理。

90．基于 GIS 的水资源管理系统*

地理信息是水文水资源的重要基础信息之一，85%以上的水文信息都跟地理信息相关。开发一个基于 GIS 的水资源管理系统，包括数据输入系统、数据存储和检索系统、数据处理和分析系统、数据输出系统 4 个子系统。数据输入系统完成采集、预处理和数据转换。数据存储和检索系统完成组织和管理空间数据和属性数据，以便数据查询和编辑。数据处理和分析系统完成对系统中的数据进行各种分析计算，如数据的集成分析、参数估计、空间拓扑、网络分析。输出系统实现以表格、图形或地形的形式输出，输出方式有屏幕输出和硬拷贝输出。

91．基于.NET 平台的邮件收发系统

电子邮件服务作为信息沟通的重要方式和手段，以其快速、方便等特点成为互联网上最重要的应用之一。设计并实现一个电子邮件系统，该系统可以使用户方便地管理电子邮件，用户只需要打开浏览器就可以轻松地收发邮件。建议学习 SMTP（简单邮件传输协议）、POP3（邮局协议）、以及 ASP.NET 编程技术，主要运用的软件有 SQL Server 2005、Visual Studio 2005，在.NET 平台下，利用 ASP.NET 编程来实现邮件的各种功能，该系统主要支持用户的身份验证，用户只有通过正确注册后才能进入该系统。在系统中可以查看自己的邮件也可以发送邮件到任意的邮箱，发邮件的时候可以进行附件的发送。

92．基于 Windows Mobile 的公交移动查询系统

设计并实现一个基于 Windows Mobile 的城市公交移动查询系统。系统应考虑公交运营的实际情况和不同公交乘客的实际要求，主要包括 3 个模块：线路查询模块，包括按线路查询、按站点查询、按两站点查询以及模糊查询；管理更新模块，包括公交站点管理和公交线路管理；咨询服务模块，包括各线路沿途单位、医疗机构、学校及特色、风光、餐饮、文化设施、旅游景点及门票价格等。

93．基于 B/S 模式的网上办公系统**

针对中小企业网上办公的需要，设计并实现一个基于 B/S 模式的网上办公系统，主要包括后台数据库的建立和维护以及前端应用程序。要求建立起数据一致性和完整性强、数据安全性好的数据库。本系统可采用 SQL Server 2000 结合 ASP.NET 以及 JavaScript 技术，利用基于 Web 的开发工具与数据库开发工具，实现基于 B/S 的网上办公系统的各项功能，包括用户管理模块、个人考勤模块、工作计划模块、公文处理模块、通讯录和内部邮件模块等。

94．基于无线传感器网络技术的环境监测系统

无线传感器网络技术综合了传感器技术、嵌入式计算技术、通信技术、分布式信息处理技术、微电子制造技术和软件工程技术，能够实时感知、采集、传输和处理网络监控区域内各种环境或监测对象的信息，具有成本低、功耗小、机动性好、易实现的特点，在工业、环境、太空、智能家居、军事等众多领域具有巨大的应用价值。基于无线传感器网络技术的环境监测系统可实时监测环境变化，并将监测信息由终端节点发送到用户节点。设计并实现该监测系统的监控中心管理系统，监控中心管理系统主要包括监控管理和数据库操作，能实现用户登录、数据的查询及图表显示、报警处理、系统故障处理等功能。

95. 基于 GSM/GPRS 的远程设备状态监控系统**

随着电子技术和通信技术的发展，在实际的工业生产过程中，经常需要对一些分散、移动和远距离无人值守等作业点进行监视，监控中心除了需要对作业点的工作参数监视外还要对作业点的控制设备发送控制命令，实现远程控制。传统的方法是采用有线或无线专网控制系统，这两种系统均需要专用通信设备，建设投资大、维护费用高。设计一个基于 GSM/GPRS 的远程设备状态监控系统并实现软件功能，远程设备状态监控系统旨在对各种分布设施进行统一管理，实现集中监控，降低整个系统的维护成本，提高整个系统的运行效率，使其可以满足控制方式的多样性和灵活性。在现有的移动通信网络覆盖的区域，利用本系统可以完成对现场设备状态监控的目的。当用户通过手机发送短信命令给监控中心时，系统会自动根据命令查找相应的设备状态信息转发给用户，当有设备状态出现异常时，系统管理员可以将出现异常的设备信息群发给用户，使得用户能够及时掌握当前出现异常的设备信息，并对其做出迅速处理，从而减少损失。在露天场所、野外、移动作业环境或有线网络无法接入的地点建立数据采集与监控系统时，基于 GSM/GPRS 远程设备状态监控解决方案具有突出的优势。本系统可由数据采集终端、监控中心、用户手机 3 部分组成，学生在软件工程课程设计中可完成整个系统，也可只针对监控中心设计并实现相关功能，如完成通过短信猫发送和接收短消息以实现对现场设备进行远程监控，用户手机以短信命令的方式发送短消息到监控中心，监控中心根据接收到的短信命令，完成对应短信命令的设备状态的自动查询，并且同时完成自动填充接收当前设备状态的用户手机号码，将查询到的设备状态信息自动发送到用户手机上，实现设备状态的自动查询和回复功能。具体可包括短信编码、短信解码以及短信发送与接收。

96. 电力负荷控制中心信息管理系统

设计并实现一个电力负荷控制中心信息管理系统，该系统与通信网络、远程终端、电能表等共同组成电力负荷控制管理系统，远程控制终端负责数据采集和向主站传递数据，主站负责接收数据并对数据进行解析处理，根据处理结果进行电费管理、远程监控等操作。电力负荷控制中心信息管理系统主要实现对远程终端运行数据和电表数据的管理（远程抄表、实时/定时监测），电费管理，远方分闸、合闸控制等功能。系统能实现功率定值控制、电量定值控制、警告报警、保存操作记录等功能。

97. 基于安全 Web 服务的网上书店

网上书店电子商务网站是适应消费者消费方式转变的需要而出现的一种模式。而 Web 服务技术的出现，电子商务开始向动态电子商务演变，动态电子商务给电子商务带来更多动态实时特性。应用 Web 服务，企业可以很容易地集成新的应用，连接各种各样的商务流程，方便地进行交易，这比简单地访问互联网上现有的第一代电子商务应用更有价值。设计并实现一个基于安全 Web 服务的网上书店，实现网上书店在线获得各出版社提供的一些服务。该系统可分为两部分：一是若干出版社对外界提供的 Web 服务，二是网上书店的后台部分通过 Web 服务将若干家出版社的应用实时集成。

98. 纪检网上监督系统

纪检网上监督指的是请人民群众对纪检人员的管理、服务进行过程性的检查、监督和评价。在纪检人员管理过程中，监督是整个管理体系中的重要一环。设计并实现一个纪检网上监督系统，该系统可实现基本的纪检网上监督功能，可以进行网上投诉与信息的管理。通过本系统的实现，可有效提高纪检监督效率和透明度，纪检部门可进一步加强对纪检工作的有效管理和信息发布。系统主要功能有两部分。

1）上网留言、投诉以及查询反馈意见。上网留言、投诉是本系统平台的主要功能之一，百姓可以在平台上进行注册登记，完成后便可进行留言、投诉（也可以匿名留言、投诉）。除此之外，百姓还可对相关的回复进行查看或再留言，有助于进一步了解相关留言、投诉的动态。

2）留言、投诉以及来访者管理。系统平台管理员可以对留言、投诉进行编辑、置顶、审核以及删除等操作，同时对留言、投诉进行回复或者向领导反馈，还可以了解来访者的注册信息。该系统实现时可以以.NET 为编程环境、Access 为后台的数据库开发工具。

99. 保险公司网站后台管理系统

保险公司的官方网站是普通投资者接触保险公司产品和服务的重要渠道之一，其宗旨在于为广大保险人和被保险人提供最广泛的保险、金融、产业信息资讯，协同各专业子公司共同打造一个保险产品与金融服务的信息资讯与电子商务平台。设计并实现一个保险公司网站的后台管理系统，该系统可实现网站后台管理的基本要求，为使用者提供方便的信息添加、修改、删除和查询功能。系统主要可由栏目管理、新闻管理、留言管理和用户管理 4 个部分以及相关文件/表格的下载功能组成。系统允许用户顺利登录、登出，在后台管理系统中可以添加、删除、修改和控制前台所显示的栏目界面及栏目中的菜单。留言管理模块中可以进行留言的回复和删除，并记录到数据库。新闻管理模块中可以进行新闻的发布、修改、删除和授权要显示的新闻。

100. 基于 Web 的集邮管理系统

集邮的范围很广泛，它是以收集、研究以邮票为主的一项活动。集邮也是一件有趣味的收藏活动，集邮是获取知识的途径，方寸小纸展示着博大精深的世界，从一个侧面反映了历史的进程。设计并实现一个基于 Web 的集邮管理系统，普通用户可通过互联网查询、拍卖邮品，管理人员可对系统管理和维护。该系统主要包括邮品知识库管理、新邮预订管理、珍邮管理、邮品拍卖管理、集邮展览管理、集邮家管理、集邮联合会会员管理、集邮文献管理、邮品鉴定管理以及邮册管理十大功能。

101. 特定领域文物管理系统

针对特定领域，设计并实现一个文物管理系统。主要实现在文物工作中对文物信息的管理，对文物挖掘工作中数据信息的汇总、分类等。系统可分为文物信息管理模块，历史资料信息管理模块，发掘工作者信息管理模块，管理者信息管理模块。文物信息管理部分包括对文物信息进行管理和维护两大功能；历史资料信息管理模块可以提供查询发掘过程中所需要的相关历史资料，对资料补充和维护，可供工作人员查阅相关的历史资料，对发掘工作提供信息帮助；发掘工作者信息管理模块实现对发掘人员的信息管理，可按专业、特长、业绩等对发掘人员进行分类管理，可以通过人员库中相应信息，完成对历次文物发掘工作进行资料汇集的工作，方便以后开展对比工作；管理者信息管理可以显示数据库中管理者的情况，可以对管理者工作及信息进行常规管理和维护。

102. 基于模糊集合理论的中医诊病系统

应用模糊数学解决中医诊病问题，通过熟悉疾病的中医诊断过程，建立基于模糊理论的数学模型，以解决中医诊病无法定量、定性的问题。设计并实现一个基于模糊集合理论的中医诊病系统，该系统实现的功能主要有：接收并记录病人描述的病症信息；根据病人的症候群运用模糊集合论的数学模型对病人的当前病情进行推理，得出结论；根据推理得出的结论给病人制定初步的医疗治理方案；对于不能判断的症候给出提醒；系统自己能对本身的信息库进行实时的更新，具有一定的学习功能。

103. 火电厂设备状态管理系统

它是火电厂设备状态检修系统的一部分。大型火电厂的设备有很多，如一次风机、送风机、引风机、磨煤机、空预器、炉水循环泵、燃烧器、汽轮机、高低压加热器、除氧器、凝汽器、凝结泵、油系统设备、主变压器、配电装置、电机、蓄电池、控制盘等，包括的系统也有很多。设备与设备之间的耦合性、系统的复杂性，以及设备在高温、高压、高速旋转的特殊工作环境下，决定了火电厂是一个高故障率和故障危害性很大的生产场所，这些故障都将造成重大的经济损失和社会后果。因此，通过先进的技术手段，对设备状态参数进行监测和分析，判断设备是否存在异常或故障，确定故障的部位和原因以及故障的劣化趋势，以确定合理检修时机很有必要。火电厂设备状态检修涉及很多内容，可根据对火电厂的调研情况、熟悉程度，以火电厂设备状态检修管理系统为基础，先实现设备状态管理。主要功能包括：设备状态管理、同类设备统计数据管理、综合费用统计管理、设备检修规则管理、工作人员记录信息管理等。系统的主要功能为设备状态管理，其他为辅助功能。

104. 公用高速公路网站系统

设计并实现一个高速公路网站系统，系统应具有以下功能：提供高速公路路况信息，包括实时流量、拥堵情况、是否有大型车辆等；实时和历史交通事故查询，查询当前是否有交通事故、事故的位置、是否已经处理；高速公路天气查询，恶劣路段的限制通行情况查询；各收费站位置查询，通行收费标准查询；加油站位置，行业所属，营业状况查询；目的地最短路径查询；服务区查询；进入大城市办理进城证（如进京证）的部门、位置及相关规定查询；公路编号、名称、位置、沿途经过地查询；桥梁及限制查询；高速公路车辆违规查询。

105. 基于 Web 的社区医疗保障系统

Web 社区医疗保障系统是社区卫生服务站、诊所使用的居民医疗信息管理软件。主要功能包括：社区信息档案管理，家庭信息档案管理，个人健康档案管理，特殊群体健康信息管理（妇女和儿童）以及常见病信息管理（高血压、糖尿病等），个人的体检档案、疾病跟踪、病历的管理，档案信息的综合查询与统计，数据维护工具（数据库的自动备份、自动修复、压缩、还原）等。能够满足系统管理员、医生、社区居民、病人等不同的使用要求。系统可分为用户管理和相应的档案信息管理两大部分，相应的档案信息与用户关联。每个用户具有唯一的编号（不允许用户之间有重复的编号），此编号也是用户登录号。系统根据编号和密码识别出不同的用户类型，各种档案中的用户信息也是以此编号为索引。用户的基本信息包括用户编号、密码、用户类型、用户姓名、性别、年龄、病史、婚姻状况等。

106. 大型专项体育竞赛管理系统*

开发一个专项体育比赛管理系统，实现比赛的自动化、信息化和安全化处理，为各代表团、官员和新闻记者等提供快速、准确的比赛信息。该系统包括初始数据处理、赛程编排、现场成绩处理、报表打印等。其中“初始数据处理”主要完成参赛运动员、裁判员和官员报名信息（如姓名、年龄、国家、参赛项目、级别等）的接收、保存，为进行比赛、输出各种报表提供基本数据；“赛程编排”主要完成各阶段的分组、对阵形式的编排控制以及赛程的管理；“成绩处理”则用于各场比赛信息的收集，如执法裁判名单和比赛中各种重要信息的输入、统计；“报表打印”主要完成各种报表（人员信息、赛程信息和成绩信息等）的打印输出，便于各队了解比赛结果和积分情况，同时可利用提供的技术统计信息在后续比赛中调整采取的战术方案；“系统维护”主要完成用户管理、现场成绩信息修改、数据编辑、数据备份和数据恢复等。

107. 基于 Web 的社区信息化系统

设计并实现一个基于 Web 的社区信息化系统，以向社区居民提供信息化服务为目的，该系统能实时传输各种信息，并能对这些信息进行管理，实现网上信息传递和信息交流。系统应具备社区新闻的发布与管理、社区论坛、留言板（居民建议）、社区活动公告的发布与管理以及制作社区相册等功能。

108. 高校教师职称评审辅助系统

高校教师职称评审的工作在高校中占有重要地位和作用，它是对教师工作的一个肯定，是教学工作正常进行的必要条件。为使教师职称评审工作逐步走上制度化、规范化、信息化、科学化轨道，设计并实现一个高校教师职称评审辅助系统，该系统应包括的主要功能：人员资料管理，评审标准（指标）管理，成果库管理，同类人员按不同指标单项排序及综合排序管理，客观评审管理。

109. 特定领域软件构件库查询系统*

设计并实现一个特定领域软件构件库查询系统，该系统是构件库系统的重要部分。构件库研究的重点是构件的分类与检索，即研究构件分类策略、组织模式、检索手段和构件相似性分析。在可复用构件库中存储、查询、获取构件是复用的关键技术之一。由于刻面由术语和刻面的值组成，所以构成基于刻面分类构件检索的 3 个必要元素为：按刻面分类对构件的描述，术语的同义词表（字典），同一刻面中不同术语的相似程度（用权重表示）。在分析和设计该系统时，应根据用户的类别合理安排刻面排列的顺序，提取用户需求形成待查询构件的术语描述。查询条件就是从刻面中选择的一个合法的术语描述。在构件库具有很多构件，且具有相似功能构件很多的情况下，单独使用刻面查询可能难以满足用户的需求，因此必须提供更多的、进一步的查询手段。对于一般的条件查询或用户根据属性的查询、模糊查询等，只要遵循一般的数据库记录查询标准即可。在可复用构件库中，由于构件来源多种多样，必然存在多个相似构件。无论是何种检索方式，检索出的往往是一组相似构件，这就需要选出匹配程度最高的构件供用户选择。为此，可定量描述每个查询出的构件与需求的匹配程度，供用户选择。

110. 交通法规游戏学习软件

设计一个交通规则学习软件，为使枯燥的学习变得有趣，将其设计成游戏的形式，寓教于乐。所实现的系统要符合人的认知和学习规律。用户通过使用该系统可快速掌握交通法规，该系统也可用于进行驾照科目考试的训练。

111. 高校教师量化考核系统

高校教师考核是人事管理、师资队伍建设中的一项重要内容。设计并实现一个高校教师量化考核系统，该系统可按 3 层结构设计：院领导级、系领导级与普通用户级。根据用户级别不同，提供不同的信息服务。院领导可以访问学院所有教师的任何信息；系领导可以访问本系教师的任何信息；普通用户只能访问本人的授权信息。在设计时应考虑到 3 方面的要求，一是针对性和通用性，该考核系统是针对高等院校教师考核而设计的，应具有高等院校的特点，尽量适用于高等院校的状况；二是灵活性和可移植性，在设计系统时应考虑到各高校考核的侧重点有差异，系统应能根据各高等院校自身的特点，提供修改指标体系及指标体系权重的功能，以满足不同高校在不同时期考核的需要；三是要有良好的用户界面和易操作性，设计时应考虑用户界面尽量统一，要易于使用，尽量减少用户的操作和录入，减少汉字输入。系统应能自动生成科研、教学及综合考核表，能对考核结果排序，能按百分比要求自动给出考核成绩或结论。

112. 公民纳税咨询系统

设计并实现一个公民纳税咨询系统，该系统的作用是帮助纳税人查询我国各种税目的细则、税金金额，方便纳税人了解自己的纳税情况和税收的具体细则。本系统主要分为三个大的功能模块，登录模块、普通用户模块和管理员模块。在登录模块中，不仅要能登录系统还要有注册模块和数据验证功能。在注册模块里，要能在数据库中添加关于用户表的所有信息；普通用户模块包括查看个人信息模块、查询税收细则模块、查询税收金额模块、修改个人信息模块和修改个人密码模块。查看个人信息模块调用并显示当前登录用户在数据库中存储的个人信息。查询税收细则模块实现用户查看不同税种的税法细则和计算方法的功能。查询税收金额模块用于在不同税种中计算出相应的税收数值。修改个人信息模块用于用户修改数据库中相应行的相对数据信息；修改个人密码模块用于对密码的管理；管理员模块包括查看全部用户信息模块和更改用户权限模块。

113. 高校后勤服务综合管理系统

高校后勤管理工作在高校服务工作中发挥着重要的作用，可结合一个学校的实际情况，基于 Web 技术，以 B/S 模式设计并实现一个高校后勤管理系统，主要功能包括业务管理、人员管理、设备管理和系统管理。所实现的系统要包括对数据库和数据的基本操作，如建库、查询、修改等。业务管理可分类别进行管理，如校办工厂、招待所、理发店、浴池、小卖部（超市）、电话室、收发室、锅炉房、快餐店、娱乐活动中心、礼堂、操场、火车售票点、车库等；人员管理功能主要包括后勤人员基本信息管理、工资管理、公寓信息管理以及电话资料管理等；设备管理包括设备的增加、删除，基本数据包括设备名称、型号、数量、生产日期、生产厂商、维修记录等；系统管理可包括用户身份验证以及其他安全性措施等。

114. 公务员个人软件秘书系统

设计并实现一个公务员个人软件秘书系统，开发该系统的主要目的是为了方便公务员的日常工作，减小公务员的工作量，提高工作效率。该系统可以利用公务员日常工作使用的常用软件，增加需要的功能，设计成公务员可通用的软件秘书系统。公务员日常工作主要分为以下几类：联系人信息的整理和查询、拟写各种文件、上传下达各种文件、填写各种报表、日程的安排和临时安排任务等。系统应该满足上述几种功能。在此基础上可进行其他功能的扩展，设计时要考虑软件系统的可兼容性，不同领域及不同部门的公务员其职责是不同的，工作的内容及侧重点不同。

115. 花卉常见病虫害咨询系统

设计并实现一个花卉常见病虫害咨询系统，该系统既是一个管理系统，同时又是一个包含一定知识的“专家系统”，因而，要求认真分析研究相关知识，总结专家经验，建立知识库系统，并对知识库进行一般的管理。基本要求为：系统整体要一致；系统具有知识库的建立、修改、查询等功能；可实现常见花卉病虫害的诊治，给出治病方案，可进行模糊查询，可根据相关“症状”，判断花卉的“健康状况”；用户可在线学习常见花卉病虫害的诊治、防治知识；用户查询时既要有文字，也要有图片或动画演示；系统具有资料下载和上传功能。

116. 花卉档案管理系统

该系统可与 115 题合在一起构成“四季如春花卉管理系统”。花卉档案管理系统是一个一般的管理系统，应具有一般管理信息系统的功能。该系统应提供管理员后台登录，大型骨干花卉网站的链接，相关花卉知识的查询、在线学习功能。用户可查阅出一年四季各个时段适宜生长的花卉、培育方式、开花期，管理方式，培育常识及花卉特性等。用户通过在线花卉知识的学习或相关问题的咨询，来控制花卉开花期。该系统还应具有花卉的买卖、转让、评估等功能。

117. 基于 Web 的宾馆治安管理系统

设计并实现一个基于 Web 的宾馆治安管理系统，通过该系统，可自动完成犯罪信息的布控、比对、报警。系统基本功能：对入住人员进行身份核对，与逃犯等通缉名单进行对照，实时报警，可按要求查询来访记录等；对旅馆数据库进行管理；对客房、旅馆设备、保卫人员进行管理；可预定，预留房间，显示房间价格、配置等情况；可查询房间状态；对监控录像资料进行管理。

118. 视频监控信息管理系统

设计并实现一个视频监控信息管理系统，该系统可显示和存储序列图像，可对监控图像截取并保存，用户可对感兴趣视频片段进行存储。保存的视频片段可以用视频播放器进行播放，图片能正常打开和使用。

119. 基于 Web 的高校学术成果管理系统

高校学术成果管理是高校科技管理的一项重要工作，设计并实现一个基于 Web 的高校学术成果管理系统，该系统能实现成果和有关文件的查询、成果统计、成果登记，具有成果上传和文件下载功能；能对学术成果进行综合评价、排序；能为职称评定提供科学依据，系统可按照职称评定量化标准自动生成符合条件的人选并给出按不同权重的排序，具体可参看 108 题的功能要求；能根据某些指标体系自动评奖、打印获奖证书等。

120. 教学质量网络评测系统

教学质量评测已成为检验教师教学效果的重要方式，设计并实现一个教学质量网络评测系统，该系统应将用户分为学生、教师、教学督导组和管理员 4 类。学生可以在互联网上选课并对教师及其所教授的课程进行打分、留言；教师可以查看学生对自己的评教结果和留言，回答学生或督导组的留言，对其他同行的教学质量进行评估；教学督导组可对教师打分、留言，也可查看评教结果；管理员可以对学生以及教师同行评教的信息进行查询和统计，同时可以查看教师排行榜。可根据查询条件的不同显示不同的查询结果，同时也可根据统计要求显示不同的结果。

121. 基于 GIS 的人员追踪系统****

设计一个人员追踪系统，通过应用地理信息系统（GIS），配合通信技术以及数字地图，构建人员追踪系统的可视化平台，可以有效地监视和控制人员的情况，并及时跟踪人员状态的变化，将最新的数据显示在电子地图上；同时系统也支持使用查询系统进行查询，以及对可能出现的情况予以必要的提醒，这对一些突发事件及时地进行判断和处理有很大的意义，对提高人员的信息化管理程度，增加对活动中的人员进行监视和控制能力都很有帮助。系统应具备人员实时追踪、人员历史轨迹回放，电子地图的显示、浏览、查询等 GIS 功能和相应的管理功能。

122. 股票分析系统

开发一个股票分析系统，包括账号管理及股票数据管理两大部分。股票数据管理部分应能接收、处理股市实时数据并能显示各种曲线，普通用户可查阅上市公司基本数据（上市时间、总股本、流通股、每股收益、市盈率、每股净资产、每股现金含量、每股未分配利润、净资产收益率、每股销售收入、每股资本公积金、净利润、历年分配情况、股东变化情况、行业排名），能导入导出数据，具有 K 线图显示功能。

123. 基于 ASP.NET 和 Web 数据库的网络检索系统

随着网络技术的飞速发展和广泛应用，网络检索技术也在不断发展变化，设计并实现一个基于 ASP.NET 和 Web 数据库的网络检索系统，用户可以使用该系统选择搜索图书、电影、音乐、学校的信息，输入想要查询的内容进行模糊搜索，也可通过高级搜索查询，高级搜索是通过增加查询的条件，排除用户不想要的信息，从而能更加精确的检索出用户需求的信息。系统会根据用户输入的信息在数据库里检索一致或类似的内容并将这些内容显示在网页上供用户查找。在所检索出的内容中用户可以查看相应的详细信息，并可以下载书籍、电影、音乐等自己需要的信息。在信息被下载后，系统会记录此信息的下载量，并将下载量由高到低排序，网站内还有一些站内推荐的信息，用户通过下载量的排行和站内推荐可以了解相对比较热门的信息，从而更加快捷方便的帮助用户找到要找的信息。

124. 风电场运行数据采集及远传系统

设计一个风电场运行数据采集及远传系统，该系统可将风电场中各风机运行实时数据进行远程实时采集、分析，并将数据写入数据库中。通过对风电场风机运行数据实时采集，并供给监控人员查看，可对风机运行实时状态进行实时监控，提高风机运行的可靠性，通过对风机实时运行参数分析并控制风机，达到有效利用风能发电的目的。

125. 通信网模拟培训后台系统***

设计一个基于 B/S 结构的通信网模拟培训后台系统，该系统可模拟电力通信系统实际操作过程中所可能遇到的电源、通信故障，用户通过该系统能够感受到与实际情况相符的环境，通过反复排查和解决模拟的各种不同故障，达到培训目的。用户在接受培训过程中，不必在专门的培训机构中接受培训，只要有一台可以连接互联网的计算机，即可实现通信网的模拟培训。当培训机构的主机打开培训系统的情况下，在任意可以连接互联网的计算机浏览器中输入专门的地址，即可连接到培训主页。输入所添加的用户名和密码，即可登录到培训后台界面。培训后台界面应包括用户角色管理、用户管理、数据库配置、电源信息配置、故障设置、故障信息查看、退出系统和帮助 8 个模块。用户可在用户角色管理模块中添加具有全部或部分权限的管理身份；在用户管理模块添加管理员及其所拥有的权限；在数据库配置模块对所指定服务器上的数据库进行链接；在电源信息配置模块输入电源名称、电源类型和IP地址即可更新电源；在故障设置模块可以对所需仿真模拟的电源进行故障设置；在故障信息查看模块可以对所选择的故障电源产生故障以及故障结束的时间进行查看；退出系统可以退出当前的管理员身份；帮助模块给出系统的操作和使用说明。

126. 基于模板匹配的手写数字识别系统

模式识别已广泛应用于人工智能、机器人、系统控制、遥感数据分析、生物医学工程、军事目标识别等领域，图像模式识别是模式识别中的重要内容。图像识别目的在于用计算机自动处理某些信息，去代替人完成图像分类及辨识的任务。手写数字的识别方法有很多，是模式识别的应用。设计并实现一个系统，采用模板匹配分类法来识别手写数字，该系统可以正确提取一个位图文件的基本信息，并提取出该数字的特征，可以与样品库中的数字特征比较以判别它的类别，也可将提取的特征作为某个数字的一个样品，保存至样品库。该系统应具有学习功能并应能适应不同人的手写数字的习惯。

127. 大型餐厅管理系统

设计并实现一个大型餐厅管理系统，该系统可包括订餐管理、菜食谱管理、食品管理、原材料进出库管理、餐厅人员（工资、人事等）管理、资金核算管理等。

128. 大学食堂综合管理系统**

设计并实现一个大学食堂综合管理系统，该系统可包括刷卡子系统、物流管理及配送子系统、人事管理子系统、薪金管理子系统、公告板管理子系统、各食堂/班组绩效管理子系统、库存管理子系统、数据库管理子系统等。在分析和设计时要考虑到大学可能有多个校区和多个食堂，同时有成千上万人刷卡、就餐，系统的使用界面要简单、便于操作。相关子系统可参照3题、4题、5题、40题及127题的功能要求。

129. 电网公司经营风险评价系统

在当前，电力市场化改革在给电网企业带来机会的同时也带来了一系列的风险。由于电网公司经营风险在不同的时期有所不同，涉及其经营中的多个方面，具有很强的社会性和综合性，因此风险指标体系及权重都会发生变化。设计并实现一个电网公司经营风险评价系统，通过该系统可辅助建立电网公司经营风险评价指标体系，并利用层次分析法确定各个评价指标的权重，权重经筛选确定后，将模糊综合评价法引入电网公司经营风险评价中，对其进行综合评价。该系统实现的主要功能包括专家和管理员的登录，专家对各级指标的排序，专家对各级指标的权重计算和对不符合条件的权重进行反馈，专家对指标的模糊综合评价（可在线多人评价），风险评价结果的显示及调用Excel输出结果，修改密码，管理员可对专家添加和删除、对风险指标进行管理，等等。

130. 基于B/S模式的企业物流配送系统**

企业物流配送系统是以“第三方物流”为核心的物流管理和配送信息系统。所谓的第三方物流企业是指物流的供应方与需求方以外的第三方物流企业，是专门进行物流配送服务的企业。合理控制生产计划、控制生产物流节奏、压缩库存、降低成本、合理调度运输和搬运设备，使企业内部物流顺畅，这些都依赖于及时、准确的物流信息。在企业外部，原材料供应市场和产品销售市场的信息业是组织企业物流活动的依据。开发一个基于B/S模式的企业物流配送系统，该系统应实现对物流配送活动各主要环节的管理功能，包括采购管理模块、仓库管理模块、配送管理模块、订单管理模块、客户管理模块、财务管理模块、报表管理模块等。另外还有客户订货网页，客户（即需求方）登录该物流企业主页查询货物目录及价格清单，进而向物流配送企业下订单，也可修改自身信息和订单信息。该系统能够对物流配送的整个过程进行管理和监控，以加强对资金、人员、车辆等方面的管理，促进企业物流整体效益的提高。该系统应达到的目标如下。

1）可以减轻物流配送企业员工的工作强度。在传统的手工作业条件下，对各类档案数据如员工档案、客户资料档案、客户订单资料、运输工具记录簿等的使用和保存需要耗费大量的人力和物力，员工需要占用大量的时间和空间去处理它们。而且对于各种账表和报表，员工需要进行大量的分类、登记和计算工作。使用该系统后，用户只需要将原始数据输入，各种计算、查询等工作就可以根据不同业务规则进行处理，可极大地提高工作效率。

2）可实现物流配送各个环节的集中控制。该系统主要对物流全过程进行监控。其实现的功能控制有：业务流程的集中管理、各环节的费用结算管理、各环节的责任管理、运输环节的管理、仓储环节的管理和统计报表的管理。通过对各环节数据的统计与分析，可得出指导企业运行的依据。

3）系统应具有良好的仓储管理功能。主要针对货物的入库、出库、在库进行管理。其中在库管理主要指对库中作业的管理，即货物的装卸、库中调配和配货等物流服务。通过对出入库货物数量的计算，可以得出准确的货物结存量。另外，该系统还可以根据客户订单信息结合当前货物库存数量来进行库存的预测管理，以防止库存货物的供应不足或货物积压。

4）系统应具有良好的配送管理功能。配送中心接到供货商送来的货物后，便开始进行收货作业。首先对货物进行验收，验收合格后，将货物卸载，放置到指定的仓库和指定的区位。当收到客户订单后，即进行订单处理作业。之后根据订单处理作业所形成的配货单进行配货。如果配货后发现仓储区存货水平低于预定水平，则进行采购工作。按客户订单配货后，准备进行出货作业，从仓库中调出货物。当一切出货准备工作就绪，就可以进行输配送作业，为货物的运输分配运输工具，向各地进行配送。以上这些配送工作都可以通过该系统来进行安全可靠的操作和管理，将有效提高企业物流配送的效率，减少手工操作造成的失误，以提高企业的经济效益。

5）系统应具有良好的报表管理功能。系统中的报表管理功能应能自动生成采购报表、销售报表、库存报表、财务报表以及配送报表，方便使用者对各种报表进行查询、归档和打印操作。报表是物流管理信息系统中最主要的信息输出手段，是企业决策者和客户了解业务状况的依据，系统中报表管理功能是否完善，在一定程度上决定了系统性能的好坏。

该系统比较庞大复杂，可采用团体开发方式，实现上面要求的目标及核心内容，系统若进一步的扩展，可增加电子自动订货系统（EOS）进行订货、使用 GPS 全球定位系统对车辆实时跟踪和管理、使用条形码技术实现货物拣选操作及管理等。

131. 有线电视台信息管理系统**

设计并实现一个有线电视台信息管理系统，该系统主要包括电视台人事管理、工资管理、财务管理、对外业务管理、频道管理、节目管理、用户增删管理、用户收费欠费管理等，其中人事管理、工资管理和财务管理可参照 3 题、4 题、5 题及 41 题的功能要求。

132. 校园社区网站

校园社区网站是一种当今同一校园中师生交流时事，分享爱好的主要方式。通过该网站，师生可以根据自己的兴趣爱好结交朋友，分享生活中的趣事，探讨学习中的问题，撰写自己的博客。开发一个校园社区网站，该网站应实现如下的五大功能。

1）用户管理。注册以及登录账户，管理员控制账户，匿名用户登录。

2）实时热点。按照讨论热度对师生所关心的话题进行排序。

3）一问多答。师生之间可以提出问题让他人解答。

4）校内资讯。校内发生的各种大事小情。

5）撰写日志。每个人有自己的日志空间可供使用并且可以给他人浏览。

该社区网站可以 Microsoft Visual Studio 2010 为开发平台，使用 C#语言、ASP.NET 技术来开发网站前台，以 Microsoft SQL Server 2008 作为数据库，使用 SQL 数据库查询语句完成网站前台与数据库的链接。

133. 校园 C2C 市场网站

校园 C2C（消费者对消费者的电子商务模式）市场网站作为一种交易系统是为了满足在校大学生之间的需求而产生的。通过提供便捷的服务和规范的管理，方便在校学生将一些自己不需要的商品与同学进行交换购买，不仅可以从消费方面减轻学生们的负担，同时也为在校大学生们提供一个方便的信息交流平台。

开发一个校园 C2C 市场网站系统，该系统可分为 14 个模块：网站首页模块、信息发布模块、关于网站信息模块、个人资料注册模块、用户帮助模块、最新消息模块、商品详情模块、热点商品模块、商品分类搜索模块、已发布信息查询模块、添加商品模块、信息上传模块、管理员登录模块、后台管理模块。前 12 个模块主要是为用户提供的，注册过的用户登录后可以进行修改个人资料、发布新信息、查看最新发布信息、搜索商品等一系列操作，后两个模块是管理员登录后所进行管理的操作模块，管理员可以查看用户以及商品的所有信息。该网站采用浏览器/服务器模式，以 Microsoft Visual Studio 2010 为开发平台，可以使用 C#语言、ASP.NET 开发前台的应用程序，以 SQL Server 2008 R2 数据库作为后台数据库，建议使用 SQL 数据库查询语言完成应用程序与数据库的链接。

134. 高压断路器状态评估系统

作为电力系统的关键设备，高压断路器的运行状态直接影响电力系统的稳定性和可靠性，如果发生故障或事故，会引起或扩大电网的事故，造成很大损失。高压断路器的状态评估是根据高压断路器目前的状态，结合该断路器的整体运行情况，采用相应的方法，将该断路器的各种参数有机地联系在一起，对高压断路器的整体工作性能做出评估，判断其是否能够满足继续投入运行的条件。这种评估对提高电力系统的维修水平，具有重要的经济意义和社会意义。

设计并实现一个高压断路器综合状态评估系统，选择反映高压断路器运行状态的主要技术参数，作为评判因素，根据突变理论的思想和高压断路器的作用机理，对高压断路器状态进行多层次目标分解，先建立高压断路器运行状态的综合评判模型。然后根据各评判因素对高压断路器工作状态的影响程度，结合评判因素的自身特性，明确各因素的模糊隶属度函数，利用归一化公式进行量化递归运算，求出断路器总突变隶属度的函数值，从而分析判断出高压断路器的运行状态。

系统主要实现的功能基本应包括以下两个方面。

1）用户管理模块。包含用户的登录，注册，修改密码等一些基本内容。

2）状态评估模块。包括开断磨损、运行参数、绝缘状况、工作环境等内容。

系统的架构可分为 3 部分：移动客户端，云服务器端，客户端与云服务器端的安全通信。云服务器端将历史数据进行有效的存储与计算，进行数据预处理和预测，计算不同地点不同的可能性。移动客户端使用简单易操作，具有很强的实用性。云服务器端主要包括 3 部分内容：数据存储（时空数据库）、时空数据挖掘、数据索引（高效准确地实现并行化索引）。数据存储是将历史数据存入云平台。

135. 智能城市多级综合评价系统

开发一个系统，根据对大数据的收集，对城市做出综合评价。对城市的综合评价至少应包含 3 级。系统的主要功能包括如下的 5 部分。

1）单因素评价。这是最基础的评价，如教育（可再展开为 211 数量、大学数量、著名中小学数量、千人中大学生数量等）、环境、空气、土壤、水、住房、工业、GDP 值、人均收入、消费水平、千人轿车拥有量等，以上各因素都可以再展开进行 2 级评价。

2）城市各区域评价。对城市的特定区域、居民小区、行政区、县市等进行上述评价。

3）城市综合评价。根据区域评价进行综合评价。

4）智能城市建议。根据历史数据及评价结果的变化，给出预测数据，提出改进方案和建议。

5）数据库管理。各种影响城市等级的数据管理。

136. 大型家具网站

家具商品是人们日常生活中必不可少的生活用品，很适合在互联网上进行销售，有很广阔的发展前景。为了更好地管理网上商店，方便商家更好的盈利，买家更好的购物，开发一个电子商务网站进行家居购物。通过该网站的开发可以及时准确地帮助商家进行网络宣传、推广产品，能完成在线电子商务业务基本流程，可以通过网络实现商品展示、商品在线订购、在线支付和在线客服。通过该网站可实现信息动态发布以及客户信息管理。

网站主要应实现以下功能。

（1）前台功能模块

1）商品展示：新品推荐、特价商品、热卖商品。

2）检索功能：分类商品检索、按商家检索商品。

3）用户登录：登录/注册，方可进行商品购物，包括购物车功能。

4）其他功能：帮助中心、顾客服务。

（2）后台管理模块

1）常规设置：对整个网站的风格和形式进行设置。

2）广告管理：对首页中的广告进行添加、修改和删除。

3）商品管理：可以对商品进行添加、修改、删除。

4）订单管理：可以按订货人进行查看及删除订单。

5）会员管理：可以对会员信息进行修改、删除和查询。

6）留言管理：可以对留言进行删除、回复处理。

7）用户管理：可以对前台用户注册信息和后台管理员信息进行添加、修改、删除和查询。

137. 局域网远程监测系统*

局域网监测系统是通过获取被控端的系统信息，实现可靠、实用、方便、高效的计算机安全管理系统。它主要应用远程监控技术对局域网内的计算机运行状态进行监控。通过获取被控端计算机实时的运行信息，局域网管理者可以在控制端查看被控端计算机的使用情况，随时监视局域网内计算机的运转状况，实现对局域网内所操作的计算机的安全进行管理。

设计并实现一个基于 SharpPcap 和 WinSocket 技术的局域网远程监测系统，系统基于客户端/服务器模式，主要的组成部分包括：利用 SharpPcap 截取到局域网中的各个数据包，并进行相关分析；通过利用 WinSocket 技术实现网络通信以及远程桌面监控。

系统可采用基于组件的开发模型，可以分为服务端设计、客户端设计，服务端主要分为远程客户监控模块、局域网安全模块、即时通信监控模块以及系统集成工具模块 4 部分。

服务端监控功能的各模块功能要求如下。

1）远程客户端监控模块。包括：客户端抓屏处理模块、客户端锁定模块、消息互通处理模块、客户端添加处理模块等。主要是定期监视客户端，对流量发现异常，进行查看客户端屏幕，若发现非法使用，用消息模块发出警告提示，若不理会，那就锁定客户端或者远程关闭客户端。

2）局域网安全监控模块。包括：局域网扫描处理模块、端口汇总处理模块、过滤分析处理模块、日志处理模块、防火墙处理模块等。通过监控服务器对局域网内所有流入和流出的 IP 地址、端口进行动态分析，根据端口以及流入和流出的数据包分析异常，判断是否非法操作。按 IP 地址进行端口汇总查看非法使用的网络进程。对异常的 IP 地址可以单独分析，判断非法操作的主要对象。可以利用防火墙对端口和地址进行封锁。

3）即时通信监控模块。包括：在非正常时间使用如 QQ、MSN 等进行内容和消息捕捉等。

4）集成工具模块。包括：利用工具对本地局域网测试连通性以及远程网络路由的功能测试，使管理员能快速找到网络故障的原因。

被控端包括消息部分、本地接收服务器发送的请求处理模块组成，通过这些功能表之间的相互作用，可以保证整个系统完整性。具体内容如下。

1）消息处理部分：包含了已经发送和收到的消息，其主要功能是接受服务端发送来的消息，做出相应的回复，简化管理者的操作，提高实用性。

2）监听服务端发出的请求：主要对服务器发出的指令做出回应，如锁定/解锁、关机等指令。

138. 汽车养护费用管理统计软件

汽车养护的费用来自于不同方面，设计并实现一个汽车养护费用管理统计软件，所要实现的功能有以下 5 部分。

1）用户登录。确定用户账号，能够有效地保存用户的资料，实现对数据的封装，达到对用户信息的保密。

2）我要记账。这是该软件核心内容之一，完成记录用户的汽车养护费用信息，存入数据库中，方便后面的调用。

记录的账目主要有：加油费用、美容费用、维修费用、停车费用、罚款费用以及其他意外费用。

3）个人中心。用于用户查找自己在某一个时间段的费用记录。

4）导出账本。将数据库中用户的信息导入到一个 Excel 表中，方便用户打印。

5）车友论坛。这是一个经验交流区，车友可以将自己的经验通过帖子的方式发表出来，其他的车友看见后可以评论，相互交流。

139．基于 Google 地图的物流车辆监控系统*

服务质量的好坏对现代企业至关重要，尤其是物流行业。物流运输行业业务覆盖地域广，车辆众多，信息量大，需要进行统一的监控管理。物流运输管理的最终目标是降低成本、提高工作效率以及服务水平，通常需要及时、准确、全面地掌握运输车辆的信息，对运输车辆实现实时监控。Google 地图服务以其免费的强大的数据资源支撑地理信息化服务，开发者通过集成私有数据源和地图服务，可以创建各种新型的、个性化的地理信息服务。

开发一个基于 Google 地图的物流车辆监控系统，该系统应该具有以下功能：

1）车辆定位：根据车辆最新经纬度定位。

2）车辆跟踪：与车辆定位类似，根据车辆的坐标数据的更新而不断刷新。

3）轨迹回放：根据车辆某一段时间的一系列坐标，按照时间先后顺序在地图上描绘轨迹。

4）路径查询：查询从出发地到目的地合适的路径。

5）车况统计：包括里程统计和速度统计，一段时间（比如一个月）的行驶路程和超速情况以及速度的详细情况。

6）车辆管理：车牌号作为车辆的主键，进行管理。

7）司机管理：为每个司机分配编号进行管理。

系统应容易使用和推广、操作简便、时效性强。开发该系统可采用 Eclipse 或者 Visual Studio 2008/2010，数据存储可以采用 SQL Sever 2005/2008，地图服务可采用 Google Maps API。

140．七言诗电脑诗人系统*

开发一个实用的七言诗电脑诗人系统，该系统主要分为以下几部分。

（1）登录模块

分为普通用户服务和管理员服务，主要包括以下两点。

1）注册：普通用户可在登录界面注册新的用户。

2）登录：注册的用户或者管理员可通过输入密码和用户名进行登录，继而进行相应的操作。

（2）赏析、查询模块

为已登录的用户服务，可根据诗人、诗名、朝代等关键字来查询诗词、诗人信息；可进行平仄、同韵字查询。

（3）常识模块

介绍七言诗常识、格律规则及要求，给出难点解释。

（4）用户审核模块

为登陆的管理员服务，对于一些不符合审核条件的用户可以删除。

（5）律诗模块

为登陆的用户服务，主要是展示七言律诗的格式要求，对七言诗的语法检查，并且展示典型的七言律诗。选作：逻辑性检查。

（6）辅助作诗模块（选做）

为已登录的用户服务。可根据用户的情景描述或者关键词提示，系统会根据七言律诗的格式、格律自动作诗。

第（6）项功能是难点，可使用人工智能方法，需要建立知识库、规则库、情景库等，需要考虑名词、动词、形容词等的使用和搭配规则，通过人机互动产生规范的七言诗。系统应具有学习功能，通过交互式学习不断扩充逻辑检查能力及作诗能力。

设计该系统页面时要考虑美学，要有明显的文化气息和诗的意境。工具方面可选用 Visual Studio 开发平台结合 ASP.NET 技术进行静态页面设计及对应事件的编程，数据存储可用 SQL Server 的数据库储存。

在进行软件工程课程设计中，每个题目都要通过查阅资料进行详细的展开。通过需求分析，明确系统的目标、功能和性能要求。题目中的“*”号为难度标记，打一个“*”的可以由 2 人以上的软件工程小组进行。打 2 个“*”的除由软件工程小组设计以外，可在小组工作的基础上，仍由这些人在毕业设计期间继续进行。上述题目均以软件工程各个阶段的工作产品为目标，在内容较多、课题复杂、实践学时较少的情况下，学生可只完成部分编码工作，或用有关工具自动生成代码。

8.1.2 课程设计的考核

根据上节给出的实践内容，每个学生选择一个课题，完成软件计划、需求分析、软件设计、编码、软件测试及软件维护等软件工程的主要工作并按要求编写出相应的文档。不同的学生最好不要选相同的题目，可以采用抽签的方式，也可以将题目按应用领域分组，每个学生选择自己感兴趣或较熟悉的领域，再在相应的小组内抽签选择题目。通过软件工程课程设计要使学生掌握软件工程的基本概念、基本方法和基本模型，掌握软件管理的过程，为将来从事软件的研发和管理奠定基础。

对学生采用什么方法设计和实现软件系统不限制，虽然软件系统最终要用程序设计语言去实现，但是由于学生在学习软件工程课程之前已学习并掌握了若干程序设计语言，所以在软件工程课程设计中不应再把实现的程序或程序设计语言当作重点，而是应把重点放在软件开发过程及交付的文档上面，图 8-1 是软件工程课程设计任务书的参考格式，其中交付的文档占总成绩的 60%，通过考勤（占 15%）可检查学生的开发过程。表 8-2 给出了学生完成课程设计交付文档后的评分参考比例，主要从规范性、原创性、工作量及逻辑性 4 方面去考察学生的文档质量。

由于一般的学校课程设计都在两周左右，因而布置工作应该在很早就进行（至少提前 10 周），学生的软件工程文档应在正式课程设计开始之前就完成了大部分，如果只凭两周课程设计是完不成的，这两周主要用来整理、规范文档，实现、测试和维护系统。文档要求交电子版，文档必须规范，建模时可用工具 Microsoft Office Visio 2007、Rational Rose 或 Microsoft Office Word。

学生课程设计结束后应交付的主要工作产品包括软件计划、软件需求规格说明书

（SRS）、软件设计说明书、软件测试计划。选作完成的工作产品包括用户手册，操作手册，可行性研究报告，测试分析报告，项目开发总结报告，风险缓解、监测和管理计划或一组风险信息表单等。

软件工程课程设计

任 务 书

一、 目的与要求

通过该课程设计要使学生树立起强烈的工程化意识，用工程化思想和方法开发软件。切实体会出用软件工程的方法开发系统与一般程序设计方法的不同之处，学生在对所开发的系统进行软件计划、需求分析、设计的基础上，实现并测试实际开发的系统。通过一系列规范化软件文档的编写和系统实现，使学生具备实际软件项目分析、设计、实现和测试的基本能力。

二、 主要内容

要求学生掌握软件工程的基本概念、基本方法和基本原理，为将来从事软件的研发和管理奠定基础。每个学生选择一个小型软件项目，按照软件工程的生命周期，完成软件计划、需求分析、软件设计、编码实现、软件测试及软件维护等软件工程工作，并按要求编写出相应的文档。开发方法不限，开发环境和工具不限。

三、 进度计划

序号	设计内容	完成时间	备注
1	制定软件计划	正式开始之前	尽量使用工具
2	进行软件需求分析、软件设计，制定出软件测试计划，设计软件测试用例	第 1 周（或之前）	要求上机前做好充分的文档准备
3	各模块录入、编码、编译及单元测试	第 2 周的第 1、2 天	可用工具实现编码
4	联调及整体测试，	第 2 周的第 3、4 天	可用工具进行测试
5	验收，学生讲解、演示、回答问题	第 2 周的第 5 天	

四、 设计成果要求

1．至少提交 4 个文档，包括软件计划、软件需求规格说明书、软件设计说明书、软件测试计划，要求文档格式规范、逻辑性强、图表规范。

2．独自实现了系统的某些功能，基本达到了要求的性能，经过了测试，基本能运行。

五、 考核方式

1．提交的文档规范，工作量大，文档逻辑性强、正确　　占 60%

2．系统验收、讲解、答辩　　占 25%

3．考勤　　占 15%

学生姓名（签名）：

指导教师：

年　　月　　日

图 8-1　软件工程课程设计任务书参考格式

表 8-2　软件工程课程设计文档评分表

姓名			专业班级			学号		
题目								
标准	分数	得分（√）	标准	分数	得分（√）	标准	分数	得分（√）
文档规范，符合要求	20		文档较规范，基本符合要求	17		文档不规范，不符合要求	11	
				16			10	
	19			15			9	
				14			8	
	18			13			7	
				12			6	
完成情况好，独自完成的内容大于80%	20		完成情况较好，独自完成的内容大于50%	16		绝大部分内容是从网上下载、书本抄袭或复制别人的（个人成果不足20%）	8	
				15			7	
	19			14			6	
				13			5	
	18		完成情况一般，工作成果不明显，抄袭的内容达到50%以上（独自完成的内容不足50%）	12			4	
				11			3	
	17			10			2	
				9			1	
工作量大，报告完整	10		工作量适中，报告较完整（缺少部分内容）	7		工作量较小，报告不完整（缺少主要内容）	4	
	9			6			3	
	8			5			2	
文档逻辑性强、正确，语言流畅	10		文档逻辑性较强，无明显错误，文字表述较流畅	7		文档有逻辑性，但有明显错误，语言表述不顺畅	4	
	9			6			3	
	8			5			2	
文档成绩			评分教师签字					

在软件工程课程设计开始之前首先要制定并完成软件项目计划。该计划定义将要进行的过程和任务，确定各类资源，确定评估风险、控制变更和评价质量的机制，给出工作量及成本的估算，给出进度安排。对于工作量及成本，可用一个简单的表，描述要完成的任务、要实现的功能，以及完成每一项所需的成本、工作量和时间。对于进度安排要按照软件生命周期的活动根据具体实现的功能进行细化，工作量和工期应分配到每个任务。风险管理可以放在软件计划中，也可以作为单独文档，交付风险缓解、监测和管理计划或一组风险信息表单。若有平台工具最好用平台来完成项目的计划。

需求分析也要尽量在软件工程课程设计开始之前完成或拟好结构和内容，正式开始时使用平台工具建模并完成相应的文档（主要是 SRS）。这期间要建一系列的模型，SRS 中应有：用例图、功能和特征列表、分析模型或规格说明。分析模型由一系列 UML 图和描述内容、交互、功能和配置的文本组成。可以使用很多不同格式的图表为信息、功能和行为需求建模。基于用例的建模从用户的角度来表现系统；面向流的建模用来说明数据对象如何通过处理进行转换；基于类的建模定义对象、属性和关系；行为建模描述系统状态、类和事件在这些类上的影响。

软件设计也应尽量使用平台工具，软件设计应包括体系结构、接口、构件和部署表示的设计。在设计用户界面时，应创建用户场景，构建产品屏幕布局，以迭代的方式开发和修改界面原型。若软件是 WebApp，其设计模型应包括内容、美学、体系结构、界面、导航及构件级设计。

作为产品测试是必不可少的，也是课程设计期间的一项重要工作，每个学生都要制定测试计划，计划中要有进度安排和测试用例的设计，并且要编写相应文档。

量化考核可用两种方式。第一种方式是用表 8-2 中的评分表为文档打分（满分 60 分），然后加上另外两项分数（系统验收、讲解、答辩，共 25 分；考勤 15 分）；第二种方式是按下面的量化分项考核，然后算出总分，如有其他考核内容，如出勤情况、验收等，可将分项考核后的总分数按比例折算，然后再给出课程设计总成绩。教师可根据实际情况任选一种。

1. 设计风格

该项满分 10 分。程序设计风格主要包括源程序的文档化程度，数据说明是否有规律、便于理解和维护，语句构造是否简单、效率高，输入/输出的方式和格式是否方便使用，程序的可读性是否强，程序的质量如何等。考核参考如下。

1）好，8～10 分。

2）较好，5～7 分。

3）一般，≤4 分。

2. 工作量

和软件的规模、功能数以及参与该课题的人数有关，具体体现在文档上，满分 10 分。

1）大（文档页数 > 41 页），8～10 分。

2）较大（文档页数 21～40），5～7 分。

3）一般（文档页数 < 20 页），≤4 分。

3. 软件计划

无软件计划 0 分，满分 9 分。

1）文档规范、内容齐全（至少应包括软件范围、资源需求、成本估算及进度安排）、正确，8～9 分。

2）文档较规范、内容齐全较正确，6～7 分。

3）文档内容齐全有错误，4～5 分。

4）文档不规范、不齐全，≤4 分。

4. 需求分析

缺少该项 0 分，满分 15 分。

1）步骤正确，SRS 完整、规范，13～15 分。

2）步骤正确，SRS 包含主要内容，如数据库描述、界面描述、数据词典描述、完整的数据流图及功能描述等，9～12 分。

3）步骤正确，SRS 不完整，缺少主要内容，6～8 分。

4）SRS 不规范并有明显错误，≤5 分。

5. 软件设计

满分 20 分。

1）设计正确，文档完整、规范，16～20 分。

2）设计正确，文档包含主要内容，即软件总体结构和软件过程描述，11～15 分。

3）设计正确，文档缺少主要内容，8～10 分。

4）设计有明显错误且文档不规范，≤7 分。

6. 编码

没有编码 0 分，满分 10 分。

1）完成大系统的部分功能或小系统的全部功能，程序设计风格好，程序可读性好，7～10 分。

2）程序设计风格和程序可读性较差，≤6 分。

7. 软件测试计划

无测试 0 分，满分 10 分。

1）测试计划规范，内容完整、正确、可行，8～10 分。

2）测试计划内容不完整、无明显错误、可行，4～7 分。

3）测试计划不规范，内容不完整、有明显错误、不可行，≤3 分。

8. 测试分析报告

无该项 0 分，满分 10 分。

1）对软件进行了测试，有测试分析报告，报告中有测试结果、测试结论和测试评价、建议等，8～10 分。

2）对软件进行了测试，有测试分析报告，但报告内容不完整，≤7 分。

9. 用户操作手册

无该项 0 分，满分 6 分。

1）操作手册规范、标准，有软件运行环境、使用说明、运行说明、操作命令一览表、程序文件和数据文件一览表、用户操作举例等，5～6 分。

2）操作手册包含上述主要内容，但不够规范、标准，3～4 分。

3）操作手册内容不全，≤2 分。

10. 其他

文档是软件产品的重要组成部分，文档的编制在软件开发中占有突出的地位和相当大的工作量。高质量的文档对于转让、变更、修改、扩充和使用软件，对于发挥软件产品的效益有着重要的意义。上述文档满分为 100 分，是必须完成的。除此之外，若有其他文档（可参看中国软件工程国家标准），则每完成 1 个文档再增加 1～2 分。这样做的目的就是要培养学生强烈的工程意识，树立工程化的思想，用工程化的方法去开发软件。

8.2 交付文档要求及格式

以下简要列出应交付文档的格式、各文档应包含的主要内容及简单要求，这些仅作为软件工程课程设计的要求。对于实际项目，每个文档还需扩充很多内容，学生也可参考有关标准去写，或用平台工具去写。

8.2.1 《软件计划》编写格式及要点

1. 范围

本节给出软件计划的综述，定义其限制和所要做的工作。

（1）项目目标

给出软件要达到的目标的简短叙述，说明需求方的身份和必要的背景、数据。

（2）主要功能

给出系统功能的简短陈述，只讲做什么，不讲怎样完成功能。给出每个主要功能的顶层描述以及完成组成主要功能所要求的一些子功能。

（3）性能要求

描述系统总的性能特征，包括存储约束、响应时间和一些特殊考虑。

（4）系统界面

描述与此设计有关的其他系统成分。

（5）开发概要

概括说明开发过程。一般按如下步骤进行。

1）调研和计划。

2）需求分析。

3）设计。

4）编码和模块测试。

5）总体测试。

6）评审。

7）交付使用和培训。

2. 资源

明确各项任务所要求的资源，以满足完成计划和开发任务的各种需求。

（1）人力资源

说明以下的需求。

1）要求的人数。

2）每个人的技术水平。

3）专用工作的持续性。

（2）硬件资源

包括计算机硬件、所需要的特殊测试设备和各种硬件支持。

（3）软件资源

描述用于本项目开发或者作为开发软件一部分的各种支持和应用软件，例如，操作系统、编译程序、测试工具、数据库、应用程序包等。

3. 进度安排

根据软件规定的完成日期、硬、软件资源以及人力资源情况，采用倒排的方式按照软件开发过程提出合理的安排。

4. 成本估算

对软件项目的成本及工作量进行估算。估算成本应包括人力、机时、设备和办公费用等。

5. 风险信息表

对所有风险及风险环境，以及缓解、监测、管理风险的手段进行描述。若有“风险缓解、监测和管理计划”文档，则该部分可不写。

6. 附录

所有与该软件有关的、前面未列出的内容都可在附录中说明，如专门术语的定义，有关合同、文件、规范等。

8.2.2 《需求规约说明书(SRS)》编写格式及要点

1. 概述

给出软件需求的简单描述，包括课题目标、用户、约束、功能性能规定等。

2. 软件需求描述

1）功能和行为建模。给出用例图、功能和特征列表，给出候选类清单，建立类的层次关系，绘制基于 UML 的状态图、需求的活动图、顺序图等，给出类定义模板（类的整体说明，属性说明，方法和消息说明）。

2）数据建模。确定数据对象和数据属性，给出详细的数据流图及数据词典描述，使用实体-关系图描绘数据对象之间的关系。

3. 界面

规定软件同系统其他元素（硬件、软件、人机接口、数据通信协议等）的功能联系。硬件界面包括计算机特性、内外存容量、I/O 设备能力等。软件界面包括操作系统特性、公用程序和支持软件以及它们相互之间的连接特性。

4. 质量评审

规定软件功能的正式确认需求和测试限制。

5. 补充说明

给出一些便于读者阅读本规格说明书的注释，例如本项目的一些背景材料，以增进对本规格说明书内容的理解。

8.2.3 《软件设计说明书》编写格式及要点

1. 概述

给出软件功能和结构的总体描述。

2. 数据/类设计

给出将分析类模型转化为设计类的实现以及软件实现所要求的数据结构。

3. 软件体系结构设计

提供系统的整体视图，对可选的体系结构风格或模式进行分析，以导出最适合于客户需求和质量属性的结构，给出优化后的软件体系结构图，将体系结构精化为构件，描述系统实例。

4. 接口设计

描述软件如何同与它交互操作的系统通信，以及如何与使用它的人通信，描述信息如何流入和流出系统，构件之间如何通信。具体如下。

1）用户界面（UI）。包括美学（布局、颜色、图形、交互机制）、人机工程元素（信息布局、位置、隐喻、导航）和技术元素（UI 模式、可复用构件）。

2）和其他系统、设备、网络或其他信息生产者的外部接口，与使用者的外部接口。

3）各种设计构件之间的内部接口。

5．构件级设计

给出将软件体系结构的元素变换为软件构件的过程性描述。可以在很多不同的抽象层次下对构件的设计细节建模，可以用 UML 的活动图表示处理逻辑，也可以使用伪码或其他详细设计工具描述构件的详细处理流程。

6．附录

所有与该软件有关的、上述未涉及的内容都可在附录中说明，如专门术语的定义，有关合同、文件、规范等。

8.2.4 《软件测试计划》编写格式及要点

1．测试范围

简要说明测试的目的、预期结果及测试的全部步骤。

2．测试计划

给出测试工作的总安排。

1）测试阶段。概括说明测试各阶段的次序、进度和方法，分阶段给出说明以及与其他测试的依赖关系。

2）测试进度。列出测试的全部进度、次序和相互依赖关系，安排软件体系结构中各构件（类簇）的测试日程使之相互协调。

3）测试软件。概括说明全部测试软件，包括驱动程序、测试监督程序等有关测试工具。

4）测试环境。完整地说明测试所需的计算机运行环境，包括内存要求、外部设备介质和终端等。

3．测试步骤

说明每个测试阶段的特定测试步骤。按测试阶段给出测试目的、方法、测试软件，说明测试用例、输入方法、期望处理情况及输出格式，预期的输出结果。

4．附录

所有以上没有提及又与测试有关的信息和标准，都可放入附录。

8.2.5 《软件测试分析报告》编写格式及要点

1．测试计划执行情况

（1）测试项目

列出每一测试项目的名称、内容和目的。

（2）测试机构和人员

给出测试机构名称、负责人和参与测试人员名单。

（3）测试结果

按顺序给出每一测试项目的以下内容。

1）实测结果数据。

2）与预期结果数据的偏差。

3）该项测试表明的事实。

4）该项测试发现的问题。

2．软件需求测试结论

按顺序给出每一项需求测试的结论，内容如下。

1）证实的软件能力。

2）局限性（某项需求未得到充分测试的情况及原因）。

3．评价

1）软件能力。说明经过测试所表现的软件能力。

2）缺陷和限制。说明测试所揭露的软件缺陷和不足，以及可能给软件运行带来的影响。

3）建议。提出弥补上述缺陷的建议。

4）测试结论。说明该软件能否通过。

4．附录

列出测试分析报告中用到的专门术语的定义，引用的其他资料、采用的软件工程标准或软件工程规范等。

8.2.6 《开发进度报告》编写格式及要点

《开发进度报告》应以月报或周报的形式写出。

1．报告时间及所处的开发阶段

2．工程进度

1）本月（或本周）内的主要活动。

2）实际进展与计划比较。

3．所用工时

按不同层次人员分别计时。

4．所用机时

按所用计算机机型分别计时。

5．经费支出

分类列出本月（或本周）经费支出项目，给出支出总额，并与计划比较。

6．工作遇到的问题及采取的对策

7．本月（或本周）完成的成果

8．下月（或下周）工作计划

9．特殊问题

8.2.7 《用户手册》编写格式及要点

应根据软件的使用对象来书写，内容要通俗易懂，最好有一些例子帮助用户理解和使用该软件，用户手册主要可包括以下内容。

1）软件系统和子系统概述。

2）运行环境和运行步骤。

3）用户级命令的功能和用法。

4）输入输出格式描述。

5）错误信息及其诊断。

6）软件安装。

7）命令一览表。

若用户手册是专门为系统用户书写的，即用于该软件的进一步开发和维护，则要重点描述系统各部分界面和子程序的功能及用法。

8.2.8 《操作手册》编写格式及要点

1．概述

对软件进行简要说明，包括背景、有关定义，给出软件结构、便于查找的文档清单。

2．安装与初始化

详细说明为使用本系统而需要的安装过程、初始化过程，以及所需要的专用软件。

3．运行说明

详细说明本系统的运行步骤、运行过程、运行时的输入输出，列出每种可能的运行结果，说明运行故障后的恢复过程。

4．非常规过程

提供有关应急操作或非常规操作的必要信息，如出错处理操作、向后备系统的切换操作以及其他必须向系统维护人员交代的事项和步骤。

5．远程操作

如果本系统能够通过远程终端或网络终端控制运行，则要说明运行本系统的操作过程。

8.2.9 《软件开发总结报告》编写格式及要点

1．概述

对软件进行简要说明，包括背景、有关定义、软件项目的提出者及开发者等。

2．实际开发结果

1）产品。说明软件系统中各程序的名字，它们之间的关系，程序的大小、存储媒体的形式和数量，系统各个版本的版本号及区别，所有文件列表、所有的数据库。

2）主要功能和性能。列出本软件产品所实际具有的主要功能和性能，对照可行性研究报告、项目开发计划、SRS 的有关内容，说明原定的开发目标是达到了、未完全达到，还是超过了。

3）基本流程。用图给出本系统的实际的基本处理流程。

4）进度。列出原定计划进度与实际进度的对比，说明实际进度是提前了还是推迟了，分析主要原因。

5）费用。列出原定计划费用与实际支出费用的对比，说明实际费用是超出了还是节余了，分析主要原因。

3．开发工作评价

通过对比，对生产效率、产品质量以及技术方法进行评价，对开发中出现的错误原因进行分析。

4．经验与教训

列出开发本系统取得的主要经验与教训，给出今后项目开发工作的建议。

参 考 文 献

[1] 宋雨．软件工程[M]．北京：清华大学出版社，2012.

[2] 宋雨．软件工程实践教程[M]．北京：清华大学出版社，2011.

[3] 宋雨，赵文清．软件工程[M]．北京：中国电力出版社，2007.

[4] Roger Pressman. 软件工程：实践者的研究方法[M]．6 版. 郑人杰，马素霞，白晓颖，等译. 北京：机械工业出版社，2007.

[5] 张海藩，倪宁．软件工程[M]．3 版．北京：人民邮电出版社，2010.

[6] 毛新军，等．面向超大规模系统的软件工程[J]．中国计算机学会通讯，2010.

[7] 李玉坤，宋雨．基于 F 综合评判理论的软件项目可行性分析的研究[J]．华北电力大学学报，2004.

[8] 杨文龙，古天龙．软件工程[M]．2 版. 北京：电子工业出版社，2004.

[9] 王立福，麻志毅，张世琨．软件工程[M]．2 版. 北京：北京大学出版社，2004.

[10] Ian Sommerville. 软件工程[M]．9 版.程成，等译．北京：机械工业出版社，2011.

[11] 陆丽娜，邓良松，刘海岩. 软件工程[M]．北京：经济科学出版社，2000.

[12] 殷人昆. 软件工程复习与考试指导[M]．北京：高等教育出版社，2001.

[13] Frederick P.Brooks Jr．The Mythical Man-Month.[M]．北京：中国电力出版社，2004.

[14] 钟珞，等. 软件工程重点综述与试题分析[M]．北京：中国民航出版社，2000.

[15] 宛延闿，定海. 面向对象分析和设计[M]．北京：清华大学出版社，2001.

[16] 郑人杰，殷人昆，陶永雷. 实用软件工程[M]．北京：清华大学出版社，1997.

[17] 周苏，等．软件工程及其应用[M]．天津：天津科学技术出版社，1992.

[18] Barry W.Boehm. 软件工程经济学[M]．李师贤 等译．北京：机械工业出版社，2004.

[19] Robert T.Futrell，Donald F.Shafe， Linda I.Shafe.高质量软件项目管理[M]．袁科萍，等译．北京：清华大学出版社，2006.

[20] Barry W.Boehm．软件成本估算 COCOMO II 模型方法[M]．李师贤，等译．北京：机械工业出版社，2005.

[21] 王晓霞，宋雨，王翠茹. 软件体系结构的性能评价研究[J]．计算机工程与应用，2003.

[22] 钟珞，潘昊. 现代软件工程学[M]．北京：国防工业出版社，2004.

[23] 王兴武，宋雨. 基于构件/构架复用技术的仿真系统软件研究[J]．华北电力大学学报，2003.

[24] 黄江，宋雨，马永光. 面向对象系统中考虑结构因素的类的内聚度量[J]．华北电力大学学报，2004.

[25] 李雄，张友生.程序设计方法的演化及极限[J]．计算机教育，2005.

[26] T.M.Khoshgoftaar，E.B.Allen，J.P.Hudepohl，et al. Application of neural networks to software quality modeling of a very large telecommunications system[J]. IEEE Transactions on Neural Networks，1997.

[27] 王振宇．程序复杂性度量[M]．北京：国防工业出版社，1997.

[28] 晏荣杰，冯莉，宋雨．可复用构件的分类与查询方法研究[J]．计算机工程与应用，2003.

[29] 王先国，等. UML 统一建模实用教程[M]. 北京：清华大学出版社：2009.

[30] 冯莉，宋雨，晏荣杰，陈志强. 软件集成测试中接口变异的最小测试集研究[J]．计算机科学，2002.

[31] 施维，宋雨，王茜. 基于 UML 的网络管理平台的分析与设计[J]．华北电力大学学报，2003.

[32] Robert Martin．Designing Object-Oriented C++ Applications Using the Booch Method[M]．New York：Prentice-Hall，1995.
[33] Peter Coad, Edward Yourdon. Designing Object-Oriented Analysis[M]．New York：Prentice-Hall, 1991.
[34] 王华忠，宋雨. 划分测试与随机测试的比较[J]．华北电力大学学报，2002.
[35] 康腊梅，宋雨. 面向对象软件的两种测试方法[J]．华北电力大学学报，2000.
[36] Larry L.Constantine.人件集—人性化的软件开发[M]．谢超，等译．北京：人民邮电出版社，2004.
[37] 周苏，王文. 软件工程学教程[M]．北京：科学出版社，2003.
[38] Karl E.Wiegers．创建软件工程文化[M]．周浩宇，译. 北京：清华大学出版社，2003.
[39] 孙涌，等．现代软件工程[M]．北京：北京希望电子出版社，2002.
[40] 张效祥．计算机科学技术百科全书[M]．北京：清华大学出版社，1998.
[41] 潘锦平．软件系统开发技术[M]．西安：电子科技大学出版社，1989.
[42] 赵池龙. 实用软件工程[M]．北京：电子工业出版社，2003.
[43] Stephen R.Schach. 面向对象与传统软件工程[M]．韩松，邓迎春，译．北京：机械工业出版社，2006.
[44] Karl E.Wiegers. 软件需求[M]．陆丽娜，王忠民，王志敏，等译．北京：机械工业出版社，2000.
[45] 鄂大伟，等. 软件工程[M]．北京：清华大学出版社，2010.
[46] Christof Ebert. 需求工程-实践者之路[M]．洪浪译．北京：机械工业出版社，2013.
[47] [美]Shari Lawrence Pfleeger，软件工程-理论与实践[M]．吴丹，史争印，唐忆，译．北京：清华大学出版社，2003.
[48] 肖刚，等．实用软件文档写作[M]．北京：清华大学出版社，2006.
[49] 窦万峰，等．软件工程方法与实践[M]．北京：机械工业出版社，2009.
[50] 孙家广．软件工程—理论、方法与实践[M]．北京：高等教育出版社，2005.
[51] 麦思博（北京）软件技术有限公司．技术团队启示录：TOP100 实践案例[M]．北京：电子工业出版社，2015.
[52] 韩万江．软件工程案例教程[M]．北京：机械工业出版社，2007.